PORSCHE TURBO

DIE ÄRA DER TURBO-ELFER

Dirk-Michael Conradt

Motor
buch
Verlag

Umschlag: Luis dos Santos unter Verwendung von Motiven der Dr. Ing. h.c. F. Porsche AG.

Bildnachweis: Archiv Porsche, Stuttgart-Zuffenhausen, Autostadt GmbH, Wolfsburg, Archiv Conradt, Mark Bongers.

ISBN 978-3-613-04403-6

1. Auflage 2022

Sie finden uns im Internet unter www.motorbuch-verlag.de

Lektorat: Joachim Kuch
Innengestaltung: Roland Sauer, Sina Bladek, Markus Köllmann, tebitron gmbh, Gerlingen
Druck und Bindung: Graspo CZ, 76302 Zlin
Printed in Czech Republic

Diese ursprünglich bereits anno 1991 erschienene, 2016 erstmals erweiterte und nun auf den Stand des Jahres 2021 gebrachte 911 Turbo-Chronik ist den Ingenieurs-Generationen von Porsche gewidmet. Schließlich gelang es ihnen immer wieder aufs Neue, jene zu widerlegen, die das jeweils aktuelle Modell als „besten, stärksten, schnellsten Turbo-Elfer *aller Zeiten*" feierten. Denn von Modellgeneration zu Modellgeneration machten sie den 911 Turbo noch besser, noch stärker, noch schneller...

Mein Dank gilt all jenen, die zu diesem Buch beitrugen. In den 1980er Jahren waren das neben den Professoren Ferry Porsche und Helmuth Bott die Porsche-Mitarbeiter Wolfgang Berger, Klaus Parr, Rolf Sprenger, Elmar Willrett und Volker Wüst. In den Jahren 2015/2016 und erneut in den Jahren 2020/2021 ertrugen die stets hilfsbereiten Mitarbeiter des Zuffenhausener Porsche-Archivs, Dieter Gross, Tobias Mauler und Jens Torner, genauso geduldig meine vielfältigen Wünsche und quengelnden Anfragen, wie in der Porsche-Presseabteilung die für den Elfer zuständigen Herren Oliver Hilger und Jonas Bierschneider. Ohne das fantastische Bildmaterial der Porsche AG wäre diese Turbo-Chronik nicht zu realisieren gewesen.

Spezieller Dank gilt jedoch auch meiner Frau Gudrun und meiner Katze Klara, die während der Chronik-Redaktion auf manche Streicheleinheit verzichten und allzu oft meine geistige Abwesenheit erdulden mussten.

Für Porsche-Enthusiasten der „Heilige Gral": das Weissacher Entwicklungszentrum, Geburtsstätte aller in dieser Chronik beschriebenen Turbo-Porsche.

INHALT

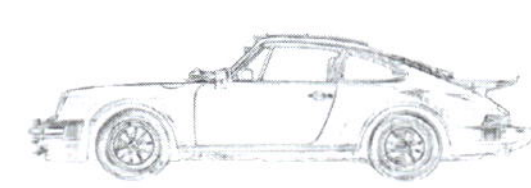

Einleitung

VON UNVERGESSLICHEN MOMENTEN, VOM TURBO-ZISCHSCHSCHELN UND DESSEN FOLGEN

Es gibt Momente im Autofahrer-Leben, die vergisst man nicht: zum Beispiel die erste Tour in Vaters Wagen – und zwar OHNE Vatern auf dem Beifahrersitz. Das erste eigene Automobil gehört zweifelsohne dazu. Für mich war es aber auch meine erste Fahrt mit einem Porsche 911 Turbo.
Das war im Sommer 1976 – auf der Autobahn Stuttgart-Frankfurt-Köln. Als Jungredakteur des Enthusiasten-Blattes »sport auto« hatte mir mein Chefredakteur in seiner unermesslichen Güte einen Porsche-Testwagen zur Verfügung gestellt, um bei Köln einer Präsentation der ersten Ford Fiesta-Generation beizuwohnen. Der frühe Dreiliter-Turbo hatte für damalige Verhältnisse phänomenale 260 PS, die linksrheinische Autobahn war, heute unvorstellbar, nahezu unbelebt.

In Saus und Braus: Die erste Fahrt im 911 Turbo ist ein unvergessliches Erlebnis.

Und ich sah erstmals in meinem Leben die Tachonadel in einem von mir persönlich gesteuerten Automobil die Zahl 250 kreuzen.

Es war ziemlich heiß an jenem Tag. Deshalb stand das Seitenfenster einen Spalt offen. So reflektierte die Mittelleitplanke das faszinierende, von unverkennbarem Turbo-Säuseln überlagerte Boxer-Kreischen direkt hinein ins Cockpit, ein Geräusch, das zwar einerseits dem archetypischen Elfer-Sound gleicht, doch andererseits viel gedämpfter tönt. Denn die hoch drehende Turbine im Auspufftrakt fungiert wie der Plunger einer Jazz-Trompete. Wenn ich vom Gas gehen musste, ertönte von hinten ein wie erlöst klingendes Zischschschscheln – es war Fahren wie mit einem Auto von einem anderen Stern, irgendwie unwirklich in der gebotenen Geräuschkulisse, fast widernatürlich in der Art und Weise, wie ein leichter Druck aufs rechte Pedal die Fuhre nach kurzem Zögern plötzlich vorwärts und den Kopf ins Nackenpolster schnellen ließ, bei Tacho 180 scheinbar kaum minder heftig, wie bei Tempo 100.
Der Turbo-Stachel saß nach dieser Fahrt, sie hatte knapp 15 Jahre später eine Folge in Gestalt eines Turbo-Büchleins der Reihe »Autos, die Geschichte machten« des Stuttgarter Motorbuch Verlags. Darin beschäftigte ich mich intensiv mit den ersten beiden Turbo-Generationen, dem Dreiliter und dem 3,3-Liter – also mit den luftgekühlten Urmetern der Porsche 911 Turbo-Geschichte.

Im Vorwort warnte ich damals jene Leser, die wegen des faszinierenden Themas womöglich vor allem bunte Bilder, ein sogenanntes Coffeetable-book erwarteten. Doch mir ging es damals und heute wieder vor allem um die Vermittlung von Fakten. Denn selbst ein Porsche Turbo besteht nicht nur aus »Zisch – und ab...!«, sondern zunächst einmal aus Bauteilen, die der eingehenden Beschreibung harren, aus Modifikationen, auf die einzugehen ist, weil sie Enthusiasten mit Tiefgang-Anspruch interessieren. Modifikationen?
In dieser Hinsicht tappten in der Turbo-Frühzeit offensichtlich selbst Porsche-Kenner im Dunkeln. »*Ein Buch über den Porsche Turbo?*« kommentierte ein Zuffenhausener Porschianer Ende der 1980er Jahre meinen damaligen Plan, über den stärksten Straßen-Porsche jener Jahre ein Büchlein verfassen zu wollen, »*was willst Du denn da schreiben – an dem wurde doch kaum einmal etwas geändert... !*« Tatsächlich entmutigte die Lektüre der jährlichen Presse-Mitteilungen zu Turbo-Modellwechseln der 1970er/1980er Jahre zunächst einmal: Vom Einbau eines neuen Radio-Typs war da in einem Jahr die Rede, von der Aufnahme zusätzlicher Lackfarben in die Ausstattungsliste in einem anderen.
Dass die Porsche-Techniker in Wirklichkeit an Ihrem Spitzenprodukt schon damals Jahr für Jahr arbeiteten, ganz Porsche-typisch Jahr für Jahr vor allem unter dem Blech nach Perfektion strebten – diese Erkenntnis ergab sich erst beim Tieferwühlen. Und dass der Turbo eine bemerkenswerte Entstehungs-Geschichte hat, verriet mir 1988 im langen Gespräch Wolfgang Berger, der »Erfinder« des »Ur-Turbo«. Berger, Ende 1975 auch Leiter des Rennwagen-Projektes 936, von 1978 bis 1981 Assistent im Vorstand und danach Hauptabteilungsleiter des Porsche Qualitätswesens, war seit 2005 im Ruhestand. Er verstarb im Dezember 2021.
Eine Flasche Whiskey spielte in der Vorgeschichte des 911 Turbo eine Rolle, eine vom einstigen Porsche-Sportmann Jürgen Barth eines Nachmittags um drei Uhr überbrachte Überraschungs-Nachricht – und ganz am Anfang in Hockenheim die entnervte Frage eines an der Porsche-Spitze stehenden Professors an seinen jungen Mitarbeiter: »*Warum fahrn's denn die andern den Porsche davon...?*«
Doch davon später. Zuvor möchte ich mich bei Walter Röhrl bedanken, der als intimer Kenner der 911- und 911 Turbo-Materie sowie als langjähriger Turbo-Entwicklungshelfer für diese Chronik die wesentlichen Turbo-Generationen kurz kommentierte – und sehr subjektiv mit maximal zehn Punkten bewertete. Dass er dabei die Zahlen 1 bis 3 negierte, spricht zweifellos für den Zuffenhausener Super-Sportwagen – in der Tat: So richtig schlecht war keiner unter ihnen, laut Walter eher mehr oder kaum weniger »*sauguat**«...
Doch nun zur Turbo-Entwicklungsgeschichte der Ära vor den Turbos von Porsche, in der es um Schiffe geht, um Flugzeuge – und erst sehr spät um Automobile.

**kursive Textpassagen verweisen in dieser Chronik stets auf Original-Zitate.*

VON DER HOCHSEE-SCHIFFFAHRT INS PORSCHE-FLAGGSCHIFF

Wenn heute Turbolader in erster Linie mit ausgesprochen sportlichen Automobilen in Verbindung gebracht werden, so verschleiert dieses Image die Herkunft der leistungsfördernden, dem Schweizer Alfred Büchi bereits anno 1905 unter der Nummer DRP 20 46 30 patentierten Abgas-Turbine. Seinen ersten effizienten Einsatz erlebte das aus Büchis Erfahrungen mit der Konstruktion einer Gasturbine abgeleitete Abgas-Turboverfahren nämlich an großen Schiffsmotoren: 1923 nutzte MAN erstmals den Abgas-Druck, um bei Schiffs-Dieselmotoren (Zehnzylinder-Viertakter) für die Hamburg/Stettiner Vulkanwerke die Leistung von 1750 auf 2500 PS zu steigern. »Preußen« und »Hansestadt Danzig« hießen die derart motorisierten Ostsee-Kreuzer.
Sechs Jahre zuvor schon wurden in Frankreich von der Firma Rateau Turbo-Versuche an Otto-Flugmotoren – übrigens bereits mit Ladeluftkühlung – angestellt. Auch den ersten Flug in knapp über 10.000 Metern Höhe ermöglichte ein Turbo-V12 – der Rekordhalter war 1920 ein Amerikaner namens Major Rudolph Schroeder. Weniger erfolgreich verliefen offensichtlich Versuche des Briten Major Frank Halford. Der Flugmotoren-und Rennwagen-Konstrukteur gedachte Mitte der 1920er Jahre seinen Halford Special mittels Abgas-Turbine zu mehr Leistung zu verhelfen, um mit dem derart getunten Boliden in Brooklands anzutreten. Wie das britische Fachblatt »Octane« 2010 in seiner Juni-Ausgabe berichtete, bestückte Halford seinen 2 ohc-Reihensechszylinder 1925 ursprünglich sowohl mit einem Turbolader, als auch mit einem unterhalb der Ölwanne angeordneten Ladeluftkühler. Zum Einsatz kam der Turbo-Halford jedoch zugunsten einer Version mit mechanischem Kompressor nicht – die Beweggründe des Gesinnungswechsels sind nicht überliefert.
Zu und unter Wasser fand das Turbo-Verfahren jedoch zunehmend erfolgreiche Verfechter. So lief 1929 in England mit der »Raby Castle« das erste Turbo-Ozeanschiff vom Stapel, im selben Jahr begann Georg Fischer im Schweizer Schaffhausen nach MAN-Lizenz Turbodieselmotoren für Unterseeboote zu bauen.

Achtungserfolg trotz Ausfalls in Indianapolis ´52: Cummins Diesel-Rennwagen mit Turbo-Aufladung.

Erster Serien-Pkw mit Turbomotor: Chevrolet Corvair, ab 1962 als Monza Spyder mit optionalem Turbo-Motor.

1935: erste Turbo-Motoren zu Land

Erst ein knappes halbes Jahrzehnt später fand das Prinzip der Aufladung nachhaltiger vom Flugzeug und Schiff auf festen Boden, zunächst erst einmal auf die Schiene: Mitte der 1930er Jahre bezogen einige D-Zug-Lokomotiven der Deutschen Reichsbahn zusätzliche Zugkraft ihrer von Maybach gelieferten V 12-Dieselmotoren aus deren eigenen Abgasen – genug, um mit 215,6 km/h einen neuen Rekord für Schienenfahrzeuge aufzustellen. Auch MAN belieferte nun die Deutsche Reichsbahn mit Turbomotoren.

Den Landsleuten Büchis wiederum gebührt das Verdienst, erstmals Turbomotoren für den Straßengebrauch kultiviert zu haben: Saurer präsentierte 1938 nach zweijähriger Entwicklungsphase den ersten Serien-Lkw mit Turbo-Diesel. Und auch BMW experimentierte bereits während des Zweiten Weltkrieges mit aufgeladenen Flugzeug-Triebwerken, denen die Kraft aus Abgasen zu über 2000 PS verhalf. Traurige Berühmtheit erlangte der Turbo-motorisierte B-29-Bomber namens „Enola Gay“, der im August 1945 eine Atombombe über der japanischen Stadt Hiroshima abwarf...

Seinen Nutzfahrzeug-Durchbruch erlebte das Turboverfahren für Diesel-Motoren ab 1952 in den USA unter Caterpillar-Flagge. Im selben Jahr bewies der Turbo-Diesel sein Potential auch erstmals im Rennsport: Fred Agabashian qualifizierte sich mit seinem „Cummins Diesel Special“ in Indianapolis für die Pole Position und führte das berühmt-spektakuläre „Nudeltopf“-Rennen über 72 Runden an, bevor er kurz vor dem Ziel mit Motorschaden ausfiel – die Turbine hatte offensichtlich zu viel Druck ausgeübt...

Chevrolet Corvair Turbo-Motor: Sechszylinder-Boxer mit 150 PS bei 4000/min aus 2,7 Liter Hubraum.

1962: erste Turbo-Motoren im Pkw

Ehe der Turbo in Personenwagen für den Hausgebrauch seine Premiere feierte, sollte jedoch ein weiteres Jahrzehnt vergehen. Erst 1962 gab der erste serienmäßige Turbo-Pkw sein Debüt, und der hatte mit dem späteren Turbo-Wegbereiter aus Stuttgart-Zuffenhausen zumindest die Motor- und Zylinder-Anordnungen, sowie die Luftkühlung gemein: Der Chevrolet Corvair Turbo trägt seinen aufgeladenen Sechszylinder-Boxer nämlich wie der Porsche im Heck. Parallel zum Corvair stellte der damals ausgesprochen progressive General Motors-Konzern übrigens ein zweites, heute weniger bekanntes Turbo-Modell vor: den Oldsmobile F 85 Jetfire mit V8-Turbo. Beide Projekte scheiterten freilich trotz der (lediglich beim Olds-V8) angewendeten Wassereinspritzung zur Zylinderinnenkühlung an der ausgeprägten Störanfälligkeit des Turbosystems, die GM zwei Jahre später zu Konsequenzen zwang, den Stecker zu ziehen und die Produktion einzustellen.

Dieses Schicksal hinderte den Deutschen Michael May Ende der 1960er/Anfang der 1970er Jahre des vorigen Jahrhunderts indessen nicht daran, das theoretisch so vielversprechende Turbo-System erneut zu forcieren: Seine Firma Turbo-May GmbH & Co KG in Hechingen offerierte Lader-Kits insbesondere für den Ford-V6, die den serienmäßig 108 PS starken 2,3-Liter bis zu 180 PS erstarken ließen. Der Stuttgarter Ford-Händler Schwabengarage übernahm die Turbo-Ford von May gar in sein offizielles Verkaufsprogramm. Schon 1970 implantierte der Turbo-Vorkämpfer seinen Lade-Kit auch dem BMW 2002, was diesem zu stattlichen 170 PS verhalf – ein Plus von 70 PS.

1983: erster Formel 1-Weltmeister mit Turbo-Kraft

Ohnehin spielte BMW in der Turbo-Entwicklungsgeschichte der Nachkriegszeit maßgebliche Rollen, bereits 1969 durch den Turbo-Einsatz im Renntourenwagen (damit Gewinn der Tourenwagen-Europameisterschaft 1969), dann wieder 1982 in der Formel 1. Der vom Team Brabham eingesetzte BMW-Turbovierzylinder war der erste Motor mit Turboaufladung, der in der Formel 1 den Weltmeister beflügelte. Das war 1983, Nelson Piquet hieß damals der Champion.

Weniger erfolgreich gestaltete sich für BMW ein erstes Turbo-Kapitel im Serien-Automobil. Den auf der IAA 1973 vorgestellten und 1974 in Produktion gehenden 2002 Turbo ereilte – wie seine amerikanischen GM-Glaubensgenossen zuvor – das Schicksal mangelnder Standfestigkeit und darüber hinaus des falschen Erscheinungstermins. Als er im BMW-Schaufenster stand, war die Volksmeinung noch von der ersten sogenannten »Energiekrise« mit ihren Tempolimits und Fahrverboten geprägt. In dieser Zeit widersprach eine Sportlimousine der politischen Korrektheit, die bei ihrer Präsentation mit spiegelschriftlichem Frontspoiler-Turbohinweis unverhohlen Schnellfahr- und Überholabsichten signalisierte. (Die Turbo-Spiegelschrift ging denn auch in vorbeugendem Gehorsam nicht in Serie.) Doch nicht nur gesellschaftliche und wirtschaftliche Gründe bedeuteten schon 1975 das Turbo-Aus für BMW. Beim 2002 traten auch damalige Turbo-Nachteile ungeschminkt zutage, die »auto motor und sport« im

Test (Ausgabe 19/1974) zunächst so erläuterte: »... *Gerade für die Aufgabe, über einen sehr breiten Drehzahlbereich in dem gewünschten Maß leistungsfördernden Ladedruck zu liefern, ist die Abgasturbine von Haus aus ungeeignet, weshalb sich die Regelungsprobleme mit der Verwendung kleinerer oder größerer Verdichter allein nicht befriedigend lösen lassen. Andererseits darf der Ladedruck nicht über Gebühr ansteigen, um die Kopfdichtung nicht zu gefährden... Außerdem gilt es, ein systembedingtes Handicap, nämlich die verzögerte Reaktion auf Gaspedalbewegungen nach dem Schiebebetrieb, abzustellen, das einfach daher rührt, dass der Lader nach dieser Phase erst wieder auf Drehzahl gebracht werden muss.* «
Im Falle BMW 2002 Turbo bedeuteten diese prinzipiellen Sachzwänge laut »auto motor und sport«: »...*Im Fahrbetrieb wirkt der BMW zumindest im unteren Drehzahlbereich keineswegs so sportlich, wie sein Äußeres vermuten lässt. Hier reagiert er sehr zäh aufs Gas und beschleunigt nicht besser als der mit halber Turbo-Leistung operierende BMW 1602. Die Elastizitätsmessungen bestätigen das; unten herum ist nicht viel los.* « Und: »...*wirkt er auf kurvenreichen Straßen gelegentlich etwas hilflos, wenn man beispielsweise vor einer Kurve den passenden Gang nicht eingelegt hat und der Tritt aufs Gas so gut wie nichts auslöst.* «

So blieb es Porsche (und wenig später Saab) vorbehalten, das Turbo-Prinzip im Personenwagen zu kultivieren – sowohl, was seine Standfestigkeit anlangt, als auch in Sachen Harmonie der Leistungsentfaltung. Entsprechende Erfahrungen machten die Weissacher dort, wo Porsche traditionell Reifeprüfungen ablegt: nämlich im Motorsport.

Nach dem aufgeladenen Porsche 911 der zweite funktionstüchtige Turbo: Saab 99, 1977 vorgestellt.

Der Turbo-2002 von BMW enttäuschte 1974 trotz 170 PS im Leistungsverhalten – nur 1672 Exemplare entstanden.

Zweiliter-Turbomotor mit 145 PS statt Dreiliter-Saugmotor: die erfolgreiche Alternative von Saab in den 1970er Jahren.

Turbo-Prüffeld Rennsport:

PORSCHE + TURBO = DOMINANZ

Porsche setzte nicht als erste Firma Turbolader im Rennsport ein – aber mit Sicherheit am erfolgreichsten. Nach dem Turbodiesel-Auftakt von Cummins anno 1952 rasten wieder ab 1966 Indy-Piloten mit Turbokraft auf den für diese Rennserie typischen Oval-Kursen immer an der Wand lang – diesmal mit Ottomotoren und mit erfolgreichen Zielankünften. Und BMW setzte – wie im Vorkapitel angedeutet – bereits 1969 bei der Tourenwagen-EM auf Kraft aus Abgasen.

Porsche gab erstmals 1972 offiziell Turbo-Laut, als für die amerikanische CanAm-Rennserie mit aufgeladenen 917ern gegen die in den USA zuvor dominierenden CanAm-McLaren zum Angriff geblasen wurde. Der bereits in der Marken-Weltmeisterschaft bewährte 917-Zwölfzylinder wurde zu diesem Zweck bereits 1971 mit zwei Turboladern aufgerüstet, Leistungssteigerung um über 100 Prozent von knapp 600 auf rund 1200 PS. Porsche dominierte mit diesen Super-Rennern aus dem Stand die amerikanische Meisterschaft – und die Amis erwiesen sich als schlechte Verlierer: Sie änderten nach zwei Porsche-Meisterschaften flugs das Reglement, Porsche zog sich frustriert zurück. Doch der Rückzug betraf lediglich die Canadisch-Amerikanische Rennserie und die 917-Sauriere – Motorsport-Geschichte schrieb Porsche in den 1970er Jahren wieder wie in der Gründerzeit mit Rennwagen, die direkte Abkömmlinge von Serien-Porsches waren. Der Turbolader sorgte dabei für den zweiten Wind.

Porsche 917/10 TC: Zwölfzylinder-Boxer mit Luftkühlung, zwei Turboladern, fünf Liter Hubraum und rund 1200 PS.

George Follmer ließ mit seinem Porsche 917/10 TC der CanAm-Konkurrenz keine Chance und siegte 1972 überlegen.

Die Vorgeschichte des Porsche 911 Turbo

»WARUM FAHRN'S DENN DIE ANDERN DEN PORSCHE DAVON ...?«

Sportwagen-Enthusiasten verdanken ihn der Vernunft. Sie verdanken den Porsche Turbo schärferen gesetzlichen Abgas- und Geräuschbestimmungen, die Anfang/Mitte der 1970er Jahre leistungsorientierte Motorenkonstrukteure zum Umdenken zwangen. Der Porsche Turbo, Entwicklungscode 930, ist die in Weissach nahe Stuttgart ersonnene Möglichkeit, ökologische Grundsätze ins traditionelle Porsche-Manifest des Fahrens »in seiner schönsten Form« zu integrieren.

Diesen Eindruck jedenfalls gewinnt, wer sich heute in offizielle Statements des Hauses Porsche zur finalen Turbo-Präsentation Ende 1974 auf dem Pariser Salon und 1975 zur Markteinführung des Porsche Turbo vertieft. Manfred Jantke, damals Porsche-Pressechef, sprach von einer »*neuen Synthese*«. O-Ton: »*Trotz überragender Leistungsfähigkeit verzichtet der neue Porsche auf alle negativen Attribute konventioneller Höchstleistung. Er ist weder laut noch hart noch spartanisch ausgestattet oder empfindlich im Betrieb. Vielmehr zeigt er sich in Ausstattung und Komfort auf höchste Ansprüche zugeschnitten, problemlos im Alltagsverkehr und dabei gleichzeitig von so faszinierendem Charakter, dass er das Fahren in seiner schönsten Form so eindrücklich vermittelt wie noch kein Porsche zuvor.*«

Doch die tatsächlichen Motive für den Super-Porsche der nächsten Jahrzehnte waren viel weniger rationaler Natur, weit mehr emotional. Und dass der Porsche Turbo überhaupt zum regulären Serien-Porsche gedieh, ist mehr Zufall, denn kühnes Kalkül. Ein engagierter Projektleiter im Hause Porsche spielte dabei eine tragende Rolle, Sportreglements-Dichter in Paris trugen ihr Scherflein bei, und nicht zuletzt der Mut aller Beteiligten, gegen den Strom zu schwimmen, den vermeintlichen Zeitgeist unbeachtet zu lassen, Enthusiasmus zu dokumentieren statt schnöden Opportunismus. Doch der Reihe nach.

»*Ich erinnere mich noch ganz genau*«, gab Anfang 1991 Dipl.-Ing. Wolfgang Berger, 17 Jahre zuvor Turbo-Geburtshelfer als Projektleiter zu Protokoll, »*wir standen im Hockenheimer Motodrom auf der Dunlop-Terrasse, Professor Fuhrmann und ich. Das muss 1972 gewesen sein. Wir beobachteten ein Rennen – und da fuhr ein Ford Capri weit voraus, gefolgt von einem BMW. Und dann erst kam ein Porsche, ein Kremer-Porsche war's – bereits einmal überrundet.*«

Bei Porsche 1973 Turbo-Initiator und -Projektleiter: Dipl.-Ing. Wolfgang Berger.

Bei Porsche von 1972 bis 1980 Vorstandsvorsitzender: Professor Ernst Fuhrmann.

Ford-Rennleiter Mike Kranefuß machte es vor: die Rennsport-Homologation für brave Serienmodelle.

Diese Schmach, Porsche hinter gewöhnlichen Großserienprodukten einher hinken zu sehen, schien den Porsche-Chef zu verbittern. Berger erinnert sich, dass ihn Fuhrmann fragte: *»Warum fahrn's denn die andern den Porsche davon…?«* Der Motorsport-engagierte Jungingenieur erläuterte seinem Boss daraufhin die Gesetzmäßigkeiten cleverer Fahrzeug-Homologation. Er verwies darauf, dass Ford unter Sportchef Mike Kranefuß eben Spezialfahrzeuge auf Serienbasis für eine Kleinststückzahl konzipiert habe, um sowohl den Motorsport-Gesetzen Genüge zu tun (die bestimmte Mindeststückzahlen für Sportmobile forderten), als auch hochkarätiger Konkurrenz mehr als Paroli bieten zu können. Das leuchtete dem Porsche-Vordenker ein – Berger: *»Er fragte mich, 'was müssen wir tun?'«*

Die Frage führte noch 1972 zur Porsche-Entscheidung, wieder in den Breitensport einzusteigen. Und sie führte – nach der Erkenntnis, für den Rundstrecken-Motorsport nicht das richtige Auto homologiert zu haben – zum ersten Homologations-Elfer der 1970er Jahre. Berger: *»Wir entwickelten in extrem kurzer Zeit, ohne die üblichen Entwicklungs-Strukturen, den Carrera RS 2.7 mit einem Homologationsgewicht von 900 Kilogramm – das war eine Mischung von Zuruf, Begeisterung und Organisation.«*

500 Exemplare forderte damals das damalige Reglement für die sogenannte Gruppe 4 (Spezial-GT). Und die wurden in kurzer Zeit im Homologationsjahr 1972*, gebaut. Berger: *»Wir sind mit jedem dieser Autos auf die Stadtwaage nach Zuffenhausen gefahren, um das Sollgewicht zu dokumentieren. Da waren Autos dabei, die wogen nur 885 Kilo, einige bis zu 905 Kilo.«*

Die Carrera RS waren freilich Extrem-Rennsportwagen, für den Straßen-Gebrauch zwar durchaus tauglich (und selbstverständlich zulassungsfähig), aber nach Meinung der Porsche-Oberen in der angestrebten (und notwendigen) Stückzahl 500 unverkäuflich. Also entstanden zwei Stufen Komfort-Pakete, eines mit 80 Kilogramm Gewicht, ein zweites mit rund 200 Kilogramm. Wolfgang Berger: *»Für die spätere Turbo-Entwicklung war das die Basis, insbesondere die Evolutions-Version des 2,7 Liter-RS, der Dreiliter-RS.«*

Grund der Evolutions-Serie nach Ford-Vorbild (Berger: *»Das hat uns der Mike Kranefuß ja vorexerziert!«*) war nicht zuletzt die Forderung nach der Verwendung breiterer Reifen. *»Bei der Kotflügelbreite des Basis-Carrera RS,«* gab Berger im Rückblick zu Protokoll, *»war kaum ein g'scheiter Reifen unterzubringen.«*

Die schließlich 1974 aufgelegte 50 Stück-Serie des Carrera RS 3.0 hatte deshalb stattliche Kotflügelverbreiterungen vorn und hinten, so breit, dass bei Berücksichtigung der zusätzlichen, vom Sportgesetz erlaubten Verbreiterungen von 50 Millimeter das maximal erlaubte 14 Zoll-Rad unterzubringen war.

**1973 wurde eine zweite 500er-Serie aufgelegt, wodurch der RS 2.7 in der damaligen Gruppe 3 (Serien-GT) homologiert werden konnte. Weitere 580 Exemplare folgten zur Nachfrage-Befriedigung, aber auch zum Verbrauch spezieller RS-Teile. Insgesamt entstanden so 1331 Carrera RS 2.7 mit (relativ) ziviler Touring-Ausstattung, 200 Sport-Exemplare (Leichtbau-Straßenversion) und 49 Gruppe 4-RSR.*

Nach Ford-Vorbild entwickelt: der besonders leichte Homologations-Porsche 911 RS 2.7 als Basis für den Rennsport (im Vordergrund).

Erster Schritt zum Turbo: der Carrera RS 3.0

Der Carrera RS 3.0, heute bereits legendär, erwies sich als richtige Entscheidung. Seine Rennversion RSR kam, sah und siegte – wenn auch nur in einer Saison. Zwar konnte man mit diesem Superauto (prinzipiell wenig verändert) bis in die 1990er Jahre Rennen erfolgreich bestreiten (noch 1990 gewann Edgar Döhren mit einem solchen RSR beim Veedol Langstreckenpokal drei Rennen). Doch jene GT-Meisterschaft, für die der 3.0 RS eigentlich konzipiert worden war, erwies sich nur ein Jahr lang als spektakulär und erfolgreich – Fahrer wie Claude Haldi, John Fitzpatrick und andere geigten in dieser Porsche-Sportepoche glanzvoll auf.
Diskussionen und Gerüchte um ein bei der Fédération Internationale de l´Automobile (FIA) in Paris gärendes neues Sportgesetz (neuer Anhang J) verunsicherten bereits 1973 die Szene – auch Porsche musste sich neue Gedanken um die zu erwartenden neuen Gruppen 4 (Grand-Tourisme-Wagen) und 5 (Spezial-Produktionswagen) machen. Berger: »*Wir erkannten, dass wir da mit unserer aktuellen Saugmotor-Basis vermutlich keine Chancen haben würden.*« Tatsächlich schien den Porsche-Technikern der konventionelle Weg der Leistungs-Steigerung durch Hubraum-Wachstum verwehrt. Sie hatten schließlich den ursprünglich nur zwei Liter großen Sechszylinder-Boxer bereits in mehreren Schritten (2,2 Liter, 2,4 Liter, 2,7 Liter) auf letztlich drei Liter Hubraum im Carrera RS 3.0 erweitert – viel Spielraum gab's da ohne eine grundlegende Überarbeitung oder gar eine Neukonstruktion nicht mehr.
Und eine völlige Neukonstruktion für deutlich mehr Hubraum-Reserven hätte automatisch deutlich mehr Motorgewicht bedeutet – dies zeigte das zu jener Zeit bereits angedachte Projekt 928, das letztlich zu einem viel größeren, viel schwereren Sportwagen führen sollte. Doch schließlich hatte Porsche ja bereits in der CanAm-Serie ausgiebig Erfahrungen mit aufgeladenen Rennmotoren gesammelt. Der CanAm-917 hatte einen Weg gezeigt, wie man aus einem gegebenen Motor bis zu 100 Prozent Mehrleistung herausholen konnte, ohne dessen Dimensionen und Gewicht drastisch aufstocken zu müssen (siehe »Turbo-Prüffeld Rennsport «, ab Seite 11). Warum also nicht ernsthaft einen Elfer mit Abgas-Turbolader entwickeln, ein Projekt neu aufgreifen, das bereits einmal in den 1960er Jahren angedacht, wegen zu erwartender Probleme indessen schnell ad acta gelegt worden war?
Als Ende 1973 erste Konturen des neuen Sportgesetzes deutlich wurden, entschied Porsche zwar, schwerpunktmäßig in der neuen Gruppe 5 aktiv zu werden (was schließlich zum Typ 935 führte). Doch zugleich wurde in Weissach auch erkannt, dass man wieder einen Basis-Typ für die Homologation in der Gruppe 4 benötigen würde. Das bedeutete, dass innerhalb von zwölf Monaten mindestens 400 Exemplare eines Homologations-Modells zu bauen waren, wollte man entsprechend des ab der Saison 1976 gültigen Sportgesetzes erfolgreich in den neuen Gruppen 4 (und 5) Motorsport betreiben.
Diese Entscheidung fiel bei Porsche im November 1973, gut zwei Monate, nachdem Porsche auf der IAA in Frankfurt geradezu visionär eine 911 Turbo-Studie gezeigt hatte, die ich in meiner ersten Turbo-Chronik von 1991 noch dem Pariser Salon 1974 zugeschrieben hatte. Eigenartigerweise nahm in der Hessen-Metropole kaum einer Kenntnis von dem silbern lackierten, hier etwas ausführlicher gezeigten Boliden, dem der Schildtext auf dem Drehpodest 2,7 Liter Hubraum und 280 PS zuschrieb. Selbst in »auto motor und sport«, dem Hause Porsche traditionell sehr zugetan, fand die Studie keinen Niederschlag – das damals neue 911 G-Modells stellte sie offensichtlich in den Schatten. Damit muss bereits der September ´73 aus heutiger Sicht als Geburtsmonat des künftigen Porsche 930, somit des turbo*, gelten.
Doch erst im November des selben Jahres wurden bei Porsche erste ernsthafte Schritte in Richtung 911 Turbo gemacht. Damals jedenfalls erinnerten sich die verantwortlichen Porsche-Techniker bewährter Erfolgs-Rezepte – Wolfgang Berger: »*Wir sagten uns, wir müssen wiederholen, was wir bereits einmal erfolgreich gemacht haben: nämlich einen möglichst leichten Basis-Typ homologieren, und, damit man ihn verkaufen kann, entsprechend mit Komfort-Paketen aufrüsten.*«

**Nach damals offizieller Porsche-Schreibweise wurde die Typbezeichnung „turbo" noch klein geschrieben – in dieser Chronik jedoch einheitlich mit Initial »T«.*

Seltener Anblick: gleich zwei 911 Carrera RS 3.0 von insgesamt nur 109 im Jahr 1974 gebauten Exemplaren.

911 Turbo-Studie 1973 bei der IAA: Die Beschilderung versprach 280 PS aus 2,7 Liter Hubraum.

Turbo-Entwicklung: möglichst zügig und kostengünstig

Auch was die Entwicklungs-Struktur anbelangt, schienen keine wesentlichen Änderungen vonnöten – schließlich hatte sich das meisterhafte Hauruck-Verfahren einiger engagierter Enthusiasten der Porsche-Truppe bei der Carrera RS-Entwicklung bestens bewährt. Das galt gleichermaßen für den Entwicklungs-Etat – Berger Anfang 1991 im Rückblick scherzhaft: *»Ich möchte zwar keine Zahlen nennen – aber mit einem vergleichbaren Etat entwickeln Sie heute einen Fensterheber...«*
Möglichst kostengünstig sollte die neue Gruppe 4-Entwicklung sein, möglichst geringe Manpower binden – und möglichst zügig vorangehen. Kein Wunder, dass bei diesem Projekt auch die Stilistik-Abteilung nicht zu Rate gezogen werden konnte. So orientierte sich Projektleiter Berger bei seinen Karosserie-Modifikationen für den neuen Porsche-Gruppe 4 nicht an ästhetischen Gesichtspunkten, sondern einzig an funktionellen – Berger: *»Es galt, das vermutlich vom Reglement erlaubte 14 Zoll-Rad unterzubringen – wir brauchten eine Gesamtbreite von 1775 Millimetern.«* (Zum Vergleich: Der damalige Basis-911 maß in der Breite 1610 mm, der 911 Carrera 1652 mm.)
Berger weiter: *»Wir gingen vor, wie wir bei Rennautos, immer vorgehen, das heißt: Man baut das Auto auf die richtige Fahrzeughöhe auf, eingefedert, mit zwei Personen besetzt, stellt das Rad mit montiertem Rennreifen in den Radkasten, schneidet den Kotflügel aus, und überbrückt die Distanz durch ein vernünftig geformtes Distanzstück.«* Berger hatte es im Falle des im ersten Lastenheft vom 20.Dezember 1973 bereits Typ 930 genannten Homologationsmodells relativ einfach – schließlich gab's in Gestalt des Carrera RS 3.0 bereits ein Vorbild.
Berger: *»Ich habe natürlich den RS-Kotflügel des Dreiliter-Evolutionsmodells genommen, ihn mit Plastilin etwas korrigiert – das geschah innerhalb von zwei Wochen, immer abends in der Kunststoff-Werkstatt. Schließlich stand das Auto für meine Begriffe wunderschön da.«* So ganz sicher muss sich Berger seiner Sache freilich nicht gewesen sein, auf Designprofi-Rat wollte er nicht verzichten. Also nutzte er den kleinen Dienstweg: *»Ich hatte guten Kontakt zu einem Chefstylisten unseres Houses.«* Der brachte dann nach Feierabend, mit einem Plastilin-Kratzer ausgerüstet, kleine Retouchen an – Honorar: eine Flasche Whiskey. (An einen Fotografen, das so entstandene Gemeinschaftswerk abzulichten, wurde indessen in der Eile nicht gedacht – so blieb der Nachwelt lediglich ein Foto des noch schmal karossierten Versuchsträgers für den Turbo-Motor erhalten, auf der nächsten Seite neben einem Vorserien-Turbo abgebildet).
Ein Problem bereitete allerdings noch Kopfschmerzen – Wolfgang Berger erinnerte sich: *»Wie bekommen wir die vordere Serienstoßstange auf die Breite der Kotflügelverbreiterungen? Hinten war das kein Problem gewesen, da wurde einfach eine neue Schürze gebaut.«* Die Lösung ergab sich schließlich aus einem zweiten Sachzwang, einem aerodynamischen. Ohnehin hatte sich im Windkanal erwiesen, dass ein Frontspoiler unumgäng-

911 Turbo-Studie im Porsche-Entwicklungszentrum Weissach: Äußerlich am Vorbild Carrera RS 3.0 orientiert...

...mit noch größerem Heckflügel und dicken Backen für besonders breite Sohlen, jedoch nicht fahrfähig.

lich war, sollte die Fuhre bei den zu erwartenden, exorbitant hohen Geschwindigkeiten nicht abheben. Und der wurde nun so gestaltet, dass er links und rechts die Anschlüsse von Stoßstange zu den Verbreiterungen überbrückte. Berger: »*Wir machten aus der Not eine Tugend. Den Spoiler brauchten wir ohnehin. Und das ersparte uns Werkzeugkosten für spezielle Blechteile.*«
Nach dem (umständlichen) Verfahren des ersten Musters sollten im Karosseriebereich schließlich auch die ersten Porsche 930 entstehen. Es wurden also Rohkarosserien der damaligen 911 H-Serie verwendet, deren Kotflügel großflächig um die Räder ausgeschnitten und Verbreiterungs-Blenden eingeschweißt. Die Blenden konnten mit Hilfe preisgünstiger Werkzeuge hergestellt werden. Und den Nachteil der bei diesem Verfahren höheren Herstellkosten glaubten die Verantwortlichen, vernachlässigen zu können – Berger: »*Es waren ja nur 400 Stück geplant.*«
Bis 15. November 1975 mussten diese Autos fertiggestellt sein, wollte Porsche den 930 bis 1. Januar 1976 homologiert haben. Dass sie sich schließlich in manchen Details deutlich vom 930-Urkonzept unterschieden, daran trägt das letztlich Anfang 1974 von der FIA präsentierte Gruppe 4-Reglement Schuld. Es sah nämlich in wesentlichen Details anders aus, als (nicht nur) von Porsche noch 1973 erwartet. So wurden nun verschiedenen Hubraum-Klassen Gewichts-Klassen und Felgen-Maximalbreiten zugeordnet.

Turbo-Geburtsstunde nach Schreck-Sekunde

Der im Hubraum drei Liter große und entsprechend dem fixierten Turbo-Faktor 1,4 als 4,2-Liter eingestufte Porsche 930 musste nun bei einem Gruppe 4-Einsatz mindestens 1120 Kilogramm auf die Waage bringen – Berger: »*Damit war unsere Philosophie der möglichst leichten Grundversion nicht mehr aktuell.*« Die Nachricht überreichte der damalige Sport-Koordinator Jürgen Barth 930-Projektleiter Berger eines Nachmittags im März 1974 »*um drei, halb vier*« – es war die Geburtsstunde des Porsche Turbo als erste Serienversion in seiner heute bekannten Form. Auf die Schreck-Sekunde folgte ein langes, gut anderthalb Stunden dauerndes Telefonat. Berger: »*Nachdem ich mir über die Konsequenzen klar geworden war, habe ich mich mit dem damaligen Verkaufsleiter, Harald Wagner, in Verbindung gesetzt und über eine mögliche Verkaufsversion diskutiert. Vorausschicken muss man, dass der Verkauf zunächst nicht begeistert war – wir hatten schließlich gerade die Energiekrise. Aber bei diesem Gespräch kam heraus, was dann schließlich Ende 1974 auf dem Pariser Salon stand.*«
Dort präsentierte Porsche einen üppig ausgestatteten Luxus-Sportwagen, mit elektrischen Fensterhebern, Klimaanlage, Radio, kurzum: mit dem gesamten Zusatzausstattungs-Arsenal des Hauses Porsche – doch davon später. Zunächst galt es, das ursprüngliche Lastenheft für den Typ 930 vom Dezember 1973 den neuen, nun endlich fest stehenden Rahmenbedingungen des Reglements anzupassen.
Waren in den Konzept-Vorgaben unter der Rubrik »*4. Karosserie*« noch Dünnblech-Teile für die Sitzmulden, den Kofferraumboden, die Schalttafel-Ober- und Unterteile (Lastenheft-Randnotiz: »*Umfang wird noch erweitert*«), erleichterte Stossfänger-Konsolen und Prallrohraufnahmen, nur 4,2 mm starkes Dünnglas (von der Firma DETAG) rundum (Fondseitenfenster fest eingeglast), eine kleine (leichte) 44 Ah-Batterie, der Verzicht auf Notsitze, Handschuhkasten-Deckel, Zeituhr und Komplett-Unterbodenschutz (»*nur Mindestanteil im Schleuderbereich der Räder, Fersenblech und*

Schmaler 930 Turbo-Versuchsträger (links) und bereits in die Breite gewachsener Vorserien-Turbo.

Überraschte im März 1974 mit folgenschwerer Nachricht: Jürgen Barth, damals bei Porsche Motorsport-Koordinator.

Sitzmulden«) vorgesehen, so konnten diese Punkte mit der Begründung »*keine Leichtbauversion erforderlich*« am 5. Juni 1974 gestrichen werden. Das war freilich nicht die einzige Änderung gegenüber ersten Planungen (und Lastenheft-Niederschriften). Wurde nämlich anfangs der Turbo-Motor auf der Basis eines 2,7 Liter-Triebwerkes (911/50) entwickelt, so stellte sich schnell heraus, dass der Mehrhubraum des Dreiliter-Carrera RS (Typ 930/10) das Turbo-typische Leistungs-Defizit bei niedrigen Drehzahlen, bedingt durch die niedrige Verdichtung, zumindest teilkompensierte. Zur 70,4 mm-Kurbelwelle gesellten sich deshalb Zylinder und Kolben des 95 mm-Maßes (statt 90 mm) – siehe dazu auch das Motoren-Kapitel, Seite 21.

Praktisch unverändert blieb so in erster Linie das Fahrwerks-Konzept, die Fahrwerksauslegung des neuen Porsche 930. Die orientierte sich an Grundeigenschaften des von Porsche gepflegten Elfer-Konzeptes, wonach das Fahrverhalten des Heckmotor-Boliden für unbedarfte Piloten nicht ohne Tücken ist. Man wusste das bei Porsche natürlich, und man strebte von Modell zu Modell eine größere Gutmütigkeit des Zuffenhausener Klassikers an. Angesichts des drastisch gesteigerten Leistungs-Potentials des Typs 930 indessen schienen außerordentliche Bemühungen angeraten, der Heckmotor-Tücke entgegen zu wirken.

Turbo-Fahrwerksabstimmung durch Mark Donohue

Wolfgang Berger: »*Wir waren uns bewusst, dass unser 930 in der Hecklastigkeit noch ungünstiger wird – der Motor wanderte ja nach hinten, das Gewicht stieg an.*« (siehe dazu auch das Fahrwerks-Kapitel, Seite 25). Es galt also, das Fahrwerk in der Kinematik zu optimieren. Höheres Gewicht bedeutete zunächst einmal den Gebrauch härterer Federn, härtere Federn bedeuten geringere Federwege. Berger: »*Wegen der damals gebräuchlichen schmalen Räder brauchten wir aber trotzdem die Radsturzänderungen des normalen Elfers.*«

Wie aber wurde das Fahrwerk und dessen Kinematik modifiziert? »*Vorn war das recht einfach*«, erläuterte Wolfgang Berger, »*durch Anhebung der Lenkerpunkte. Hinten haben wir den Lenker verkürzt und die Lenkerachse angehoben. Die Maß-Veränderungen hat uns Mark Donohue auf der Paul Ricard-Rennstrecke mit einem Saugmotor-Carrera herausgefahren.*« Doch es war nicht nur Intuition des amerikanischen Turbo-Fahrspezialisten (der die Porsche-CanAm-Boliden so meisterhaft beherrschte). Vielmehr arbeitete parallel dazu die Porsche-Versuchsabteilung gewohnt empirisch an der Turbo-Fahrwerksabstimmung, brachte, so Wolfgang Berger, »*wichtige Erkenntnisse*«.

Letztlich ging der Porsche Turbo also 1975 mit der Donohue-Abstimmung in Serie, mit einer Kinematik, die grundsätzlich bis 1988 beibehalten wurde – obwohl sie im Hause Porsche nicht nur Zustimmung fand. Berger: »*Es gab Stimmen, die diese Modifikationen nicht guthießen, die sagten, diese Änderungen brächten doch theoretisch nichts. Aber wir sagten uns, Theorie hin, Theorie her – der Mark Donohue sagt, so geht´s schneller, also ist's schneller...*«

Er hatte mit seinem speziellen Fahrstil den Turbo-Dreh raus: der amerikanische CanAm-Star und Porsche 930-Fahrwerksabstimmer Mark Donohue.

Das Turbo-Projekt wird korrigiert – die Amis korrigieren mit

Ausschließlich europäischen Kunden war das starke Turbo Stück ursprünglich zugedacht – doch die Sportwagen- und Porsche-gierigen Amis machten einen Strich durch die sparsame, an Motorsport-Gesetzen orientierte Stückzahl-Kalkulation der Schwaben: Sie forcierten ihren Teil vom Turbo-Kuchen. So half ein Amerikaner nicht nur mit, die Turbo-Fahrwerksabstimmung zu finden. Seine Landsleute waren es auch, die dem Turbo den Weg zum Verkaufs-Renner ebneten. Das jedenfalls war den Porsche Verantwortlichen bereits im Vorfeld des Pariser Salons klar geworden – »auto motor und sport«-Redakteur Helmut Luckner im Messebericht (Ausgabe 22/1974): »*Ursprünglich sollte die vorerst letzte Eskalation der 911-Baureihe ... innerhalb von zwei Jahren jene 400mal verkauft werden, die nötig sind, um den Turbo im Rahmen der Markenweltmeisterschaft ab 1976 rennen zu lassen. Das unerwartet starke US-Interesse bewog das Zuffenhausener Management, auch die treue kalifornische Porsche-Kundschaft mit dem starken Stück zu bedenken, gleichzeitig wegen der daraus erwachsenden Mehrkosten für Typprüfungen und US-Abgastests aber auch die Stückzahl vierstellig zu planen.*«

Also beschloss der Porsche-Vorstand (Dr. Ernst Fuhrmann, Heinz Branitzki), das Produktions-Soll für den Turbo auf 1000 Stück auszuweiten und den Verkaufspreis auf deutlich über 65000 D-Mark anzuheben – dies zu einer Zeit, da ein 911 Carrera 2.7 noch rund 44000 D-Mark kostete, ein Achtzylinder-Ferrari (308 GT 4) für etwa 48000 D-Mark zu haben war und fürs Turbo-Geld gar ein Zwölfzylinder-Lamborghini (Jarama 400 GT für 64500 D-Mark) mit 350 PS eingekauft werden konnte.

Turbo Jahrgang ´75: Antithese zur »Political Correctness«

BLASMUSIK ZUR »ENERGIE-KRISE«

911 (930) Turbo 3.0: Das ist anders*

- Karosserie-Details und Spoiler-Equipement
- Motor (930/50) mit mehr Hubraum, geänderten Kurbelgehäuse-Materialien, Turbo-Aufladung und erhöhter Leistung (plus 50 PS)
- neu konstruiertes Viergang-Getriebe (930/30)
- neu abgestimmte und verstärkte Radaufhängungen
- Tachometer-Skalierung bis 300 km/h

**im Vergleich zum 911 Carrera 2.7*

Walter Röhrl über den ...
... 930 Turbo 3.0

»Der Urvater aller Turbos war eine technische Revolution im Serienautomobilbau. Die erste Variante mit 260 PS und Viergang-Getriebe war in ihrer Leistungsentfaltung noch sehr spitz, aber gerade deshalb für Könner eine wunderbare Herausforderung: Du gibst heute Gas, und morgen geht´s los... Fahren können muss man also schon damit. Erst schiebt er über die Vorderräder, dann kommt er blitzschnell hinten. Auch optisch ist der 930 ein Traum, die ausgestellten Kotflügel in Kombination mit den Fuchsfelgen, dazu der große Heckspoiler.
***4 von 10 Punkten** gebe ich dem ersten Dreiliter-Turbo.«*

Der auch für Porsche-Verhältnisse extrem hohe Turbo-Preis war jedoch nicht das einzige Sorgen-Thema. Zusätzliche Kopfschmerzen bereiteten Finanzmann Branitzki das zur Turbo-Präsentation herrschende weltweite Meinungsklima, hervorgerufen durch die sogenannte »Energiekrise« Anfang der 1970er Jahre, die in einigen Ländern, darunter Deutschland, zu Fahrverboten und Tempolimits geführt hatte: Power-Automobile waren schlicht und ergreifend out zu jener Zeit, sie entsprachen nicht der »Political Correctness« jener Ära – und ausgerechnet jetzt stellte Porsche das Power-Auto schlechthin vor. Solche Nöte und Bedenken führten zur letztlich gewählten Porsche-Strategie, den Turbo nicht zuvorderst als Kraftwagen zu vermarkten, sondern Betonungen auch auf Luxus, Komfort und Umweltverträglichkeit zu legen – alles Qualitäten, die durchaus zu den Meriten eines gut konstruierten Turbomotors zählen.
Deshalb geriet der Turbo konzeptionell nicht zu einem Nachfolger der spartanisch ausgestatteten Carrera RS 2.7 (von 1973) und RS 3.0 (von 1974), sondern zu einem üppig ausgestatteten Luxus-Automobil ohne Vorbild in der Porsche-Geschichte. Und um ein Haar hätte der »Turbo« nicht unter dieser heute bereits klassischen Bezeichnung avanciert. Es standen nämlich im Zuffenhausener Backstein-Gebäude auch letztlich verworfene Alternativ-Namen zur Diskussion, darunter »911 Strabo« – »Stra« für Straße, »bo« für Turbo.
Ob wohl ein Porsche Strabo auch zur Legende geworden wäre?
Die Frage muss unbeantwortet bleiben – gut war sicherlich der Entschluss, für die Serienbezeichnung nicht die Entwicklungszahl 930 zu verwenden, sondern ihn auch in der Nomenklatur seiner allseits bekannten Ausgangsbasis zuzuordnen: Porsche 911 Turbo, »turbo« zunächst für einige Modelljahre klein geschrieben – unter dieser Bezeichnung wurde der Super-Porsche weltweit zum Begriff.
Wenden wir uns deshalb ohne Umschweife dem Herzstück des bis dahin stärksten Serien-Porsche zu, dem die Weissacher Crew intern den Nummerncode 930/50 zugedachte.

Turbo-Werkszeichnung mit detaillierten Maßangaben vom 24. Juli 1974 – bereits auch mit länderspezifischen Beleuchtungsvorgaben.

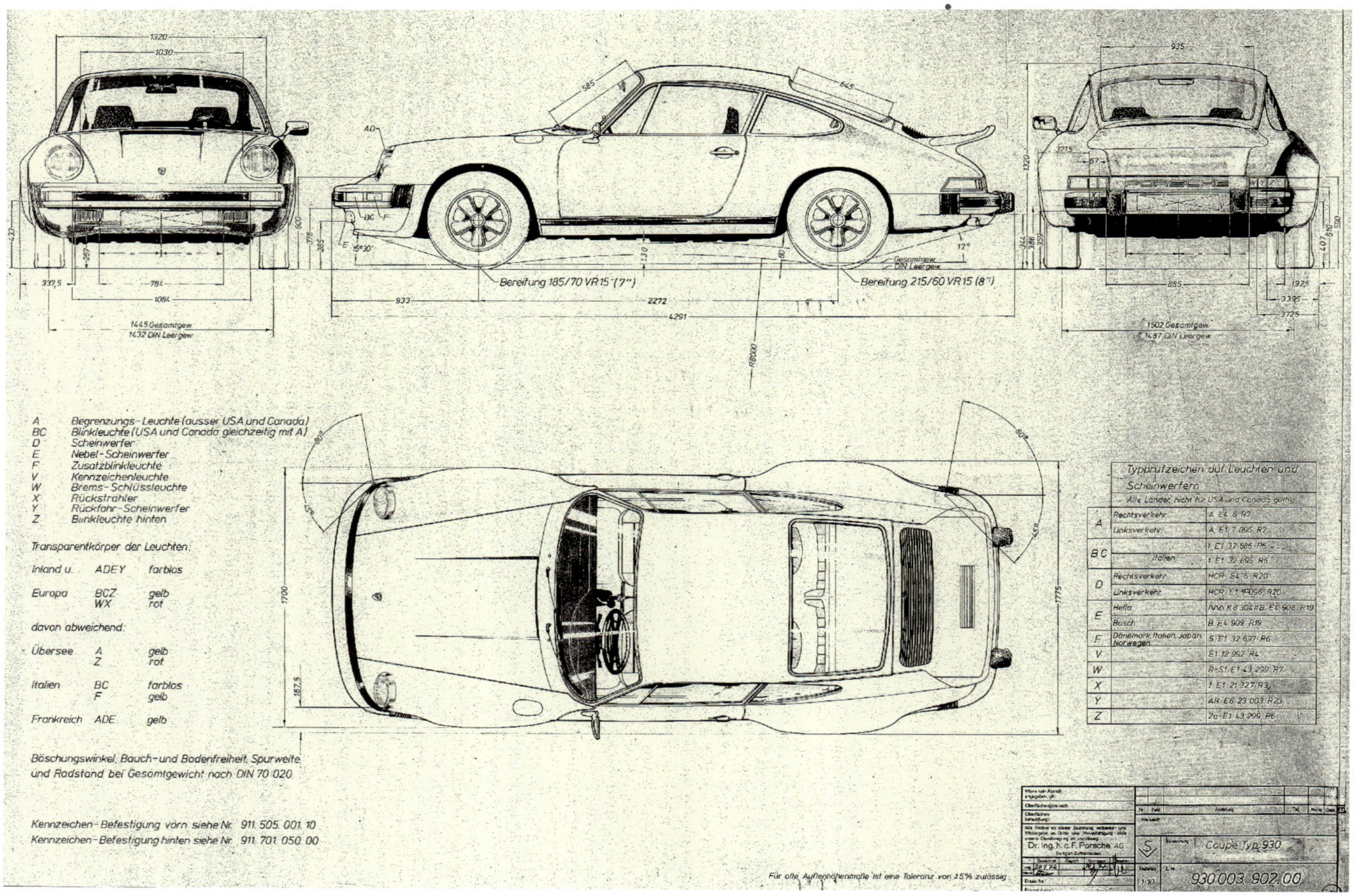

Der erste Porsche-Serienturbo: Motortyp 930/50

AUFBRUCH ZU NEUEN LEISTUNGS-HORIZONTEN

Die eigene Konstruktions-Nummer 930 für den Turbo lässt es bereits vermuten: Porsche beschränkte sich nicht darauf, einfach einen Turbolader in den 911-Abgastrakt zu integrieren. Vielmehr entstand ein in vielen Details völlig neues Triebwerk, zwar basierend auf dem des Sportmodells Carrera 3.0 RS, doch kompromisslos abgestimmt auf die Erfordernisse aufgeladener Motoren.

So kommt beim zweiteiligen 930-Kurbelgehäuse eine Aluminium-Silizium-Legierung (statt der Aluminium-Magnesium-Legierung des 911-Gehäuses) mit vergrößerten Zylinderfuß-Aufnahmebohrungen (Durchmesser 103 statt 97 mm) zur Verwendung. Entsprechend weisen die 95 mm-Nikasil*-Zylinder vergrößerte Zylinderfüße auf. Zugunsten besserer Wärmeabführung sind die Turbo-Zylinder überdies tiefer verrippt und mit versenkten Stehbolzen montiert. Die Spritzdüsen im Kurbelgehäuse zur Kühlung der Kolben erhielten einen um 0,5 auf 1,5 Millimeter vergrößerten Durchmesser.

** Die Bezeichnung Nikasil verweist auf die verwendeten Legierungs-Materialien, nämlich Nickel (Ni), Kadmium (Ka) und Silizium (Sil).*

Für die mit 6,5:1 extrem niedrige Verdichtung des ursprünglichen Turbo-Triebwerkes sind geschmiedete Leichtmetall-Kolben mit sehr flachem Kolbenboden verantwortlich (Carrera: gewölbt mit Ventiltaschen). Diese Verdichtungs-Reduzierung gegenüber dem 8,5:1 verdichteten Carrera 2.7 berücksichtigt, dass sich die Kompression bei Ladereinsatz durch Zuführung vorverdichteter Luft in den Brennräumen drastisch erhöht. Bei vollem Ladedruck von 0,8 bar ergibt sich in den Turbo-Brennräumen immerhin eine Verdichtung von rechnerisch circa 11:1.
Pleuel, Pleuelbüchsen, -lager, Kurbelwelle und Kurbelwellen-Lager entsprechen dem Carrera 2.7. Das Turbo-Schwungrad wiederum musste für die verwendete größere Kupplung im Durchmesser um elf Millimeter auf 277 mm vergrößert werden. Größer im Außendurchmesser wurde auch die Keilriemenscheibe auf der Kurbelwelle (122 mm statt 116 mm), wodurch sich die Übersetzung Kurbelwelle zu Kühlgebläse zugunsten höherer Kühlleistung auf 1:1,67 (911: 1:1,3) änderte. Eine Intensivierung der Kühlung sollen auch Abdeckbleche auf der Zuluftseite oberhalb der Zylinder-Rippen, zusätzlich zu den abluftseitig angeordneten Zylinderluftleitblechen, bewirken. Um eine bessere Luft- und Temperaturverteilung für alle Zylinder zu erreichen, erhielt die Luftführung beim Turbo zudem im Bereich des vierten Zylinders ein an die Luftführung angenietetes Luftleitblech.

Der Turbo-Motor 930/50 im Querschnitt: Die Kolbenböden sind im Vergleich zum Saug-Carrera zur Brennraum-Vergrößerung weniger gewölbt, um die Verdichtung zu reduzieren.

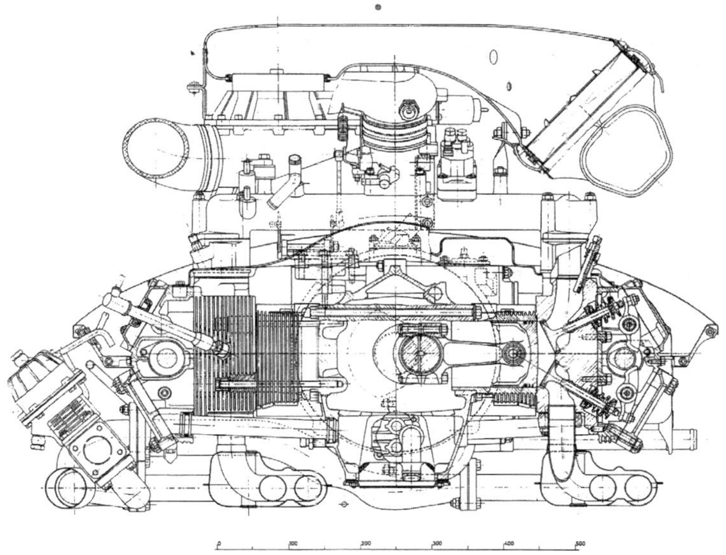

Der Turbo-Motor 930/50 im Längsschnitt: Die K-Jetronic von Bosch verfügt über einen Gemischregler mit größerem Stauscheiben-Durchmesser als beim Saug-Carrera.

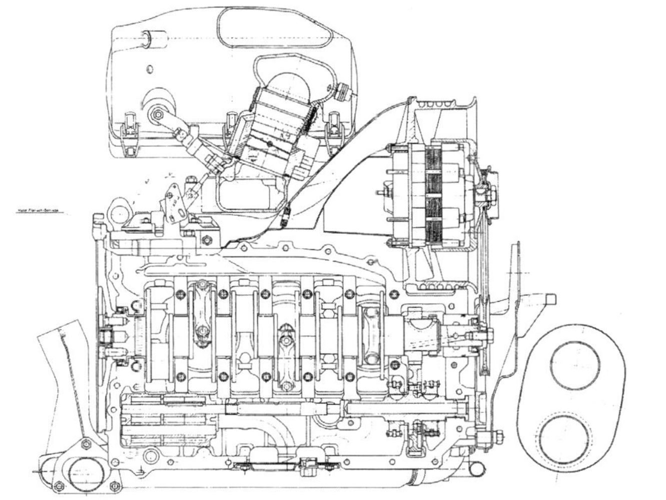

Turbo-Zylinderköpfe: Turbo-spezifische Brennräume

Deutliche Modifikationen erfuhren auch die Turbo-Zylinderköpfe gegenüber den Sauger-Köpfen. So musste die Brennraumform verändert werden, um (in Kombination mit den Flachkolben) die gewünschte niedrige Verdichtung von 6,5:1 zu realisieren. Der Einzelbrennraum-Inhalt beträgt so beim Turbo 89,6 cm^3 gegenüber 65,8 cm^3 beim 2,7 Liter großen Carrera (Typ 911/83). Äußerlich lässt sich der Turbo-Kopf an seinen extrem langen Stiftschrauben am Einlasskanal identifizieren. Kaum weniger prägnant sind innere Korrekturen, erzwungen durch die andere Brennraumform: Die Einbauwinkel sowohl des Einlass-, wie auch des Auslassventils wurden verkleinert (Auslass von 31 Grad 30' auf 30 Grad 15'; Einlass von 26 Grad 30' auf 25 Grad 30').Die Ventile erhielten darüber hinaus größere Teller-Durchmesser, nämlich 49 statt 46 mm auf der Einlass-Seite, 41,5 statt 40 mm bei den Natrium-gefüllten Auslass-Ventilen. Statt aus legiertem Grauguss bestehen beim Turbo die eingeschrumpften Ventilsitzringe aus vergütetem Sinterstahl. (Schon die allerersten Turbo waren übrigens mit Bleifrei-Super zu betreiben.)
Die Nockenwellen rotieren im Turbo statt in drei Gleitlagern in deren vier mit um zwei auf 49 mm vergrößerten Durchmessern. Zudem öffnen und schließen die Ventile 930-spezifisch. So öffnen die Einlassventile 3 Grad nach oberem Totpunkt und schließen 37 Grad nach unterem Totpunkt (Werte des Carrera 2.7: Einlass öffnet 38 Grad vor OT, schließt 50 Grad nach UT), die Auslassventile öffnen 29 Grad vor unterem Totpunkt und schließen 3 Grad vor oberem Totpunkt (Carrera-Werte: 40 Grad vor UT, 20 Grad nach OT).

Zwei elektrische, in Reihe hintereinander geschaltete Rollenzellen-Benzinpumpen (statt einer bei den Saugmotoren) bedienen mit höherer Fördermenge die im Turbo mit höherem Systemdruck arbeitende Bosch K-Jetronic (6,0 bis 6,7 bar statt 4,5 bis 5,2 bar bei 911 und 911 S; der Carrera 2.7 verfügte damals noch über eine mechanische Saugrohreinspritzung). Dabei ist die zusätzliche Pumpe am Vorderachs-Hilfsträger, die zweite Pumpe (wie beim Carrera das Solo-Aggregat) am Hinterachs-Querträger angebracht. Ein Kraftstoff-Druckspeicher konnte beim Turbo entfallen. Dafür erhielt das Kraftstoff-System zwischen Benzinpumpe und Mengenteiler einen neuen, im Volumen vergrößerten Filter.
Vergleichsweise geringe Modifikationen erfuhr für den Turbo das Schmierölsystem. So unterscheidet sich der Ölkreislauf von dem des Carrera lediglich durch die Erweiterung für den Turbolader, für die der Kreislauf am Verteilerstutzen des Öldruck-Gebers und des Fernthermometer-Gebers angezapft wurde. Die Ölpumpe wird ihren gesteigerten Förderaufgaben durch eine Verbreiterung um acht Millimeter gerecht, die eine höhere Druckleistung und Fördermenge im unteren Drehzahlbereich bewirkt. Von dieser verbreiterten Druckölpumpe, erkenntlich an zwei Versteifungsrippen im Bereich des Trennflansches von Druck- und Saugpumpe, profitieren fortan indes auch die Saugmotor-Modelle 911 und Carrera. Allerdings ist für den Turbolader-Ölkreislauf eine separate Ölrückförderpumpe vonnöten, die von der linken Nockenwelle angetrieben wird.
Natürlich bedurfte auch die K-Jetronic-Einspritzanlage von Bosch für die Verwendung im Turbo eingehender Überarbeitung. Turbo-spezifisch sind bei ihr der Gemischregler (Stauscheibendurchmesser 110 statt 85 mm), zusätzliche Gehäuseanschlüsse für den unterdruckgesteuerten Warmlauf-

Turbo-Motor 930/50: aufwändiges Abgassystem mit zwischengeschaltetem Turbolader und Bypass-Rohr zur Umgehung der Abgas-Turbine.

Detailskizze der KKK-Turbine 3 LDZ: Der Abgasdruck versetzt das Turbinenrad (rechts) in Rotation und damit das mit diesem durch eine Welle verbundene Verdichterrad (links).

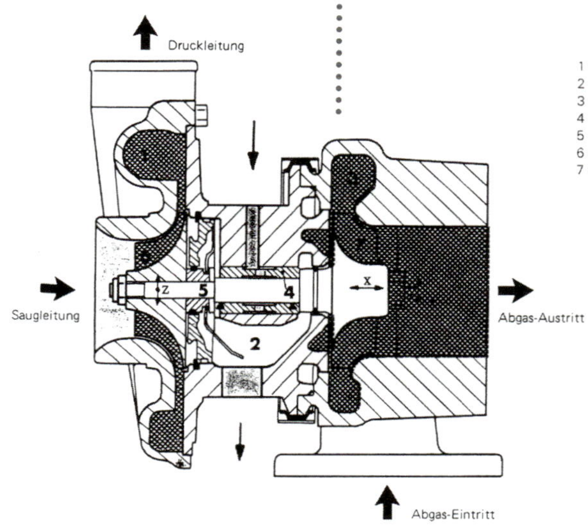

regler und die Steuerleitung des Ladedruckregelventils, das Luftverteiler-Gehäuse und Kunststoff-Saugrohre (Länge 55 mm, für alle Zylinder identisch). Der Warmlaufregler entspricht dem der US-Version des 2,7-Liter-Saugmotors. Und das Drosselklappengehäuse mit einem Drosselklappen-Durchmesser von 63 mm ist mit dem des Carrera identisch, während der Durchmesser beim Basis-911 nur 56 mm beträgt. Die gegenüber den Saugmotoren verlängerten Turbo-Einspritzventile sind geschraubt (statt gesteckt wie bei den Saugern).
Wie aber funktioniert das Aggregat, das dem Porsche Turbo Namen und Ruhm verlieh? Was hat es mit der bei Kühnle,Kopp und Kausch (KKK) in Frankenthal unter der Typbezeichnung 3 LDZ gefertigten Turbine auf sich, die, hinten im Bereich des linken Kettengehäuses montiert, über ein Gewirr von Rohren und Leitungen ver- und entsorgt wird?
Lassen wir dazu die Ingenieure Wolfgang Berger und Julius Weber aus der damaligen Porsche-Versuchsabteilung zu Wort kommen, zitiert aus der Porsche-Hauszeitschrift »Christophorus«, Ausgabe Nr. 134.

Im Detail: das Turbo-System des Porsche Turbo

»Dieses Aggregat besteht aus einem Turbinen- und einem Verdichterrad. Beide Räder sind auf einer gemeinsamen Welle befestigt Die dazugehörenden Verdichter- und Turbinengehäuse sind durch ein Lagergehäuse miteinander verbunden, welches die zur Führung der Turbinenwelle nötige Lagerbüchse aufnimmt. Um die relative Umfanggeschwindigkeit an den Lagerstellen so niedrig wie möglich zu halten, wird eine schwimmende Lagerbüchse verwendet In der Praxis heißt das, dass sich die Lagerbüchse mit ca.1/3 der Wellendrehzahl im Lagergehäuse dreht. Bildlich gesprochen läuft die Lagerbüchse mit rund 30 000 U/min der sich mit 90 000 U/min drehenden Turbinenwelle nach. Die innere Lagerstelle der Büchse wird deshalb nur noch mit der Differenzdrehzahl von ca. 60 000 U/min belastet.
Aus dem Funktionsschema des Turboladermotors ist die Arbeitsweise gut ersichtlich.
Das nach dem Arbeitstakt aus den Zylindern austretende Abgas wird in der Abgasleitung (10) gesammelt, und die in ihm enthaltene Energie treibt das sich im Turbinengehäuse (13) untergebrachte Turbinenrad an. Durch die gemeinsame Welle dreht sich auch das Verdichterrad im Verdichtergehäuse (5), saugt über den Luftfilter (1), den Gemischregler (2) und die Saugleitung (4) Luft an, verdichtet sich auf 0,8 atü und führt sie über Druckleitung (6), Drosselklappe (7) und Ansaugverteiler (8) den Zylindern zu. Die Höhe des Ladedrucks wird durch das an der Abgasleitung (10) angeschlossene, membrangesteuerte Bypassventil (12) geregelt. Bei 0,8 atü öffnet der Ladedruck über die Steuerleitung (15) das Ventil, und überschüssiges Abgas wird über die Bypassleitung (11) direkt an den Abgasschalldämpfer (14) abgegeben. Das Abblaseventil (3) wird bei laufendem Motor und geschlossener Drosselklappe durch den im Ansaugverteiler entstehenden Unterdrück, über die Steuerleitung (17) geöffnet.
Durch diese Maßnahme wird während des Leerlaufes der Ansaugweg verkürzt, Druckspitzen während der Schaltvorgänge werden abgebaut und die Laderdrehzahl wird auf ihrem hohen Niveau gehalten.
Um bei einem evtl. Defekt im Bypass-System hohe Ladedruckspitzen und damit Schäden am Motor zu verhindern, besitzt der Motor einen am Drucksystem angeschlossenen elektropneumatischen Sicherheitsschalter, welcher die

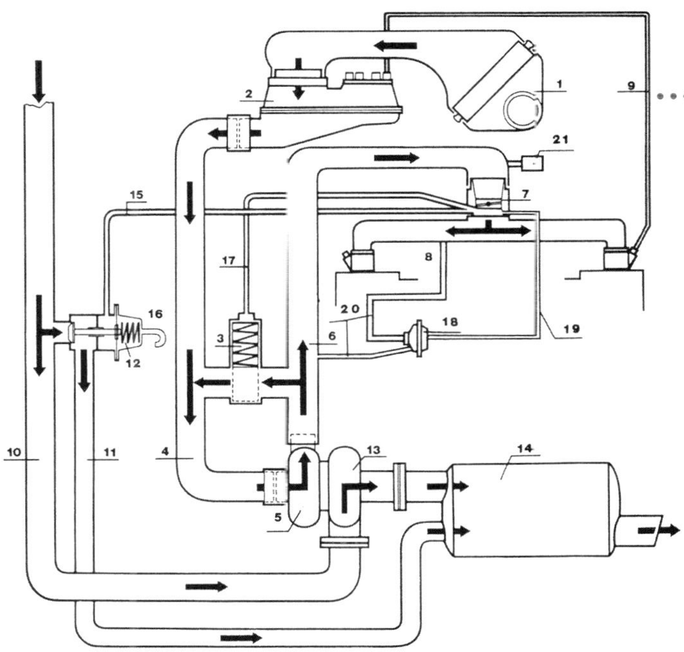

Funktionsschema des Turbo-Motors 930/50: Zahlen-Erläuterungen im Lauftext auf dieser Seite.

Turbolader KKK Typ 3 LDZ in Einbaulage: rechts das Turbinen-Gehäuse, links das Verdichter-Gehäuse.

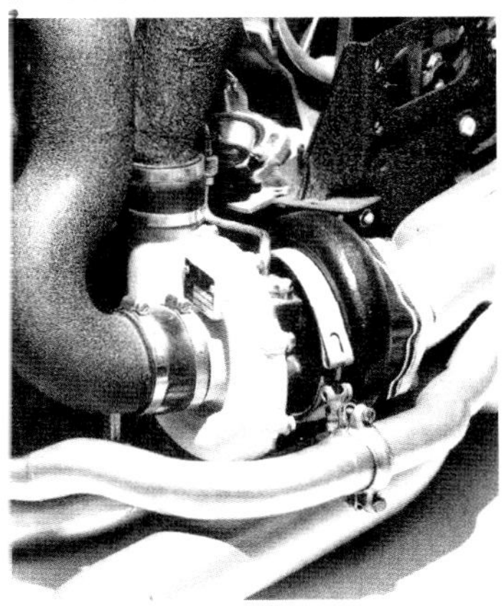

Unscheinbarer Pressluft-Hammer: Bis zu 90 000 Mal pro Minute dreht die KKK-Turbine unter Volllast.

Stromzuführung der Kraftstoff-Förderpumpen und somit die Kraftstoffversorgung des Motors unterbricht, wenn der Ladedruck 1,0 – 1,2 atü übersteigt. Das Unterdruckbegrenzungsventil (18) begrenzt bei hoher Motordrehzahl und geschlossener Drosselklappe den Unterdrück im Ansaugverteiler (8) und sorgt hierdurch für eine einwandfreie Verbrennung.«

260 PS – 50 PS mehr als beim bislang stärksten 911-Serienmotor* in Saugversion – leistet der so aufgeblasene 930-Motor. Und dieses stattliche Potential nötigt doppelten Respekt angesichts der relativ moderaten Nenndrehzahl ab: nur 5500/min – 800/min unter der Carrera 2.7-Nenndrehzahl. Die Carrera-Maximalleistung (210 PS) liegt beim Turbo übrigens bereits im 4000/min-Bereich an, die Nennleistung des damaligen 911-Basismodells (150 PS) wird schon bei etwas über 3000/min geboten.
Gleichermaßen beeindruckende Werte liefert die Turbo-Drehmomentkurve, deren Gipfel sich bei 4000/min auf 343 Nm-Höhe befindet – 88 Nm mehr als beim Carrera 2.7 (bei 5100/min). Auch hier sind weitere Vergleiche aufschlussreich. So wuchtet der Turbo das Carrera-Maximalmoment von 255 Nm bereits bei knapp über 2000/min auf seine Kurbelwelle, den 911-Wert (235 Nm) bei erhöhter Leerlaufdrehzahl von rund 1500/min.
Es versteht sich, dass solcher Gewalt auch auf Seiten der Kraftübertragungs-Elemente Rechnung getragen werden musste. So erfuhr die insgesamt verstärkte Einscheiben-Trockenkupplung eine Vergrößerung des wirksamen Durchmessers um 15 auf 240 Millimeter, die Kupplungs-Mitnehmerscheibe eine Verstärkung um zwei auf 10,1 mm. Carrera RS-Stahlfedern statt der in den normalen Elfern verwendeten Gummitorsionsdämpfer übernehmen im Turbo die Kupplungs-Nabendämpfung. Natürlich ist auch für eine höhere Anpresskraft der Kupplungsscheibe gesorgt (920-1020 kp statt 795 – 866 kp bei 911 S und Carrera), somit für höhere mögliche Übertragungskräfte. Dabei wurde mit einem im Durchmesser um einen auf vier Millimeter verstärkten Kupplungsseil den höheren Kräften begegnet, durch einen modifizierten Kupplungspedalhebel die höhere notwendige Pedalkraft zumindest teilkompensiert. Dennoch erfordert das Turbo-Kupplungspedal gegenüber dem des Saug-Carrera 2.7 eine um etwa ein Drittel höhere Pedalkraft.

**Der 3.0 RS von 1974 sei als Motorisierung einer Kleinstserien-Sportvariante in diesem Zusammenhang unberücksichtigt.*

Für den Turbo neu konstruiert: das 930/30-Getriebe

Das völlig neu konstruierte Getriebe für den 930 mit der internen Bezeichnung 930/30 basiert zwar auf dem 915-Getriebe des Elfers, es verfügt jedoch zugunsten höherer zu übertragender Drehmomente für die Vorwärtsgänge bei gleichem Wellenabstand von 76 mm über breitere Zahnräder aus belastbarerem Werkstoff. Ausgelegt ist das 53 Kilogramm schwere 930/30-Getriebe für maximal rund 600 Nm, dem anvisierten Maximalmoment projektierter Turbo-Rennversionen.
Dass die breiteren, platzraubenderen Gangräder im Silumin(Silizium/Aluminium-Legierung)-Getriebegehäuse den Entfall des fünften Ganges erzwangen, wurde unter Hinweis auf die gebotene Elastizität des Turbo-Dreiliters offiziell als marginal kommentiert. »*Fünf Gänge*«, so verlautete die erste Turbo-Pressemitteilung vom September 1974, »*wären bei diesem Auto einfach nicht funktionell.*« Schließlich seien beim Turbo Drehzahlorgien »*zum zügigen sicheren Überholen wie auch zum sportlichen Fahren unnötig*«.
Ursprünglich serienmäßig vorgesehen, dann aber mit Auslieferungsstart optional kombinierte Porsche das Vierganggetriebe mit einem Sperrdifferential, dessen Sperrwert ursprünglich 80 Prozent betragen sollte. In Serie wurde es dann aber auf 40 Prozent reduziert, um das Handling* weni-

** extreme Sperrwerte begünstigen die Untersteuer-Tendenz und lassen das Fahrzeug speziell beim Kurveneinlenken kurvenunwillig erscheinen.*

930-Versuchswagen: Gut sichtbar sind die verstärkten Hinterachslenker und das neu konstruierte 930/30-Getriebe. Die innenbelüfteten Bremsscheiben gingen erst mit Modell ´78 (Turbo 3.3) in Serie.

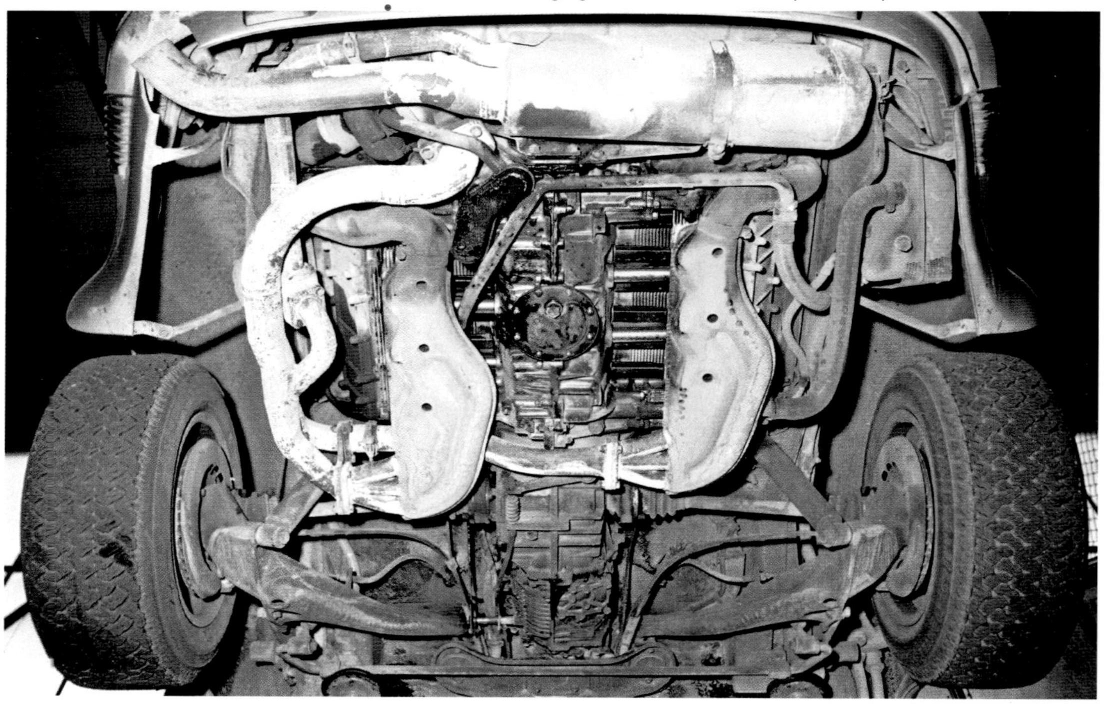

ger zu beeinträchtigen. Je nach verwendeter Bereifung – siehe auch rechte Spalte auf dieser Seite – kommen bei identischen Übersetzungen der vier Vorwärtsgänge zweierlei Achsübersetzungen zum Einsatz: 9/38 (4,222) für die Antriebsachsen-Bereifung 215/60 VR 15, 9/36 (4,0) für die im Abrollumfang kleineren 225/50 VR 15-Pneus.
Bei der Weiterentwicklung ihrer sogenannten B-Synchronisierung legten die Porsche-Ingenieure Wert auf eine bessere Sicherung gegen Herausspringen des Synchronringes und eine größere Drehmomentübertragung. Das traditionelle Einlege-Hakeln des ersten Gangs, von versierten Porsche-Fahrern beim herkömmlichen Fünfgang-Getriebe durch vorheriges »Antippen« des gegenüber in der linken Schaltebene angeordneten zweiten Ganges vermieden, wurde beim 930-Getriebe durch ein Doppelsperrband mit entsprechendem Anschlag verbessert. Im Übrigen erforderte die Turbo-Schaltung bei Porsche-Kennern eine Umgewöhnung, was die Lage der Gänge anbelangt: Der Rückwärtsgang sitzt nun links vorn statt rechts hinten.
Freilich galt es nicht allein, das Getriebe fit zu machen für 260 PS. Auch die Porsche-Fahrwerks-Ingenieure waren gefordert – und die Weissacher Aerodynamik-Fachleute. Schließlich mussten sowohl Höchstgeschwindigkeiten bis zu 250 km/h als auch eine ganz spezielle Turbomotor-Leistungscharakteristik ins Kalkül gezogen werden. Porsche machte deshalb keine Kompromisse und stimmte das Turbo-Fahrwerk trotz proklamierter Luxus-Ambitionen bewusst betont sportlich ab, sich an der Kinematik des Rennsportwagens Carrera RSR orientierend.

Für den Turbo neu abgestimmt: die Radaufhängungen

So wurden an beiden Achsen Sturz und Vorspurverlauf geändert, vorn durch Senken der vorderen Lenkerlager um etwa 6 mm (wodurch das eingefederte Rad eine negative Sturzstellung einnimmt) und Verdrehen der Lenkerdrehachse (zugleich wurde der Abstand des im Bereich der Lenkerlager verstärkten Vorderachs-Hilfsträgers zur Bodengruppe um etwa 21 mm reduziert).
Wozu das Ganze?
Lassen wir dazu wieder die Herren Berger und Weber zu Wort kommen: *»Damit wird insbesondere der höheren Rollsteifigkeit Rechnung getragen, die wiederum von einer härteren Grundfederung an der Hinterachse sowie der kräftigen Stabilisatoren vorn und hinten bewirkt wird. Der Verlauf der Vorspuränderung wurde so ausgelegt, dass sie die Lastwechselreaktion günstig beeinflusst.«*
Härtere Grundfederung hinten?
Die war wegen des höheren Gewichtes vonnöten und wird von einem um drei auf 26 mm Durchmesser verstärkten Feder-Drehstab bewirkt (Durchmesser vorn 19 mm). Die Querstabilisatoren messen vorn wie hinten jeweils 18 Millimeter, was vorn gegenüber dem 911 Carrera eine Durchmesser-Reduzierung um zwei Millimeter bedeutet.
Ergänzt wurden diese Maßnahmen durch die Einführung neu entwickelter, besonders steifer Hinterachslenker aus Alu-Sandguss. Dabei wurden die Lagerpunkte für die Achslenker am Querrohr gegenüber dem Saug-911 um etwa 15 mm zur Fahrzeugmitte, um etwa 47,5 mm nach hinten und um 10 mm nach oben verlegt. Die neuen, sehr wuchtigen Lenker reduzieren genauso wie die vom Rennsportwagen 917 übernommenen Radlagerungen ungewollte Elastizitäten. Straffe Gasdruckstoßdämpfer von Bilstein runden das Maßnahmen-Paket zusammen mit breiteren Felgen vorn und hinten, sowie breiteren Spurweiten ab. So sollte der Turbo bei seiner Präsentation vorn auf sieben Zoll breiten Schmiede-Alufelgen im bekannten Kleeblatt-Design, bereift mit 185/70 VR 15-Gummis, hinten auf Achtzöllern mit 215/60 VR 15ern. Diese Räder und Distanzscheiben (Stärke vorn 21 mm, hinten 28 mm) sorgen gegenüber dem damals stärksten Serien-911, dem Carrera 2.7, für einen dramatischen Spurweitenzuwachs vorn um 60 mm auf 1432 mm, hinten gar um 121 mm auf 1501 mm.
Auf Sonderwunsch konnten erstmals an Racing-Reifenkonstruktionen orientierte Serie 50-Reifen geordert werden (205/50 VR 15 vorn, 225/50 VR 50 hinten), denen Porsche »*frappierende Vorteile*« nachsagte – nämlich: »*Senkung des Geräuschniveaus, wesentliche Verbesserung beim Bremsen und Kurvenfahren, Gutmütigkeit bei Änderung des Kraftschlusses auf der Straße (z. B. Übergang nass – trocken), hervorragendes Ansprechen der Lenkung, keine Verschleiß-Vergrößerung dank üblicher Straßengummi-Mischung.*« Allerdings haben die Serie 50-Gummis gegenüber der Basisbereifung einen um sieben Prozent kleineren Rollradius, was durch einen längeren Triebsatz ausgeglichen werden musste.

Turbo 930/50: Dokumentation der gegenüber dem Saugmotor-Carrera geänderten Teile. Die Spezial-Bremsscheiben waren 1974 ein Versprechen, das erst mit dem 3,3-Liter eingelöst wurde.

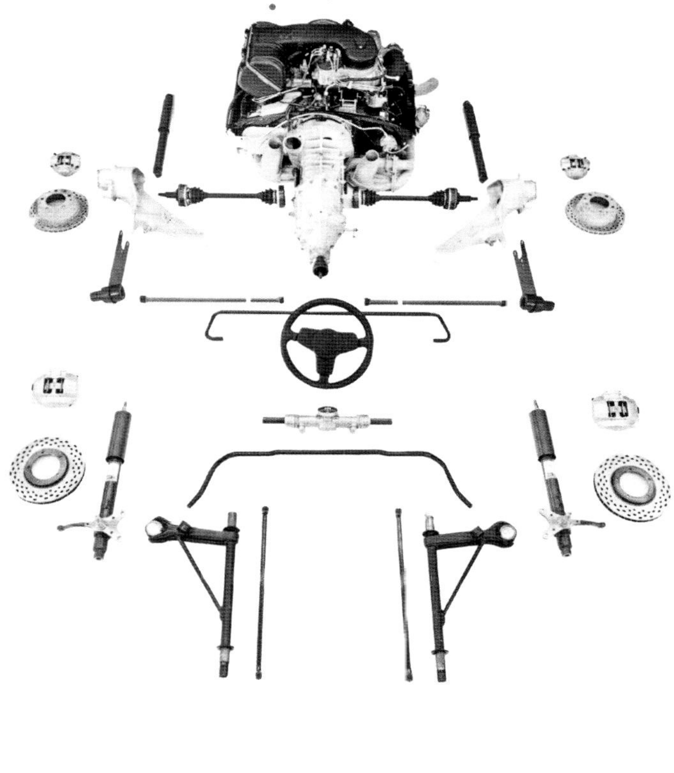

Für den Ur-Turbo nicht geändert: die Carrera-Bremsanlage

Gebremst wurde der erste Serien-Turbo vorerst noch mit der Carrera-Anlage: innenbelüftete Scheiben vorn und hinten (Durchmesser v/h 282,5/290 mm), Leichtmetall-Festsättel vorn (hinten Grauguss-Festsättel). Anpassung an das Turbo-Potential erfolgte zunächst lediglich durch die Wahl härterer Bremsbeläge (vorn Jurid 231 GH, hinten Textar TP 22 HH). Der Hauptbremszylinder des ersten Turbo entspricht der USA-Version des zeitgenössischen Saug-911, verfügt also bereits über eine Bremskreis-Ausfallanzeige.
Doch der Fortschritt war in Weissach bereits in Vorbereitung, vom Duo Berger/Weber in der ersten technischen Beschreibung des neuen Porsche bereits angekündigt: »*An dieser Stelle soll jedoch nicht verschwiegen werden, dass sich vom Rennsport her abgewandelte Lochscheiben in der Entwicklung befinden, die sich insbesondere durch rascheres Ansprechen bei Nässe und noch günstigeres Temperaturverhalten auszeichnen. Sie werden zu gegebener Zeit in die Serie einfließen*«.

Beim Turbo unverwechselbar: die Elfer-Silhouette

Das Turbo-Breitenwachstum erzwang natürlich entsprechende Kotflügel-Wucherungen, die das 911-Erscheinungsbild signifikant veränderten. Wie unorthodox sie entstanden, kann auf Seite 15 nachgelesen werden – auch, warum der Turbo optisch dem Kleinstserien-Rennmodell Carrera RS 3.0 ähnelt: Die Verbreiterungen entsprechen nämlich in der Ausformung denen des spektakulärsten Straßen-911 mit Saugmotor von 1974. Die genauen Breiten-Maße, erreicht zunächst durch Einschweißteile: vorn 1700 mm, hinten 1775 mm. Somit ermöglichen sie bei Bedarf problemlos noch breitere Räder ohne zusätzliche Abdeckungen: Schon der Dreiliter-Carrera RS trug schließlich hinten 235er-Walzen.
Allerdings erhielt der Turbo einen etwas modifizierten Frontspoiler mit unterem Weichschaum-Abschluss, der bei Berührung mit harten Gegenständen etwas weniger hässliche Geräusche provoziert. Weichschaum umrahmt aus Sicherheitsgründen (Fußgänger-Schutz) auch den Heckspoiler aus glasfaserverstärktem Kunststoff. Dieser Spoiler musste deshalb nicht mehr wie zuvor der kantige Bürzel des Carrera RS 2.7 in Einzelabnahme mit Ausnahmegenehmigung die TÜV-Hürde passieren. Gegenüber der Version des Dreiliter-Carrera RS trägt der Turbo-Spoiler ein zusätzliches Lufteinlassgitter, von dem ein Luftkanal zum Kühlluftgebläse führt. Nicht nur eine intensivierte Frischluftzufuhr ist Sinn des zusätzlichen Lufteinlasses. Vielmehr soll auch nach dem Motorabstellen die von den Zylindern und vom Turbolader aufgeheizte Motorraumluft schneller abgeführt werden können.
Doch damit nicht genug der Vorteile des mächtigen Turbo-Luftleitwerkes. Schließlich reduzieren die beiden Spoiler den Auftrieb gegenüber der unbespoilerten, breiten Turbo-Karosserie um fast 100 Prozent. Dadurch treten bei zunehmender Geschwindigkeit keine durch Luftkräfte provozierte Radlastverringerungen auf. Und dieser Umstand wiederum sorgt für ein stabileres Bremsverhalten, für geringere Seitenwindempfindlichkeit, für bessere Kurvenlage und für ein direkteres Ansprechen der Lenkung.
Und was musste für die Turbo-Version an der verwendeten 911-Rohkarosserie sonst noch verändert werden?
Das Bodenblech im Bereich der Aufnahmebuchsen für den Vorderachs-Hilfsträger wurde verstärkt, der Stehbord der Radlaufwand in den Bereichen der Querlenkerarme entfernt. Wegen der neuen Hinterachslenker-Konsolen mussten die Notsitzmulden örtlich leicht eingebeult werden,

Der erste Porsche 930 Turbo in seiner finalen Form von Ende 1974, noch mit Pirelli CN 36-Bereifung der Serie 60 (hinten) bzw. Serie 70 (vorn).

Turbo-Cockpit (hier von 1977): typisch Elfer der 1970er Jahre, sowohl in der Anmutung, als auch in der Funktionalität.

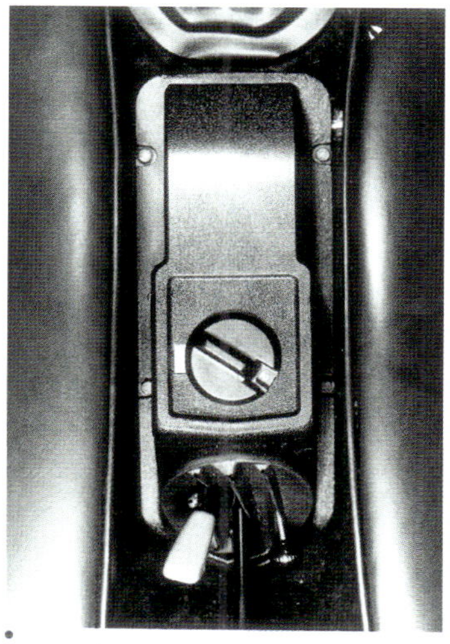

Premiere im 930 Turbo: automatische Heizungsregulierung mit Temperatur-Vorwählschalter zwischen den Sitzen.

und natürlich war auch dem neuen, ausladenderen Hinterachs-Querrohr des Turbo an der Bodengruppe Rechnung zu tragen.
Die Heckschürze wurde etwas gekürzt und die Rückstrahler in die Stoßstangen-Gummileiste integriert. Damit wurde der Vorschrift Genüge getan, nach der diese Katzenaugen einen Maximalabstand zur Kotflügelaußenkante nicht überschreiten dürfen (die in der Porsche-Blende zwischen den Rückleuchten-Einheiten integrierten Katzenaugen besitzen beim Turbo keine rückstrahlende Wirkung).

Beim Turbo typisch 911 und kaum verändert: das Cockpit

Äußerlich war der neue Turbo auf Anhieb zu identifizieren – aus Fahrerwarte fiel das schon weniger leicht, solange nicht gestartet wurde. Einzig die Respekt einflößende 300 km/h-Zahl auf dem elektronischen Tachometer signalisiert Außergewöhnliches, einen Ladedruckanzeiger hielt Porsche hingegen zunächst für entbehrlich. Ansonsten behielten die Zuffenhausener bei, was sich in seiner Funktionalität bewährt hatte, und werteten das Ganze lediglich mit serienmäßig gelieferten Zutaten auf, die zum großen Teil auch für die Saug-Modelle (gegen Aufpreis) geliefert wurden. Dazu gehören die getönte Rundumverglasung genauso wie elektrische Fensterheber, Heckscheibenwischer, Scheinwerfer-Reinigungsanlage, beheizte Front- und Heckscheiben (hinten zweistufig) und Nebellampen. Zudem kamen Turbo-Käufer ohne Zusatzkosten in den Genuss folgender Luxusattribute: kombinierte Leder/Schottenstoff-Ausstattung, Stereo-Kasettenradio mit elektrischer Antenne sowie ein Turbo-spezieller Velours-Teppichboden.
Die Heizanlage funktioniert im Turbo erstmals bei Porsche automatisch. Dafür installierte Porsche ein elektrisch betriebenes Steuergerät, zwischen den Sitzen über dem Lagerbock für die Handbremse angeordnet. Wird der Drehschalter des Steuergerätes betätigt, verstellt dessen Elektro-Motor über einen Stellhebel den an gewohnter Stelle (also vor dem Steuergerät) positionierten Heizungshebel. Temperatur-Steuersignale werden der Automatik über zwei NTC*-Temperaturfühler ermittelt, einer davon in der Heißluftzuführung angeordnet, der zweite zwischen den Sonnenblenden am Dach. Zumindest theoretisch (wenngleich nicht immer in der Praxis) gewährleistet dieses System das relativ konstante Einhalten einer vorgewählten Innenraumtemperatur unabhängig von Außentemperatur und Fahrgeschwindigkeit. Sollte die Automatik ausfallen, so kann nach Lösen einer Mitnehmerschraube der konventionelle Heizungshebel von der Automatik abgekoppelt und manuell bedient werden.

Interessanterweise ermöglichte das Turbo-Prinzip den Verzicht auf ein Heizgebläse, weil der durch den Lader bedingte höhere Abgasgegendruck in den Wärmetauschern für höhere Temperaturen sorgt. Freunde wertvoller Metalliclackierungen konnten beim Turbo so richtig in die Vollen gehen: Ohne Aufpreis wurde jede beliebige Serien-Metallicfarbe geliefert. Die Chromteile lieferte Porsche beim Ur-Turbo wahlweise mattschwarz eloxiert oder verchromt, Scheinwerferringe und Außenspiegel in Wagenfarbe lackiert.
An Aufpreis-Extras offerierte Porsche lediglich Serie 50-Bereifung (800 Mark), Sperrdifferential (690 Mark), Klimaanlage (2400 Mark), Stoßstangen mit Aufpralldämpfern (310 Mark), elektrisch betätigtes Schiebedach (1390 Mark), Sportsitze mit profilierteren Seitenwagen zugunsten noch mehr Seitenhalt (à 220 Mark links und rechts) und Sportlenkrad (95 Mark). Extra honorieren ließ sich Porsche überdies die Mitte der 1970er Jahre aktuellen, sogenannten »Sicherheitsfarben« (orange, grün, gold und merkwürdigerweise auch schwarz), sowie aufgeklebte Porsche-Schriftzüge an den Flanken – Aufpreise jeweils 95 Mark.

*NTC = Negativer Temperatur-Koeffizient: Widerstand wird kleiner, je höher die Temperatur.

Elfer-Familienfoto des Modelljahrs 1976: 911 mit 165 PS (hinten), Carrera (Targa) mit 200 PS (links) und Platzhirsch 911 Turbo mit 260 PS.

Der Turbo für Amerika: sauberer – und schlapper

Jener Markt, der die unplanmäßige Produktionsausweitung des neuen Super-Porsche erzwungen hatte, erforderte spezielle Maßnahmen, die ab Modelljahr 1976, also ab Ende 1975 griffen. Der US-Turbo erhielt die interne Schlüsselnummer 930/51 (Euro-Version: 930/50) und eine Ergänzung der Typenbezeichnung: Er hieß in seiner ganzen Pracht Porsche Turbo Carrera – womit er der vierte Porsche aller Zeiten war, der das beim 356 A anno 1955 eingeführte Adelsprädikat Carrera trug. Um den schärferen US-Abgasnormen zu entsprechen, installierten die Porsche-Techniker beim 930/51 eine Luftpumpe für zusätzliche Lufteinblasung, zwei Thermoreaktoren und Abgasrückführung – Maßnahmen, die dem Turbo Carrera zwar einerseits gute Noten bei den Abgastests einbrachten, ihn andererseits aber auch gegenüber dem Euro-Turbo merklich schwächten (Details siehe auch Seite 32).
Die offiziellen Daten dokumentieren 245 statt 260 PS bei unveränderter Nenndrehzahl von 5500/min und unveränderter Verdichtung von 6,5:1. Bemerkenswerterweise erlaubte Porsche amerikanischen Turbo-Piloten die Verwendung von 91 ROZ-Normalbenzin (low-lead or lead-free), empfahl jedoch im »owner's manual« dann 96 ROZ (wie generell den europäischen 930/50-Piloten), wenn Wettbewerbe bestritten oder konstant höhere Geschwindigkeiten gefahren würden.
Nach Werksangaben vermochte der US-Turbo kaum weniger schnell zu fahren, als sein Euro-Kollege: offiziell »more than 152 mph« nämlich, rund 245 km/h statt 250 km/h. »Road &Track«/USA kam gar im ersten Turbo Carrera-Test (Ausgabe 1/1976) auf 156 mph, knapp 250 km/h – trotz nicht einwandfreier Kupplung, die im Übrigen auch optimale Beschleunigungswerte vereitelte: 0-60 mph = 96 km/h in 6,7 Sekunden (zum Vergleich: die »auto motor und sport«-Tester erreichten 1975 aus dem Stand 100 km/h in nur 5,2 Sekunden).
Gleichwohl erscheinen diese Taten besonders eindrucksvoll, wenn bedacht wird, dass der damalige Porsche-Importeur für die USA, die Porsche-Audi Div., zum Ostküsten-Preis von knapp 26 000 Dollar sogar die Klimaanlage serienmäßig lieferte. Das Leergewicht betrug so von »Road&Track« gewogene 1263 kg (Werksangabe 1195 kg), gegenüber 1210 kg des »auto motor und sport«-Testwagens in Euroversion.

Einer der ersten Turbo-Käufer: Verleger Paul Pietsch, hier mit Gattin und Porsche-Verkaufsleiter Harald Wagner (links).

Früher 930 Turbo von 1975: zu identifizieren am noch fehlenden Steinschlagschutz an der Vorderseite der hinteren Kotflügel.

930 Turbo des Hausherrn vor der Porsche-Villa am Stuttgarter Killesberg. Hinter den Garagentoren entstanden einst die Käfer-Prototypen.

Der 911 Turbo in ersten Tests

»VÖLLIG NEUE DIMENSION DER KRAFTENTFALTUNG«

Echte Auto-Enthusiasten waren Mitte der 1970er Jahre in Resignation, ja der Schwermut verfallen. Das Auto, das sportliche allemal, galt schon damals (wie heute nach wie vor bei ökologischen Weltverbesserern) als Staatsfeind Nummer eins, als Energieverschwender, den Gutmenschen (und Neider) lieber heute als morgen abgeschafft wissen wollten.
Und da kam der Porsche Turbo auf den Plan.
Dieser Super-Porsche setzte in mancherlei und völlig gegensätzlicher Hinsicht neue Maßstäbe, die selbst hartgesottene Auto-Tester ins Schwärmen geraten ließen – etwa Gert Hack in »auto motor und sport« 11/1975, als er sich zu den Themen Laufkultur und Leistungsentfaltung äußerte: »*... einfach und problemlos fährt man los, rollt mit niedriger Drehzahl dahin und bummelt mit 2000 Umdrehungen oder weniger im IV. Gang, ohne dass der Motor dies übel nimmt. Keine Frage: Langsamfahren ist mit dem Turbo nicht nur möglich, sondern macht sogar Spaß.*«
Der Spaß potenziert sich freilich, wenn eine freie Strecke in Sicht kommt und das Gaspedal voll durchgetreten wird. Was dann an Beschleunigung geboten wird, ist kaum weniger spektakulär als in einem rassereinen Rennwagen jener Epoche. 80 km/h werden noch im I. Gang nach nur 3,6 Sekunden überschritten. Ein Atemzug länger, und schon muss bei über 140 km/h der III. Gang eingelegt werden, in dem sich der Turbo mit scheinbar unvermindertem Schub in weniger als 20 Sekunden über die 200 km/h-Marke katapultiert.
Bis zu dieser Geschwindigkeit hatte der Turbo Mitte der 1970er Jahre kaum einen Gegner zu fürchten, und auch darüber hinaus geht es zügig weiter, bis schließlich die Höchstgeschwindigkeit von 250 km/h bei der relativ niedrigen Drehzahl von rund 6000/min im IV. Gang erreicht wird. Es ist jedoch nicht allein die schiere Beschleunigung allein, die damals, aber auch heute noch fasziniert. Mehr noch ist es die Art und Weise, wie sie geboten wird. Ähnlich einem Schubtriebwerk vermittelt der Turbo-Motor eine vor rund 40 Jahren völlig neue Dimension der Kraftentfaltung, die im Wesentlichen auf sein breites nutzbares Drehzahlband zurückzuführen ist. Besonders beeindruckend dabei ist, dass all dies überraschend leise und unerhört kultiviert von statten geht.
Dass Porsche den zuvor bekannten Turbo-typischen Nachteil extrem verzögerter Leistungsentfaltung auf ein Minimum zu reduzieren wusste, war Gert Hack lobende Erwähnung wert: Er werde lediglich beim Lastwechsel in Kurvenfahrt oder beim Beschleunigen aus niedriger Teillastdrehzahl spürbar und sei nach kurzer Gewöhnung gut einzukalkulieren. Insgesamt, so der deutsche Tester, verkörpere der neue Porsche in Laufkultur und Leistung neue Maßstäbe – und in dieser Einschätzung war er sich mit seinen internationalen Kollegen einig.

Turbo-Tester international: überwiegend Lob-Gesänge

Die britische »Autocar« etwa feierte den Turbo in der Ausgabe vom 20. September 1975 als »*Driver's car par excellence*«, das für ein Heckmotor-Auto neue Maßstäbe setzen würde, kurzum: Dieser Porsche sei das bestkonstruierte und dabei am wenigsten verspielte Superauto auf dem Markt.
Und »Motor Trend«/USA? Hier das amerikanische Turbo-Fazit im April 1976: »*Porsche gelang es, unvereinbare Qualitäten wie Komfort, Eleganz und Kraft in einem einzigen Paket zu schnüren und damit dem Turbo einen Stil zu verleihen, dem kein anderes Automobil gleichkommt.*«
Einzig »Road&Track« in den USA betonte mit Nachdruck die spezielle Turbo-Schwäche mangelnder Durchzugskraft im Drehzahlbereich geringen Ladedrucks, was den US-Testern wohl deshalb besonders auffiel, weil sie den in den USA als »Turbo Carrera« vertriebenen Über-Porsche mit dem parallel getesteten 911 S verglichen. »*Wenn er unter 3000/min läuft, fühlt er sich eben an wie ein niedrig verdichteter Motor... Ohne Ladedruck ist er sogar weniger drehmomentstark und weniger spontan als der kleinere 911 S.*«
Doch dieser Faux-Pas ist schnell vergessen, wenn sich Ladedruck aufbaut, wenn unter leisem Turbo-Zischeln plötzlich der Katapult entsichert scheint, wenn der Kopf nach hinten gegen die Nackenstütze knallt. Der rechte Arm lässt sich dann nur mit Mühe vom Lenkrad in Richtung Schalthebel dirigieren – im Ersten geht alles so schnell vonstatten, dass meist bereits der Drehzahlbegrenzer bei plus/minus 7000 energisch abregelt, ehe der Neuling am Turbo-Volant begriffen hat, dass nun Fahrstufe zwei einzulegen ist. Kurzes Turbo-Zaudern im Zweiten – dann beginnt das Beschleunigungs-Inferno zum zweiten Mal, unvermindert, obwohl nun bereits das deutsche Landstraßen-Limit erreicht ist. Bis etwa 150 km/h reicht der linke hintere Gang, erst jetzt muss der Hebel nach rechts vorn gedrückt werden – Gang 3 ist an der Reihe. Wer gedacht hatte, dass spätestens im 180 km/h-Bereich Luft-und Rollwiderstände spürbares Erschlaffen verursachen würden, der sieht sich getäuscht: Faszinierend leichtfüßig überspringt der Super-Porsche die 200 km/h-Barriere, noch bei diesem Tempo wird die Nackenmuskulatur strapaziert.
Kein Zweifel: Echte Auto-Enthusiasten hatten Mitte der 1970er Jahre endlich wieder Grund zur Hoffnung – der Turbo von Porsche war der leibhaftige Gegenentwurf zur zeitgeistigen Autophobie jenes Jahrzehnts...

Turbo 3.0-Modellpflege: Politik der kleinen Schritte

DER 911 TURBO ETABLIERT SICH IM PORSCHE-MODELLPROGRAMM

Er hatte sich schnell und prächtig auf den Weltmärkten etabliert, Porsches Schnellster und Teuerster. Die Bedenken der Kaufleute im Hause Porsche waren grundlos gewesen. Und überraschenderweise erwies sich der Turbo auch gleich von Anfang an als relativ problemlos, was seine Zuverlässigkeit anbelangt.

So gab es lediglich zwei charakteristische Turbo-Schwachstellen in der Anfangszeit, zum einen die Bosch K-Jetronic, zum anderen natürlich der noch weitgehend im Serienauto-Gebrauch unerprobte Lader. Entwickler Wolfgang Berger später: *»Bei der K-Jetronic blieb gelegentlich die Stauscheibe hängen – ein in der Anfangszeit dieses Systems jedoch generelles*

Vorbereitung für die Turbo-Markteinführung anno 1975: Fahraufnahmen im Weinberg für Prospekte und Pressemitteilungen.

Problem.« So erinnerte sich Berger im Zusammenhang mit dem ebenfalls mit dieser mechanischen Anlage ausgerüsteten 934 (siehe auch Seite 36) an eine Grundausrüstung der Porsche-Rennmechaniker im Werkzeug-Kasten: einen ordinären Draht, mit dem durch das Luftgitter auf die klemmende Stauscheibe gedrückt werden konnte, damit der Motor in solchen Fällen wieder ansaugen konnte. Hin und wieder verbog sich der Stauscheibenhebel auch einmal und brachte die Gemisch-Regelung gehörig durcheinander, sorgte gar gelegentlich für Feuerwerke in der Boxengasse – alles Kinderkrankheiten eines Systems, das seine Reifezeit noch vor sich haben sollte.

Und natürlich hatte auch der thermisch hochbelastete Turbolader anfängliche Malaisen – Berger: »*Hauptsächlich gab es gab Verzüge der Turbinen-Welle durch Hitze-Spannungen.*« Da streifte dann die Turbine im Lader-Gehäuse, oder aber die Abdichtung der Welle versagte, so dass die Turbine Öl in die Brennräume pumpte, was beim Motorstart zu gewaltiger Rauchentwicklung führte. Solchen extremen Verzügen wurde nach und nach einerseits durch modifizierte Materialpaarungen, aber auch durch geometrische Veränderungen der Turbinen-Schaufeln und der Lagerstühle begegnet, so dass sie zumindest kontrollierter von statten gingen und sich damit harmloser auswirkten.

Tatsächlich half Porsche in führender Rolle und in Zusammenarbeit mit Lader-Hersteller Kühnle, Kopp und Kausch (KKK) mit, das Turbo-System zur Alltagstauglichkeit zu entwickeln. Das geschah zum Teil bereits in der Prototypen-Phase, in der KKK auf Porsche-Drängen eigens ein Qualitäts-System der vorbeugenden Lader-Prüfung entwickelte und installierte. Berger: »*Der Lader war ja bis zum Turbo im PKW kein Thema. Plötzlich waren da höchste Zuverlässigkeits-Ansprüche bei allerhöchsten Belastungen gefragt…*«

Nur eine Legende: Turbo-Probleme in den USA

Dass der Turbo insbesondere in den Händen der langsamer fahrenden Amis zu verfrühtem Lader-Exitus führte, verwies Projektleiter Berger in den Bereich der Legenden: »*Wir hatten in den USA nicht signifikant mehr Schäden in dieser Hinsicht als in Europa.*« Turbo-Schäden der Anfangszeit ließen sich überdies oft auf »*Bedienungsfehler*« Turbo-ungewohnter Fahrer zurückführen: Empfindlich reagierte das Hochleistungs-Aggregat wie alle frühen Turbo-Triebwerke auf plötzliches Motorabstellen nach länger andauernder Höchstleistungsfahrt. Unter diesen Umständen tun Turbo-Fahrer (übrigens auch heute noch) gut daran, den Motor zur Lader-Abkühlung einige Momente lang gering belastet laufen zu lassen. Auch Nachlässigkeiten beim Einhalten vorgeschriebener Ölwechsel-Intervalle konnten bei dem an den Motorölkreislauf angeschlossenen Höchstleistungs-Aggregat schon einmal zum Infarkt führen.

Ansonsten bedurfte der Turbo in seinem zweiten Jahrgang, dem Modelljahrgang 76, nur geringster Pflege. So erhielt die Kurbelgehäuse-Bohrung des Saugkanales der Druckölpumpe eine zusätzliche Schrägbohrung, über die das nicht zur Schmierung benötigte Drucköl über ein Überdruckventil wieder dem Saugkanal anstatt dem Kurbelgehäusesumpf zugeführt wird. Diese Änderung griff auch beim neu eingeführten Dreiliter-Carrera (mit Saugmotor). Und bei der K-Jetronic entfiel mit Modell 76 das bisher verwendete separate Warmlaufregler-Relais, dessen Aufgabe fortan das Steuer-Relais der Benzinpumpen mit übernahm.

Als Ausstattungs-Anreicherung lieferte Porsche nunmehr die zuvor als Option mit 800 Mark Aufpreis ausgezeichnete Serie 50-Bereifung serienmäßig (während die Serie herkömmlichen 70/60-Pneus in Verbindung mit einem auf deren größeren Abrollumfang angepassten Tachometer weiterhin auf Wunsch zu haben waren). Dass die verbreiterten hinteren Kotflügel in ihren vorderen Bereichen stärker als bei der Basiskarosse von durch die Vorderräder aufgewirbeltem Splitt ausgesetzt sind, hatte sich im ersten Gebrauchsjahr des Turbo herausgestellt. Eine künftig serienmäßige, schwarze Steinschlagschutzfolie im gefährdeten Bereich sollte dieser Beanspruchung Rechnung tragen.

Ein von innen elektrisch verstellbarer Außenrückspiegel erleichterte nicht zuletzt das Rangieren, das von manchem Kunden wegen der breiten rückwärtigen Kotflügelbacken als beschwerlich empfunden worden war. Als ausgesprochen nützlich erweist sich überdies, dass der Außenrückspiegel nunmehr beheizbar ist. Doch nicht nur den Blick zurück erleichterte Porsche mit Einführung des 76er Jahrgangs, sondern auch das Einführen des Türschlüssels ins Türschloss unter erschwerten Bedingungen: Ein kleiner, auf Knopfdruck einzuschaltender Strahler am Türschlüssel erleichterte fortan die Orientierung beim nächtlichen Einstieg.

Alle Porsche-Modelle, somit auch den Turbo, betraf eine wesentliche Zugabe des Ende 1975 in Serie gehenden 1976er Jahrgangs: nämlich die feuerverzinkte, somit optimal rostgeschützte Bodengruppe und Karosserie. Porsche vertraute auf die Feuerverzinkung derart, dass ab Modelljahr 1976 auf die gesamte Karosserie-Bodengruppe einschließlich der tragenden Elemente eine Garantie von (damals als sensationell wahr genommenen) sechs Jahren gegen Durchrostung gegeben wurde.

Doch auch das Turbo-System schien den Porsche-Managern bereits im zweiten Modelljahr ausgereift – dafür spricht die mit Modell 76 gewährte erweiterte Technik-Garantie: zwölf Monate ohne Kilometerbeschränkung. Zur richtigen Einordnung dieses Umstandes sei darauf hingewiesen, dass sich Mitte der 1970er Jahre so mancher Hersteller biederer Hausmannskost auf sechs Monate oder 10 000 Kilometer Garantie beschränkte.

Turbo-Jahrgang ´77: Weltmarkt-Vielfalt

Ende 1976 präsentierte Porsche einen 911 Turbo, der sich äußerlich erst auf den zweiten Blick von seinen Vorgängern unterschied. Technisch war das Modell 77 indessen erstmals tiefergreifend überarbeitet worden, was es den Weissacher Technikern als angemessen erscheinen ließ, den 77er-Motoren neue Kennziffern-Zusätze zuzuordnen: /52 statt /50 für den Euro-Turbomotor, /53 statt /51 für den USA-Turbo und – neu hinzu gekommen – /54 für eine Japan-Version des 930-Triebwerkes. Bemerkenswert: Auch der stärkste 911-Saugmotor, mit 200 PS im Carrera 3.0 installiert, trug seit Turbo-Einführung intern eine 930-Typnummer, kombiniert mit dem Zusatz /02/12 (Typnummer des damaligen Basis-911 mit 165 PS-2,7-Liter: 911/81/86).

Diese Motortypen-Vielfalt ist Beleg für eine Verschärfung nationaler Abgas- und Geräusch-Vorschriften in der Welt der zur Neige gehenden

1970er Jahre, so uneinheitlich jedoch von Land zu Land, dass mit einer einzigen Version nicht mehr auf allen Festen getanzt werden konnte. Und ausgerechnet die Geschwindigkeits-begrenzten US-und Japan-Märkte verlangten mehr denn je nach dem stärksten und schnellsten deutschen Serienautomobil seiner Zeit. Dass die Japaner in ihrer Nachahmung amerikanischen Lifestyles den in den USA zum Kultobjekt erhobenen Porsche anstrebten, konnte den Zuffenhausenern nur recht, nicht aber billig sein. Tatsächlich sollte sich das Nehmen nationaler Einfuhr-Hürden für das an Weltmaßstäben gemessen als Kleinstunternehmen einzustufende Porsche-Werk mit seinen Kleinststückzahlen als exorbitant teuer erweisen. Steigende Entwicklungskosten konnten nur auf verschwindend kleine Stückzahlen umgelegt werden – für Porsche boten sich so zwei Überlebens-Alternativen: höhere Preise oder höhere Produktionszahlen. Die dritte Alternative wurde bereits in den End-1970ern von autoindustriell orientierten Wirtschafts-Journalisten gerne diskutiert: die Anlehnung des Hauses Porsche an einen Volumen-Produzenten, oder gar der Verkauf des Familien-Unternehmens an Mercedes oder das Volkswagenwerk.
Porsche pflegte solche Gerüchte damals stets vehement zu dementieren. Und in Weissach fanden fähige Köpfe stets neue Möglichkeiten, einen Porsche Weltmarkt-tauglich zu machen. Für die Abgas-Spezialmärkte (USA, Japan, aber auch Kanada) erhielt der Turbo deshalb Zusatz-Lufteinblasung, zwei Thermoreaktoren, eine Abgasrückführungsanlage sowie für Japan zusätzlich eine dort vom Gesetzgeber geforderte Abgastemperatur-Überwachung. Diese Temperatur-Überwachung hat die Aufgabe, dem Fahrer einen nicht normalen Betriebszustand des Motors mittels einer Warnleuchte im Armaturenbrett anzuzeigen.

Turbo-Abgase: viel Aufwand für weniger NO_x und CH

Im Detail: Mit Hilfe einer über Keilriemen vom Kühlluft-Gebläse angetriebenen Pumpe wird Luft zu den Auslass-Kanälen transportiert, die dazu dient, die Abgase erneut zu entzünden und in den Thermoreaktoren sauberer zu verbrennen. Ein in die Luftleitung integriertes Rückschlag-Ventil sorgt dafür, dass die entzündeten Gase die Luftpumpe nicht beschädigen können. Parallel dazu werden Teile der Abgase in die Brennräume zurückgeführt, wo sie dazu beitragen, die Bildung von NO_x während des Verdichtungs-Taktes zu reduzieren. In der Kaltlaufphase sorgt ein elektrisch beheiztes Thermoschaltventil bei diesen Motorvarianten für die Öffnung eines Zusatzluftventils, das so lange für eine erhöhte Leerlaufdrehzahl sorgt, bis es nach einer gewissen Aufheizzeit schließt. Durch diese Schaltung soll ein schnelles Aufheizen der Thermoreaktoren (somit ein verringerter CH-Ausstoß) erreicht werden.
Damit nicht genug: Problematisch gestaltet sich bei den entgifteten Turbo-Motoren auch die Phase kurz nach deren Abschalten. Um dabei zu verhindern, dass von der K-Jetronic im letzten Moment des Motorlaufs eingespritzter Treibstoff im heißen Auspuff (statt in den Brennräumen) nachverbrennt, steuert ein Verzögerungsrelais den Abschaltvorgang. Beim Motorabstellen werden so zunächst bei noch aktivierter Zündung die Benzinpumpen abgestellt, die Restbenzinmenge kann ordnungsgemäß verbrennen, ehe – mit Verzögerung – die Zündung abgestellt wird.
Solcher Aufwand geht nicht nur ins Geld, er kostet auch Leistung: Statt 260 PS entwickeln die Abgas-gesäuberten Übersee-Turbos nur noch 234 SAE-hp bei der unveränderten Nenndrehzahl von 5500/min (Quelle: »Owner's Manual 77«, No. 4672.21). Bemerkenswerterweise wollten die

Prospektszene der 1977er Porsche-Familie mit viel Zeitgeist: Turbo an der Spitze, 924 hinten dran...

Autoren des technischen Porsche-Merkblatts »Kundendienst-Information Modell 77« diese doch ziemlich drastische Minderleistung (entsprechend rund 220 DIN-PS) nicht wahrhaben: Sie notierten unverdrossen 245 (DIN-)PS bei 5500/min in die Daten-Vergleichstabelle.
Geringere Nennleistung, niedrigere Höchstgeschwindigkeit und etwas weniger explosives Temperament: Statt »über 250 km/h« verspricht die US-Betriebsanleitung »152 mph/245 km/h«. Und statt nur »5,5 Sekunden« vergehen bei der schlafferen US-Version nach Werksangaben »5,7 seconds«, bis aus dem Stand 100 km/h (62 mph) erreicht sind. Dafür dürfen amerikanische Turbo-Bläser auch im neuen 930/53 bleifreies oder bleiarmes 91 ROZ-Benzin tanken – es sei denn, sie rennen oder rasen konstant mit ihrem deutschen Super-Sportwagen. Unter diesen Umständen empfiehlt die Betriebsanleitung wie beim ersten US-Turbo 930/51 höherwertigen 96 ROZ-Treibstoff. Keine Nationalmarkt-Unterschiede machten die Porsche-Techniker hingegen bei der Fahrwerks-Abstimmung und bei der Bereifung ihres 1977er Turbo-Jahrgangs.

Turbo ´77: Teile-Rationalisierung, leichtere Bedienung

Weltweit dimensionierten sie den vorderen Querstabilisator gegenüber den Vormodellen um zwei Millimeter dicker (nun 20 mm, der Querstabilisator an der Hinterachse misst unverändert 18 mm). Das bedeutete eine Angleichung der Dimensionierungen an den 911 dem Carrera-Standard. Porsche hatte nämlich erkannt, dass Spitzenmodell des Hauses keineswegs ein Kleinstserien-Schicksal beschieden war, weshalb sich eine Teile-Rationalisierung zur Kostendämpfung empfahl. Deshalb erhielt der Turbo ab Modell 77 an der Vorderachse auch die vereinfachte Stabilisator-Aufhängung des normalen Saug-911. Beim neuen Turbo-Jahrgang ging Porsche überdies auf 16 Zoll-Räder über und schuf damit vorweg Rahmenbedingungen, die für eine größer dimensionierte Bremsanlage im Folgejahr (siehe Seite 56) Voraussetzung waren.

Wer genau hinschaut, erkennt eine wichtige Neuerung des Turbo-Jahrgangs ´77: das Ladedruck-Instrument im Drehzahlmesser.

Unverändert blieben jedoch die Felgen- und Reifen-Breiten mit 7/8 Zoll bzw. 205/225 mm (vorn/hinten). Mit ihrem größeren Durchmesser füllen die 16-Zoller die Radausschnitte besser aus, als die kleineren Räder und erwiesen sich damit auch optisch als vorteilhaft. Der größere Abrollumfang der üppigeren Bereifung hingegen wurde durch jene kürzere 9/38-Achsübersetzung (4,222:1) kompensiert, die beim Turbo-Start anno 1975/76 im Zusammenhang mit der Serie 70/Serie 60-Bereifung auf 15-Zoll-Felgen verwendet worden war (bei 15 Zoll-Serie 50 fand die Kegel/Tellerrad-Kombination 9/36 = 4:1 Verwendung).
So ergeben sich im Vergleich zum Vor-Jahrgang nur unerhebliche andere Drehzahlzuordnungen zu bestimmten Geschwindigkeiten: Bei Nenndrehzahl (5500/min) läuft der 16 Zoll-bereifte 1977er Jahrgang im vierten Gang ziemlich exakt 230 km/h gegenüber 234 km/h des Vorgängers, die ersten drei Gänge lassen sich beim Nutzen der erlaubten Maximal-Drehzahl (6700/min) bis ca. 82/140/205 km/h statt zuvor bis 84/143/210 km/h ausfahren. Die offiziell ausgewiesene Höchstgeschwindigkeit von unverändert (über) 250 km/h entspricht mit 16 Zoll-Rädern knapp 6000/min, mit 15-Zöllern indessen 5800/min – beide Daten sind das für das Turbo-Triebwerk völlig unproblematische Dauerdrehzahlen.
Entspricht das Turbo-Getriebe des Jahrgangs 1977 in den Übersetzungen dem des Präsentations-Jahrgangs, so sorgten verstärkte Synchronisierungen des nun intern 930/33 (gegenüber zuvor 930/32 bei Übersetzung 9/36, bzw. 930/30 bei 9/38) bezifferten Turbo-Getriebes für noch höhere Haltbarkeit, das neue Doppelsperrband für den zweiten Gang sowie asymmetrisch angespitzte Schaltzähne beim ersten Gang verbesserten die Schaltbarkeit.
Doch damit nicht genug der Modifikationen unter dem Blech – auch die Kraftstoff-Versorgung erfuhr mit leistungsstärkeren Benzinpumpen, modifiziertem Kraftstoff-Druckspeicher und effizienterem Kraftstoff-Filter Modifikationen, die auf Schwächen der ersten beiden Jahrgänge hinweisen. Schwächen des einen oder anderen Turbo-Fahrers sollten hingegen Überarbeitungen von Brems- und Kupplungs-Technik kompensieren – nicht zuletzt im Hinblick auf den Porsche-Anspruch, mit dem Turbo ein ausgesprochenes Luxus-Automobil anzubieten. Zu diesem Anspruch passte es nicht, dass beim Treten von Kupplungs- und Bremspedal so manches Fahrer-Knie knackste und ermüdete – insbesondere im immer häufiger zu bewältigenden Stop-and-go-Verkehr der Innenstädte.
Bedienungs-Hilfen waren deshalb das Gebot der Stunde. Doch altgediente Elfer-Treter nahmen den höheren Bedienungs-Komfort des neuen Jahrgangs mit Reserve auf: Dass sich die mit zusätzlicher Unterstützungsfeder am Getriebe und mit modifiziertem Pedalhebel aufgewertete Kupplung fortan fast so leicht treten ließ, wie in einem Kleinwagen, sorgte genauso für Proteste der »Gusseisernen«, wie für Porsche-Enthusiasten ungewohnt »giftige« Ansprechen der Scheibenbremsen, verursacht durch den links hinten im Kofferraum untergebrachten Bremskraftverstärker der Baureihe T 52. Dieser bezieht den benötigten Unterdruck aus dem zu diesem Zweck

neu gestalteten Drosselklappengehäuse. Den Verstärkungsfaktor bemaß Porsche beim Turbo übrigens mit 1,8 niedriger als bei den zeitgleich aufgerüsteten Modellen 911 und Carrera (hier 2,2).

Turbo ´77: Ladedruck künftig fühl- UND sichtbar

Wohlwollender als das Thema Bremskraftverstärker nahmen technisch ambitionierte Turbo-Piloten eine weitere Neuerung des Jahrgangs 1977 auf: den in den Drehzahlmesser integrierten Ladedruckanzeiger, der über die aktuell anstehenden Über- oder Unterdruck-Verhältnisse im Ansaugtrakt informiert. Zu diesem Zweck wurde der Druckrohrstutzen des Turbo-Systems angezapft, um mittels elektrischem Druckgeber Signale an den munter hüpfenden Ladedruck-Zeiger zu übermitteln. Der kommuniziert dabei theoretisch Werte zwischen 0 und 1.5 bar, wobei allerdings die Betriebsanleitung vorschriftsmäßige Druckverhältnisse so beschreibt: *»Wenn Sie unter Last mit einer Motordrehzahl von etwa 4000 1/min fahren, sollte der Ladedruck ca. 0,8 bar/atü betragen. Überschreitet der Ladedruck diesen Wert, unterbricht ein Sicherheitsschalter die Kraftstoffzufuhr so lange, bis der korrekte Ladedruck wieder erreicht wird.«*
Turbo-Fahrer konnten also beim 1977er Turbo-Jahrgang mehr kontrollieren – sie hatten jedoch auch mehr Möglichkeiten als zuvor, das Innenraum-Klima zu beeinflussen. Zwei neue schwenkbare Mittel-Luftdüsen, in der Sicherheitspolsterung oberhalb des Radios angeordnet, verströmen nun auf Wunsch ungeheizte Frischluft (oder bei Fahrzeugen mit Klimaanlage auch gekühlte Luft) – eine angesichts des im Luftvolumen knappen, und sich deshalb bei sommerlichen Fahrten relativ schnell aufheizenden 911/930-Gehäuses wohltuende Neuerung.
Ergänzt wurde die Luftzutritts-Erweiterung durch eine Trennung von Frischluft-Mengenregelung und Gebläse-Intensität. Diese beiden Funktionen waren zuvor mit einem Schiebehebel gesteuert worden, so dass zur Dosierung der Frischluftmenge stets das Gebläse heran zu ziehen war. Nun konnte mit einem separaten Hebel Frischluft wahlweise in der Intensität wie auch in der Richtung (Fußraumdüsen, Defrosterdüsen, oder aber Mitteldüsen) gesteuert werden. In der Praxis bedeutete diese Änderung frei-

Volumen-Vergleich 1978 zwischen Saugmotor-911 SC und Turbo. Beim Turbo handelt es sich um das US-Modell – Indiz: die für Amerika exklusive Bezeichnung »turbo Carrera«.

lich nicht nur Fortschritte. Vielmehr komplizierte sich das Heiz-Lüftungssystem des Heckmotor-Porsches ein weiteres Mal: Immerhin waren nun inklusiv des zwischen den Sitzen angeordneten Temperatur-Wähldrehknopfes fünf Hebel zu manipulieren – ein Vorhaben, das eine eingehende Lektüre der Betriebsanleitung voraussetzt.
Einfacher war da schon die Funktion der zum Jahrgang 1977 neu eingeführten Zweikammer-Warnleuchte oberhalb des linken Radio-Drehschalters zu durchblicken. So rügt deren obere Kammer mit rotem Leuchten solche Passagiere, die den Sicherheitsgurt für ein überflüssiges Extra halten. Ein Sitzbelastungs-Kontakt lässt die große Leuchte aufflammen. Die untere Kammer hingegen verweist bei eingeschalteter Zündung auf eine eventuell nicht völlig gelöste Handbremse oder aber – gegebenenfalls auch während der Fahrt – auf den Ausfall eines der beiden Bremskreise.
Passive Sicherheit wird groß geschrieben im Hause Porsche – und zur passiven Sicherheit gehört auch eine jederzeit optimale Sicht. Mit dem neuen Jahrgang behielt der Porsche deshalb seine elektrische Heizung für Front- und Heckscheiben, bedient über einen Zugschalter, der in Stufe eins die Windschutzscheiben-Heizung und die erste Stufe (150 Watt) der Heckscheibenheizung aktiviert. In der zweiten Raste wird die Frontheizung abgeschaltet, dafür wird die Heckscheibe unter 300 Watt gesetzt. Dabei schaltet ein Regelrelais die Leistung der Heckscheibenheizung dann zurück, wenn der Strombedarf der außerdem eingeschalteten Verbraucher die momentane Leistung der 980 Watt-Drehstromlichtmaschine übersteigt. Bei einer Normalisierung des Stromhaushaltes wiederum schaltet die hintere Scheibenheizung automatisch wieder zu.
Und wie steht's mit der Diebstahl-Sicherheit des Sportwagen-Klassikers aus Zuffenhausen, der Langfinger bis heute besonders anziehend erscheint?

Super-Sportwagen im Alltag: Die unproblematische Fähigkeit dazu zeichnet den Porsche Turbo gegenüber der Italo-Konkurrenz bis heute aus.

Auch Dieben wurde mit Einführung des Jahrgangs 1977 der Porsche-Klau ein wenig schwerer gemacht. So kamen statt mit einem Draht von außen manipulierbaren Türverriegelungsstiften am oberen Türtafelrand nun in die Türtafeln versenkt eingelassene Rändelräder zum Einsatz, hinter den Haltegriffen angeordnet. Zwar ist Sichtkontrolle nach wie vor möglich, weil ein Verriegelungsstift an gewohnter Stelle kurz hinter dem Dreiecksfenster-Steg aus der oberen Abdeckblende ragt. Doch im Gegensatz zu früher trägt der Stift an seinem oberen Ende keine griffgünstige Verdickung mehr (an der eben auch eine Drahtschlaufe Halt findet), weil das Entriegeln von innen mit Hilfe des Rändelrades erfolgt.
Modebewussten Turbo-Käufern erschwerte Porsche im Modelljahr '77 mit einer geänderten und erweiterten Lack- und Ausstattungs-Palette die Qual der Wahl. Ansonsten ist die Aufpreis-Liste weiterhin kurz, weil praktisch alles, was bei 911 und Carrera aufpreispflichtig gehandelt wurde, beim Turbo zur Serienausstattung zählte – und sogar noch etwas mehr. So erfreut im Turbo beispielsweise eine Mittelkonsole vor dem Schalthebel zur Aufnahme von vier Cassetten-Fächern oder ein kleines silbernes Metallschildchen auf dem Handschuhfachdeckel mit dem eingravierten Namen des stolzen (Erst)besitzers.
Einzig ein 40%-Sperrdifferential (795 Mark), Aufpralldämpfer für die Stoßstangen nach dem Muster der in die USA gelieferten Exemplare (360 Mark), Beifahrer-Außenrückspiegel (175 Mark), elektrisches Schiebedach (1450 Mark), Klimaanlage (2600 Mark), Sportsitze von Recaro (520 Mark), ein gegenüber dem Serienexemplar höherwertiges Blaupunkt-Radio (500 Mark), eine größere (88 Ah)-Batterie (65 Mark) oder schraffierte Turbo-Schriftzüge an den Flanken (295 Mark) konnten den mittlerweile auf 70000 Mark »aufgerundeten« Preis des 1977er Turbo-Jahrgangs weiter erhöhen – und nicht nur den.
Protokollierte Porsche für den 1977er Turbo in Basisausstattung nach DIN schon offiziell ein gegenüber dem Ur-Turbo um 55 kg auf 1195 kg angewachsenen Gewicht, so brachten die meisten in Umlauf gebrachten Luxus-Turbos des angereicherten Jahrgangs sogar knapp 1,3 Tonnen auf die Waage.

Der Turbo für die Rennstrecke: Turbo RSR (934)

DER SCHWERGEWICHTS-SPORTLER

Er war der ursprüngliche Grund der geplanten Turbo-Homologationsserie für den Straßengebrauch, doch dann kam alles ganz anders. Das ab der Saison 1976 gültige Reglement (Anhang J) für die Gruppe 4 (Spezial-GT) forderte nicht, wie von Porsche ursprünglich vermutet, ein möglichst leichtes Straßenauto, um auf dieser Basis möglichst chancenreich Motorsport betreiben zu können. Es forderte vielmehr spezielle Mindestgewichte und Reifenbreiten in verschiedenen Hubraum-Klassen.
Aus diesem Grund drifteten die Entwicklungen für den in seinem Verkaufs-Potential mehr zufällig entdeckten 930 Turbo für den Straßengebrauch und für den Renn-930 bereits 1974, kurz nach Publikation des neuen Anhang J, der die Rahmenbedingungen für Motorsport-Aktivitäten ab 1976 formulierte, auseinander. Der Renn-Turbo gedieh zum Turbo RSR, heute besser unter seiner Typ-Kennzahl 934 bekannt – und um den geht es in diesem Kapitel.
Nicht behandelt wird in dieser Turbo-Chronik indessen der Gruppe 5-935 und seine Varianten – siehe dazu »Porsche 934/935« von Jürgen Barth/ Bernd Dobronz, gleichfalls im Motorbuch Verlag erschienen.

Porsche war von den Gewaltigen der FIA in Paris und von Sport-Hoheiten in den USA schon des Öfteren gebeutelt worden (und sollte auch noch in Zukunft einiges einstecken müssen). Nicht immer fanden in Zuffenhausen die Entscheidungen der Herren am grünen Tisch Zustimmung. Im Falle der 1976 neuen Gruppe 4 indessen signalisierten die Porsche-Mannen Einverständnis, zumal deren Reglement darauf ausgelegt war, diese Rennkategorie im Vergleich zur Vorgänger-Version preisgünstiger zu gestalten.
Offizielle Porsche-Statements im Zusammenhang mit dem künftigen hauseigenen Gruppe 4-Geräts signalisierten folglich Wohlwollen: »*Porsche begrüßt grundsätzlich diese Tendenz zum seriennäheren Wettbewerbswagen. Deshalb haben wir uns gern und sehr intensiv mit der neuen Aufgabe auseinandergesetzt und mit dem Turbo RSR ein im Rahmen der neuen Regeln optimal leistungsfähiges, ausgewogenes und zuverlässiges Sportinstrument geschaffen.*«
Tatsächlich reduzierte das neue Reglement die Gestehungs-Kosten für Gruppe 4-Wettbewerbswagen. Höhere Minimalgewichte sollten den Einsatz exotischer und teurer Materialien unnötig machen, schmalere Reifen und Felgen kostendämpfend und – dank niedrigerer möglichen Kurvengeschwindigkeiten – zudem risikominimierend wirkend. Die Ächtung von Vierventil-Zylinderköpfen und Doppelzündung mag aus heutiger Sicht fortschrittshemmend erscheinen – damals diente es zur Aufwands-Nivellierung und damit höheren Chancen-Gerechtigkeit bei finanziell unterschiedlich gut ausgestatteten Renn-Teams.

Porsche fühlte sich »*als maßgeblicher Träger des Breitensports auf dem Sektor Motorsport*« und war stolz darauf, mit dem 934 als einer der ersten ein den neuen Regeln entsprechendes, wettbewerbsfähiges GT-Fahrzeug bereitstellen zu können. Das in einer Stückzahl von 30 in der Reparatur-Abteilung unter Meister Elmar Willrett aufgelegte Basisfahrzeug wurde dabei – wie bei Porsche-Wettbewerbswagen üblich – direkt über die Kundensport/Reparatur-Abteilung in Zuffenhausen ausgeliefert, Grundpreis (incl. Mehrwertsteuer) 107 670 DM.

Machen beim 934 Platz: angesetzte GfK-Kotflügelverbreiterungen für 325/625-Rennreifen hinten und 275/600er vorn.

Der Turbo RSR, besser unter dem Kürzel 934 bekannt, gab den Ausschlag für die Entwicklung des 930 Turbo.

Januar 1976: 934-Präsentation vor dem Hauptgebäude der Forschungs- und Entwicklungsabteilung von Porsche in Weissach.

934-Rennmotor: große Nähe zum Serien-Turbo

Doch nun zum 934, Motornummer 930/71, selbst – lassen wir dazu einmal mehr Projektleiter Wolfgang Berger zu Wort kommen, Ende der 1980er Jahre des vorigen Jahrhunderts zur Sache befragt:

»Die Motorentwicklung konnte dank den Erfahrungen mit dem bisherigen Renn-Turbo und natürlich mit dem Serien-Turbo ohne größere Probleme durchgeführt werden. Der Grundmotor, Kurbelgehäuse, Kurbelwelle, Pleuel, Zylinder und Zylinderköpfe, wurden vom Serien-Turbo übernommen und lediglich den erlaubten Änderungen unterzogen, so zum Beispiel das Vergrößern der Ein- und Auslasskanäle. Die Nockenwelle stammt vom Renn-Turbo*, während die Ventile im Teller- und Schaftdurchmesser den Serienventilen entsprechen. Um die Lader-Schmierung zu verbessern, war eine neue Ölpumpe mit größerem Sauggehäuse erforderlich.*

** Berger meint damit den von Porsche in der Marken-WM 1974 eingesetzten Carrera RSR mit aufgeladenem 911-Motor von 2,1 Liter Hubraum, ein Projekt, das Porsche Erkenntnisse für die erwartete Gruppe 5 nach dem Anhang J von 1976 liefern sollte. Porsche trat mit dem Turbo-Carrera RSR gegen reinrassige Sportwagen-Prototypen (etwa von Matra) an, konnte aber immerhin 1974 in Le Mans und Watkins Glen jeweils Zweiter werden. In der Endabrechnung der Marken-WM 1974 belegte Porsche Rang 3 hinter Matra und Mirage-Ford.*

Mit der von uns wie beim Serien-Turbo verwendeten Bosch K-Jetronic wurde bei Rennmotoren Neuland betreten. Schwierigkeiten ergaben sich einerseits durch das begrenzte Platzangebot im Motorraum und andererseits in der Auslegung des Luftmengenmessers, galt es doch, gegenüber dem Serien-Turbo den doppelten Luftdurchsatz zu bewältigen. Nach vielen Abstimmungsversuchen auf dem Prüfstand wurde die Form des Luft-Ein- und -Auslasses bestimmt und durch eine kegelförmige Stauscheibe in Verbindung mit einem vorgesetzten Drall-Apparat das Problem der Luftmengenmessung gelöst.

Bei der Anordnung des Turboladers und der Luftführungen wurde prinzipiell die Serienlösung übernommen. Turbolader und Bypass-Ventil sitzen unterhalb der Heckschürze, die Drosselklappe zwischen Verdichter und Ladeluftkühlung. Das größte Problem war die Unterbringung eines Ladeluftkühlers. Die ersten Überlegungen zielten darauf ab, einen Luft-Luftkühler, ähnlich dem der Prototypen von 1974, zu verwenden. Das Platzangebot ließ jedoch bereits bei der Auslegung des Kühlers erkennen, dass andere Wege gefunden werden mussten. Etwas skeptisch wurde der Vorschlag, die Ladeluft mit Wasser zu kühlen, aufgenommen. Wie groß müssen die Wasserkühler sein, wieviel Liter Wasser müssen mitgeführt werden, wie groß muss der Wasserdurchsatz sein?«

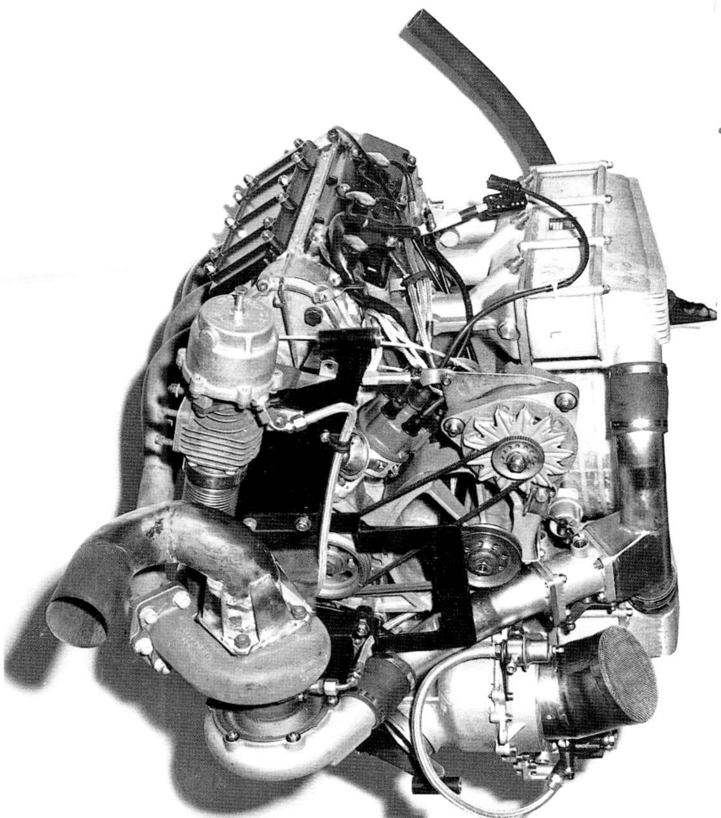

934-Motortyp 930/75: offiziell knapp 500 PS starker Turboboxer mit Wasserkühlung für die Ladeluft.

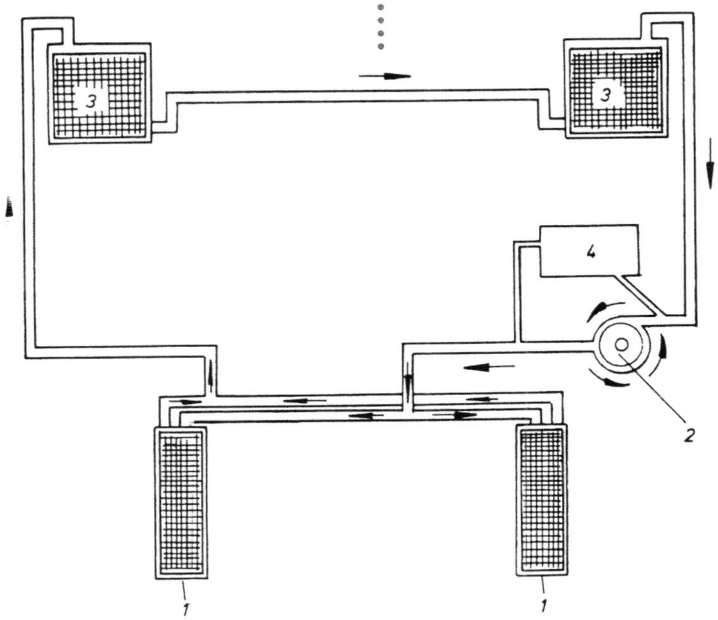

Ladeluft-Wasserkühlung beim 930/75: Die Pumpe (2) befördert ca. 12 Liter Wasser durch die beiden Ladeluftkühler (1). Frontkühler (3) kühlen das erwärmte Wasser. In den Wasserkreislauf ist ein Expansionsgefäß (4) integriert.

Berger erinnerte sich mit Vergnügen der Spötteleien seiner Kollegen, als er in der Zuffenhausener Werkstatt einen kompletten Wasserkreislauf außerhalb eines Fahrzeuges aufbaute, um mögliche Anordnungen, Systeme und die allgemeine Machbarkeit zu überprüfen. »*Der Berger und sein Wasserwerk*«, witzelte die Porsche-Truppe – vor allem dann, wenn Probleme auftraten. »*Irgendwann einmal*«, amüsierte sich Wolfgang Berger in der Rückschau, »*trat eine Undichtigkeit auf – die ganze Werkstatt stand unter Wasser…!*«
Immerhin ergaben sich wertvolle Erkenntnisse – Berger: »*Die erforderlichen Kühler waren im Fahrzeug gut unterzubringen, und das Mehrgewicht von etwa 20 kp konnte in Kauf genommen werden.*«
Tatsächlich verliefen Bergers Versuche vielversprechend, und als erste Temperatur-Messungen im Fahrzeug durchgeführt wurden, verstummten die Zweifler und Spötter. Berger damals: »*Die Ladeluft wird von 150 Grad Celsius auf circa 50 Grad zurückgekühlt Außerdem wurde eine sehr kompakte Lösung der Luftführung durch die Verwendung von zwei Ladeluftkühlern gefunden, die nun dicht am Motor, unmittelbar über den Einlasskanälen sitzen.* «
Angetrieben wird die notwendige Wasserpumpe von einer der beiden Nockenwellen, wobei die Flüssigkeit in zwei im Bug untergebrachten Kühlern zirkuliert. Weitere Details des trocken mit 186 Kilogramm gegenüber dem Serien-930/50 rund 20 Kilogramm leichteren 930/71-Triebwerkes sind sein Horizontal-Kühlgebläse (an Stelle des in den Serien-911 verwendeten stehenden Gebläses) und der vom Typ 917 übernommene Turbolader, der den für Rennzwecke relativ geringen Ladedruck von 1,3 bar erzeugt. Abblas-Ventil und Kondensator-Zündanlage entsprechen der Serien-Version 930/50.
Und auch das 53 Kilogramm schwere Getriebe Typ 930/25, serienmäßig bereits für maximal 640 Nm Drehmoment ausgelegt, bedurfte gegenüber dem Serien-Turbo nur geringer Modifikationen – etwa in Gestalt einer separaten Ölpumpe und eines im Heckspoiler untergebrachten Ölkühlers

Eigens für den 934 entwickelt: Der Getriebe-Typ 930/25 mit Ölkühlanlage ist für maximal 640 Nm Drehmoment ausgelegt.

für das Getriebeöl. Da die Anzahl der möglichen Getriebe-Übersetzungen nach dem Anhang J beschränkt war, standen pro Gang nur drei Übersetzungen zur Verfügung (siehe auch Technische Daten, Seite 233), die Serienübersetzung eingeschlossen. Außerdem wurden vier verschiedene Übersetzungen des von ZF zugesteuerten Lamellen-Differentials mit 80 Prozent Sperrwirkung angeboten (5,125 / 4,625 / 4,222 / 4,000).
Dass sich ein 934 beim Wechseln der Gänge völlig anders anfühlt als der Straßen-Turbo, hängt mit der modifizierten Schaltung zusammen. So wurden die Schaltwege erheblich verkürzt und die Motor/Getriebe-Einheit zur besseren Schaltexaktheit starr gelagert. Die Kupplung entspricht der Serie, wirkt allerdings mit höherer Anpresskraft und überträgt die Kraft über einen Sinter-Belag.

934-Motor Typ 930/75: Horizontal-Kühlgebläse, Bosch K-Jetronic, 917-Turbolader für maximal 1,35 bar Ladedruck.

Porsche 934-Vorderradaufhängung ab 1976: mit Zentralverschluss, Langstrecken-Bremse und Zusatzfeder.

Porsche 934-Hinterradaufhängung ab 1976: mit Zentralverschluss, Langstrecken-Bremse und separater Feststellbremse.

Porsche 934-Frontabteil: 120 Liter-Tank von Goodyear, Querverstrebungen zur Vorderwagen-Versteifung.

Porsche 934-Cockpit: Schalensitz mit Durchbrüchen für Sicherheitsgurte, Überrollkäfig aus Aluminium.

Porsche 934-Armaturenbrett: jeweils zwei Drehzahl- und Öldruckmesser, Ladedruck-Verstellrad (Dampfrad).

934-Fahrwerk: verstellbar und mit 917-Bremsanlage

Gelenklager statt Gummilager dienen auf dem Fahrwerkssektor exakteren Radführungen, Federung und Dämpfung wurden dem relativ hohen Fahrzeuggewicht angepasst. Zusätzlich zu den Serien-Torsionsstabfedern kamen dabei Schraubenfedern, koaxial zu den Stoßdämpfern angeordnet, zum Einsatz. Höhenverstellbare Federn und einstellbare Stabilisatoren erlauben Anpassungen an unterschiedliche Rennstrecken und Fahrer-Vorlieben.

Eklatant unterscheidet sich die 934-Bremsanlage von der ersten Straßen-Turbo-Generation. Es handelt sich dabei um die bewährte 917-Anlage mit innenbelüfteten Lochscheiben und stark verrippten Aluminium-Bremssätteln. Die Feinabstimmung der Bremskraftverteilung erfolgt über ein Waagebalkensystem. Zur Bremsenkühlung wurden zwei Luftschläuche vom Bugspoiler zu den vorderen Bremsscheiben geführt. Und natürlich sind auch die Radnaben und Räder 934-spezifisch: Verstärkte Radnaben mit Zentralverschlüssen und dreiteilige Magnesium-Räder von 16 Zoll Durchmesser (Breite vorn 10 1/2 Zoll, hinten 12 1/2 Zoll), bestückt mit Rennreifen der Formate 275/600x16 vorn und 325/625x16 hinten tragen dem Verwendungszweck Rechnung.

Zwar erhielt der 934 die serienmäßige Turbo-Rohkarosserie, doch wurde die im Rahmen des Erlaubten modifiziert. So ließen an den Kotflügeln aufgesetzte 50 mm breite und 100 mm hohe GfK-Verbreiterungen die Gesamtbreite des Fahrzeugs vorn auf 1800 mm, hinten auf 1875 mm anwachsen. Auch Bugschürze des mit cw=0,441 nicht herausragend windschlüpfigen Rennwagens ist 934-typisch. Kreuzförmige Aluminium-Verstrebungen im Kofferraum sowie Karosserieverstärkungen sollten zu höherer Torsions- und Biegesteifigkeit des Rennwagens beitragen. Zugunsten einer Verbesserung der Gewichtsverteilung des Heckmotor-Renners wanderte der Öltank in den Kofferraum nach vorn, direkt neben den 120 Liter fassenden Sicherheitstank mit von außen zugänglichem Schnelltankverschluss. Außerdem im Kofferraum untergebracht: eine Feuerlöschanlage und die Batterie.

Betont karg gibt sich das weitgehend leer geräumte 934-Cockpit: Armaturenbrett mit Drehzahlmesser, Ladedruck, Öldruck- und Öltemperaturanzeigen sowie Kontrollinstrumenten für Benzinsystem und Benzinsteuerdruck. Die Polsterung des Armaturenbretts wich rustikalem Nadelfilz. Der Pilot nimmt auf einem von Porsche entwickelten Rennschalensitz Platz, fixiert durch einen Sechspunkt-Gurt und behütet durch einen Überrollkäfig. Dass der Käfig statt aus Stahl aus Aluminium gefertigt wurde und auch an anderen Stellen durchaus Leichtbau betrieben wurde, hatte strategische Hintergründe: Es galt, das vom Reglement geforderte Mindestgewicht

(1120 kg) zu unterbieten, um mit Hilfe von im Vorderwagen angeordnetem Blei-Ballast die Gewichtsverteilung zu optimieren. Tatsächlich wog der 934 ohne Blei deutlich unter 1100 Kilogramm, so dass an geeigneten Stellen des Fahrzeugs rund 40 Kilogramm »Strategie-Ballast« angeordnet werden konnte.
Der Porsche 934 schrieb deutsche Rennsport-Geschichte. So geriet die Division 1 der Deutschen Rennsportmeisterschaft 1976 zum reinen Porsche-Pokal, bei dem bis zu zehn 934 bis heute legendäre Schlachten austrugen, sich gegenseitig Siege so sehr streitig machend, dass der Deutsche Rennsportmeister schließlich aus der weniger heiß umkämpften Kleinen Division kam (es war Hans Heyer auf Ford Escort).
Die Porsche-Teams?
Gelo (Georg Loos) und Kremer, die beiden Erzrivalen und Streithähne aus Köln, Max Moritz aus dem schwäbischen Reutlingen.
Und die profiliertesten Fahrer?
Das waren der Holländer Toine Hezemans, der Australier Tim Schenken, der Franzose Bob Wollek und die Deutschen Helmut Kelleners und Reinhardt Stenzel – Sie erinnern sich?
Bei mir jedenfalls blieben diese Kämpfe im Langzeit-Gedächtnis haften, boten sie doch traumhaften Motorsport, professionell zwar bereits, doch irgendwie auch noch bodenständig in der klassischen Renntradition. Und als jungem »Hilfs-Drifter« bei der Zeitschrift »sport auto« bot sich mir im Sommer 1976 gar die Möglichkeit, den Gruppe 4-Boliden des Reutlinger Rennstalls Max Moritz, Reinhardt Stenzels Arbeitsgerät, im Hockenheimer Motodrom direkt mit dem Straßen-Turbo zu vergleichen.
Es war ein unvergessliches Erlebnis, trotz meines eher Turbo-skeptischen Resümees – lesen Sie den damals in »sport auto« 8/1976 veröffentlichten, hier unwesentlich gekürzten Bericht.

Turbolenzen: Straßen-Turbo und 934 im Vergleich

»Reinhardt Stenzel, geschäftlich und auch privatim Porsche Turbo unterwegs, mag ihn nicht, den Turbo. »Der versaut mir meinen Fahrstil«, meint der Münchner und spricht damit gleich zwei heikle Porsche Turbo-Kapitel an. Der Umgang mit den Aufgeladenen erfordert nämlich einen für engagierte Piloten eigentlich widernatürlichen Fahrstil, so, wie ihn Mark Donohue während der Porsche-Can-Am-Epoche erfand. Donohue gewöhnte es sich an, aus Ecken viele kleine Geraden zu machen, darauf achtend, das Auto möglichst früh wieder geradezustellen, um erst dann fürchterlich aufzudrehen.*
Wollte man Kurven heil bewältigen, war dieses Verfahren unumgänglich, weil der Kompressor das bei Saugmotor-Rennern mögliche Lenken mit Hilfe des Gaspedals unterbindet. Der Ladedruck fördert die Leistung nicht kontinuierlich, sondern ab einer bestimmten Drehzahl fast schlagartig. Und dieser Schlag, das abrupte Einsetzen der Kraft, vereitelt feinfühliges Kurvenbalancieren durch wohldosierten Powereinsatz.
Probleme bereitet jedoch auch die Gegenaktion zum Aufdrehen, das Verzögern. Der Turbo ist 175 kg schwerer als sein Carrera-Vorgänger der letzten Saison. Für den Fahrer bedeutet dies, Bremsmanöver beträchtlich früher einzuleiten, ein Grundsatz, der im harten Clinch nur allzu gern der Carrera-Spätbremsgewohnheit weicht, Ausritte sind dann nicht zu vermeiden.

** Mark Donohue, 1937 in New Jersey geborener Rennfahrer, entwickelte in Porsche-Diensten einen ungewöhnlichen, doch sehr effizienten und damit schnellen Fahrstil im Umgang mit Turbo-Rennwagen vom Format des Porsche 917/30. Er verunglückte im August 1975 beim GP Österreich nach einem Reifenschaden tödlich.*

Turbo-Paarlauf in der Hockenheimer Sachs-Kurve: Werks-Testwagen 930 Turbo und 934 des Reutlinger Max Moritz-Teams (Test-Aufmacher in »sport auto«, Ausgabe 8/1976).

Reinhardt eifert Donohue nach, gibt aber ungeduldig hin und wieder zu früh Gas oder bremst zu spät und hat dann Anlass zur Selbstbeschimpfung. So in Hockenheim während unserer Testfahrten, als er dem Serien-Turbo Rotationsmanöver abverlangte, oder am Wochenende darauf, wo er das Publikum während des Rheinpokal-Rennens mit Pirouetten hinriss. Deshalb trauert er intensiv seinem letztjährigen Arbeitsgerät nach, dem Saugmotor-Carrera, der, knapp 350 PS stark, nach Einführung des 500 PS-Turbo weichen musste. Denn im Motorsport gilt nicht Sympathie, sondern einzig Leistung. Und die hat der seit Anfang der Saison in der Gruppe 4 homologierte Turbo zur Genüge. Er hat gar so viel davon, dass Porsche beim werksseitig vorgerüsteten und für über 107 000 DM vertriebenen Renn-Turbo listig nur 485 PS angibt, um die Konkurrenz nicht von vornherein zu demoralisieren. ... Die hinter vorgehaltener Hand angegebene Leistung liegt denn auch bei 550 PS, wenngleich die Porsche eng verbundenen Teamchefs weiterhin auf knapp 500 PS beharren.

So auch Rudi Sauter, Rennleiter des Max Moritz-Teams aus Reutlingen. Die Schwaben holten sich zu Beginn der Saison gleich zwei Turbo aus dem nahen Zuffenhausen. ... Die Tüftler aus Reutlingen begnügten sich nicht mit dem angelieferten Wagenmaterial, sondern trachteten nach individueller Perfektion. So führten Fahrversuche am Nürburgring zu einer härteren Abstimmung der Bilstein-Dämpfer. Statt der hinteren 8 kg-Federn kamen 10 kg-Exemplare zum Einbau. MM erkannte zudem, dass sich die Außenbettbreite der hinteren BBS-Felgen von 5,5 Zoll auf 5,75 Zoll erweitern lässt, wovon die Spur um ein halbes Zoll profitiert, ohne das vorgeschriebene FIA-Maß zu überschreiten. ...
Drei Stabi-Dimensionen mit 18, 20 und 22 mm für vorn und hinten liegen zur Fahrwerksvariation bereit. Sämtliche Aufhängungen sind im Gegensatz zum teilweise gummigelagerten Carrera in Delrin-(Teflon)Buchsen oder metallgelagert. Dadurch wirkt das Turbo-Fahrwerk wesentlich steifer als das des Carrera. Auf dem Bremsensektor sahen sich die in dieser Hinsicht bislang verwöhnten Porsche-Leute plötzlich ähnlichen Problemen gegenüber wie die Ford- und BMW-Mannen in der vergangenen Saison. Speziell für den bremsenmordenden Norisring verlangten die schweren Porsche diesmal einen Kühlaufwand, der dem der Capri und BMW nicht nachstand. So sorgte neben der üblichen Zwangsbelüftung Wasser und von einem separaten Gebläse zuvor durch den Ladeluftkühler geschickte Luft für rasches Ableiten der Bremshitze.

Rührige 934-Truppe der 1970er Jahre mit Jägermeister-Sponsorship: das Reutlinger Max Moritz-Team mit Rennleiter Rudi Sauter (rechts, auf Kotflügel sitzend) und Chefmechaniker Scherf (links außen).

Obwohl der Turbo rund 30 km/h schneller ist als der Carrera, verfügt er über einen Gang weniger. Es gilt deshalb, Abstufungskompromisse einzugehen, deren Perfektion sich mehr noch als zu Carrera-Zeiten in den erreichten Rundenzeiten manifestiert.

Am Motor beließen es die Reutlinger bei den üblichen Feinarbeiten. Natürlich verfügen die MM-Porsche über das berühmte Dampfrad am Armaturenbrett, mit dessen Hilfe sich der Ladedruck regeln lässt, und das sicherlich immer dann eine Verführung darstellt, wenn es um Zehntel für die Startaufstellung oder um entscheidende Meter vor dem Ziel geht. Offiziell fahren die MM-Piloten mit 1,35 atü. Höherer Druck bringt angeblich nichts, wenngleich es Konkurrenten gibt, die behaupten, bis zu 1,9 atü zu gehen. Solche Druckgeschäfte wirken sich naturgemäß auf die Lebensdauer des KKK-Kompressors aus. Das 2 000 Mark-Gerät hat bereits den Ruf eines Ex-und-Hopp-Utensils.

Allein die MM-Autos fuhren nach dem dritten Rennen bereits mit dem dritten Lader. Zudem fordert der Kompressor von den Mechanikern exaktestes Arbeiten, geringste Undichtigkeiten, eine nicht richtig angezogene Schelle führen prompt zu Leistungsverlust. ...

Da MM vertraglich an das Haus Dunlop gebunden ist, rollte der Test-Turbo hinten auf extrem weichen 325/625 x16 der 554-Mischung, vorn auf relativ harten 275/600x16 der 450er Mischung. Für die Beschleunigungs-Messungen und im Hinblick auf die sport auto-Fahrprüfungen übersetzte MM-Chefmechaniker Scherf den Porsche vergleichsweise kurz. ... Damit reichten die Gänge bei einer Achsübersetzung von 7/41 und der Schaltdrehzahl 7000/min bis knapp 88, 133, 174 und 220 km/h.

Ein Vergleich der Beschleunigungszeiten zeigt die unterschiedlichen Charaktere der Carrera und Turbo. Der rund 1300/min weniger drehende Turbo spielt seine urgewaltige Kraft erst ab etwa 140 km/h aus, wenn er bereits zweimal (im ersten und zweiten Gang) die Möglichkeit hatte, im Ladebereich zu blasen. Der Wert bis 200 km/h stellt mit elf Sekunden einen neuen sport auto-Rekord dar. Selbst einem kräftig motorisierten Normalfahrer ist das Erleben solch gewaltigen Vortriebs fast ein Alptraum. Da drohen enorme Kräfte, den Kopf zum Rückfenster zu katapultieren, der Schaltarm gelangt nur unter Anstrengung zum Ganghebel, und selbst die Riemen des Sicherheitsgurtes drücken wie bei einer mittleren Bremsung.

Im Heck, eigentlich überraschend leise und vor allem von Karosserie-Resonanzen verstärkt, kreischt der Boxer, immer auf halbem Weg zwischen zwei Schaltmanövern von einem zischelnden Pfeifen des Laders überlagert. Selten bedurfte es zum Erreichen guter Werte solch mannigfacher Versuche wie beim Turbo. Das Finden der optimalen Startdrehzahl, die einerseits den Motor nicht versacken lässt, andererseits nicht die Kupplung verheizt, scheint eine Wissenschaft zu sein. So erklärt sich das klägliche Bild eines stehend startenden Turbo-Feldes, das von etwa gleichzeitig ins Rennen gehenden Zweiliter-Saugern einfach überrollt wird.

Für die sport auto-Fahrprüfungen stellte sich Reinhardt Stenzel zur Verfügung. Zu berücksichtigen ist dabei, dass Reinhardt die ausgesprochen gewöhnungsbedürftigen Parcours zum ersten Mal unter die Räder nahm und deshalb sowohl im Renn- als auch im Serien-Turbo nicht optimal schnell sein konnte.

Ernstfall Eifelrennen 1976: Reinhardt Stenzel im Max Moritz-934 bei der Einfahrt in den Schwalbenschwanz. Stenzel wurde hinter Helmut Kelleners Zweiter.

Fahrprüfungen		
	Porsche Turbo	*Porsche Turbo 934*
Reifen	Pirelli P 7	Dunlop Racing
Reifenformat vorn	205/50 VR 15	275/600x16
Reifenformat hinten	225/50 VR 15	325/625x16
Kreistest (50 m Asphalt)	55,4 km/h	61,1 km/h
Wedeln (Poller-Abstand 36 m)	104,8 km/h	109,1 km/h
Slalom (Poller-Abstand 18 m)	60,0 km/h	64,0 km/h
Handling-Kurs	80,7 km/h	87,1 km/h
Kleiner Kurs Hockenheim	1.23,4 min	1.14,6 min

Beide Porsche drehten auf dem Kreis und beim 18 m-Slalom nicht im Lader-Bereich, der beim Straßen-Turbo bei 4000/min, beim Renn-Turbo bei 5200/min beginnt. Dadurch gestalteten sich diese Prüfungen ohne Lader-spezifische Probleme. Gleichwohl zeigte sich im Kreis, wie Porsche der gegebenenfalls spontan an der Hinterhand einsetzenden Kraft Herr zu werden versucht: durch unter normalen Fahrzuständen geradezu fronttriebsmäßiges Untersteuern. Der Serien-Turbo schiebt stur über die Vorderräder und kann diese Eigenart auch beim Slalom nicht verleugnen.

Hier vermag das neutralere Eigenlenken der Rennversion mehr zu befriedigen, zumal sie bei leichtem Gaslupfen spontan und fahraktiv in die Kurve giert. Erschreckend jedoch die enorm hohen Haltekräfte am Lenkrad, die erklären, warum sich immer mehr Spitzenpiloten unter die Fittiche von Sport-Therapeuten begeben. Im Vergleich zum Renn-Kraftsportler fährt sich die zivile Version fast wie ein Spielzeug, zumindest was die erforderlichen Kräfte betrifft.

Gleichwohl zeigt sich das 260 PS-Gerät beim rennmäßigen Fahren auf dem Kleinen Kurs in Hockenheim kaum weniger problematisch. Es gilt in Kurven, höllisch darauf zu achten, entweder unter 4000/min die Runde zu zirkeln, oder aber schon von Anbeginn mit Lader-Unterstützung zu driften. Das Überschreiten der 4000/min-Marke in der Kurve führt fast unweigerlich zum Dreher, wobei der Ladereinsatz von Exemplar zu Exemplar unterschiedlich abrupt zu erfolgen scheint, wie ein Vergleich mit Stenzels viel gutmütiger zu bewegendem Privat-Turbo zeigte.
Prinzipiell ähnlich bei naturgemäß weit höheren Quer- und Längsbeschleunigungen verhält sich der Gruppe 4-Renner. Allerdings ist bei diesem die anfängliche Untersteuer-Tendenz weit weniger ausgeprägt. Eine Überraschung: das ausgesprochen kultivierte Laufverhalten, hat man die bereits angesprochene kritische Anfahrphase überwunden. Der Renn-Turbo besticht durch eine geradezu zivile Elastizität, die es erlaubt, auch aus Drehzahlen unter 3000/min ruckfrei zu beschleunigen, was die Porsche-Entscheidung, auf einen fünften Gang zu verzichten, beleuchtet.
Beim Erreichen der 5200/min-Marke empfiehlt es sich dringend, die Vorderräder geradezustellen, will man einen zünftigen Dreher auf der Geraden vermeiden. Was dabei passiert, ist dazu geeignet, Enthusiasten in einen Rausch zu versetzen: die schiere Gewalt. So freut man sich im Gruppe 4-Turbo wie im Serien-Porsche nicht auf Kurven, sondern einzig auf Geraden, in Hockenheim die Querspange, hin zur Sachs-Kurve, die Zielgerade, wo das Aufdrehen zur Orgie gerät.
Zur rennmäßigen Handhabung weist der Renn-Turbo Arbeitsplatz-Modifikationen auf, die auch dem Serien-Turbo gut zu Gesicht stehen würden. So wich die Serienpedalerie einer fast niveaugleichen Brems- und Gasbetätigung. Die Schaltung, im Serienauto eine Spur zu hakelig, elastisch und langwegig, wurde in der Rennversion durch das Vierganggetriebe vom Typ 930/25 ersetzt, das sich exakt und mit besonders kurzen Wegen schaltet. Reinhardt Stenzel, zum Turbo verdammt, wünschte am Norisring den 75er Saugmotor-Carrera zu fahren. Doch Reinhardt fuhr in Nürnberg wieder den Turbo, denn Rennfahren soll nicht Spaß bereiten, sondern Erfolg bringen. Eben den sichert im Turbo-Feld einzig ein Turbo: Fuhr Stenzel 1975 im breitbereiften Carrera in Hockenheim (Großer Kurs) noch 2.17,9 min, so kam er im Turbo 1976 auf 2.14,7 min. Am Nürburgring steht das Verhältnis 8.24,2 min zu 8.16,6 min für den Turbo.
Auf der Straße jedoch zählen nicht Sekunden zur Bewältigung der Hausstrecke, sondern der dabei empfundene Fahrspaß. Und in dieser Hinsicht ist der Carrera überlegen, hält man nicht, wie manche Turbo-Fans, die nicht geschwindigkeitsgeregelte Autobahn für die einzig brauchbare Verbindung von A nach B.«
Nachgetragen seien hier zwei weitere Vergleichszahlen, die Porsche-traditionell von Bedeutung sind – nämlich auf dem Weissacher Test-Kurs erzielte Rundenzeiten. Hier ließ der 1976er 934 mit 485 PS dem von Porsche 1973 in der Marken-Weltmeisterschaft eingesetzten Saugmotor-911 Carrera RSR, zwar 185 PS schwächer, aber auch 270 Kilogramm leichter, keine Chance: Nach 56,2 Sekunden blieb die Stoppuhr für den 934 stehen, nach 58,6 Sekunden für den Carrera RSR...

Ernstfall Norisring-Rennen 1976: Reinhardt Stenzel wurde wieder Zweiter (hinter Bob Wollek). Am Ende der Saison zur Deutschen Rennsportmeisterschaft war Stenzel Achter – Meister wurde Hans Heyer auf Ford Escort. Bester 934: Wollek auf Rang 3.

Tuning ab Werk: der 930/66 S

EXTRAWURST
NACH ART DES HAUSES

»Noch sportlicher – sozusagen für die Gußeisernen«, so umschrieb der damalige Porsche-Kundendienstchef Rolf Sprenger Anfang der 1990er Jahre die Ambitionen der ihm einst unterstellten Sonderwunsch-Abteilung in Sachen 911 Turbo. Erste schüchterne Versuche in diese Richtung wurden bereits zu Zeiten des Dreiliter-Turbo unternommen – Elmar Willrett, im Hause Porsche damals für Sonderwünsche zuständig, lapidar: *»ein anderer Lader, etwas mehr Leistung…«*

Doch so richtig in Turbo-Schwung kam die im Porsche-Backsteinbau angesiedelte Sonderwunsch-Hexenküche erst nach Einführung des gegenüber dem Dreiliter ohnehin schon 40 PS stärkeren 3,3-Liter – wenn auch nach einiger Bedenkzeit. Im Herbst 1980, also drei Jahre nach Einführung des in Hubraum und Nennleistung erweiterten Turbo, fiel beispielsweise der Startschuss zur Entwicklung des »Flachschnauzers« – *»gegen Widerstände unserer damaligen Syling-Abteilung«*, erinnerte sich Sprenger später vergnügt. Im Juli 1981 stand der erste Werks-»Flachschnauzer« auf dem Werkstatt-Hof zu Zuffenhausen.

»Flachschnauzer«?

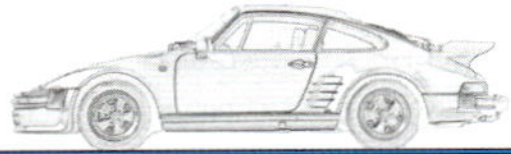

Einige Kunden waren offensichtlich mit dem serienmäßigen Anmutung des Turbo nicht zufrieden – sie wünschten sich sozusagen einen Renn-Porsche im Look des Gruppe 5-Typs 935 für die Straße. Zumindest optisch konnte König Kunde da geholfen werden. Wie beim Gruppe 5-Turbo wurden die charakteristischen, vorn in die Scheinwerfer auslaufenden vorderen Kotflügel gestutzt, so dass sie wie der Frontdeckel nach vorn zur Stoßstange abfallen. Statt mit den typischen Elfer-Scheinwerfern leuchten die Flachbau-Turbo alternativ mit freiliegenden Rechtecklampen unterhalb der Stoßstange oder mit Klappscheinwerfern. In Kombination mit der Flachbau-Front kam ein modifizierter (auch solo erhältlicher) GfK-Bugspoiler mit mittig angebrachtem Ölkühler und Weitstrahlern zum Einsatz. 1985/86 kostete das übrigens auch für die Saugmotor-Elfer zu buchende Komplett-Paket 38865 DM, sofern ein Neuwagen Verwendung fand. Damit war das Karosserie-Mutationsprogramm freilich noch nicht ausgeschöpft. Schwellenverkleidungen für links und rechts kosteten inclusive Anbau 3250 DM, Radhausentlüftungen, oben in die Flachbaukotflügel integriert, 2470 DM. Letztere sollten durch Abbau des Staudrucks in den vorderen Radhäusern eine Reduzierung des Vorderwagen-Auftriebs bewirken.

Porsche Turbo-Flachbaumontage für Individualisten: Karosserie-Rohbau…

…und Endmontage in der damaligen Abteilung VR (Verkauf/Reparatur). Beide Fotos sind von 1987.

Eine spezielle Bedeutung haben die einst gleichfalls gegen weitere 7955 DM lieferbaren Lufteinlassschächte in den hinteren Kotflügeln. Sie führen bei den US-»Flachschnauzern« den beiden in diesen Schächten angeordneten Zusatzölkühlern Kühlluft zu. Auf den speziellen Bugspoiler mit Mittenölkühler mussten amerikanische Flachbau-Kunden nämlich verzichten – Willrett begründete das damals mit US-Vorschriften: *»Bei US-Flachbauten entsprechen die Frontschürzen der Serie, notwendig wegen der Crashtest-bedingten speziellen US-Stoßstangen.«* Tatsächlich ging die Mehrzahl aller bis 1988 zunächst in der Abteilung Verkauf/Reparatur (VR), angesichts des Erfolgs dann jedoch in größerem Rahmen in einer der normalen Produktionslinie angegliederten Werkstatt gebauten Werks-»Flachschnauzer« nach den USA.

Und so verteilte sich die Produktion der ganz speziellen klassischen Turbos:

- 58 Turbo einzeln gefertigte Flachbau ohne Klappscheinwerfer in der Abteilung VR,
- 204 einzeln gefertigte Turbo Flachbau mit Klappscheinwerfer in der Abteilung VR;
- 630 serienmäßig gefertigte Turbo Flachbau mit Klappscheinwerfern für den US-Markt,
- 56 serienmäßig gefertigte Turbo Flachbau mit Klappscheinwerfern für den Rest der Welt.

Insgesamt entstanden also in Zuffenhausen exakt 948 Exemplare dieser »Flachschnauzer«-Turbos. Alle US-Exemplare entsprachen übrigens motortechnisch den Serien-Turbos für den US-Markt – die leistungsgesteigerten 930/66 S-Triebwerke blieben den Ländern vorbehalten, die zur Turbo-Zeit noch keinen Katalysator-Zwang kannten.

Porsche Turbo 3.3 »Flachschnauzer« von 1982 mit Klappscheinwerfern, speziellem Frontspoiler mit mittig angebrachtem Ölkühler und Lufteinlasschächten in den hinteren Kotflügeln.

Dieser Super-Super-Turbo 930/66 S entstand in einer Kooperation der Motorenentwicklungs-Abteilung in Weissach und der Kundendienst-Abteilung in Zuffenhausen. 80 Stunden-Dauerläufe in Tests auf dem Hochgeschwindigkeits-Kurs von Nardo in Süditalien musste der Spezial-Motor 930/66 S genauso überstehen, wie Serien-Triebwerke – schließlich wurde auf die Sonderwunsch-Motoren die ganz normale Serien-Garantie gewährt. Zehn Prozent mehr als der Serien-3,3 Liter leistet der 930/66 S offiziell – doch in der Realität waren es noch eine stattliche Anzahl Pferde mehr als »nur« deren 330.

Sprenger damals: »*Wir haben die erlaubte Streubreiten-Toleranz von 5 Prozent ausgenützt.*« Und was dann tatsächlich auf die Hinterräder einwirkte, das verriet Elmar Willrett nicht ohne Stolz: »*Jeder hatte rund 346 PS.*«

Wie aber wurde dieses stolze Plus erreicht?

Willrett: »*Zunächst einmal ein geänderter Ladeluftkühler mit größerem Volumen, dann ein größerer Lader vom Typ K 27 mit einem geänderten Verdichter-Gehäuse, modifizierte Druck/Saugrohre und eine spezielle Vierrohr-Auspuffanlage.*« Nicht verändert wurde der Ladedruck. Die Feder im Abblase-Ventil entspricht der Serienausführung. Je nach Außentemperatur kommen so 0,75 bis 0,8 bar Ladedruck zustande.

Anfangs 21950 DM, später gar 25000 DM kosteten die zusätzlichen 46 PS, zu denen sich zwangsweise Kosten für den GfK-Bugspoiler mit Mittenölkühler (zusammen 9420 DM) und für ein geändertes Heckabschlussblech und geänderte Heckkotflügelunterteile (851 DM) addierten.

Grundsätzlich konnte der Spezial-Motor, von dem ab 1981 rund 400 Stück entstanden, ohne weitere Fahrwerksänderungen verwendet werden. Einzig das Reifen-Fabrikat (Dunlop) und die (ab Modell '86 ohnehin serienmäßigen) Reifen-Formate (nämlich vorn 205/55 VR 16 auf Siebenzöllern, hinten 245/45 VR 16 auf Neunzöllern) machte Porsche zur Bedingung. Dennoch konnten besonders kompromisslose Turbo-Heizer auch ein spezielles Sonderwunsch-Fahrwerk ordern, dessen Abstimmung wiederum der Weissacher Fahrversuch ermittelt hatte – wie bei Porsche üblich, auch auf der Nürburgring-Nordschleife.

Straffere Bilstein-Stoßdämpfer, härtere Stabilisatoren (vorn 22 mm, hinten 20 mm – die ab Modell '85 Serienstandard wurden), hinten statt 28 mm-Distanzscheiben solche mit 35 mm Dicke, Tieferlegen innerhalb der Werkstoleranzen (HA um 2-3 Grad, Angleichen der Vorderachse) sind die Maßnahmen des Spezial-Turbo-Fahrwerkes, das mit knapp 4000 DM vergleichsweise preisgünstig in Rechnung gestellt wurde.

Alle aufgeführten Maßnahmen an Motor, Fahrwerk und Karosserie veredelten übrigens mehrere kleine Sonderserien, die der britische Porsche-Importeur in Zuffenhausen Mitte der 1980er Jahre bestellte. Gegen den Widerstand der Stuttgarter Marketingabteilung nannte er diese durchweg rechtsgelenkten Über-Turbos 930 S – damals bereits zügig verkaufte und oftmals über Neupreis weiterverkaufte (Spekulations-)Objekte. Die Summe aller Turbo-Sonderwünsche orderte freilich ein Mann, der damals bei Porsche auch in Sachen Formel 1 viel Geld investierte: Mansour Ojjeh, TAG-Chef und Mitinitiator des Porsche-V6 für die Formel 1, der im McLaren-TAG-Porsche Niki Lauda (1984) und Alain Prost (1985 und 1986) zur Weltmeisterschaft verhalf. Sein „Sonderwunsch-Turbo" mit flacher Front, 935-Heckspoiler, über 400 PS, Zentralverschluss-Rädern, Überrollkäfig, spezieller Lederausstattung und Superstereoanlage kostete alles in allem deutlich über 300000 Mark...

»Flachschnauzer« wurden auch im offiziellen 911 Turbo-Prospekt angepriesen – dieses Prospekt-Motiv stammt von 1988.

Die Abteilung Porsche Exclusive übernahm nach 1988 das durchaus lukrative Geschäft mit den »Flachschnauzern« – dieses Cabrio-Exemplar entstand 1990...

...und ist auch im Interieur von Porsche Exclusive individualisiert: Lenkrad, Zusatzinstrumente.

Turbo Jahrgang ´78: Die Stufe 2 wird gezündet

MIT 3,3 LITER HUBRAUM NOCH MEHR LEISTUNG

911 (930) Turbo 3.3: Das ist neu*

- **Karosserie-Details und Aerodynamik**
- **Wegfall der hinteren Ausstellfenster**
- **Motor (930/60) mit mehr Hubraum, Ladeluftkühlung und erhöhter Leistung (plus 40 PS)**
- **verbesserte Bremsanlage**
- **überarbeitetes Viergang-Getriebe**
- **überarbeitete Kupplung**
- **überarbeitete Instrumentierung**
- **neue Abgasanlage und Bugölkühler (ab Modelljahr ´80)**
- **überarbeiteter Motor 930/66 (ab Modelljahr ´83)**
- **neuer Kettenspanner (ab Modelljahr ´84)**
- **überarbeitetes Fahrwerk (ab Modelljahr ´85)**
- **Cabrio- und Targa-Optionen (ab Modelljahr ´87)**
- **Fünfgang-Getriebe (ab Modelljahr ´89)**

**im Vergleich zum 911 (930) Turbo 3.0*

Walter Röhrl über den …
… 930 Turbo 3.3

»Keine vier Jahre nach dem Turbo-Marktstart habe ich mir 1979 diesen ganz persönlichen Traum erfüllt und meinen ersten eigenen 911 Turbo gekauft, einen mit Vierganggetriebe und deshalb großer Spreizung. Das Jugendfoto zeigt mich bei der Abholung in Zuffenhausen. Der 3,3-Liter hat ein ähnliches Ansprechverhalten wie der Dreiliter – und dabei noch mehr Kraft. Dieser Turbo-Klassiker macht schon mordsmäßig viel Spaß – er braucht aber unbedingt einen Könner am Lenkrad.
***6 von 10 Punkten** gebe ich dem Turbo 3.3.«*

Es war abzusehen: Komfort und Luxus gehen ins Gewicht, verschlechtern das Leistungsgewicht – und damit die erzielbaren Fahrleistungen. Ende der 1970er Jahre erkannten die weitsichtigen Weissacher Techniker überdies bereits, dass sich die Abgas-Gesetzgebung auf den zukünftigen europäischen Märkten an amerikanischen Normen orientieren werde – und Abgasentgiftung kostet genauso Leistung, wie sie das Fahrzeuggewicht in die Höhe treibt.
Porsche selbst hatte seit dem Modelljahrgang 1976, also seit Ende 1975, mit dem Carrera 3.0 ein Dreiliter-Saugmodell im Programm, das mit 200 PS zwar nominell deutlich schwächer war als der Turbo, diesem jedoch dank niedrigerem Gewicht und fehlendem Turbo-Loch in den realisierbaren Fahrleistungen nicht so eklatant unterlegen war, dass ein Vergleich der beiden Haus-Konkurrenten im normalen Straßenbetrieb signifikante Klassenunterschiede ergeben hätte. So fiel bereits kurz nach Präsentation des Dreiliter-Carrera in Weissach die Entscheidung, mit dem Turbo die Flucht nach vorn anzutreten – zuzulegen in Hubraum, in der Leistung, im Verzögerungs-Potential, in der Ausstattung.
Was Porsche dann Ende 1977 als Modell 78 präsentierte, das sollte den Ur-Turbo in der Tat in den Schatten stellen: ein geradezu brutal motorisierter Super-Sportwagen, den »auto motor und sport« im ersten Test sinnigerweise »*Heißes Eisen*«, die britische »Autocar« kurz und bündig »*Titanic Turbo*« nannte. So war es Porsche gelungen, nochmals 40 PS (bei der Euroversion) zuzulegen und damit die runde Zahl 300 in die Leistungsspalte des Fahrzeug-Briefes einzutragen. Die Hubraum-Vergrößerung um exakt 306 cm^3 auf nunmehr 3299 cm^3 bewirkte solchen Leistungsschub freilich nicht alleine – dennoch soll auf sie als Erstes eingegangen werden. So verwendete Porsche beim Turbo 3.3 – Kennziffer 930/60 – sowohl neue Kolben und Zylinder mit stattlichen 97 mm Durchmesser/Bohrung statt zuvor 95 mm. Dabei unterscheiden sich die an den Innenseiten Nikasil-beschichteten Aluminium-Zylinder des 3.3 vom 3.0 schon optisch dadurch, dass sie an ihren dem Kühlgebläse zugewandten Seiten ohne Kühlrippen, abluftseitig dafür mit stark verlängerten Rippen versehen sind. Bei den geschmiedeten Leichtmetall-Kastenkolben des 3.3 sind die Kolbenböden für eine Verdichtung von 7,0:1 (statt 6,5:1) ausgelegt. Die 3,3 Liter-Kurbelwelle unterscheidet sich von der des Dreiliters nicht nur durch den möglichen größeren Hub von 74,4 statt 70,4 mm, sondern auch durch ihre größeren Hauptlager sowie das Vorhandensein zweier Gegengewichte pro Wange statt deren eines bei der 70,4 mm-Welle.

Die Phantomzeichnung des 930 Turbo 3.3 macht die extrem hecklastige Gewichtsverteilung sichtbar: Über 60 Prozent des Leergewichtes belasten die Hinterräder.

Hier die wichtigsten Kurbelwellen-Abmessungen der beiden Turbo-Versionen im Vergleich:

Typ	*Turbo 3.0*	*Turbo 3.3*
Hub	mm 70,4	74,4
Hauptlagerzapfen-Ø Lager 1-7	mm 57,0	60,0
Lager 8	mm 31,0	40,0
Pleuellagerzapfen-Ø	mm 52,0	55,0
Bund-Ø für Schwungraddichtring	mm 65,0	90,0

Für die neue Kurbelwelle wurden die Hauptlagerbohrungen im Silumin-Kurbelgehäuse im Durchmesser um drei auf nunmehr 65 mm vergrößert. Auch die Bohrung für den Wellendichtring am Schwungrad erfuhr eine Erweiterung, und zwar um 25 mm auf 110 mm, wodurch der Dichtring des Motortyps 928 verwendet werden kann. Die Befestigung des Schwungrades an der Kurbelwelle erfolgt beim 3.3 statt an nur sechs an neun Schrauben, mit einem Lochkreisdurchmesser von 70 mm (statt bisher 44 mm) angeordnet.

Leistungs-Stimulanz im Turbo 3.3: der Ladeluftkühler

Für rund ein Drittel der Mehrleistung gegenüber dem Dreiliter ist beim 3.3 indessen eine Neuerung verantwortlich, mit der sich Porsche erneut als Trendsetter bei Serien-Automobilen profilierte: mit dem Ladeluftkühler, oberhalb des Sechszylinder-Boxers unter einem neugestalteten Heckflügel (auf den noch später eingegangen werden soll) angeordnet. Dieser Kühler reduziert nämlich die Temperatur der den Brennräumen zwangsweise zugeführten (und deshalb während der Verdichtung im Turbolader auf bis zu 150 Grad Celsius aufgeheizten) Luft um bis zu 100 Grad Celsius. Daraus ergeben sich gleich zwei Vorteile (siehe dazu auch Gert Hack, »*Turbo Autos, Turbo Motoren*«, erschienen im Motorbuch Verlag Stuttgart), nämlich zum einen eine größere Luftdichte der zugeführten Luft bei einem gegebenen Ladedruck (vereinfacht gesagt: mehr Sauerstoff), zum anderen eine geringere thermische Belastung des Motors, deshalb eine geringere Neigung des Gemischs zur Selbstentzündung (also eine geringere Klopfempfindlichkeit).

Porsche nutzte die dem Ladeluftkühler zu verdankenden Reserven beim 3.3 zur Grundverdichtungs-Erhöhung von 6,5:1 auf 7,0:1, somit zur Erzielung höherer Effizienz des Triebwerkes in Drehzahlbereichen, in denen der Abgas-Turbolader seine Pumpwirkung noch nicht voll zu entfalten vermag. Damit konnte die Lethargie des Kraftwerkes im unteren Drehzahlbereich spürbar abgebaut, aber auch die Wirtschaftlichkeit (Kraftstoffverbrauch) verbessert werden. Auch der KKK-Lader vom Typ 3 LDZ/319 C 11.1 wurde im Übrigen nicht unverändert vom Dreiliter übernommen. Er wartet im 3.3 vielmehr mit einem größeren Verdichter auf, womit sich Porsche im Interessenskonflikt Maximalleistung (also größere Turbine) kontra schnelleres Lader-Ansprechen (mit kleinerer Turbine realisierbar) eindeutig entschied.

Und wodurch unterscheidet sich der größere Turbo-Motor von seinem kleineren Vorgänger motorisch sonst noch?

Auch die Euro-Version bläst dank der nun weltweit eingebauten Luftpumpe (siehe Seite 55), direkt von der linken Nockenwelle angetrieben, noch sauberere Abgase aus, die bei der Verbrennung höherwertigeren Treibstoffes (3.3: 98 ROZ, 3.0: 96 ROZ; jeweils Euro-Versionen) entstehen. Die Zündkerzen desselben Typs wie zuvor sind beim 3.3 mit einem kleineren Elektrodenabstand (0,6 statt 0,7 mm) versehen und werden im 3.3 bei

»Titanic Turbo« 930/60 im Querschnitt: Kurbelwelle im Vergleich zum Dreiliter-930/50 mit vier Millimeter mehr Hub.

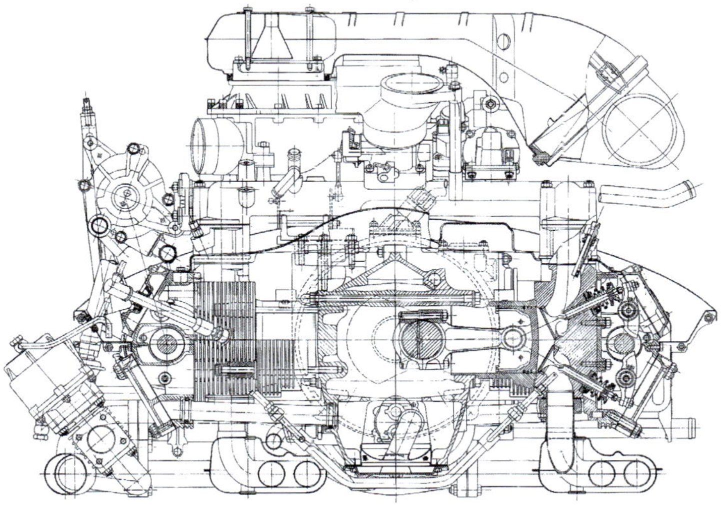

»Titanic Turbo« 930/60 im Längsschnitt: Dominierendes äußeres Merkmal ist der darüber montierte Behr-Ladeluftkühler.

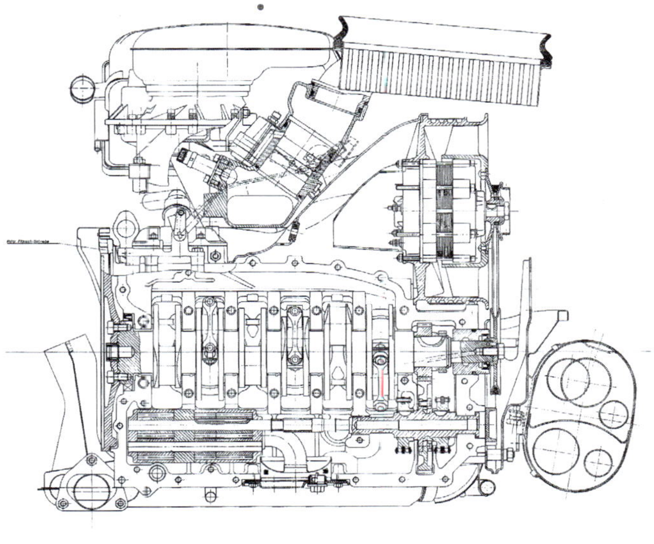

unveränderter Zündfolge von einem links- statt rechtsdrehenden Zündverteiler versorgt. Auslassseitig sorgen modifizierte, etwas entschärfte Steuerzeiten für eine kürzere Ventilöffnungszeit sowie eine geringere Überschneidung mit der Einlassöffnung.

Ein höherer Norm-Öldruck (5 statt 4 bar bei 90 Grad Öltemperatur und 5000/min), erzeugt durch eine neue Ölpumpe mit verbreiterten Pumpenrädern (Druckpumpe 51 statt bisher 43 mm, Rückförderpumpe 80 statt bisher 58 mm), soll bei Höchstbeanspruchung unter klimatisch extremen Bedingungen höhere Reserven garantieren. Porsche sprach von einer um 19 Prozent höheren Förderleistung der Druckpumpe, während die Leistung der Rückförderpumpe gar um 38 Prozent anstieg.

Turbo-Anpassung: Spezielles für Übersee-Märkte

Wie schon beim Dreiliter bot Porsche parallel zum Euro-Modell (930/60) weitere Motorvarianten für in Abgas-Belangen restriktivere Märkte an, sämtlich nicht nur Abgas-, sondern gleichermaßen Leistungs-reduziert. Bei derselben Verdichtung (7,0:1) leistete etwa die nunmehr wie in Europa schlicht »Turbo« (statt »Turbo Carrera«) genannte US-Version (930/61) 261 Netto-hp bei 5500/min (Quelle: owner's manual model 78), entsprechend einer maximalen Motorleistung von 195 kW/265 PS – also rund die Leistung des Euro-Dreiliters.

Geringer fiel beim 930/61 auch das maximale Drehmoment mit 395 Nm statt 412 Nm aus, Nenndrehzahl hier wie da 4000/min. Weiterhin erfolgt die Abgasentgiftung bei den USA-, Kalifornien- und Kanada-Versionen (930/61,930/63) durch Luftpumpe, Thermal-Reaktoren und Abgasrückführung, bei der Japan-Version (930/62) ergänzt durch einen Grasbrandschutz für die Thermoreaktoren, zur Verhütung unerwünschter Feuerwerke auf Turbo-Parkplätzen.

Zur Beherrschung der 3,3 Liter-Leistungsexplosion hielten die Weissacher Turbo-Entwickler eine Überarbeitung der hochstrapazierten Kraftübertragung für angeraten. Zwar wurde nach wie vor auf den nach Porsche-Diktion damals noch *»überflüssigen«* fünften Gang verzichtet. Dafür erhielt das neue 930.34-Getriebe gegenüber dem alten 930.30-Getriebe im vierten Gang eine andere Räderpaarung, nämlich 32/20 statt zuvor 32/21 – der Vierte ist also mit 0,625:1 gegenüber zuvor 0,6563:1 geringfügig länger übersetzt.

In der Praxis bedeutet das bei unveränderter Achsübersetzung von 4,222:1 im oberen Gang eine Drehzahlabsenkung beispielsweise bei 200 km/h um rund 400/min auf etwa 4400/min. Die werksseitig angegebene Höchstgeschwindigkeit des 3,3-Liters von 260 km/h wird bei 5750/min erreicht – bei sogar noch etwas niedrigerer Drehzahl also, die der alte Dreiliter für seine Werks-Vmax von »über 250 km/h« aufwenden musste. Natürlich bedeutete das insgesamt niedrigere Drehzahl-Niveau des Neuen im Vierten eine abermals reduzierte Geräuschkulisse – wesentliches Streben der Porsche-Ingenieure angesichts weltweit immer strengerer Vorschriften für Geräusch-Grenzwerte.

Wie das neue Getriebe und das neue, nunmehr mit dem des 928 identische Ausgleichsgetriebe erfuhr für den 3,3-Liter auch die Kupplung eine

In Warteposition: kompletter Turbomotor Typ 930/60, bereit zum Einbau in einen neuen Porsche 930 Turbo 3.3.

Ein Mann, ein Werk: Motorenbau in in Zuffenhausen – individuelle Fertigung statt Massenproduktion.

Hochzeit anno 1980, zwei Mann als Brautjungfern: Ein für den US-Markt bestimmter 930 Turbo 3.3 erhält seine Motorisierung.

Frisch vermählt 1989: 930/66-Motor und Fünfgang-Getriebe bereits auslieferungsfertig montiert.

US-Turbo: mit Luftpumpe (Air Pump) und Thermalreaktoren zur Abgasreinigung (siehe auch Seite 54).

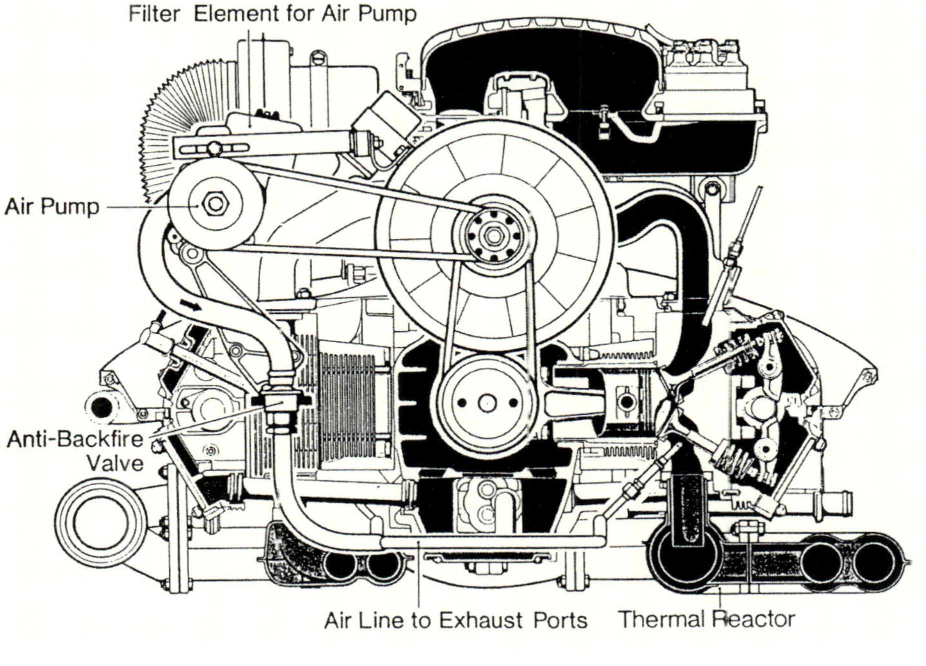

When an automobile engine is running, it uses energy generated through the combustion of a mixture of air and fuel. Depending on whether a car is driven fast or slow or whether the engine is cold or hot, some of the fuel (hydrocarbons) may not be burned completely but be discharged into the engine crankcase or exhaust system. Additional hydrocarbons may enter the atmosphere through evaporation of fuel from the fuel tank. These hydrocarbons released into the air contribute to undesirable pollution.

In addition, carbon monoxide (CO) and oxides of nitrogen (NO_x) contribute to harmful engine emissions. They, too, are formed during combustion and discharged into the exhaust system. To reduce these pollutants all Porsche vehicles are equipped with a special emission control system.

Verstärkung. Dabei wurde die Druckplatte zugunsten höherer Wärmebelastbarkeit, aber auch im Sinne höheren Schwungmomentes und somit besseren Motor-Rundlaufs um 30 mm höher ausgeführt. Gleichfalls zur Erhöhung des Schwungmomentes stellte Porsche beim Kupplungsgehäuse-Material von Leichtmetall auf Sphäroguss um.
Vom Bemühen um noch mehr Bedienungs- und Geräuschkomfort künden überdies Kupplungs-Modifikationen. Sie sollen einen noch sanfteren Kraftschluss und eine geringere Übertragung von Getrieberasseln durch eine von Porsche entwickelte, dämpfende Gumminabe anstelle der zuvor verwendeten mechanischen Feder-Torsionsdämpfer bewirken. Eine in der Unterstützungskraft einstellbare Übertotpunktfeder am Kupplungspedal bewirkt eine individuell anpassbare Erleichterung bei der Betätigung der Kupplung. Zusätzlich sorgt eine Kupplungs-Hilfsfeder am Getriebe dafür, das Kupplungsseil in Ruhelage gespannt zu halten und beim Auskuppeln die Fuß-Kraft zusätzlich zu unterstützen.
Einen Nachteil brachte die Kupplungs-Überarbeitung allerdings mit sich: Die Kraftübertragung baut nun um 30 mm länger, um die das Getriebegehäuse erweitert werden musste und um die der komplette Motor nach hinten rückte. Die damit verbundene ungünstigere Gewichts-Verteilung auf die Achsen empfahl eine Fahrwerksüberarbeitung. Von 18 mm auf 18,8 mm verdickte Federstäbe vorn sowie modifizierte Werte für Sturz und Vorspur der Hinterräder sind dafür genauso Indizien, wie die deutliche Erhöhung des vorgeschriebenen Reifenluftdrucks an der Hinterachse von zuvor 2,4 auf 3,0 bar.

Turbo 3.3-Bremsanlage: im Prinzip nach 917-Muster

Freilich galt es nicht allein, in Kurvengrenzbereichen noch besser gerüstet zu sein. Vielmehr sollte insbesondere das Bremspotential – im Prinzip einer der wenigen Dreiliter-Kritikpunkte mancher Extremfahrer unter den Test-Journalisten – aufgestockt werden. Die schon beim Turbo-Start Ende 1974 avisierte, dann indessen zunächst nicht in Serie gehende Super-Bremsanlage nach 917- und Carrera RS 3.0-Muster machte den 3,3-Liter zu einem der am brutalsten verzögernden Straßen-Sportwagen auf dem Weltmarkt der End-70er Jahre. Es handelt sich dabei um eine Anlage mit innenbelüfteten und – zur Reduzierung der Nässeempfindlichkeit – gelochten Bremsscheiben, deren Innenbelüftungskanäle evolventenförmig angeordnet sind (weshalb linke und rechte Scheiben nicht verwechselt werden dürfen). Bremsscheiben und Naben der besonders beanspruchten und sich deshalb besonders stark erhitzenden Bremsen sind zur Vermeidung von Spannungs-Rissen durch eine formschlüssige Fingerverzahnung verbunden.
Der Bremsscheiben-Außendurchmesser beträgt vorn 304 mm (Dreiliter-Version: 282,5 mm), hinten 309 mm (Dreiliter: 290 mm), die Bremsscheibendicke vorn 32 mm (Dreiliter: 20,5 mm), hinten 28 mm (Dreiliter 20 mm), was die ungefederten Massen nicht unerheblich erhöhte. Rundum zur besseren Hitzeableitung verripte Leichtmetall-Festsättel (Dreiliter: hinten Grauguss) mit vier Kolben je Sattel (Dreiliter: zwei Kolben) belegen den Bremsen-Aufwand genauso, wie der schon dramatische Zuwachs an wirksamer Bremsbelagsfläche (je Rad) vorn um 18 cm^2 auf 94 cm^2, hinten gar um 41,5 cm^2 auf 94 cm^2. Insgesamt wuchs somit die wirksame Bremsbelagsfläche um über 46 Prozent, nämlich von 257 cm^2 auf 376 cm^2. Der Einbau eines größeren Tandem-Hauptbremszylinders sowie eines größeren Bremskraftverstärkers sind flankierende Maßnahmen der Bremsen-Überarbeitungen mit dem Ziel, den 3,3 Liter-Turbo ähnlich frappierend zu verzögern, wie er zu beschleunigen vermag.
Äußerlich ist der 3,3-Liter auf den ersten Blick zu identifizieren – am nochmals ausladenderen Heckspoiler nämlich, der beim neuen Super-Turbo nach Carrera RS 2.7, Carrera RS 3.0/Turbo 3.0 zu seiner dritten Evolutionsstufe (am Straßen-Porsche) fand. Die gewaltige, von einer dicken, am Rand rundum nach oben gekrümmte Polyurethanschaum-Lippe umkränzte Flosse hat indessen nicht allein aerodynamische Gründe. Sie musste vielmehr im Format an den Raumbedarf des horizontal links oberhalb des Kühlluftgebläses angeordneten Ladeluft-Kühlers angepasst werden.
Der Kühlluft-Einlass bildet dabei gegenüber den beiden Einlässen des kleineren Vorgänger-Spoilers einen deutlich größeren, dazuhin mit dem Spoiler-»Tablett« eine plane Fläche darstellenden Grill mit nach vorn gerichteten Luftführungs-Stegen. Eine in den Rahmen des Ladeluftkühlers integrierte Rundum-Gummidichtung bildet bei geschlossenem Heckdeckel zwischen Grill und Kühler einen flexiblen Luftschacht, der die Kühlluft direkt durch den Behr-Luft/Luft-Kühler leitet.
Unverändert blieb gegenüber dem Vorgänger der mattschwarze Kunststoff-Spoiler unter der Frontschürze. Und auch im Interieur muss genau hingeschaut werden, soll der letzte Dreiliter-Turbo vom ersten 3,3 Liter-Turbo unterschieden werden. Ein Blick auf die klassisch-schönen Rundinstrumente gibt Aufklärung. Der weiterhin zentral montierte und im Umfang

Versprechen mit Zeitverzug gehalten: Erst der Turbo 3.3 erhielt die bereits für den 3.0 avisierten 917-Bremsen...

...mit gelochten und innenbelüfteten Bremsscheiben vergrößerten Durchmessers und Leichtmetall-Festsättel.

Unverkennbar: Der Heckspoiler bedeutet Autofahrern, dass es keine Schande war, überholt worden zu sein...

PORSCHE
S DH 6829

unter den fünf Rundinstrumenten größte Drehzahlmesser mit integriertem Ladedruckanzeiger etwa wurde unauffällig verändert: Er zeigt nun statt maximal 8000/min (mit der Ziffer 8) maximal 7000/min (mit der Ziffer 7) an, wobei das rote Warn-Feld wie beim Dreiliter den Bereich zwischen 6700/min und 7000/min abdeckt. Weniger zeigt auch der Ladedruckmesser des größeren Turbo an, nämlich statt maximal 1,5 bar nun maximal 1 bar, was angesichts des vorgesehenen maximalen Ladedrucks von 0,8 bar nur sinnvoll erscheint.

Uhren-Vergleich: Der 3.3-Drehzahlmesser misst statt bis 8000/min (3.0) nur bis 7000/min, die Ladedruckanzeige nur bis 1 bar statt bis 1,5 bar.

Der großflächige Ladeluft-Kühlergrill des Turbo 3.3-Heckspoilers weist nach vorn gerichtete Luftführungs-Stege auf.

Turbo 3.3-Cockpit: Kenner-Blick gefordert

Weniger hohe Zahlen auf dem Mittelinstrument also – dafür eine respektheischende Zahl auf dem rechts vom Tourenzähler angeordneten Tachometer. Der reicht nämlich nach wie vor bis 300 km/h – willkommene Reserve-Kalibrierung für Rückenwind- und Bergab-Passagen. Wenn dabei je besorgniserregende Öltemperaturen entstehen sollten, so werden diese dem Fahrer im 3,3-Liter jetzt über ein dreigeteiltes (kalt/normal/zu heiß=roter Bereich) Instrument signalisiert, statt wie im Dreiliter über ein Instrument mit Grad-Einteilung (60 -170 Grad Celsius). Im selben Kombiinstrument misst der Öldruckmesser im großen Turbo nur bis maximal fünf bar, statt bis zehn bar wie im Dreiliter, so dass bei vorschriftsmäßigem Öldruck unter Last der Zeiger (nach Mercedes-Muster) stets ohne Zuckungen am oberen Anschlag stehen muss. Immerhin: Die Zeituhr misst auch im 3,3-Liter zwölf Stunden, und der Tank ist im hubraumgrößeren Turbo nach wie vor bei 4/4 voll.

1978 (und heute immer noch) eines der begehrtesten Autocockpits der Welt: Turbo 3.3 mit zeitgeistigen Pascha-Sitzbezügen im schwarz/weiß-Design.

Identisch bis hin zum dezenten Nadelstreifen-Muster der wahlweise alternativ zur Vollleder-Ausstattung lieferbaren Velours-Bezüge blieb beim 3.3 gegenüber dem Vorgänger überdies die Sitzgarnitur. Mehr Geld mussten Turbo-Käufer im Falle 3.3 also ausschließlich für die technische Aufwertung ihres Geschoßes bezahlen, das mit 1300 Kilogramm Leergewicht gegenüber dem schwächeren Vorgänger (in Euro-Version) nicht nur um 105 Kilogramm zulegte, sondern mit 78500 Mark (Preisliste vom Juni 1977) auch um 8500 D-Mark teurer geriet. Dass trotz des Mehrpreises die hinteren Seitenfenster nicht mehr zum Aufklappen, sondern *»aus Sicherheitsgründen«* (O-Ton Porsche) fest eingeklebt waren, sei als Wermutstropfen erwähnt – gerade diese zugfreie Entlüftungs-Möglichkeit wurde von altgedienten Elfer-Kennern vermisst. Ein halbes Jahr später, mit Preisliste vom 1. Januar 1978, stieg der Turbo-Preis durch Erhöhung der Mehrwertsteuer (von 11 auf 12 %) abermals auf nunmehr 79900 Mark.

Momentaufnahme in der Porsche-Produktion anno 1980: Saug-911 und Turbo-911 wurden in Reih' und Glied gefertigt.

Nach wie vor war der Turbo damit auch Preis-Spitze im Porsche-Programm. Der Achtzylinder-928 beispielsweise kostete zu jener Zeit mit 58800 Mark über 20000 Mark weniger, der 911 SC mit knapp 42000 Mark nur gut die Hälfte. Deutlich preisgünstiger präsentierte sich auch ein italienischer Hubraum- und Klassen-Konkurrent, der achtzylindrige Ferrari 308 GTB: knapp 60 000 Mark. Selbst ein fast fünf Liter großer Italo-Exote wie der Maserati Khamsin kostete nur rund 5000 Mark mehr als der Turbo-Bolide aus Stuttgart-Zuffenhausen, der weiterhin ausschließlich als Coupé lieferbar war. Wer ihn als Targa wollte, der musste sich an Tuner wenden, die einen offenen Turbo in Preisregionen von Lamborghini Countach oder Ferrari BB, auf jeden Fall jedoch über die 100 000 Mark-Schwelle hievten.

Porsche Turbo kontra Weltelite

Mit eben solchen Super-Sportwagen verglich »auto motor und sport« im Frühjahr 1978 den neuen Porsche Turbo 3.3, er sollte zeigen, was er den *»schnellsten Autos der Welt«* entgegen zu setzen habe. So musste er gegen Lamborghini Countach, Ferrari BB 512, Maserati Khamsin und Aston

Großer Moment 1984: Eine Porsche-Kundin übernimmt in der Zuffenhausener Werksauslieferung ihren neuen Turbo.

Martin Vantage antreten – gegen automobile Pretiosen also, die den Zuffenhausener allesamt sowohl im Preis (um rund 5000 bis rund 40000 D-Mark), als auch in der Nennleistung (um 20 bis 80 PS) übertrafen. Dennoch beschleunigte der Porsche (zusammen mit dem Countach) am schnellsten von null bis 100 km/h, nämlich in nur 5,4 Sekunden. Und auch beim Sprint bis 200 km/h konnte sich der Schnellste aus Deutschland unter den Schnellsten der Welt sehen lassen: Er belegte mit 19,7 Sekunden knapp geschlagen Platz drei hinter Lamborghini (18,7 Sekunden) und Ferrari (19,1 Sekunden). Einzig in der Höchstgeschwindigkeit vermochte der Turbo 3.3 mit der knapp vier Liter (Lamborghini) bis über 5,3 Liter (Aston Martin) großen Saugmotor-Konkurrenz nicht ganz mithalten – letzter Platz mit 260,9 km/h (der Schnellste, nämlich der Countach, lief 288 km/h schnell).

Gegenüber allen Konkurrenten trumpfte der Porsche freilich mit einer Qualität auf, die den Testern bei den Briten und Italienern bemerkenswert unterentwickelt schien – Originalton: »*Seine Zuverlässigkeit und das … ausgesprochen zivile Verhalten seines Boxermotors im Heck verleihen ihm eine Alltagstauglichkeit, die unter den Schnellsten der Welt einzig dasteht.*«

Ein Porsche Turbo 3.3 in seinem Element: auf der linken Spur einer deutschen Autobahn ohne Tempolimit.

Showtime 1978 vor dem
Ludwigsburger Schloss:
930 Turbo 3.3 und 911 SC.

Turbo-Jahrgang '79: Nullrunde für den Bläser-Virtuosen

Als Porsche traditionell im Herbst 1978 sein überarbeitetes Modellprogramm '79 präsentierte, da suchten Turbo-Enthusiasten vergeblich nach Hinweisen in Zuffenhausener Verlautbarungen auf eine Modellpflege auch beim teuersten Straßen-Porsche. Tatsächlich hatten die Porsche-Techniker nach ihrem Gewaltakt des Vorjahres, der zum 3.3 geführt hatte, beim Turbo eine Nullrunde eingelegt: Das Topmodell ging unverändert ins neue Jahr.
Offiziell wurde dies mit der mittlerweile offenkundigen Perfektion des 911 Turbo begründet – es sei eben an diesem Auto nichts mehr zu verbessern. Insidern blieb indessen nicht verborgen, dass kein Geringerer als der zeitgenössische Porsche-Vorstandsvorsitzende, Professor Ernst Fuhrmann, die Turbo-Stagnation verfügt hatte. Alle Weissacher Hirnzellen sollten sich auf das Spitzenmodell der Zukunft konzentrieren, auf den 1977 präsentierten 928, dem gerade eben im Jahr 1979 eine leistungsgesteigerte S-Version zur Seite gestellt wurde.

Turbo-Jahrgang '80: Es geht wieder voran

Der Turbo-Modelljahrgang '80, im Herbst 1979 präsentiert, sollte die vorläufig letzte Turbo-Version sein, die offiziell nach den USA ausgeführt wurde (und die somit in einer speziellen USA-Version entstand). Auch für diese Abstinenz wird heute der damalige Vorstandsvorsitzende verantwortlich gemacht – immerhin sollte der offizielle USA-Stopp beim Modelljahr 1981 einen Turbo-Absatzrückgang um über 40 Prozent zur Folge haben (siehe auch Produktionszahlen auf Seite 253).
Trotzdem hatten sich die Weissacher Entwickler ihrem stärksten Stück für den 1980er Jahrgang wieder einmal gewidmet – mit kleinen Korrekturen, von denen teilweise auch der 911 SC profitierte. Dazu zählten beispielsweise die nun auf den Außenseiten zur noch besseren Versteifung mit zusätzlichen Längsrippen versehenen Ventildeckel und die nunmehr mit einem Bund ausgeführte Lagerbüchse für das Schwungrad, bei der Buchse, Nadellager und Dichtring als Komplett-Teil zusammengefasst sind. Porsche nannte als Begründung für die Modifikation eine *»fertigungstechnische Vereinfachung«*.
Gleichfalls Merkmale des 1980er Jahrgangs bei Turbo und 911 SC sind der neue Bugölkühler (anstelle der bisher verwendeten, im vorderen rechten Radkasten montierten Ölkühlschlange) und eine Motorraumleuchte, die sich manuell bei brennendem Standlicht einschalten lässt. Falls eine Klimaanlage geordert wurde, lieferte diese nunmehr die japanische Firma Nippondenso (die auch die Luftpumpen zur Abgasreinigung produzierte). Alle Porsche-Modelle vom 924 bis zum 911 Turbo erhielten somit fortan zwecks Rationalisierung wahlweise eine baugleiche Kälteanlage. Mit dem selben Motiv verwendete Porsche nunmehr einheitlich in allen Modellen baugleiche Sicherheitsgurt-Anlagen, was für den Turbo mit dem neuen Jahrgang ein geringfügig anderes Band fürs Leben bedeutete.
Für den neuen Jahrgang ging allerdings auch Turbo-spezifisches verändert in Serie. Dazu zählt die überarbeitete Abgasanlage mit Doppelendrohr, die den ohnehin nicht lauten Superrenner noch leiser machte: Porsche gab eine Verringerung der Maximal-Geräuschemission um immerhin drei dBA an (nunmehr 79 dBA) und verwies ausdrücklich darauf, dass die neue Flüstertüte keine Leistung koste.

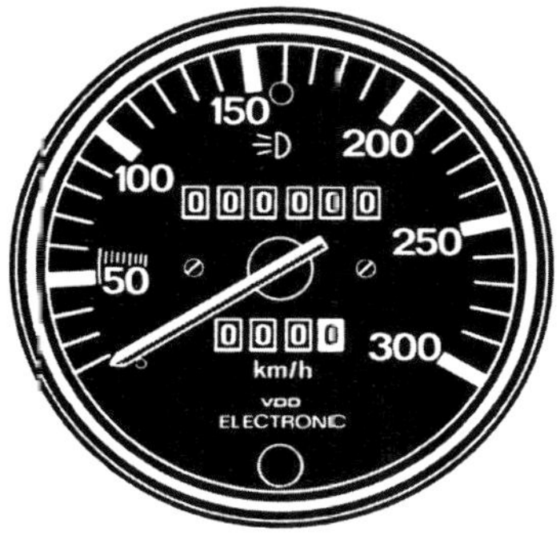

Turbo-Tacho bis Modell '79

Turbo-Tacho ab Modell '80

Überzeugen können sich Turbo-Fahrer von dieser Behauptung am neu eingeteilten Turbo-Tachometer, der hier alle 20 km/h einen Teilstrich aufweist und statt der Zahlen 50, 100, 150, 200, 250 und 300 die Werte 20, 60, 100, 140, 180, 220, 260 und 300 in großen Ziffern nennt, dazwischen die Werte 40, 80,120, 200, 240 und 280 in kleineren Zahlen (an Stelle der 160 blinkt im Fall des Falles die Blinker-Kontrollleuchte).

Turbo-Jahrgang '81: Rationalisierung mit Methode

Auch das teuerste Porsche-Modell kann nicht in allen Details seinen exklusiven Status mit Spezial-Komponenten dokumentieren. So es der Funktion nicht unbedingt abträglich ist, spricht nichts dagegen, zum Zwecke der Rationalisierung und somit zur Kosteneinsparung Teile minderer Modelle zu verwenden. Der Turbo erhielt deswegen Ende 1980 für den Modelljahrgang '81 sogar ein 924-Teil. Gemeint ist die Benzinpumpe EK P4 mit auswechselbarem Druckhalteventil. Zugleich stellte Porsche bei den Modellen Turbo und 911 SC beim Kraftstoff-Filter auf ein 928-Teil um. Damit nicht genug der Neuerungen im Bereich der Kraftstoff-Versorgung: Ein neuer Benzinspeicher mit 100 Prozent größerem Volumen (40 cm^3 statt zuvor 20 cm^3) sollte gewährleisten, dass bei abgestelltem Motor der Restdruck im System über einen längeren Zeitraum als bisher aufrecht erhalten bleibt.
Selbst um die Turbo-typische Bremsanlage kümmerten sich die Zuffenhausener Rotstift-Jongleure: Ab Modell '81 erfuhren deshalb die Vorderradbremsen Modifikationen mit dem Ziel der Teile-Ersparnis. So wurde die Verbindung von Bremsscheibe zur Nabe insofern geändert, als anstelle der bisherigen Verbindung mit Flansch und Ring nach dem Muster des normalen 911 eine Bremsscheibentopf-Verbindung zum Einsatz kam. Durch die Gestaltung der neuen Bremsscheiben mit dem nach außen zeigenden, topfförmigen Kragen wuchs das Gesamtmaß des Komplett-Bauteils (Scheibe und Nabe) um jene 21 Millimeter, die zuvor durch eine Distanzscheibe realisiert wurden. Die vorderen Distanzscheiben konnten dadurch genauso entfallen, wie die zuvor zur Scheibenmontage benötigten Bremsflansche

an den Scheiben-Außenseiten, die Konterringe an den Innenseiten und diverse M 6-Schrauben mit Sicherungsblechen – auch Kleinvieh erfreut bei der Kosten-Kalkulation die Kollegen in der Buchhaltung.
Doch nicht nur, wer dem neuen Turbo unters Blech schaut, kann ihn vom 1980er Jahrgang unterscheiden. Vielmehr genügt ein Blick in die Blechbereiche zwischen Türen und vorderen Radausschnitten: Dort prangen nunmehr Seitenblinkleuchten (die übrigens Änderungen der Ölrohrführung zum Frontölkühler und eine veränderte Einbaulage der elektrischen Antenne erzwangen). Die Neuigkeiten auf dem Elektrik-Sektor umfassen überdies eine künftig serienmäßige Nebel-Schlussleuchte und neue, durchweg beleuchtete Schaltersymbole am Armaturenbrett.
Wichtiger als solche Kleinigkeiten ist indessen die mit Modell '81 von Porsche eingeführte Langzeit-Garantie von jetzt sogar sieben Jahren gegen Durchrostung der Karosserie. Der Porsche-Kunde geht dabei keinerlei Nachbehandlungspflichten ein. Er verpflichtet sich lediglich zur »*sachgerechten Pflege*« und dazu, eventuelle Beschädigungen »*unverzüglich fachmännisch ausbessern*« zu lassen. Das gilt natürlich insbesondere bei Unfallschäden.
Noch schwerwiegender als die Garantieerweiterung für Euro-Kunden erwies sich freilich eine weitere Entscheidung des Porsche-Managements für US-Kunden: Ab Modell '81, somit ab Ende 1980, lieferte Porsche offiziell keine Turbos mehr in die Vereinigten Staaten. Auch daran war der Rotstift schuld – und das Streben des damaligen Porsche-Chefs, die seiner Meinung nach nicht mehr zeitgemäße Elfer-Reihe auslaufen zu lassen. In den USA (und in Japan) griffen nämlich Anfang der 1980er Jahre nochmals verschärfte Abgas-Vorschriften, deren Einhaltung erklecklicher Investitionen bedurft hätte. Die sollten sich nun auf die Frontmotor-Modelle und auf den Volumen-Heckmotortyp, den 911 SC, konzentrieren.
Ein weiteres Ereignis des Modelljahrgangs '81 sollte das Schicksal des Porsche Turbo (aber auch des normalen Elfers) nachhaltig beeinflussen – in diesem Fall zum Positiven. Ende 1980 trat jener Mann, der die Entwicklung der Zuffenhausener Heckmotor-Modelle in den 1970er Jahren nachhaltig gehemmt hatte, zurück: Professor Ernst Fuhrmann, dessen Name seit frühen Stuttgarter 356-Zeiten eng mit dem Namen Porsche verbunden war, nahm seinen Abschied.
Der ab Januar 1981 amtierende neue Vorstandsvorsitzende kam vom Kölner Motorenhersteller Klöckner-Humboldt-Deutz, heißt Peter Werner Schutz und setzte wieder verstärkt auf die traditionellen Porsche mit luftgekühltem Heckmotor: Er beauftragte Fritz Bezner mit der Weiterent-

wicklung von Saug- und Turbo-911 und stockte den Entwicklungs-Etat für diese Modelle auf – Porsche-Intimus Paul Frère Jahrzehnte später: »*1982 war der Entwicklungs-Etat für den Elfer größer als für jeden anderen Porsche-Typ.*«

In der Tat: Die Zukunft sah für Porsche-Traditionalisten, für die Gusseisernen, wieder rosig aus. Auf die Frontmotor-Revolution im Hause Porsche folgte die Konterrevolution. »*Wir wollten den 911 durch den 928 ersetzen*«, gestand Porsche-Vertriebschef Ulrich F. Heyl rund zehn Jahre später anlässlich der Präsentation des neuen Turbo ´91, »*und damals haben wir etwas gelernt, man sollte nämlich nie gegen den Markt entscheiden…der 911 ist das Rückgrat von Porsche und damals wurde die Entscheidung für diesen 911 getroffen. Da können wir heute nur dankbar dafür sein.* «

Turbo-Jahrgang '82: Auftakt zur neuen Elfer-Ära

Was Porsche-Freunden auf der IAA '81 zusammen mit den Modellen '82 präsentiert wurde, ließ Vorfreuden keimen: Der Elfer war wieder wer, nämlich nicht an den Rand gerücktes Ausstellungs-Fossil, sondern Mittelpunkt. Dafür sorgte ein Turbo-Prototyp, der in Kombination all' das vorwegnahm, was Porsche mit dem altgedienten Elfer in Zukunft plante: Dieser Turbo hatte Allradantrieb, und er hatte ein Cabriodach, das sich wie in alten 356-Zeiten vollständig und ohne Hinterlassung eines Überrollbügels hinter den Notsitzen versenken ließ.

Zwar sollte der Vierradantrieb zumindest dem klassischen Turbo vorläufig nicht zugute kommen (er blieb zunächst dem 1986 präsentierten Ultramodell 959 vorbehalten). Auch ein Turbo Cabrio ließ noch lange auf sich warten (das Stoffdach kam 1983 zunächst ausschließlich beim 911 SC) – doch mit der Studie der Möglichkeiten zeigte Porsche Flagge: Die Zuffenhausener Sportwagen-Manufaktur hatte 1981 noch viel vor mit dem 1963 präsentierten Porsche 911.

Beim Turbo manifestierte sich der frische Wind mit Modell '82 ganz konkret in Modifikationen der Klimaanlagen-Funktion. Konnte gekühlte Luft bislang nur via Mittel- und Seitendüsen ins Cockpit gelangen, so blies fortan Kaltluft auch aus den Fußraumdüsen. Wer bislang zur Klimaanlage die Heizung zuschaltete, musste mit Warmluft ausschließlich aus den Defrosterdüsen (vor der Windschutzscheibe) vorliebnehmen – ab Modell '82 tritt Warmluft zusätzlich an den Seiten- und Fußraumdüsen aus, was ein deutlich bekömmlicheres Innenraum-Klima erzeugt. Zur einwandfreien Bedienung der Elfer-Klimaanlage und -Heizung bedarf es jedoch nach wie vor eingehender Studien der Betriebsanleitung – Porsche-Neulinge pflegen sich mit erzeugtem Klimachaos im Elfer- und Turbo-Cockpit zu verraten. Dieser Schwäche ihrer Heizeinrichtung waren sich offensichtlich auch die Porsche-Mannen bewusst: Mit etwas eindeutigerer Kennzeichnung der entsprechenden Bedienungshebel bemühten sie sich zumindest um mehr Klarheit auf den ersten Blick.

Auf Bergstraßen ein Fall für Könner: Turbo 3.3, Modell ´81 (erkenntlich an den Seitenblinkleuchten zwischen Tür und vorderem Radausschnitt).

Elfer-Überraschung anlässlich der Frankfurter IAA ´82: Studie des Denkbaren und künftig Möglichen:…

…nämlich ein 911 Turbo mit Allradantrieb und zudem als Vollcabriolet wie einst zu Zeiten des Porsche 356.

neu alt

Dafür sollte auch das neu gezeichnete Ölthermometer sorgen, das zwar nach wie vor auf bezifferte Temperatur-Angaben verzichtet, mit Hilfe der Betriebsanleitung jedoch eindeutige Rückschlüsse auf das thermische Befinden des Schmierstoffes – und des Motors – zulässt. So wurden im Normalbereich zwei Skalen-Teilstriche eingefügt, deren unterer gemäß dem Handbuch eine Öltemperatur von 90 Grad Celsius signalisiert, von Porsche als »*Betriebstemperatur*« bezeichnet. Wer hingegen das alte Instrument interpretieren wollte, den ließ die Pauschalerläuterung der 81er Anleitung im Stich: »*Betriebstemperatur, d.h. uneingeschränkter Fahrbetrieb ist dann möglich, wenn sich der Zeiger in der oberen Hälfte des weiß umrandeten Feldes und des darüber liegenden weißen Bogens befindet.*« Die über dem 90 Grad-Strich angeordnete Markierung steht für 120 Grad Öltemperatur, das rote Feld darüber reicht von 150 bis 170 Grad Celsius.
Und was ist sonst noch neu beim neuen Turbo-Jahrgang?
In die Kurbelgehäuse-Entlüftungsleitung integrierten die Turbo-Perfektionierer einen Ölabscheider mit im Motorraum vorn rechts angeordnetem Behälter. Die Entlüftungsgase vom Kurbelgehäuse gelangen nun genauso über den Abscheider zum Luftfilter, wie eventueller Öldunst aus dem Ölbehälter der Trockensumpfschmierung.

Auch die Elektrik wurde aufgewertet. So leistet die Drehstromlichtmaschine fortan 1050 statt zuvor 980 Watt, die Leistung der roten Ladekontrollleuchte im Armaturenbrett signalisiert Ladeprobleme mit vier statt zwei Watt deutlich heller. Und wer seinen Turbo durch einen Dachgepäckträger verunstalten will, der darf diesen ab Modell '82 mit stattlichen 75 Kilogramm (bisher 35 kg) belasten.
Interessantes Detail am Rande: Ab Modelljahr '82 konnte der 911 mit Saugmotor erstmals ab Werk optional mit dem modifizierten Geflügel des alten Turbo 3.0 versehen werden – Aufpreis 2500 Mark. Und auch für den Turbo gab's ein neues Extra: nämlich die Diebstahlsicherung für die Leichtmetallräder für 95 Mark.
Doch nicht nur sicherheitsbewusste Turbo-Kunden sollten 1982 auf ihre Kosten kommen, sondern auch dem Rennsport frönende Privatiers. In diesem Jahr bot nämlich Porsche erstmals eine rennfertige Gruppe B*-Version des Typs 930 an, durch etwas erhöhte Verdichtung, geringfügig höheren Ladedruck, kompromisslosere Nockenwellen und einen größeren Ladeluftkühler um 65 PS erstarkt und rennfertig rund 150000 D-Mark teuer.

**Gruppe B: 1982 eingeführte Motorsport-Kategorie für GT-Fahrzeuge in einer gebauten Mindeststückzahl von 200 Exemplaren.*

Turbo-Jahrgang '83: sparsamer, im Abgas sauberer

Die neue Motoren-Kennziffer des neuen Jahrgangs deutet es an: 930/66 statt bislang 930/60 lässt auf tiefere Eingriffe schließen. Tatsächlich hatten sich die Porsche-Techniker erstmals ihres 3,3 Liter-Turbos eingehender angenommen – die Ziele: besseres Warmlaufverhalten, bessere Gasannahme, geringerer Verbrauch, mehr Drehmoment, weniger Geräusch. Das erste Ziel wurde durch einen neuen Bosch-Warmlaufregler mit verlängerter Aufheizzeit und verringertem »kalt«-Steuerdruck angestrebt. Zur besseren Gasannahme trägt bei der K-Jetronic ein neuer Mengenteiler mit Kapselventil bei, dessen Vorteile im Vergleich zum vorher verwendeten Teil die technische Beschreibung so darlegt: »*Im Kraftstoffmengenteiler der bisherigen Ausführung befindet sich zwischen dem Raum über dem Steuerkolben und der Steuerdruckleitung eine Drosselbohrung. Sie hat die Aufgabe, die Stauscheibenbewegung des Luftmengenmessers bei pulsierender Strömung, wie sie bei niederer Drehzahl und hoher Last vorkommt, zu dämpfen. Außerdem bestimmt die Drossel den Überschwingvorgang der Stauscheibe und damit die Übergangsanreicherung beim Beschleunigen. Im neuen Mengenteiler wird nun ein federbelastetes Kapselventil eingebaut, das eine Erweiterung des Überschwingungsvorgangs der Stauscheibe beim raschen Beschleunigen ermöglicht. Wird die Drosselklappe plötzlich weit geöffnet, so überschwingt die Stauscheibe, das Kapselventil wird dabei als komplette Einheit von seinem Sitz angehoben. Durch die Raumvergrößerung auf der Oberseite des Steuerkolbens kann dieser leichter der Stauscheibenbewegung folgen, es erfolgt eine Gemisch-Anreicherung.*«

Werbung für Porsche sind stets auch Einsätze im Motorsport, auch und gerade mit seriennahen Exemplaren: das Team Memminger/Kuhn-Weiss 1983 in Spa.

Werbung für Porsche ist stets auch Werbung mit Atmosphäre und Lebensstil: Fahrten durch schöne Landschaften zählen dazu.

Doch damit nicht genug der Arbeiten an der Gemisch-Aufbereitung. Vielmehr sorgt eine modifizierte Zündanlage unter wechselnden Bedingungen für eine effizientere, somit ökonomischere Verbrennung und für eine Absenkung der Leerlaufdrehzahl von 950 auf 900/min. So erhielt der neue Bosch-Zündverteiler eine Doppelunterdruckdose mit 5 Grad Kurbelwinkel Früh- und 15 Grad Kurbelwinkel Spätverstellung.
Dabei verläuft der Unterdruckschlauch vom der Frühdose zu einem im Entlüfter-Deckel des Kurbelgehäuses eingesetzten Thermoschalter, der ab einer Motortemperatur von 55 bis 61 Grad Celsius öffnet (und bei 45 bis 51 Grad schließt), dann weiter zum neu gestalteten Drosselklappen-Gehäuse. Ist der Thermoschalter am Kurbelgehäuse geöffnet, wird der Saugrohr-Unterdruck an der Zündverteiler-Frühdose wirksam, wodurch der Zündzeitpunkt bei Teillast um fünf Grad Kurbelwinkel in Richtung früh verstellt wird, was wiederum die wirksame Spätverstellung um diese fünf Grad auf nurmehr zehn Grad reduziert. Bei geschlossenem Thermoschalter hingegen bleibt die gesamte Spätverstellung aus Abgasgründen erhalten.
Relativ kleine Ursache, große Wirkung: Stolz konnte die Porsche-Presseabteilung zum Modelljahr '83 eine drastische Reduzierung der DIN-Verbrauchswerte bei Stadtfahrt und höheren Geschwindigkeiten vermelden (in Klammern jeweils die Werte des 930/60-Motors) – lediglich der 90 km/h-Wert hatte sich eigenartigerweise verschlechtert:

Verbrauch bei	*930/66*	*930/60*
90 km/h	9,7 l/100 km	8,1 l/100 km
120 km/h	11,8 l/100 km	15,3 l/100 km
Stadtfahrt	15,5 l/100 km	20,0 l/100 km

Sparsamer, aber auch noch leiser – so jedenfalls lauteten die Entwicklungs-Maxime bei der Vorbereitung des Modelljahrgangs '83. Ein neuer Hauptschalldämpfer und eine modifizierte Bypass-Abgasleitung trägt der zweiten Forderung Rechnung. So erhielt ab Modell '83 das Ladedruck-Regelventil einen separaten kleinen Abgas-Schalldämpfer mit eigenem Austrittsrohr. Die bisherige Bypass-Abgasleitung zum Hauptschalldämpfer entfällt dadurch, die Geräuschentwicklung konnte abermals etwas gesenkt werden, und das ohne Leistungsverlust – im Gegenteil. Tatsächlich wuchtet der neue 930/66 mit 430 Nm bei unverändert 4000/min sogar noch 18 Nm mehr auf seine Kurbelwelle. Allerdings wirkten sich die Triebwerks-Modifikationen auch drastisch auf dessen Trockengewicht aus: Der 930/66 wiegt stattliche 253 kg, nochmals 23 kg mehr als der 930/60, gar 46 kg mehr als der Ur-Turbo 930/50 mit drei Liter Hubraum.
Auch die Turbo-Ausstattung wurde zum neuen Jahrgang maßvoll überarbeitet. So kommen ab Modell '83 zwei Zusatzgebläse in den Heizschächten des Fußraums vorn links und rechts zum Einsatz. Sie können über einen links der Klimabedienhebel angeordneten Drehschalter dreistufig zugeschaltet werden. Allerdings belastet dieser Vorgang das Bordnetz stark, weshalb ein Elektroluftventil bei eingeschalteten Gebläsen automatisch eine Anhebung der Leerlaufdrehzahl um rund 150/min bewirkt. Da sich die Heizungsautomatik als zuverlässig erwiesen hatte, glaubten die Porsche-Klimaforscher, mit Modell '83 auf den Not-Heizungshebel vor der Einstelldrehscheibe zwischen den Sitzen verzichten zu können. In diesem Zusammenhang wurde der Handbremslagerbock neu gestaltet. Neu ist überdies der Einbau manueller Sicherheitsgurte für die Notsitze. Und statt der Einsteck-Abschleppöse kommt fortan wie beim 928 eine Einschraub-Öse zum Einsatz.

Technische Modifikationen beschränken sich ansonsten auf Schweiz-Fahrzeuge (mit 24:30 gegenüber zuvor 23:30 längerer zweiter Gang) und auf die wenigen nach den USA ausgelieferten Turbos, die ab Modell '83 in der Höheneinstellung und in den Radstellwerten der Euroversion entsprechen. Optisch lassen sich 83er Modelle im Übrigen am serienmäßig eingebauten Radiotyp (jetzt für Deutschland das Modell Blaupunkt Köln) und unter Umständen an neuen Lackfarben identifizieren. Neu zur Auswahl stehen nämlich nun auch der Normallack »gletscherblau«, sowie die Metallic-Lacke »rauchquarzmetallic«, »rubinrotmetallic«, »ziegelrotmetallic«, »schieferblaumetallic« und »hellbronzemetallic«.

Turbo-Jahrgang '84: altes Elfer-Leiden endlich kuriert

Wer Porsche-Spezialisten zu typischen Elfer- und Turbo-Schwachstellen befragte, der erntete meist die Antwort: *»keine!«* – und dann nach einer Kunstpause: *»höchstens die Kettenspanner...«* Tatsächlich hatte sich dieses Bauteil, ein ölgefüllter Zylinder, in dem eine Feder über einen Kolben die Nockenwellen-Antriebsketten unter Spannung hält, immer wieder als Problem-Komponente herausgestellt. Konnte nämlich das Öl aus dem Zylinder irgendwie entweichen, erfuhr der von den bewegten Ketten zum Pulsieren gebrachte Kolben keine genügende Dämpfung mehr. Wie bei einem lecken Radaufhängungs-Stoßdämpfer gerieten die Schwingungen außer Kontrolle, die Ketten begannen ungedämpft zu schwingen und sprangen im Extremfall an den Zahnkränzen über.
Erfahrene Porsche-Lenker hörten einem Motor zwar einen maladen Kettenspanner in bestimmten Drehzahlbereichen an, ehe Katastrophen in Gestalt wildgewordener Ventilsteuerzeiten ausbrachen. Unerfahrene Elfer-Besitzer hingegen sahen sich manchmal mit hässlichen und kostspieligen Ventileinschlägen in den Kolben konfrontiert.
Mit Einführung des neuen 3,2-Liters für den im September 1983 lancierten 911 SC-Nachfolger 911 Carrera wurde das Kettenspanner-Problem endgültig ad acta gelegt – auch für den 3,3 Liter-Turbo. Dafür sorgte die Integration des Kettenspanner-Zylinders in das Druckölsystem des Triebwerkes, wobei Öl von den Zuleitungen zu den Nockenwellen-Gehäusen abgezweigt wird. Nach dem Motorenstart fließt so Öl in eine Vorratskammer des Kettenspanners, von wo es über ein ab 0,2 bar öffnendes Kugelventil in die Arbeitskammer unterhalb des Kolbens gelangt. Federdruck plus Öldruck bewirken nun ein kontrolliertes Kettenspannen durch den in Richtung Kette gepressten Kolben. Der Kettengegendruck wiederum wird durch das Ölpolster im Arbeitszylinder wirksam gedämpft.

Mattschwarzer Lack statt Chromglanz, Funktionalität statt Lametta: Porsche war dafür bereits in den 1970er Jahren Trendsetter.

Tatsächlich sollte sich dieses (nachrüstbare) System als weit zuverlässiger erweisen, als der alte, im Ölhaushalt autarke Spanner – die Heckmotor-Porsche wurden noch zuverlässiger, noch anspruchsloser, noch alltagstauglicher und wartungsunempfindlicher. Weniger Kontrolle erforderte ab Modell '84 überdies die Bremsanlage – dafür sorgt die neu eingeführte Bremsbelags-Verschleißanzeige am Armaturenbrett. Diese Warnlampe erhält Befehle über an den innseitigen Bremsbelägen installierte Kontakte, die hintereinander geschaltet einen Stromkreis bilden, der in der Kontrollleuchte beginnt und endet. Ab einer bestimmten Minimal-Belagsstärke wird der Leuchten-Kreis kurzgeschlossen, die Warnlampe, über dem Radio in einer Einheit mit der Handbremskontroll-Leuchte und dem Sicherheitsgurt-Mahner untergebracht, gibt Signal.
Die sonstige 1984er-Modellpflege beschränkte sich auf Kleinigkeiten: Verstärkung der Lichtmaschine von 75 auf 92 Ampère, Einführung eines Makeup-Spiegels auch in der Fahrer-Sonnenblende und in den Frontspoiler integrierte Nebelscheinwerfer. Die zuvor aufpreispflichtige Räder-Diebstahlsicherung gehörte nun zum serienmäßigen Ausstattungsumfang.

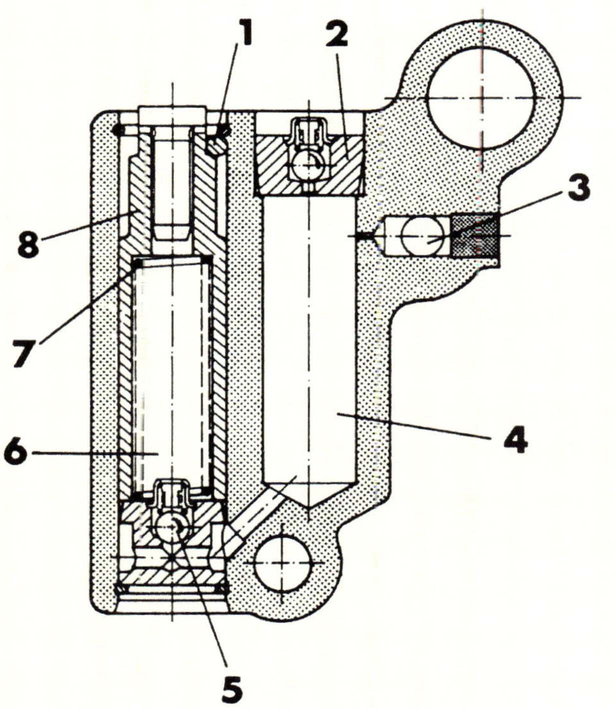

Der neue Kettenspanner führte ab Modelljahr 1984 zu noch größerer Porsche-Zuverlässigkeit – hier eine Aufbauskizze. Dabei bedeutet:
1 = Sicherungshalter (wird nach der Kettenspanner-Montage entfernt),
2 = Druckventil (0,6 bar), 3 = Ölzuleitung, 4 = Ölreservoir,
5 = Kugelventil (0,2 bar), 6 = Arbeitskammer, 7 = Feder, 8 = Kolben.

Turbo-Jahrgang '85: klare Richtung – noch mehr Luxus

Die Turbo-Nachfrage hatte in den vergangenen zwei, drei Jahren einen deutlichen Knick nach unten erfahren, nicht allein verursacht durch die US-Abstinenz. 1984 entschieden sich weltweit nur rund 760 Käufer für einen Turbo – in den Anfangsjahren des 3,3-Liter waren es stets weit über 1200 gewesen. Porsche trat die Flucht nach vorn an – zunächst mit liebevoller Detailarbeit zugunsten von noch mehr Luxus, künftig aber auch mit einer Rückeroberung des amerikanischen Marktes für den Turbo. Letzteres sollte erst mit Modelljahr '86 greifen – widmen wir uns deshalb zunächst den umfangreichen Änderungen für den 1985er Jahrgang, traditionell im Herbst des Vorjahres präsentiert und in Serie gehend.
Zu den im wahrsten Sinne des Wortes spürbarsten Änderungen gehört da die Einführung einer neuen Sitzgeneration, die sich von den Vorgängern in diesen Details unterscheidet:

- um 40 mm höhere Kopfstütze (nach wie vor Lehnen-integriert),
- Lehnenentriegelungs-Hebel an beiden Lehnenseiten,
- veränderter innerer Aufbau und stabilere Konstruktion,
- Sechspunktbefestigung an der Bodengruppe,
- modifizierte, handlichere Verstellgriffe,
- Einbaumöglichkeit von Sitzheizungen als Option.

Drei Sitzvarianten verbaute Porsche fortan, wobei Turbo-Käufer serienmäßig in den Genuss des sogenannten Komfort-Sitzes kamen, bei dem sich die Sitzhöhe unabhängig vorn und hinten, die Längsverstellung sowie die Lehnen-Neigung elektrisch über zwei außen vorn an den Sitzen angeordnete Multifunktions-Druckknöpfe manipulieren lassen. Auf Wunsch und ohne Aufpreis konnten Turbo-Freunde auch sogenannte Sportsitze ordern, die sich durch eine stärkere Sitzflanken-Aufpolsterung auszeichnen und somit bei etwas reduziertem Einstiegskomfort deutlich mehr Seitenhalt bieten. Gegenüber Komfortsitzern müssen Sportsitzer allerdings auf die elektrische Längs- und Rückenlehnen-Verstellung verzichten. Beides ist hier manuell zu bewerkstelligen, lediglich die Sitzhöhenverstellung übernehmen Elektromotoren, wobei der Höhenspielraum wie beim Komfortsitz vorn und hinten jeweils 40 mm beträgt.
Mehr Luxus im Top-Porsche – dazu tragen der künftig auch in Euro-Version serienmäßige Einbau der Klimaanlage und der elektrischen Zentralverriegelung genauso bei, wie kleinere Identifizierungs-Details des neuen Jahrgangs: etwa die Ledermanschette für den Schalthebel, die neue, zugleich als Handschuhfach-Beleuchtung fungierende Innenleuchte am Armaturenbrett, Lederbezüge für Innentürgriffe und Türkartentaschen, das neue, lederbezogene Vierspeichen-Lenkrad, eine abermals erweiterte Farbpalette und die unauffällig in die Windschutzscheibe integrierte Antenne.
Doch bei allem Sinnen über Komfort-Accessoires vergaßen die Porsche-Techniker funktionelle Änderungen keineswegs. Davon zeugen die nunmehr beheizbaren Waschwasser-Düsen für die Scheibenwaschanlage genauso, wie die funktionellere, vom (911) Cabrio ins Coupé übernommene Notsitz-Verriegelung mittels Druckknopf. Auch beim Turbo-Fahrwerk schien den Weissachern abermaliges Nachdenken notwendig. Um die Seitenneigung zu reduzieren, kamen deshalb ab Modell '85 vorn und hinten

Heckmotor-Hochkonjunktur bei Porsche anno 1985: 911 Cabriolet, Allrad-959 und abermals modellgepflegter 930 Turbo 3.3.

um jeweils zwei Millimeter auf 22 bzw. 20 mm verdickte Querstabilisatoren zum Einsatz. Und ein neuer, größerer Bremskraftverstärker verringerte die aufzuwendende Kraft am Bremspedal um 80 N auf akzeptablere 220 N. Weiter erwähnenswert: Änderungen an der Tankanlage erlaubten eine Erweiterung des Reservoirs um fünf auf 85 Liter. Und ein neuer verrippter Frontölkühler statt des Ölschlangenkühlers – nach wie vor im rechten vorderen Radhaus untergebracht – reduziert in Verbindung mit einem größeren Luftzutritt unterhalb der Stoßstange (oberhalb des rechten Nebelscheinwerfers) die Öltemperatur gegenüber der Vorgänger-Version bei Volllast um immerhin 20 Grad Celsius.
Natürlich wirkten sich all' diese Änderungen, insbesondere die Komfort-orientierten, auf das Turbo-Leergewicht aus: Er legte nochmals zu, gegenüber dem Vorgänger um immerhin 35 Kilogramm. Mit nun 1335 Kilogramm Leergewicht bringt der 1985er Turbo somit nach Werksangaben stattliche 195 Kilogramm mehr auf die Waage, als der erste Turbo des Modelljahrgangs 1975.

Turbo-Jahrgang '86: back to the USA

Ende 1985 erfolgte beim Turbo die zweite, die endgültige Reifen-Aufrüstung: Felgen- und Reifen-Breiten nahmen an der Hinterhand um ein Zoll (Felgen) bzw. 20 Millimeter zu, so dass der Turbo des 1986er Jahrgangs – optisch signifikant – hinten auf 245/45 VR 16-bereiften Neunzöllern daher rollt. Um das Aquaplaning-Risiko nicht weiter zu erhöhen, wurde die vordere Felgen/Reifen-Kombination (7J/205/55 VR 16) beibehalten. Doch mehr noch als zuvor sahen sich die Turbo-Piloten einem Turbo-typischen Phänomen ausgesetzt: Aquaplaning an der Hinterachse nämlich, hervorgerufen durch die Tatsache, dass beim Turbo die in deutlich schmalerer Spurweite einher rollenden Vorderräder den Hinterrädern keine Wassergasse freischaufeln können. So verwundert es nicht, dass verantwortungsvolle oder durch Erfahrung klug gewordene Turbo-Fahrer bei heftigem Regen stets langsamer unterwegs sind, als Verkehrsteilnehmer mit deutlich weniger exklusivem Mobiliar.

Porsche Turbo-Jahrgang ´86: noch breitere Heckbereifung im Format 245/45 VR 16 (statt 225/50 VR 16)...

...und serienmäßige Scheinwerfer-Hochdruckreinigungsanlage.

Begründet wurde die neuerliche Modifikation von Porsche mit dem Streben nach noch höheren Kurven-Grenzgeschwindigkeiten, somit nach noch höherer Fahrsicherheit im Normalbetrieb. Nicht ganz auszuschließen sind indessen auch modische Tendenzen, die Mitte der 1980er Jahre Superbreitreifen als Must für Supersportwagen diktierten. Zwar stehen die fetten Gummis dem Turbo zweifelsohne bemerkenswert gut, doch manche Kritiker attestierten der Ur-Bereifung des Turbo, nämlich 185/70 VR 15 vorn bzw. 215/60 VR 15 hinten, das wegen deren breiteren Grenzbereiches gutmütigere Gebaren.

Wie auch immer: Ein Porsche Turbo war immer noch (oder wieder) en vogue unter den Oberklasse-Sportwagenfreunden der Welt. Dafür sind die bereits 1985 wieder steil nach oben reichenden Produktionszahlen deutliches Indiz. Mit Modelljahr '86 sollte ein weitere Nachfrageschub eingeleitet werden – diesmal wieder auf traditionellem Porsche-Terrain: nämlich in den USA. Zu diesem Zweck hatten die Weissacher Techniker eine Turbo-Variante mit Kennziffer 930/68 entwickelt, die dank Lambdasonden-geregelter Einspritzung und Dreiwege-Katalysator sämtliche amerikanischen Abgas-Vorschriften mit Glanz erfüllte, ohne in der Leistung dramatisch abzufallen.

Die Lambda-Sonde misst, vor dem Turbolader im Auspuff installiert, die Sauerstoffmenge im Abgas, die wiederum zur Steuerung der für ein einwandfreies Funktionieren des Katalysators notwendigen Einspritzmenge maßgeblich ist. Ergänzt wird der Dreiwege-Kat um die bei den bisherigen US-Versionen bereits verwendete Luftpumpe zur Frischluft-Einblasung ins Auspuffsystem. Die Drehzahlbegrenzung auf 7000/min erfolgt beim 930/68 über ein Abschalten der Benzinpumpe (beim 930/66 über einen Zündungsabsteller), um zu verhindern, dass unverbrannter Treibstoff ins Abgassystem gelangt und dort den Katalysator beschädigt.

Bei mit der Basisversion 930/66 identischer Verdichtung von 7,0:1 leistet 930/68 lediglich 18 PS weniger, nämlich 282 PS bei 5500/min. Relativ stärker litt das maximal verfügbare Drehmoment unter der Entgiftungskur: Statt 430 Nm stemmt der bleifreies 96 ROZ-Benzin konsumierende US-Turbo lediglich 390 Nm bei hier wie da 4000/min. Das Motorgewicht nahm durch die Entgiftungs-Apparatur um zehn Kilogramm zu: Der 930/68 wiegt trocken statt der 269 Kilogramm des mittlerweile gleichfalls schwerer gewordenen 930/66 immerhin 279 Kilogramm. Das im Leergewicht nach Werksangaben mit 1350 Kilogramm gegenüber dem Basismodell um 15 Kilogramm schwerere US-Modell rennt nach Werksangaben mit 253 km/h gerade sieben km/h langsamer und beschleunigt – zumindest im US-relevanten unteren Geschwindigkeitsbereich – nur marginal schlapper: 0 bis 100 km/h in 5,5 statt in 5,4 Sekunden.

Allen Turbo-Varianten kamen darüber hinaus weitere, kleinere Modellpflegemaßnahmen zugute: die um 20 mm tiefer gesetzten Sitze mit nach hinten erweitertem Verstellbereich, die mit Schiebeblenden abdeckbaren Makeup-Spiegel in den Sonnenblenden, die Hochdruck-Scheinwerferwaschanlage (Bedienung über separaten Wippschalter unterhalb des Armaturengehäuses) und das abermals verbesserte Heiz- und Lüftungssystem mit größeren Luftaustrittsdüsen und geänderten Schaltern.

Fortan strömt Defrosterluft durch eine fast scheibenbreite Düse statt durch zwei schmalere Düsen über die Windschutzscheibe, statt der zierlichen, walzenförmigen Seiten-Ausströmer im Armaturenbrett kommen große, besser zu bedienende Lüftungsgitter zum Einsatz, und auch der Mitten-Ausströmer nahm in der Bauhöhe deutlich zu. Ihre Befehle zur Regulierung der Heizwirkung erhält die Klimaanlage ab Modell '86 zudem nicht mehr über den warzenförmigen Dachsensor (zwischen den Sonnenblenden), sondern über einen direkt im Armaturenbrett untergebrachten, unauffälligen Sensor.

Einmal mehr kümmerten sich die Interieurs-Kosmetiker um das Jahrgangs-typische Turbo-Ambiente des Modells '86: mit neuen Teppichböden und einer neuen Kofferraum-Auskleidung nach Interieurs-Muster.

Alle Maßnahmen zusammen gaben dem Turbo-Verkauf einen gewaltigen Schub: 1986 wurden weltweit über doppelt so viele Turbos verkauft als noch 1985, über die Hälfte davon in den USA. Dass Porsche zu dieser Zeit in Sachen sportliches Image auf dem Zenith stand, mag seinen Teil zum Erfolg beigetragen haben. Schließlich hatten Porsche-Triebwerke gerade in den Jahren 1984, 1985 und 1986 Formel 1-Weltmeisterschaften ermöglicht – es waren Turbo-Motoren, die das Gespann Porsche/McLaren unschlagbar gemacht hatten. Und das Porsche-Selbstbewusstsein manifestierte sich mit Modell '86 überdies mit einem spektakulären Schritt auf dem Gebiet der Garantiegewährung. Fortan konnten sich Porsche-Kunden an diesen beruhigenden Leistungen erfreuen:

- zwei Jahre Garantie ohne Kilometerbegrenzung auf die Mechanik,
- drei Jahre Lackgarantie,
- zehn Jahre Garantie gegen Durchrostung,
- zwölf Monate Garantie auf Porsche-Ersatzteile.

Kein Zweifel: Nie zuvor war es vernünftiger, sich mit einem Porsche unvernünftig zu motorisieren.

Ungewöhnliche Kombination, erstmals im Modelljahr ´87 realisiert: Cabriodach und Turbo-Heckflügel.

Turbo-Jahrgang '87: Turbo-Cabrio und -Targa

Die neuen Turbo-Versionen Cabrio und Targa waren noch nicht endgültig beschlossen, als Porsche im Herbst '86 offiziell das Modellprogramm '87 verkündete. Lediglich eine Lederummantelung des Schalthebelknopfes, serienmäßig vollelektrische Sitze, zusätzliche Außenfarben sowie ein neues Serien-Radio (Blaupunkt Berlin JQR 86) mit Diebstahl-Codierung waren der Porsche-Presseabteilung deshalb zunächst der Rede wert.
Die eigentlichen Turbo-Sensationen des neuen Jahrgangs ergänzten indessen erst im Februar 1987 die Turbo-Preisliste: Nach zwölf Jahren Turbo-Geschichte bot Porsche sein Spitzenprodukt erstmals ab Werk in Cabriolet- und Targa-Varianten an. Bislang hatten lediglich Porsche-Tuner die offenkundige Marktlücke genutzt – Nachfrage bestand in der Tat danach, das legendäre Turbo-Säuseln bei schönem Wetter ohne Blechdach-Filter zu erleben. Ohnehin eignete sich die spezielle Charakteristik des Turbo mit seinen kultivierten Umgangsformen bei bedächtiger Fahrweise gut dazu, mit einem offenen Dach kombiniert zu werden. Und die grundsolide Karosserie-Struktur des offenen Elfers, verwindungssteif wie kein zweites Topless-Automobil dieser Ära, schien für den dramatischen Leistungsschub durch den 300 PS-Bläser bestens gerüstet.
Die zusätzlichen Turbo-Varianten gerieten zu den bis dahin teuersten Straßen-Porsche: Mit Einführung in Targa-Version mit 132000 Mark, in Cabrio-Version gar mit 145000 Mark ausgezeichnet, wurden die Preise bereits am 30. März 1987 um jeweils 2850 Mark erhöht. So stand das Bläsertrio in diesem Jahr mit 127850 Mark (Coupé), 134850 Mark (Targa) und 147850 Mark in der Porsche-Preisliste, wobei sich der besonders hohe Aufpreis für das Vollcabriolet durch das serienmäßig elektrisch betätigte Faltdach erklärt.

Ab Modell '87 auch mit unbegrenzter Kopffreiheit möglich: Porsche Turbo als Targa und Cabriolet. Der Targa geriet zur Turbo-Rarität, die meisten Offenfahrer entschieden sich für das Vollcabriolet.

Weniger spektakulär als der plötzliche Turbo-Artenreichtum gestalteten sich die Porsche-typischen Kleinarbeiten im Detail. So erhielten die Kat-Exemplare für die USA einen zusätzlichen Elektrolüfter für den Frontölkühler, der bei 118 Grad Celsius Öltemperatur thermostatisch eingeschaltet wird. Auch nach Südafrika, Saudi-Arabien und Hong Kong gelieferte Turbos erhielten die Hitze-Vorsorge serienmäßig. Sogenannte »R.d.W.«-Exemplare (»Rest der Welt«) wurden auf Wunsch mit dem Gebläse geliefert.

Die Turbo-Bremsanlage des Jahrgangs '87 unterscheidet sich von den Vorgängern durch asbestfreie Handbremsbeläge und durch Bremsscheiben mit nachträglich gebohrten und angesenkten Belüftungslöchern (vorher gegossen). Um beim Anfahren mit schleifender Kupplung eine geringere Geruchsbelästigung und einen höheren Reibwert zu erreichen, wurde ab Frühjahr 1987 eine neue Kupplungs-Mitnehmerscheibe mit verändertem, asbestfreiem Belag verwendet.

Wirkt bei der Cabrio-Variante etwas unproportioniert: der sehr ausladende Turbo 3.3-Heckspoiler.

Dazu gesellten sich Kleinigkeiten:

- ein geänderter Außenspiegel-Schalter und Antrieb (nun mit zwei Motoren für Horizontal- und Vertikal-Verstellungen),
- in die Heckblende integrierte Nebelschlussleuchten,
- Nadelfilz-Teppich statt Velours im Kofferraum (Velours unter der Nummer M 975 als Zusatzausstattung),
- neue Lackqualitäten („Medium Solid"),
- geänderte Scheinwerfer zur Vereinheitlichung von US- und R.d.W.-Exemplaren (bedingte auch geringfügige Vorderkotflügel-Modifikationen im Bereich der Scheinwerfer-Einsätze).
- Der Fahrersitz kann nun mittels Elektromotor auch in der Höhe verstellt werden, dafür entfiel die elektrische Rückenlehnen-Verstellung.

Die Targa-Version des Porsche Turbo 3.3 blieb ein Mauerblümchen: Sie fand insgesamt nur 297 Käufer.

Turbo-Jahrgang '88: Kleinigkeiten in der Schlussphase

Der Ur-Turbo von Porsche ging mit Kleinst-Modifikationen in seinen vorletzten Modell-Jahrgang: Er erhielt »*zur Verbesserung der Laufcharakteristik*« neue Kolben mit geänderter Bodenform (zu identifizieren an der in den Kolbenboden eingeschlagenen Zahl »18»). Freilich geriet die Modifikation derart gering, dass Porsche eigens auf die Möglichkeit hinwies, Neu-Kolben mit Alt-Kolben in einem Triebwerk zu paaren, sofern die Kolbengewichte beachtet würden.

Die Fensterheber erhielten eine Möglichkeit, im Fall des Elektromotor-Versagens manuell Scheiben hoch- oder hinunter zu kurbeln. Die Notöffnung für die Handkurbel versteckt sich dabei hinter der Blende des Türlautsprechers. Wer bislang nicht wusste, wie er im Turbo Hupsignale erzeugen soll, dem gibt ein kleines aufgedrucktes Waldhorn auf der Hupen-Prallplatte eindeutige Direktiven. Auf ähnliche Fahrermentalitäten zielt der beifahrerseitige Rückspiegel-Hinweis auf nach den USA gelieferten Turbos, dass in diesem Spiegel ausgemachte Gegenstände bereits näher seien, als sie erscheinen.

Erst im Laufe des Modelljahrs 1988 wurde auch das Wasser-Ablaufsystem des Schiebedachs geändert: Etwas andere Führungen von den A-Säulen über den Kofferraum und die Radkästen in die Türschächte sollten wie auch der Ersatz der hinteren Ablaufrohre durch flexible PVC-Schläuche die Wasserentsorgung verbessern.

Mehr Luxus und simplere Ausführung prägen den Turbo des 1988er Jahrgangs: Gegen Aufpreis konnten (allerdings nur in Verbindung mit den Komfortsitzen) üppige Raffleder-Sitzbezüge geordert werden. Und die bislang aus Aluminium gefertigte Frontscheibengummi-Zierleiste besteht künftig aus Plastik. Amerikanischen Turbo-Käufern bot Porsche ab Werk nun eine CD-Anlage, die US-Alarmanlage schlägt ab Modell '88 ganze 90 Sekunden lang (statt nur 30 Sekunden) akustisch Alarm, kombiniert mit hektischem Blinken der Außenbeleuchtung. Dies gibt Hinweis darauf, dass ein Super-Porsche in der Tat zu den unter US-Langfingern am meisten begehrten Automobilen zählt – unerwünschtes Kompliment an das Haus Porsche.

Turbo-Jahrgang '89: zu guter Letzt ein Fünfgang-Getriebe

Offiziell hatten sich Porsche-Sprecher stets gewunden, wenn es galt, das Fehlen des fünften Gangs ausgerechnet beim Spitzen-Porsche zu rechtfertigen. Vom enormen Drehmoment des Turbo war in solchen Fällen meist die Rede, die ein weiteres Schaltmanöver und die damit verbundene Anstrengung gänzlich unnötig machen würde, und davon, dass im Turbo dem Bedürfnis nach raketenhaften Beschleunigungsmanövern ganz simpel mit dem Druck aufs rechte Pedal nachzukommen sei. In der Tat hatte der beim Einsetzen des Turboladers beginnende Schub einen Effekt gleich dem, in einem minder motorisierten Automobil ein, oder gar zwei Gänge zurückzuschalten.

Dass freilich ein gut abgestuftes Fünfgang-Getriebe ein gutes Auto wie den Turbo noch besser macht – diesen Beweis trat mit Alois Ruf im bayrischen Pfaffenhausen bereits 1983 ein Porsche-Tuner an, als er – durchaus zum Ärger der Stuttgarter – eine selbstentwickelte Fünfgang-Box in sein Veredelungs-Programm aufnahm. Mehr zur Verfügung stehende Übersetzungen erlaubten es nun einmal, häufiger im Volllade-Bereich des Triebwerks zu blasen, sie bedeuteten eine Verkleinerung des berüchtigten Turbo-Lochs dank verringerter Drehzahl-Differenzen nach dem Gangwechsel, und sie sorgten für noch bessere Beschleunigungs-Taten.

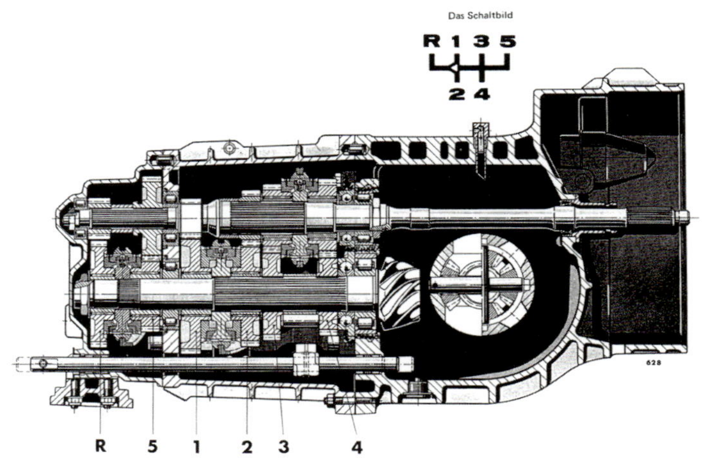

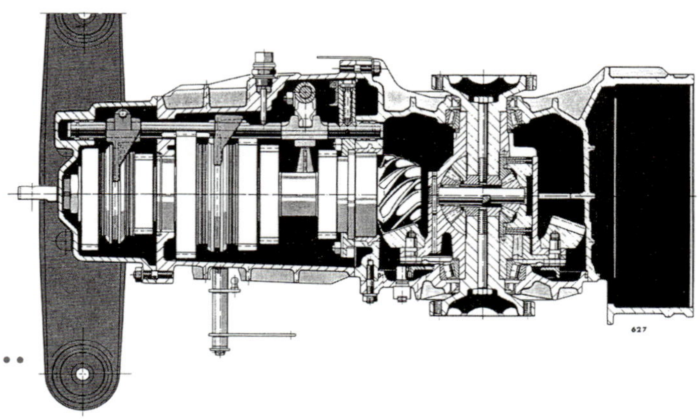

Das Turbo-Fünfganggetriebe G50/50 ist als Hypoid-Triebsatz ausgeführt. Die Mittelachse des Tellerrads liegt mit einem Versatz von zehn Millimetern über der Mittelachse der Triebwelle. Hypoidgetriebe können bei gleicher Tellerradgröße höhere Drehmomente übertragen.

Porsche gestand die Fünfgang-Vorteile im letzten Modelljahr des Ur-Turbo indirekt ein, indem für den Turbo schlicht und ergreifend und endlich ein eigenes Fünfgang-Getriebe entwickelt worden war, nämlich das neue Getriebe G 50/50 mit synchronisiertem Rückwärtsgang, funktionsgleich mit dem damals seit zwei Jahren im Carrera verwendeten Getriebe-Typ G 50/00. Vom Carrera wurde überdies die hydraulische Kupplungsbetätigung übernommen, wobei sich der Kupplungsgeberzylinder an der Stirnseite des Pedalwerkes befindet, während der Kupplungsnehmerzylinder wie beim Carrera am Getriebegehäuse angeschraubt ist.
Gegenüber dem Carrera-Getriebe erfuhr das G 50/50 Verstärkungen an Getriebegehäuse, Triebsatz und Tellerrad, seitlichem Getriebedeckel, Getriebe-Vierpunktlager, Spannplatte und Ausgleichsgetrieberäder sowie deren Lagerung. Um das neue Getriebe mit seinem längeren Gehäuse unterbringen zu können, musste das Hinterachs-Querrohr im Mittelteil geändert werden.
Die genauen technischen Getriebe-Daten können dem Anhang ab Seite 236 entnommen werden. Wenden wir uns deshalb den sonstigen 1989er-Änderungen zu. Denn auch das Fahrwerk erfuhr zum letzten Tango des klassischen Turbo eine nochmalige Überarbeitung zwecks Ausmerzung erkannter Schwächen. Um das Heck-Eintauchverhalten beim Beschleunigen und das Nickverhalten beim Lastwechsel bzw. Schalten zu verringern, verdickten die Porsche-Techniker den hinteren Drehstab im Durchmesser um einen Millimeter auf 27 mm. Und um die Porsche-typische Übersteuerungstendenz etwas zu mildern, erfuhr der Vorderachs-Querstabilisator eine Reduzierung seines Durchmessers um zwei auf 18 mm. Die Bilstein-Stoßdämpfer erhielten zur Fahrkomfort-Verbesserung eine degressive Dämpfer-Kennung. Und aus Gesundheitsgründen rüstete Porsche mit Produktionsstart seines 1989er Jahrgangs für alle Welt-Varianten auf Asbest-freie Bremsbeläge um.

Dazu gesellten sich erneute Ausstattungsverbesserungen:

- die Aufpreispflichtige, mittels Rändelrad regulierbare Sitzheizung, dient nun auch zur Erwärmung der Sitzflächen-Seitenwangen;
- eine beim Verriegeln der Türen von außen sich automatisch schärfende Alarmanlage, auf deren Funktionsbereitschaft in den Tür-Sicherungsknöpfen eingebaute Leuchtdioden blinkend hinweisen.

Noch mehr Vertrauen in die eigenen Fertigungs- und Endkontrollen dokumentierte der geänderte Wartungsplan für den 1989er Turbo, der eine erste Kontrolle erst bei 3000 bis 4000 Kilometer vorschreibt, statt wie bisher bei 500 bis 2000 km. Doch die dadurch noch größere Wirtschaftlichkeit des Turbo sollte lediglich 2204 Turbo-Käufern zu Gute kommen – so viele Exemplare wurden nämlich im letzten Jahr des klassischen Turbo gebaut und abgesetzt.
Was folgte, war ein Turbo-Loch mit neuer Interpretation: nämlich rund 18 Monate in der Zuffenhausener Porsche-Produktion ohne 911 Turbo, ehe Ende 1990 mit dem 911 Turbo 2 auf Basis der völlig neuen 911 Carrera 2/4-Bodengruppe ein nochmals stärkeres Stück mit Turbo-Kraft sein Debut gab.

Porsche Turbo-Kunden schauten nicht auf die D-Mark. Sonderausstattungen der Abteilung Porsche Exclusive (Foto) fanden stets guten Absatz.

Turbo-Jahrgang ´91: der Turbo nach 964-Rezept

ETWAS **STÄRKER** – UND ETWAS **HARMLOSER**

911 (964) Turbo: Das ist neu*

- **Karosserie-Details und Aerodynamik**
- **Front-Airbags für Fahrer und Beifahrer**
- **Radaufhängungen, Räder, Federelemente**
- **hydraulisch angesteuertes Sperrdifferential**
- **verbesserte Bremsanlage**
- **Motorleistung (plus 20 PS)**
- **kennfeldgesteuerte Zündanlage**
- **Abgasanlage mit integriertem G-Kat**
- **Getriebe (Detailüberarbeitung)**
- **erweiterter Ausstattungs-Umfang**
- **leistungsgesteigerter Turbo S (ab Modell ´92)**

**im Vergleich zum 911 (930) Turbo*

Walter Röhrl über den …
… 964 Turbo 3.3

»Der Nachfolger des 930 Turbo hatte weiterhin 3.3 Liter Hubraum. Optisch war der 964 Turbo wunderschön, die breiten Kotflügel mit den hohen Scheinwerfern und dem mächtigen Flügel. Technisch haben die neuen Modelle Dank ABS und Servolenkung für deutlich mehr Fahrsicherheit gesorgt. Allerdings waren die Motoren der ersten Varianten etwas angestaubt. Längsdynamisch war es kein großer Schritt im Vergleich zum Vorgänger, weshalb die frühen Modelle heute eher zu den unbeliebteren Modellen gehören.
***5 von 10 Punkten** gebe ich dem 964 Turbo 3.3.«*

Als sich das nahende Ende der 930 Turbo-Produktion 1989 in Porsche-Kreisen herum gesprochen hatte, erlebte der 911 Turbo 3.3 einen regelrechten Nachfrage-Schub: Über 2200 Käufer sicherten sich ein Exemplar des letzten SuperTurbo-Jahrgangs aus einer Ära, die im Nachhinein als klassisch wahrgenommen wurde.

Rund eineinhalb Jahre lang mussten Turbo-Süchtige warten, bis ihnen Porsche wieder ihre Droge lieferte, stärker als (serienmäßig) je zuvor, und dennoch in der Anwendung ein wenig weniger gefährlich. Offiziell schob Porsche für den im Vergleich zu den Saug-Varianten der neuen 964-Reihe rund zwei Jahre späteren Turbo-Start Kapazitäts-Engpässe bei Anlauf des neuen Zuffenhausener Karosseriewerkes vor. Durchgedrungen war indessen auch, dass der Turbo für die 1990er Jahre – fortan von Porsche generell wie in dieser Chronik mit großem »T« kommuniziert – ursprünglich ganz anders aussehen sollte, wie letztlich realisiert.

So war geplant, ihn als hochkarätige »Spar«-Variante des von 1986 bis 1988 knapp 300 Mal gebauten Hightech-959 zu präsentieren. Wie diese 420000 Mark-Pretiose sollte der 1990er Jahre-Turbo Vierradantrieb haben, um die rund 360 PS des projektierten DoppelTurbomotors ohne Traktionsprobleme nutzen zu können. Naturgemäß wäre dieser Bolide in einer Preisklasse weit oberhalb aller bisherigen Normalserien-Modelle des Hauses Porsche angesiedelt worden.

Dem damals neuen Porsche-Entwicklungschef Dr.-Ing. Ulrich Bez (später von 2000 bis 2013 Chairman von Aston Martin, heute Aston Martin-Aufsichtsrat), seit Herbst 1988 Hausherr im Denkzentrum Weissach, wird die Umorientierung auf eine zivilere Turbo-Variante zugeschrieben. Die sollte weniger komplex in der Technologie sein, weniger riskant in der Markteinführung und nicht zuletzt weniger kostspielig für den Kunden.

Statt eine viertel Million Deutsche Mark mussten Turbo-Käufer deshalb zunächst »nur« 183600 DM für den Ende 1990 aktuellen 911 Turbo (Porsche-intern »964 Turbo«, in einigen Verlautbarungen auch »Turbo 2« genannt) bezahlen – knapp 50000 DM mehr, als für den letzten Turbo alter Prägung. Damit war der Neue bereits zum Verkaufsstart teurer eingepreist, als im Vorfeld des Debuts avisiert, als noch von 178500 DM die Rede war.

Optisch erhielten Freunde gepflegter Blasmusik für diesen stolzen Betrag einen Turbo vertrauter Erscheinung, mit nach wie vor großem, starrem Spoiler-Tablett statt ausfahrbarem Bürzel (wie bei den Saugern Carrera 2 und 4, von denen der neue Turbo den Aufbau und die Struktur des Karos-

964 Turbo-Prototyp auf dem Weissacher Skidpad: Karosserie noch vom 930, Technik (inklusive den Rädern) bereits vom Nachfolger.

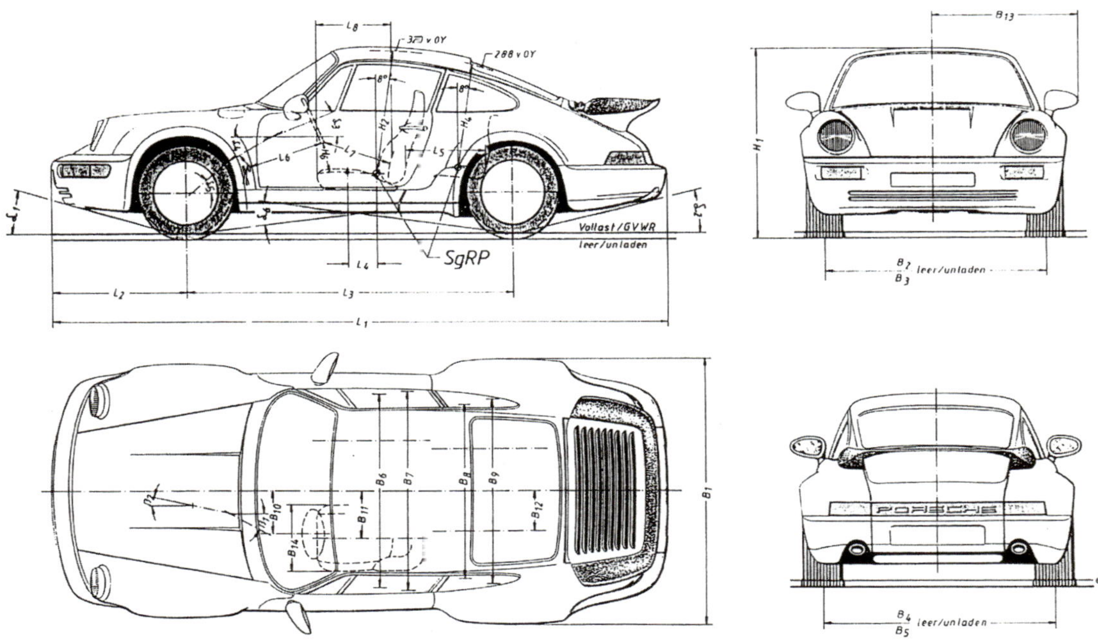

964 Turbo in der Maß-Skizze; im Vergleich zum Vorgänger unveränderter Radstand und Breite, in der Länge um 41 Millimeter kompakter.

serie-Rohbaus bezog). Nur im direkten Vergleich sichtbar wurde die obere Abschlusskante des Heckflügels allerdings zur Aerodynamik-Optimierung und Anpassung an die 964-typische neue Frontpartie geringfügig, nämlich um 20 mm, gekürzt.
Weitere äußere Identifikations-Merkmale des neuen Supersportwagens gegenüber den Vorgängern sind die neue, einteilige und deutlich rundlichere vordere Stoßstangen-Bugschürzen-Partie aus dem Werkstoff PUR RIM (Polyurethan reinforced reaction moulding) mit 16 Prozent Glasanteil, die neue integrierte Heckstoßstange aus TPE-PBT (thermoplastischer Kunststoff) und die vor den Heckkotflügeln nach oben gezogenen Schwellen-Verkleidungen aus PUR RIM mit 20 Prozent Glasanteil. Letztere machten, da besonders schlagfest, den vom klassischen Turbo her bekannten, aufgeklebten schwarzen Steinschlagschutz vor den Hinterrädern überflüssig.

964 Turbo-Karosserie: verbesserte Aerodynamik

Neugestaltete, im Gewicht reduzierte und in der Aerodynamik optimierte Außenrückspiegel aus dem thermoplastischen Kunststoff PC-ABS (Polycarbonate-ABS) und eine von vorn bis nach hinten zum Motor reichende Unterboden-Verkleidung tragen gleichfalls ihre Teile zum von 0,41 (Turbo 3.3) auf 0,365 verringerten c_w-Wert des neuen Spitzensportlers bei.
Im Einzelnen hatten diese Maßnahmen Verbesserungen der aerodynamischen Wirkung zur Folge (jeweils prozentualer Anteil an der Gesamtwirkung):

- Glattflächige Unterbodenverkleidung 29,0 %
- Abdeckung der hinteren Skid- und Wagenheber-Aufnahme 9,0 %
- Schwellerblenden mit Spoilereffekt vor den Hinterrädern 4,5 %
- Gerundete, von der Luft ohne lokale Ablösungserscheinungen umströmte Bugverkleidung 13,0 %
- Kühlluftführung mit den im Bugunterteil integrierten Luftaustritten vor den Vorderrädern 6,5 %
- aerodynamisch optimierte Außenspiegel 9,0 %
- tiefer gesetzte Hinterkante des Heckspoilers 29,0 %

Porsche 964 Turbo: Dank geglätteter Frontpartie und weiteren Feinschliffs deutlich verbesserte Aerodynamik.

Ohne Zweifel konnte Porsche auf alle Aerodynamik-Werte des neuen Turbo stolz sein – hier sind sie: tatsächlicher Luftwiderstand 0,691 bei einer Stirnfläche von 1,894 m^2, Auftriebsbeiwert C_A nahe null.
Im Design direkt vom 959 übernommen wurden für den neuen Turbo die gegossenen 17 Zoll-Aluminiumräder. Sie sind vorn sieben Zoll, hinten neun Zoll breit. Breitreifen der Dimensionen 205/50 ZR 17 vorn und 255/40 ZR 17 hinten ergänzen das Geläuf des 930-Nachfolgers, wobei die Luftdruck-Vorgaben für den Neuen Hinweis auf dessen grundsätzlich neutraleres Eigenlenkverhalten geben: Statt der deutlich unterschiedlichen 930-Drücke vorn zu hinten, nämlich 2,0 zu 3,0 bar, gab das Werk nun rundum 2,5 bar vor.

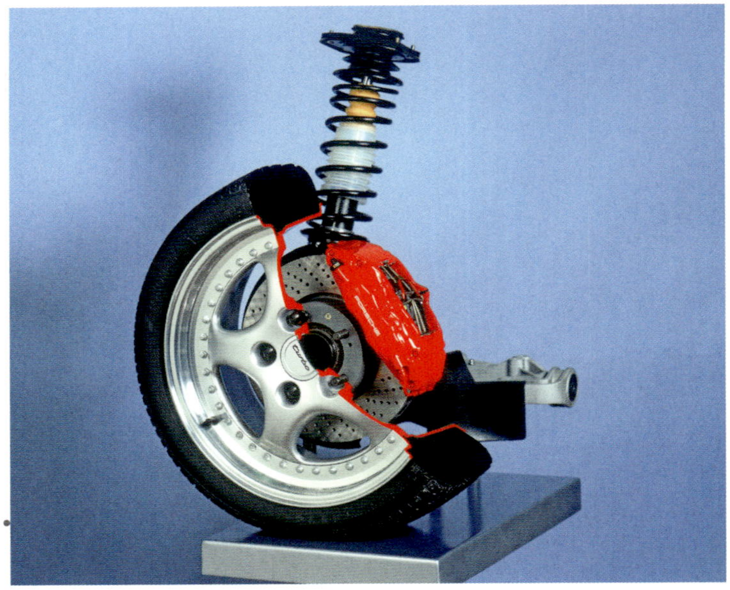

964 Turbo-Radaufhängungen: Schraubenfedern statt Drehstabfedern, 17 Zoll-Räder im 959-Design.

964 Turbo-Fahrverhalten: Im Vergleich zum Vorgänger deutlich neutraler und damit (etwas) harmloser im Umgang.

Die Bremsscheiben mit vorn 322 mm Durchmesser (übernommen vom Typ 928) und hinten 299 mm Durchmesser (identisch mit den Vorderrad-Scheiben des 944 Turbo) sind wie beim Vorgänger innenbelüftet, gelocht und mit Vierkolben-Aluminium-Bremssätteln bestückt. Ergänzt wurde die Bremsanlage um eine ins Cockpit signalisierende Bremsbelags-Verschleißanzeige und einen hydraulisch (statt beim Vormodell durch Unterdruck) aktivierten Bremskraftverstärker.
Porsche versprach für diese aufwändige Bremsanlage eine mittlere Verzögerung von knapp einem g – praktisch ausgedrückt: Die mit 100 km/h dahin rollende Fuhre lässt sich in nur 2,8 Sekunden auf nur 36 Meter Wegstrecke zum Stillstand abbremsen. Porsche-interne Vergleichszahlen für diese Disziplin attestierten der Corvette von Chevrolet 41,1 Meter, Mercedes AMG 500 SL 41,9 Meter, dem Jaguar XJS 42,9 Meter und dem Ferrari Testarossa gar 45,4 Meter – also durchweg deutlich bis dramatisch schlechtere Werte…
Dass bei einer derart heftigen Negativbeschleunigung die Reifen keine Bremsplatten davon tragen, verdanken Spätbremser der erstmals im Turbo installierten serienmäßigen ABS-Dreikanalanlage mit je einem Drehzahlfühler pro Rad. Sie verhindert zuverlässig auch auf nasser Fahrbahn mit im Bremspedal fühlbarer pulsierender Bremskraftregelung blockierende Reifen.

964 Turbo-Fahrwerk: gutmütigeres Gebaren

Gleichfalls 964-Standard ist die (wie in den Saugmotor-Modellen 964) verwendete Servolenkung und das im Prinzip vom heckgetriebenen 964 Carrera 2 übernommene Fahrwerk mit Schraubenfedern statt Drehstäben vorn und hinten, McPherson-Dämpferbeinen vorn und der vorspurkorrigierenden Schräglenker-Hinterachse. Die vorderen Federbeine stützen sich an der Karosserie über Stützlager ab, die gegenüber dem Carrera 2/4 um 180 Grad gedreht eingebaut sind. Gemeinsam mit den weiter außen angebrachten Befestigungspunkten der Querlenker ergibt sich so eine etwas größere Spurbreite: vorn 1436 mm (+ 4 mm), hinten 1501 mm (+ 9 mm). Der Lenkrollradius, beim Vorgänger 930 Turbo noch +86 mm messend,

Der 964 Turbo-Heckspoiler wurde vermeintlich vom Vorgänger übernommen, doch das Turbo-typische Teil erhielt eine um 20 Millimeter gekürzte Abschlusskante zur Anpassung an das überarbeitete Aerodynamik-Konzept.

reduzierte sich beim 964 Turbo auf –3 mm – gut für eine hervorragende Spurhaltung beim Bremsen auf ungleichmäßig haftsicherer Piste.
Als interessantes Detail kam im neuen Turbo ein Sperrdifferential zum Einsatz, das nicht allein die Traktion in Kurven und auf schlüpfrigem Fahrbahnbelag verbessern sollte, sondern überdies aktiv Lastwechselreaktionen in Kurven positiv (also reduzierend) beeinflusst. So bewirkt die hydraulisch angesteuerte Turbo-Sperre unter Zug eine Sperrwirkung von nur 20 Prozent, unabhängig von der Zugbelastung gleichbleibend. Im Schubbetrieb verbindet das Differential die beiden Antriebsräder jedoch starr, das heißt zu 100 Prozent. Diese Erhöhung der Sperrwirkung im Schubbetrieb soll beim Gaswegnehmen in Kurven das Giermoment, somit den Eindreheffekt – jenes von kundigen Piloten geschätztes, von weniger talentierten Lenkern indessen verhasstes Eigenlenkverhalten eines Heckmotor-Porsche – verringern.
Doch damit nicht genug der Neuerungen auf dem Gebiet der Kraftübertragung. Abermals überarbeitet wurde nämlich auch das Getriebe, nun mit der Kennziffer G50/52, das sich vom G50/50 des Turbo-Vorgängers durch ein biegesteiferes Gehäuse und abermalige Anpassungen an das nochmals um 20 Nm gestiegene Drehmoment auszeichnet. Notwendig war eine Änderung des Gehäuses nicht zuletzt wegen des Einbaus eines Zweimassen-Schwungrades, mit dessen Hilfe es möglich war, zugunsten geringerer Getriebegeräusche eine zusätzliche Schwungmasse nach dem Torsionsdämpfer zu integrieren.
Getriebe-Geräusche?
Die Porsche Serviceinformation zum Turbo-Jahrgang ´91 erläutert deren Ursache und Bekämpfung so: »*Bedingt durch die Arbeitstakte und die Zündfolge des Motors entstehen Drehzahlschwankungen, die als Ungleichförmigkeit den gesamten Antriebsstrang zu Drehschwingungen anregen. Durch diese Drehschwingungen werden alle nicht im Kraftfluss befindlichen, spielbehafteten Los-Teile (Los-Räder, Teile der Synchronisation, Schaltbetätigung) zum Klappern, Rasseln oder Schnarren angeregt. Dies kann, besonders bei niedrigen Motordrehzahlen, zu störenden Getriebegeräuschen führen.*

964 Turbo mit Röntgenblick: Im Heck geringe Unterschiede zum Vorgänger (vergleiche mit Seite 52), jedoch komplett neues Fahrwerk.

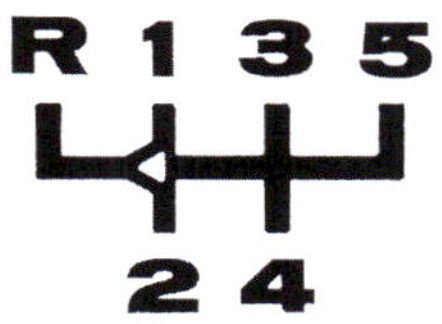

Das Schaltbild

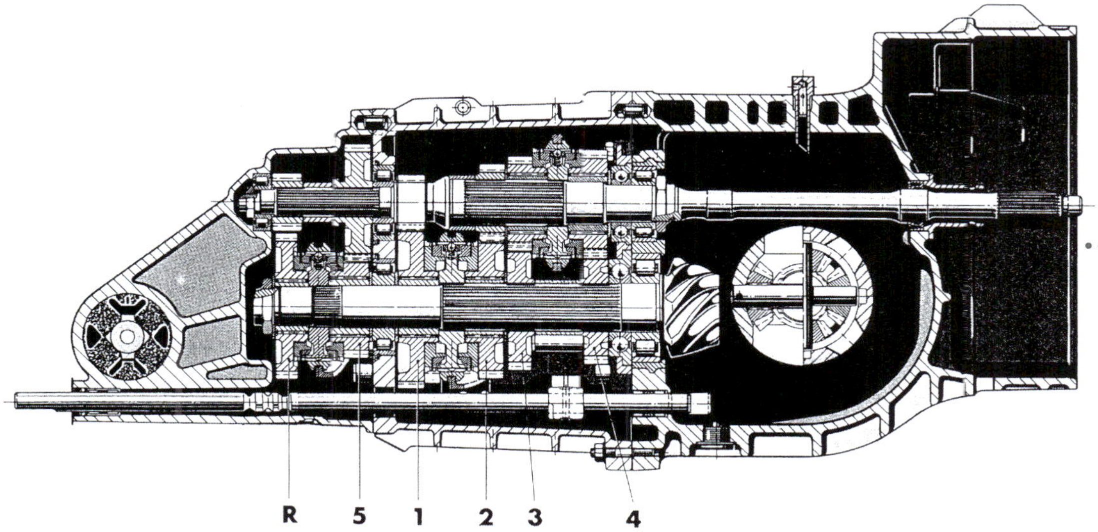

964 Turbo-Fünfganggetriebe G50/52: Im Vergleich zur Vorgänger-Version G50/50 biegesteiferes Gehäuse und nochmals Drehmoment-belastbarer.

964 Turbo-Motor M30/69: mit geregeltem Dreiweg-Katalysator und ungeregeltem Metall-Kat für den Bypass-Ausgang.

Um diese Getriebegeräusche zu vermindern, müssen die Drehschwingungen ***vor*** *dem Einleiten in das Getriebe so weit abgesenkt werden, dass sie nicht mehr als störend empfunden werden. ... Dies kann durch Erhöhung des Massenträgheitsmoments der Getriebe-Antriebswelle mittels einer zusätzlichen Schwungmasse nach dem Torsionsdämpfer erreicht werden. Um diese Zusatzmasse beim Schaltvorgang nicht beschleunigen oder verzögern zu müssen, ist die Baueinheit Trennkupplung im Kraftfluss hinter dem eigentlichen Torsionsdämpfer. Man erhält durch diese Maßnahme ein Zweimassenschwungrad.«*

Und wie steht´s mit der Leistung, dem klassischen Turbo- Merkmal? Die stieg wieder einmal – wenngleich prozentual nicht so dramatisch, wie einst beim Übergang von Dreiliter auf den 3.3 anno 1978. Nach EG-Norm 80/1269 stehen im neuen Turbo-Motor des Typs M30/69 immerhin 320 PS bei 5750/min zur Verfügung, 20 PS mehr als zuvor. Das Plus wurde bei unveränderter Verdichtung von 7,0:1 in erster Linie durch einen um 50 Prozent vergrößerten Ladeluftkühler erreicht. Darüber hinaus erzeugt ein abermals vergrößerter Turbolader mehr Leistung bei hohen Drehzahlen. Und nicht zuletzt verantwortet die kennfeldgesteuerte Zündanlage (anstelle der Hochspannungs-Kondensator-Zündung) die von Porsche mit fünf Prozent bezifferte Verbrauchsminderung: Als Durchschnitt der drei – für den artgerechten Gebrauch eines Porsche Turbo indes eher untypischen – Normverbrauchs-Zyklen (konstant 90 km/h, konstant 120 km/h, EG-Stadtzyklus) stehen 13,3 Liter/100 km Super im Datenblatt.

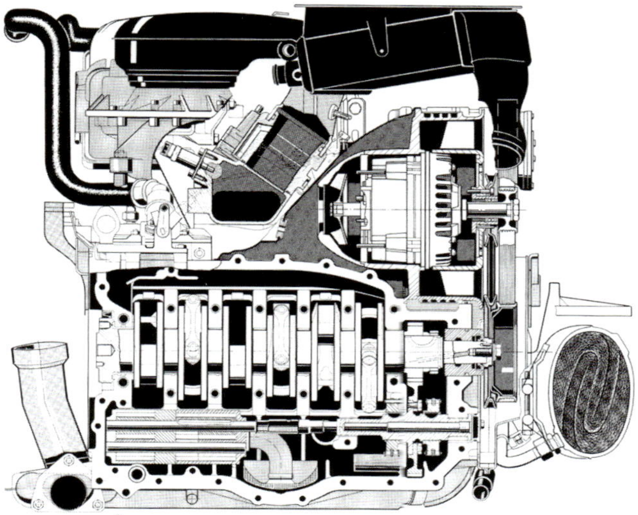

964 Turbomotor M30/69 im Längsschnitt: Der Ladeluftkühler wurde gegenüber der Vorgänger-Version um 50 Prozent vergrößert.

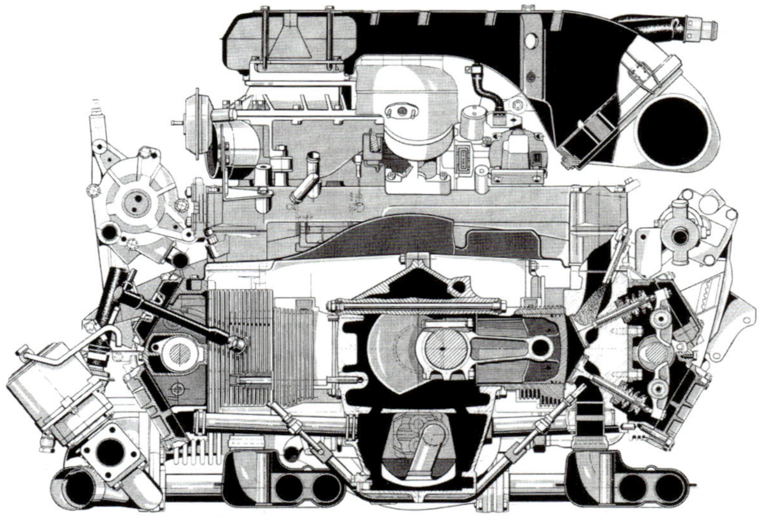

964 Turbomotor M30/69 im Querschnitt: gegenüber der Vorgängerversion neue, thermisch optimierte Zylinder und neue Abgasanlage für bessere Schalldämmung.

Und das sind die sonstigen wichtigen Neuerungen des Triebwerks M30/69 gegenüber der US-Version 930/68 des Vorgängers, auf der es prinzipiell basiert:

- neue, thermisch optimierte Zylinder,
- Zylinderkopf-Dichtungen aus Edelstahl,
- Aufnahmezapfen für den Riemenantrieb der Servolenkungs-Pumpe an der Nockenwelle der rechten Zylinderreihe (linke Nockenwelle und Steuerzeiten gegenüber 930/68 unverändert),
- neue Einlassventilführungen aus dem Werkstoff Aeterna (eine auch bei hohen Temperaturen verschleiß- und zunderbeständige Aluminiumbronze-Legierung),
- getrennter Riemenantrieb für das Duo 115 A-Generator/ Klimakompressor und das Kühlgebläse,
- Ölfilter im Hauptstrom (statt zuvor im Rückförderkreislauf) an Stelle des direkt am Motor positionierten Ölkühlers.

Der neue Turbo wurde jedoch nicht nur stärker und sparsamer, sondern zugleich nochmals leiser – und vor allem in den Abgasen ungiftiger. Dafür sorgt die bereits bei der US-Version des Vorgängers bewährte Bosch K-Jetronic mit Lambdaregelung, wobei die Lambda-Sonde im Abgasrohr vor dem Turbolader, das Lambda-Steuergerät unter dem linken Sitz positioniert ist. Ergänzung fand die modifizierte Einspritzanlage durch die völlig umgekrempelte, voluminösere Abgasanlage mit integriertem geregeltem Dreiweg-Metallkatalysator. Den Bypass-Ausgang bewacht darüber hinaus ein ungeregelter Metall-Kat. Dank dieses Maßnahmen-Pakets wurden die zeitgenössischen US-Normen in Sachen Schadstoffwerte nach Porsche-Aussage sogar noch unterboten.

964 Turbo-Sound: deutlich reduzierte Lautstärke

Zur geringeren Geräuschentwicklung im Vergleich zum Vorgänger trägt nicht nur die Teilkapselung der Antriebseinheit und die nochmals verbesserte Auspuff-Schalldämpfung bei, sondern auch eine modifizierte Motor- und Getriebe-Aufhängung in Hydrolagern, die eine Schwingungs-Abkoppelung der Antriebseinheit bewirken. Auch das bereits erwähnte, für den Turbo neu entwickelte Zweimassen-Schwungrad trägt einen Teil zur reduzierten Lautstärke des M30/69 bei. »*Selbst die bekannt strengen Geräuschnormen der Schweiz meistert der neue Turbo ohne zusätzliche Eingriffe*«, verriet deshalb Chefentwickler Dr. Bez dem Journalisten Kalli Hufstadt – Zeitpunkt, Ort und Anlass des Interviews: 22. November 1990, St. Paul de Vence, Südfrankreich, Premiere des neuen Porsche Turbo.

Kein Zweifel: Bei der Entwicklung des Turbo für die 1990er Jahre stand ein verbesserter Umweltschutz weit oben auf der Prioritäten-Liste des Lastenheftes. Aber auch der Schutz des aufwändigen (und als Ersatzteil 30000 DM teuren) Triebwerkes war den Weissacher Technikern ein Anliegen. Um den Motor vor Überdrehzahlen zu schützen, wird bei 6800/min vom Turbo-Schaltgerät das Massesignal zum Kraftstoffpumpenrelais unterbrochen, wodurch die Kraftstoffpumpen ihren Dienst einstellen. Auch gegen zu hohen Ladedruck traf Porsche Vorsorge. So befindet sich im Ladeluftkühler ein Druckschalter, der bei Überdruck zwischen 1,1 und 1,4 bar dem Turboschaltgerät signalisiert, nun besser die Masse zu den Benzinpumpen zu unterbrechen und damit dem ungezügelten Blaskonzert Einhalt zu gebieten.

Porsche 964 Turbo anlässlich der Presse-Präsentation in Südfrankreich im Anschluss an sein Debüt beim Genfer Salon im Frühjahr 1990.

Stimmungsvolle Kulisse für attraktives Automobil: In Nizza und Umgebung bot Porsche Journalisten erstmals die Gelegenheit, den 1990 neuen Turbo zu erfahren.

Zum erhöhten Schutz vor Diebstahl verfügt der aktualisierte Porsche Turbo über eine verbesserte Alarmanlage. In dieses diagnosefähige, prozessorgesteuerte System sind die Funktionen der Zentralverriegelung, die verzögerte Abschaltung der Innenleuchten und die Wegfahrsicherung integriert – was Gauner übrigens nicht daran hinderte, anlässlich der Turbo-Präsentation in Südfrankreich gleich sechs der neuen Super-Porsche zu entwenden…

Insgesamt nahm der Turbo für die ersten 1990er Jahre wieder einmal an Gewicht zu: Mit 1470 Kilogramm Leergewicht nach Werksangabe übertrifft er seinen Vorgänger in dieser Hinsicht um deutlich über 100 Kilogramm, was seinen Leistungsvorsprung bei der Berechnung des Leistungs-Gewichtes zunichte macht. Verantwortlich für die Fülle ist einerseits die aufgewertete Technik. So nahm allein das Motorgewicht der ersten Turbo-Generationen kontinuierlich zu: Wog noch der allererste Turbo 3.0 von 1975 (Typ 930/50) 207 Kilogramm (einbaufertig, ohne Öl), so brachte der erste 3,3-Liter von 1978 (930/60) 230 Kilogramm auf die Waage, um im letzten Modelljahr (1989, Typ 930/66) bereits mit 269 Kilogramm aufzuwarten. Der M30/69 des 1990er Turbo legte noch ein wenig zu: Sein Gewicht beziffert das Datenblatt mit 275 Kilogramm.

Doch auch ein abermals »angefetteter« Ausstattungsumfang lässt den Zeiger der Waage heftiger als bei den Vor-Generationen ausschlagen. Außer dem schon beim klassischen Turbo 3.3 letzter Generation Gebotenen (etwa Klimaanlage, vollelektrisch verstellbare Sitze und Superstereoanlage) umfasst das Serienmäßige nun auch Airbags für Fahrer und Beifahrer – übrigens als Novum im weltweiten Automobil-Angebot ohne Aufpreis.

Das gegenüber dem klassischen Elfer-Volant deutlich plumpere Airbag-Lenkrad prägt denn auch die Optik des neuen Turbo-Cockpits, das im übrigen – abgesehen vom Leuchten-überladenen, aus Carrera 2 und 4 her bekannten Öl-Kombiinstrument – Elfer- und Turbo-Traditionalisten nicht zur Umgewöhnung nötigt.

Nicht neu orientieren müssen sich 964 Turbo-Fahrer auch beim Tritt aufs rechte Pedal: Er geht nach wie vor wie die sprichwörtliche Sau, beschleunigt nach Werksangaben in nur fünf Sekunden aus dem Stand bis 100 km/h und verdankt seiner besseren Aerodynamik eine geringfügig auf gut 270 km/h erhöhte Höchstgeschwindigkeit. Damit lässt es sich zwar fraglos leben im Zeitalter zunehmenden Stillstands auf deutschen Autobahnen – Kritik darf dennoch ihrer selbst Willen geübt werden und im Vergleich zum zeitgleich 250 PS (184 kW) starken Carrera 2. Als diesen »auto motor und sport« mit dem 911 Turbo verglich (Ausgabe 6/1991), lautete das Fazit von Tester Heinrich Sauer »*…der Vorsprung vor dem Carrera beschränkt sich nur noch auf die Preisliste*«. Tatsächlich sprintete der 71200 DM (oder um 63 Prozent) teurere Turbo gerade um 0,3 Sekunden schneller aus dem Stand bis 100 km/h, bis zur 200 km/h-Marke lag der Turbo-Zeitgewinn im »ams«-Test bei nur zwei Sekunden. Die Elastizitäts-Werte – eigentlich eine Turbo-Domäne – attestierten dem Turbo gar Nachteile gegenüber dem Sauger: Wurde im fünften Gang von 80 auf 120 km/h beschleunigt, nahm der Carrera 2 dem Turbo 1,5 Sekunden ab – und auch in der Höchstgeschwindigkeit vermochte sich der Turbo nicht ähnlich deutlich von seinem Saug-Kameraden abzusetzen, wie das noch in den späten 1970er Jahren der Fall war. Hier stand das Test-Resultat 264 zu 275 km/h – und dies bei einem Mehrverbrauch von 8,9 l/100 km bzw. 64 Prozent.

So darf der Leistungs-Stand des ersten Turbo 2 der 964-Generation nicht zuletzt auch als Kompliment an den klassischen Turbo verstanden werden: So gut wie der Turbo für die frühen 1990er Jahre ging eben auch schon der Dreiliter für die 1970er und der 3.3 für die 1980er Jahre.

Derart weit waren die Ur-930er in Sachen Temperament ihrer Zeit voraus.

Im 964 Turbo-Cockpit dominiert das etwas klobige Vierspeichen-Lenkrad mit serienmäßigem Airbag. Neu ist auch die im Vergleich zum Vormodell voluminösere Mittelkonsole mit kürzerem Schalthebel.

Turbo-Jahrgang '92:

REIFE-PROZESS IN KLEINIGKEITEN – UND MEHR KRAFT IM TURBO S

Zugunsten einer variablen Lenkunterstützung erhielt der 911 Turbo (aber auch der in diesem Modelljahr neue Saugmotor-Elfer im Turbo-Look) eine neue Drehschieberlenkung (Servotronic), die lediglich im Stand und beim Rangieren im Sinne leichten Manövrierens eine hohe Servowirkung aufbaut. Mit zunehmender Geschwindigkeit wird die Unterstützung jedoch gleitend zurück genommen, was die (gefühlte) Lenkexaktheit dank direkter Information über die Lenkkräfte an den Vorderrädern fördert. Zudem unterbindet die geschwindigkeitsabhängig gesteuerte Servolenkung bei hohen Tempi ein ungewolltes »Verreißen« der Lenkung.
Gleichfalls der Fahrsicherheit dient bei allen Elfer-Varianten eine neue Gestaltung der 17 Zoll-Räder, nun mit sogenanntem »Doppelhump« an der Radaußenseite. Dieser asymmetrische Hump am Außenrand des Felgenbetts, eine rundum laufende Sicke, hat nun sowohl eine nach innen, als auch nach außen verlaufende Flanke, eine Gestaltung, die bei Luftverlust das Abrutschen des Reifens in das Tiefbett des Rades verhindern soll. Die Lenkfähigkeit und Fahrstabilität sowie das Bremsvermögen gehen auf diese Gestaltungsweise nicht komplett verlustig, was vor allem an den Hinterrädern überlebensnotwendig ist.
Größere Aufmerksamkeit als diese Sicherheits-Maßnahmen zog jedoch eine mit Modelljahr ´92 im sogenannten N-Programm neue Turbo-Variante auf sich. Der 911 Turbo S, wie der 911 Turbo nur als Coupé* lieferbar, schaffte in Sachen Leistungsvermögen und Temperament, was dem im vorherigen Modelljahr präsentierten 911 Turbo nicht so recht gelang: Er setzte neue Maßstäbe.

Im Hubraum mit 3.299 cm³, in der Verdichtung mit 7,0:1 und in der Nenndrehzahl mit 5750/min unverändert, leistet der erstarkte Turbo S-Boxer mit dem Typkürzel M30/69SL 280 kW bzw. 381 PS – ein Plus von gut 60 PS. Auch das maximale Drehmoment erreicht im S mit 490 Nm einen neuen Gipfel: plus 40 Nm bei allerdings um 300/min höherer Drehzahl (4800 statt 4500/min). Als erster serienmäßiger 911 Turbo überspringt der Turbo S in der Literleistung die 100 PS/L-Latte: Wartet der 911 Turbo mit 97 PS/Liter auf, so sind es beim Turbo S 115,5 PS/Liter.

*auf Sonderwunsch guter Kunden entstanden allerdings sechs Turbo-Cabrios zum stolzen Preis von 254150 DM.

Spezial-Elfer in schönster RS-Tradition: mit Leichtbau-Karosserie, abgespecktem Interieur, kräftigem Leistungs-Plus – und teurem Express-Zuschlag.

964 Turbo S-Motor M30/69 SL: Gegenüber dem Basismodell 60 Mehr-PS und attraktivere Motorraum-Gestaltung.

964 Turbo S-Geflügel: ohne Hartgummi-Rahmen und in der Gestaltung im Vergleich zum 964 Turbo-Teil etwas anders modelliert.

Diese Leistungssteigerung erzielten die Porsche-Techniker mit konventionellen Tuningmaßnahmen:

- etwas schärfere Steuerzeiten,
- größere Ventile,
- und eine Erhöhung des Ladedrucks des auch im 911 Turbo verbauten Laders vom KKK-Typ 27.2 von 0,7 auf 0,9 bar.

Ein Plus in der Höchstgeschwindigkeit von 20 km/h – 290 statt 270 km/h des 911 Turbo – , ein kleiner Zeitgewinn beim Sprint aus dem Stand bis 100 km/h (nach Werksangabe 4,6 statt 5,0 Sekunden) sowie ein deutlicher Vorsprung beim Sprint bis 200 km/h (nach Werksangabe 14,2 statt 19,3 Sekunden) belohnten Ende 1991 die 104750 DM-Mehrinvestition (!) in einen 295000 DM teuren Turbo S statt in einen »gewöhnlichen« 911 Turbo. Höhere Rechnungen erwarten den Turbo S-Fahrer auch an der Tankstelle: Im Drittelmix sind es 15,2 statt 13,3 Liter Super/100 Kilometer.
Und was unterscheidet den 911 Turbo S sonst noch vom 911 Turbo, was rechtfertigte den 55prozentigen Preiszuschlag?

Wie bei Porsche seit dem Debüt des 911 RS 2.7 waren es in erster Linie Leichtbau-Materialien, Dünnglas für die Seiten- und Heckscheiben, Kohlefaser/Kunststoff-Verbundmaterial für die Türen, den Frontdeckel und Heckspoiler, eine teils reduzierte, teils erleichterte Innenausstattung. So sitzen Turbo S-Käufer nach Carrera RS-Muster in leichten Sitzschalen und verzichten auf elektrische Fensterheber genauso, wie auf die Klimaanlage, die Zentralverriegelung, die Airbags oder die Servounterstützung für die Lenkung. In Summe sorgt die Selbstkasteiung gegenüber dem Basis-Turbo für eine Gewichtsreduzierung um 180 Kilogramm auf 1290 Kilogramm. Damit kommt der Turbo S auf ein extrem geringes Leistungs-Gewicht von nur 3,4 kg/PS gegenüber 4,6 kg/PS des Basis-Turbo der 964-Generation.
Äußerlich ist der bis dahin stärkste und temperamentvollste 911 Turbo eindeutig zu identifizieren: Seine hinteren Kotflügel sind S-typisch ausgeformt und mit jeweils einer vorderen Öffnung versehen, über die dem Motor zusätzlich Luft zugeführt wird – zur Kühlung und zur Verbrennung. Der Heckspoiler kommt ohne den schwarzen Hartgummi-Rahmen aus, die Stoßstangen-Heckblende gleicht der des ähnlich radikalen Saug-964 RS, den Porsche im August 1991 vorgestellt hatte. Mit bloßem Auge unsichtbarer Feinschliff an Front und Unterboden reduzierte den c_w-Wert des S-Modells von 0,365 auf 0,35.
Zudem kauert der S im Vergleich zur Basisversion um 40 Millimeter tiefer auf der Fahrbahn, Federn und Dämpfer wurden vom Projektverantwortli-

964 Turbo S-Cockpit: mit Leichtbau-Schalensitz und ohne Rücksitze, Verzicht auch auf den Airbag.

964 Turbo S-Räder: mit 18 Zoll im Umfang und vorn 8 Zoll, hinten sogar 10 Zoll in der Felgen-Breite.

chen Roland Kußmaul so straff abgestimmt, dass daraus ein reinrassiges Rennfahrwerk mit minimalem Fahrkomfort resultierte. Felger und Reifen erfuhren einmal mehr Verbreiterungen und Umfangsvergrößerungen. Die 18 Zoll-Räder des Turbo S messen vorn acht (statt sieben) Zoll, die hinteren zehn (statt neun Zoll) Breite. Entsprechend voluminös die Reifen: 225/40 ZR 18 (statt 205/50 ZR 17) vorn, 265/35 ZR 18 (statt 255/40 ZR 17) hinten.

Ursprünglich sollten nur 50 Turbo S gebaut werden, doch einmal mehr unterschätzten die bei Porsche Stückzahl-Verantwortlichen die Leistungs-Gier ihrer Klientel – wenn auch nicht gleichermaßen eklatant, wie einst beim ersten 911 Carrera RS: Letztlich fanden 86 Turbo S wohlhabende Käufer mit Nehmer-Qualitäten. Dass es nicht noch mehr wurden, ist womöglich einer weiteren Turbo-Spezialversion zuzuschreiben, die weniger radikal ausfiel, sich dennoch von der Basis-Turboversion in der Leistung spürbar abhebt und die Porsche deutlich günstiger als den Extrem-S anbot. Gemeint ist der in den Modelljahren 1992 und 1993 – somit ab August 1991 – angebotene 911 Turbo mit leistungsgesteigertem M30/69S-Motor. Diese Variante wird übrigens in der Porsche-offiziellen »Service Information Technik« für das Modelljahr ´92 wie das zuvor beschriebene 381 PS-Sondermodell als »911 Turbo S« bezeichnet. Es unterscheidet sich vom Basis-Turbo lediglich durch die Mehrleistung von 35 PS (355 statt 320 PS bzw. 261 statt 235 kW) bei identischer Nenndrehzahl von 5750/min sowie durch das um 21 Nm höhere Drehmoment, das allerdings erst bei 5000 statt wie beim »Normal-Turbo« bei 4500/min ansteht.

19500 DM berechnete Porsche Ende 1991 für das Leistungs-Plus, das die Höchstgeschwindigkeit um 10 km/h (auf 280 km/h) anhebt, die Beschleunigungszeit für den Standard-Wert von 0-100 km/h um 0,3 Sekunden (auf 4,7 Sekunden) reduziert – und den Super-Verbrauch (im Drittelmix) um 1,9 Liter auf 15,2 Liter/100 km (nach der Norm 80/1268/EWG) erhöht.

Dieses Mehr an Potenz bedurfte zwar keiner Fahrwerks-Modifikationen, gleichwohl schrieb Porsche für die Heckbereifung des 355 PS-Modells einen höheren Luftdruck vor, nämlich 3 statt 2,5 bar beim 320 PS-Turbo.

964 Turbo S anno 2015 vor dem Porsche-Werk in Zuffenhausen: nicht nur wegen der geringen Stückzahl ein teures und begehrtes Sammlerstück.

Turbo-Jahrgang ´93: der Turbo 3.6 holt wieder auf

MEHR HUBRAUM, MEHR LEISTUNG, MEHR DAMPF

911 Turbo 3.6: Das ist neu*

- **neuer Motor M64/50 mit mehr Leistung (plus 40 PS)**
- **verbessertes Abgas-System**
- **verbessertes Kupplungssystem**
- **verbessertes Sperrdifferential**
- **92 Liter-Tank als Option**
- **überarbeitete Fahrwerksabstimmung**

**im Vergleich zum 911 (964) Turbo 3.3*

Walter Röhrl über den...
... 964 Turbo 3.6

»...der 3,6-Liter war 1992 mein erstes Dienstauto bei Porsche, der hatte ja noch Heckantrieb, aber schon Fünfganggetriebe und eine Differentialsperre. Dazu war er noch relativ leicht. Ich habe das Auto richtig geliebt! Allerdings zeigte sich da schon, dass Heckantrieb und noch mehr Leistung problematisch werden – deshalb habe ich in Weissach für den Nachfolger zum Allradler geraten.
***8 von 10 Punkten** gebe ich dem 964 Turbo (3.6).«*

3,6 Liter Hubraum waren beim Saugmotor-Elfer, dem intern 964 genannten Modell, bereits seit Herbst 1989 Standard – da lag es nahe, dessen Triebwerk, intern Typ M64 genannt, auch für den Turbo als Basis zu übernehmen. Das bedeutete für den neuen Turbo-Motor M64/50 gegenüber dem Vorgänger M30/69 tiefgreifende Veränderungen – oder besser gesagt: eine weitgehende Neukonstruktion.
So entspricht das zweiteilige Aluminium-Kurbelgehäuse dem des M64, bei dessen Konstruktion bereits für die spätere Turbo-Variante Vorbereitungen getroffen worden waren. Folglich mussten die beim Saugmotor noch geschlossenen Ölkanal-Bohrungen zwecks Anschlusses des Turbo-Hauptstromölfilters lediglich geöffnet werden. Kurbelwelle, Pleuelstangen, Zwischenwelle und Ölpumpe des M64/50 entsprechen den Teilen des M64.
Die im 3,6 Liter-Saugmotor verwendeten Drehschwingungsdämpfer des Kurbetriebs mussten jedoch an die veränderte Turbo-Motorcharakteristik angepasst werden.
Auch die Turbo-Zylinderköpfe entsprechen weitgehend denen des Saugers. Allerdings entfielen beim Turbo-Motor die sogenannten Portliner, Keramikeinsätze in den Auslass-Kanälen zwecks Hitzeisolierung gegenüber den Aluminium-Köpfen. Diese Beschichtung hatte sich im M64 des 964 zunächst nicht bewährt und war dort mit unzureichender Dauerhaltbarkeit auffällig geworden. Statt zweier Zündkerzen pro Brennraum, wie im M64 Standard, sind die Turbo-Köpfe für lediglich eine Kerze ausgelegt. Zusätzlich tragen sie eine Gewindebohrung für die Zusatzluft-Einblasung zur Verbesserung der Abgaswerte und zum schnelleren Aufheizen von Katalysator und Lambdasonde (analog zum entsprechenden System des M30/69 des 1990er Turbo-Modells). Den Zylinderluftführungen des Saug-M64 wurden zugunsten eines größeren Kühlluftdurchsatzes im Turbo-M64/50 die Mittelstege gekappt.
Die Nockenwellengehäuse, der komplette Kettentrieb und die einlassseitigen Ventildeckel sind unveränderte M64-Teile, während auslassseitig 930/69-Ventildeckel Verwendung finden. Die Ölversorgungsbrücke für den linken Kettenspanner trägt beim M64/50 einen zusätzlichen Anschluss für die Versorgung des Turboladers mit Schmierstoff. Öltank, Ölkühler, Thermostat und die Ölleitungen zwischen Öltank und -kühler wurden wie auch die komplette Abgasanlage unverändert vom M30/69-Motor des Turbo 3.3 übernommen.

3,6 Liter-Turbo: Teile-Mix aus Turbo-M30/69 und Saug-M64

Auch die Einspritzanlage (Bosch K-Jetronic) und Zündanlage des M64/50 entsprechen im Prinzip der des Vorgängers kleineren Hubraums, sie mussten jedoch an die modifizierten Rahmenbedingungen – mehr Hubraum, höhere Leistung, geänderte Motormechanik – angepasst werden. Zugunsten einer verbesserten Gasannahme im Teillastbereich und für ein besseres Übergangsverhalten vom Leerlauf in die Teillast erfuhr der Einströmwinkel des Lufttrichters im Gemischregler nach eingehenden Versuchen eine Änderung. Zwar verträgt der M64/50 unverbleiten Superkraftstoff mit 95 ROZ/85 MOZ, gleichwohl empfahl Porsche die Verwendung von Super Plus mit 98ROZ/85 MOZ.

Porsche 964 Turbo 3.6, Typ M 64/50: Die Basis bildet der Saugmotor des 964 Carrera kombiniert mit einigen Teilen des 3,3 Liter-Turbovorgängers.

Porsche-traditionell erhielt das neue Turbo-Modell einen abermaligen Leistungs-Schub: Statt der 235 kW/320 PS des 3,3 Liter-M30/69 sind es im M64/50 gut zwölf Prozent mehr, nämlich 265 kW/360 PS, ohne dass dies zu einem erhöhten Treibstoff-Verbrauch geführt hätte. Der (für den Porsche Turbo-Gebrauch unrealistische) Drittelmix attestiert beiden Varianten 13,3 Liter/100 km. Dem in der Praxis eher üblichen Verbrauch von 15 bis 16 Liter/100 km wurde Porsche beim 3.6 mit der Mehrausstattung M 545 gerecht. Dabei handelt es sich um einen 92 Liter-Tank an Stelle des serienmäßigen 77 Liter-Behälters. Die Reichweite des Turbo erhöht sich damit von knapp 500 Kilometer auf gut 600 Kilometer.
Für Speedlimit-geplagte Käufer in den USA und Kanada hielt Porsche die Reichweiten-Verlängerung indessen zunächst für entbehrlich. M 454 wurde dieser Klientel genauso vorenthalten, wie den Käufern eines rechtsgelenkten Turbo. Bei Rechtslenkern gaben technische Gründe den Negativ-Ausschlag: Wegen der spiegelverkehrten Raumverhältnisse im Vorderwagen hätte der Großtank einer individuellen und deshalb für die kleineren Stückzahlen unökonomischen Lösung bedurft. Erst mit Modelljahr 1994 konnten zumindest auch US-Kunden das 92 Liter-Gefäß ordern, das den Kofferraum übrigens spürbar verkleinert: Statt 102 Liter fasst der Stauraum unter der vorderen Haube dann nur noch 72 Liter.
Allen Turbo-Varianten kamen hingegen technische Anpassungen an die Mehrleistung des hubraumgrößeren Turbomotors zugute. So wurde die Anpresskraft der Kupplungsdruckplatte von 12500-13400 N beim M30/69 auf 14000-15000 beim M64/50 erhöht, eine zusätzliche Übertotpunktfeder am Kupplungspedal kompensiert die notwendige höhere Pedalkraft. An den Antriebswellen wurden der Schaft verstärkt und der Werkstoff den höheren Kräften angepasst.
Mehr Geräuschkomfort war hingegen das Ziel eines Eingriffs am Sperrdifferential: Zur Minderung von des Öfteren durch Kunden beanstandeten Differential-Knackgeräuschen wurde die Beschichtung der Innenlamellen von Molybdän auf Carbon umgestellt, die Achsen der Kegelräder erhielten statt der aufgespritzten Molybdän-Schicht eine Hartnickelschicht. Ohne Änderung übernahm Porsche hingegen das einbaufertig 71 Kilogramm schwere Fünfgang-Getriebe G50/52 vom Vormodell.
Auch das Fahrwerk des 911 Turbo 3.6 entspricht im Wesentlichen dem Vormodell. Es wurde jedoch – unter anderem durch eine Tieferlegung des Aufbaus um 20 Millimeter – in der Abstimmung modifiziert und in Teilen, zum Beispiel den vorderen Radträgerarmen, verstärkt. Eine um rund zwölf Prozent erhöhte Federrate der hinten progressiven Schraubenfedern und eine stark degressiv ausgelegte Dämpfcharakteristik sollten trotz des relativ kurzen Radstands eine geringe Nickneigung, minimale Hubbewegungen des Aufbaus und eine gegenüber dem Vorgänger reduzierte Seitenneigung in Kurven erzielen. Porsche versprach beim 3.6 daraufhin eine noch *»präzisere Dirigierbarkeit des Fahrzeugs mit äußerst direkter Reaktion auf Lenkbewegungen«*.

Porsche 964 Turbo 3.6: Die Tieferlegung des Aufbaus um 20 Millimeter lässt das Turbo-Modell ´93 noch dynamischer in den Startlöchern stehen.

US- und „R.d.W.“-Fahrwerksabstimmungen für den Turbo 3.6: deutliche Unterschiede

Zur Stabilisierung der vorderen Federbeindome bei hohen Belastungen – also zum Beispiel bei rennsportlicher Betätigung – überspannt eine die beiden Dome verbindende Metallstrebe den Kofferraum. An der Hinterhand kommen in den Schräglenkern die härteren Steuerlager des 911 Carrera RS zum Einsatz. Dreiteilige 18 Zoll-Räder im sogenannten Cup-Design mit fünf Armen, vorn acht Zoll, hinten zehn Zoll breit und mit Reifen der Dimension 225/40 ZR 18 vorn bzw. 265/35 ZR 18 hinten bestückt, ersetzten als Erbe des Kleinserien-Turbo S die 17 Zoll-Garnitur des „normalen“ Turbo-Vorgängers. Rot lackierte Bremssättel sind ein weiteres Merkmal des 3.6 zur Unterscheidung von dessen 3,3 Liter-Vorgänger.
Deutliche Unterschiede im Vergleich zur sogenannten »R.d.W. «-Abstimmung weist das für US-Kunden bestimmte 3.6-Fahrwerk auf, das im Wesentlichen der Auslegung des Vorgängermodells mit 3,3 Liter Hubraum entspricht. Das gilt für die Bodenfreiheit (Verzicht auf 20 Millimeter Tieferlegung) genau so, wie für Feder-Daten. So kommen im US-Modell 3.6 wie im Vormodell mit kleinerem Hubraum an der Vorderachse Federn mit 11,4 Millimeter-Federdraht und einem Wendeldurchmesser von 102,7 mm zu Einsatz (»R.d.W«-Version: 11,6 mm bzw. 102,9 mm). Hinten sind es bei der US-Abstimmung 12,7 statt 13,1 mm Drahtdicke und 90 statt 89,2 mm Wendeldurchmesser.
Auch die Anzahl der Federwindungen differiert: US-Version (und Vormodell 3.3) vorn 7,5 statt deren 9 bei der »R.d.W.«-Abstimmung des 3.6, hinten ist das Verhältnis 10,6 (USA) zu 11,9 Windungen. Die Radstellungen weisen bei der US-Abstimmung vorn und hinten einen weniger negativen Sturz auf: Vorn steht das Verhältnis 0° (US) zu -15´, hinten -45´ zu -1°. Einzig die Durchmesser der Querstabilisatoren sind mit 21 mm vorn und 22 mm hinten für alle Märkte identisch.
In der Praxis bedeuteten die unterschiedlichen Fahrwerksauslegungen mehr Bodenfreiheit für die US-Variante, nämlich 140 Millimeter statt auf Schlaglochpassagen nicht selten ungenügender 112 Millimeter (gemessen bei voller Zuladung). Auch die Fahrer von Geländewagen interessierenden Rampenwinkel vorn und hinten, Maße für das Aufsetzen des vorderen bzw. hinteren Überhangs beim Befahren von Abwärts- und Aufwärtsböschungen, sprechen für die US-Abstimmung: Sie sind mit 12,5° gegenüber R.d.W-11,5° vorn und 14° gegenüber R.d.W.-12,5° hinten etwas gelände- (und bordstein-)tauglicher. Dass Porsche derartige, für Sportwagen-Treiber in der Regel irrelevante Daten ermittelte und fest hielt, belegt deren Perfektionsstreben auch auf dem Dokumentations-Sektor.

964 Turbo 3.6-Cockpit: Wer genau hinschaut erkennt auf dem Tacho die Zahl 320 als Maximum (beim Vorgänger endete die Skala bei 300 km/h).

Turbo-Jahrgang ´94:

SONDERMODELL DER EXCLUSIVE ABTEILUNG ZUM 964-ABSCHIED

Bei den Saugmotor-Elfern war der 964-Nachfolger 993 bereits in Produktion – doch der Turbo benötigte noch etwas Entwicklungszeit. Die Wartezeit konnten sich betuchte Turbo-Freunde mit einem 964 Turbo-Sondermodell der Abteilung Porsche Exclusive vertreiben. Optisch und technisch bildete diese nur 76 Mal gebaute Variante eine Brücke zum ab 1995 angebotenen 993 Turbo.

So erfuhren alle vier Kotflügel signifikante Retouchen. Vorn bilden die Kotflügel in Erinnerung an die „Flachschnauzer" der klassischen Turbo-Serien nahezu eine Ebene mit dem Frontdeckel. Die dem Frontmotor-Typ 968 entliehenen Klappleuchten passen sich bei Tageslicht der Kotflügel-Linienführung an und ragen lediglich bei Scheinwerferlicht-Bedarf etwas froschäugig hervor. Die in der Breite unveränderten hinteren Kotflügel tragen vorn Lufteinlässe für das Hecktriebwerk (bzw. den Ladeluftkühler) im Stil des 964 Turbo S (siehe Seiten 89 ff). Zwei weitere Lufteinlässe im Stoßstangen-Bugbereich (an Stelle der Nebelscheinwerfer neben den Blinkleuchten angeordnet) intensivieren die Fahrtluftzufuhr zu den vorderen Scheibenbremsen. Der Turbo-Heckspoiler ist komplett lackiert, trägt also nicht den damals noch Turbo-typische Hartgummi-Rahmen. Auch seine Gestaltung mit seitlich höher nach oben gebogenen Randpartien nimmt die Form des späteren 993 Turbo-Flügels vorweg.

Dessen Maximalleistung erreicht der Porsche-Special allerdings nicht: Sie hält mit 385 PS/283 kW bei 5750/min aus 3,6 Liter Hubraum – interne Motoren-Kennzeichnung: M64/50S – in etwa das Niveau des rund zwei Jahre zuvor offerierten Turbo S mit 3,3 Liter-Motor (intern M30/69SL). Erzielt wird das 25 PS-Leistungsplus gegenüber dem Basis-3,6 Liter durch einen größeren Turbolader (bei unverändert 0,9 bar Ladedruck) und schärfere Steuerzeiten. Außerdem sorgen feinbearbeitete Zylinderköpfe und modifizierte Ansaugkrümmer sowie eine Vierrohr-Auspuffanlage für beschleunigte Gaswechsel. Die Fahrwerksabstimmung und die Felgen/Reifen-Kombination wurden von der Basis-Version übernommen, so dass der Aufpreis im Vergleich zum Auslaufmodell 964 Turbo von stattlichen 82120 DM allein den Modifikationen an Motor und Karosserie geschuldet ist.

Flachschnauzer im klassischen Stil der 1970er/1980 Jahre: Die Porsche-Abteilung Exclusive kombinierte 1994 Merkmale des 968 (Scheinwerfer) mit denen des 964 Turbo S (Lufteinlässe) und des Nachfolgers 993 Turbo (Heckspoiler-Design).

Spezial-Motor für ein Spezial-Turbomodell: Der intern M64/50S genannte Exclusive-Motor leistet aus 3,6 Liter Hubraum 385 PS.

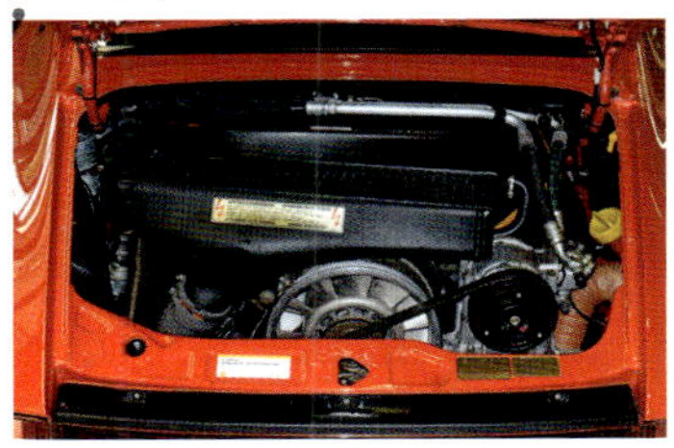

Turbo-Jahrgang ´95: der letzte Turbo mit Luftkühlung

ZWEI TURBOLADER, VIER ANGETRIEBENE RÄDER

911 (993) Turbo: Das ist neu*

- Karosserie-Details
- etwas bessere Aerodynamik und um 20 Prozent verbesserte Verdrehsteifheit der Karosserie
- Allradantrieb
- servounterstützte Kupplung
- Biturbo-Motor mit erhöhter Leistung (M64/60)
- hydraulischer Ventilspielausgleich
- digitale Motor-Elektronik
- Onbord-Diagnosesystem
- verbesserte Bremsanlage
- Sechsgang-Getriebe
- verstärkte Fahrwerkselemente (z.Bsp. Vorderachs-Schwenklager, Hinterachs-Radträger, Verschraubung der Hinterachs-Radlager)
- Hohlspeichenräder aus Aluminium
- Xenon-Scheinwerfersystem
- Leichtbau-Modell GT2 (ab 1995) – siehe Seiten 234 ff

*im Vergleich zum 911 (964) Turbo 3.6

Walter Röhrl über den...
... 993 Turbo

»Der nächste große Schritt: Allrad. Da konnte ich meine Erfahrung von Audi mit dem quattro einbringen. Ich war wohl daran nicht unwesentlich beteiligt mit meinem Spruch: „Ein Auto ohne Allrad ist eine Notlösung." In der Entwicklung habe ich schon früh gesagt, dass man kein Auto mit 408 PS ohne Allrad machen könne. Wir haben dann nach vielen Versuchen, zum Beispiel auf einem Eissee in Finnland, die neue Viscokupplung mit der variablen Kraftverteilung nach vorne dem alten Carrera 4-Prinzip mit der starren Verteilung vorn zu hinten von 31 zu 69 Prozent vorgezogen. Gerade in Kombination mit der neuen Weissach-Hinterachse und der harmonischen Kraftentfaltung des Biturbo-Motors war der 993 Turbo einfach wunderbar zu fahren und fahrdynamisch kaum zu schlagen. Deshalb gebe ich...

*...**8 von 10 Punkten** dem 993 Turbo.«*

Nicht alle 911-Enthusiasten goutierten das äußere Erscheinungsbild des Ende 1993 neuen Elfers, unter der Entwicklungsnummer 993 im Rahmen des sogenannten »R-Programms« entstanden. Da wahrte der Neue voll und ganz eine lange währende Porsche-Tradition: Wurde nämlich die Erscheinung des Zuffenhausener Sportwagens signifikant verändert, so zuvor geschehen 1963 (911 statt 356), 1984 (G-Modell) und 1989 (964), dann maulten die Porsche-Jünger zunächst einmal im Chor und trauerten dem Alten, vermeintlich Besseren und zu früh Verschiedenen nach.
In der Tat war dieses Mal erstmals in der Geschichte des 911 der zuvor so Elfer-typische Vorderwagen deutlich modifiziert worden. Ferry Porsche hatte ja einst die hochragenden vorderen Kotflügel gefordert, weil sie dem Fahrer eindeutig Hinweis darauf geben, wo die gelenkten Vorderräder positioniert sind – seines Erachtens unabdingbar für ein präzises Fahren. Beim 993 tauchen die vorderen Kotflügel hingegen nach vorn stärker ab als zuvor, was die flacher liegenden und nicht länger separat gerahmten Elipsoid-Scheinwerfer etwas weniger 911-charakteristisch erscheinen lässt. Zudem sind die Radhäuser um die Radausschnitte herum bauchiger ausgeformt und entbehren jener feinen, ausgestellten Lippen rund um die vorderen Radausschnitte, die bei diesem Sportwagen seit der ersten Version 901 von 1963 zur typischen Formensprache gehörten. Dafür ist der vordere Stoßfänger nun harmonischer in die Frontpartie integriert und gleicht nicht länger wie beim 911 G-Modell und beim 964 einer weit vorgeschobenen Kinnlade.
Uwe Bahnsen, bis 1986 bei Ford verantwortlicher Europa-Chefdesigner und danach Leiter des Art Center College of Design im Schweizer Vevey, lobte jedenfalls in »auto motor und sport« 23/1993 das Werk des damaligen Porsche-Designchefs Harm Lagaay als »*phantastischen Entwurf*«. Er sei ein »*echter 911*« geblieben und sei dennoch »*ein Musterbeispiel dafür, wie mit einer Vielzahl von sorgfältig abgestimmten kleinen Änderungen ein völlig neues Erscheinungsbild entstehen kann*«.
Porsche-Ehrensache war es, auch vom 993 mit zeitlichem Abstand zum Saugmodell von rund einem Jahr wieder einen Turbo anzubieten – um ganz genau zu sein, war es gar eine komplette Turbo-Familie. Doch der

Genfer Autosalon, März 1995: Der neue 993 Turbo steht im Mittelpunkt des Porsche-Standes – und im Mittelpunkt des Interesses der Sportwagen-Enthusiasten.

Reihe nach. Zitiert seien zunächst die Entwicklungsziele für den neuen Turbo, von Turbo-Projektleiter Friedrich Bezner am 25. Oktober 1994, ein gutes Jahr nach dem Debüt des Saug-993 anlässlich der Frankfurter IAA, in einem internen Strategiepapier so formuliert:

»1. Entwicklungsziele

- *Excellentes Fahrverhalten*
- *Optimales Handling*
- *Hohe Fahrstabilität*
- *Beste Traktion*
- *Geringes Zusatzgewicht*
- *Deutliche optische Unterscheidung*
- *Verbesserung der Fahrleistungen*
- *Herstellkosten reduziert*
- *Kein höherer Verkaufspreis zum Vorgänger*

2. Technische Merkmale

- *3,6 ltr. Biturbo mit Ladeluftkühlung*
- *Bosch Motronic M5 mit On-Board-Diagnose II*
- *Allradsystem mit Viskokupplung, fahrdynamischem Sperrensystem (ABD und HA-Sperrdifferential 25%/40%)*
- *6-Gang Schaltgetriebe*
- *Hydraulische Kupplungsunterstützung*
- *Bremsanlage den höheren Fahrleistungen angepasst*
- *Hydraulische Bremskraftunterstützung*
- *Litronic-Abblendscheinwerfer*

3. Optische Merkmale

- *Neue dynamische Optik, Schweller, Fondseitenteil (50 mm breiter), Heckteil, Festspoiler, Dachblende*
- *Neues Räder-Styling (Technologie-Rad)*
- *Heckleuchte durchgehend rot eingefärbt*
- *Blinkleuchten vorne in weiß*
- *Bremszangen rot*
- *Radzierdeckel mit Schriftzug „Turbo“*
- *Schalthebeleinlage titanfarbig*
- *Schriftzug „Turbo“ auf Notsitzlehnenteppich«*

Die allerersten 993 Turbo entsprachen dem Bezner´schen Lastenheft jedoch noch nicht annähernd. Am 14. Juli 1994 kündigte sie Peter Schwarzenbauer, Leiter Verkauf des Porsche-Vertriebs Deutschland, so an: »*Im Rahmen des Exclusive-Programmes hat Herr Sprenger und seine Mannschaft eine Kleinserie von 12 (weltweit!) 911 Cabrio Turbo entwickelt. ... Da die Stückzahl auf etwa 6 Einheiten für Deutschland beschränkt ist, können wir nur nach Eingang der Bestellung die ersten 6 beliefern. Viel Erfolg!* «

Misch-Variante als Übergangslösung von Porsche Exclusive: 993 Cabrio mit Mono-Turbosystem, 360 PS, Heckantrieb und Heckspoiler des 964 Turbo S.

Dieser »Herr Sprenger«, mit Vornamen Rolf, war damals Chef des Porsche-Werkskundendienstes in Zuffenhausen und zugleich verantwortlich für das Sonderwunschprogramm, in dessen Rahmen einst auch die legendären »Turbo-Flachschnauzer« entstanden waren (siehe Seiten 46 ff). In die Neuwagen-Preisliste fand der erste 993 Turbo nicht Eingang – Schwarzenbauer erläuterte das Procedere in seiner Ankündigung so: »*Der Umbau erfolgt am jeweiligen Cabrio-Basisfahrzeug, welches entsprechend dem Kundenwunsch in den Farben, dem Interieur und den M-Nummern* (Anm. d. Autors: Kennzahlen für optionale Ausstattungen) *bestellt werden kann. ... Eine Typisierung der Fahrzeuge wird aus Kostengründen nicht erfolgen. Die Fahrzeuge werden über ein Mustergutachten und Einzelabnahme zugelassen. ... Des weiteren empfehlen wir Ihnen gegenüber dem Kunden ausschließlich den Gesamtpreis zu argumentieren und nicht die Umbaukosten.*«
Diese Umbaukosten betrugen 89500 DM. Zusammen mit dem 993 Cabrio-Basispreis (142620 DM), dem speziell für diese Sondervariante abgestimmten Fahrwerk (2850 DM), der Klimaanlage (4210 DM), dem Bordcomputer (630 DM) und dem Windschott (490 DM) als Grundausstattung gab das einen Gesamtpreis in Höhe von 240300 DM.
Somit repräsentiert der erste (letztlich 14 Mal gebaute) 993 Turbo die Kombination der einfacheren MonoTurbo-Technologie M 64/50 des 964-Vorgängers mit der Ende 1994 aktuellen 993-Generation – und damit nach dem im Vorkapitel beschriebenen Turbo-Special von Porsche Exclusive einen weiteren Zwischenschritt auf dem Weg zum endgültigen 993 Turbo.
Das bedeutet folglich:

- 265 kW/360 PS bei 5500/min,
- Mono-Turbosystem,
- verstärktes Turbo-Fünfganggetriebe G50/52,
- Heckantrieb,
- 964 Turbo S-Heckflügel (an Stelle des ausfahrbaren Heckspoilers) zwecks Unterbringung des Ladeluftkühlers,
- 17 Zoll-Bereifung (205/50 ZR 17 auf 7 Zoll-Rädern vorn und 255/40 ZR 17 auf 9 Zoll-Rädern hinten) analog zum zeitgenössischen Saug-993 an Stelle des 18 Zoll-Geläufs des »alten« 911 (964) Turbo 3.6.

Die »endgültige Ausführung« für den neuen 993 Turbo R.d.W. (Rest der Welt) und USA im Sinne des Bezner-Papiers wurde Porsche-hausintern am 14. März 1995 kommuniziert. Der neue Biturbo-Motor trägt das Kürzel M64/60, leistet, 8:1 verdichtet, 300 kW/408 PS bei 5750/min und verfügt erstmals in der Porsche Turbo-Geschichte über einen hydraulischen Ventilspielausgleich (an Stelle der Einstellschrauben des M64/50). Die M64/60-Kolben von Mahle sind im Gegensatz zur unbeschichteten M64/50-Version Grafal-beschichtet. Und die Trennebene des Verbundes Zylinder zu Zylinderkopf wurde zugunsten einer verbesserten Steifheit der Köpfe nach unten versetzt, wodurch nun ein größerer Anteil der Brennräume in den Köpfen angesiedelt ist.
Für die Mehrleistung des unverändert 3,6 Liter großen Boxers im Vergleich zum M64/50 des Vorgängers sorgen neben der um 0,5 erhöhten Verdichtung in erster Linie um immerhin elf Millimeter auf 43 mm erweiterte Einlasskanäle und das neue DoppelTurbo-System. Bei diesem System verfügt jede Zylinderreihe über einen separaten Lader mit integriertem Wastegate (KKK Typ K-16 2467-8.8) sowie ein separates Auspuffsystem. Der solitäre Ladeluftkühler bedient beide Lader-Systeme. Die Ladedruckregelung – maximal 0,8 bar – erfolgt über ein Luftmassensignal sowie über eine Gangerkennung. Gegenüber dem solitären K27-Kompressor des M64/50-Motors kleiner dimensioniert und leichter im Gewicht reagieren die beiden K-16 bereits auf relativ geringen Abgasdruck mit Ladedruck und reduzieren damit das »Turbo-Loch« auf ein Minimum: Dieser Motor gefällt mit dem zugleich brutalen als auch harmonischen Leistungsgebaren eines Sechsliter-Saugmotors der Extraklasse.

993 Biturbo-Motor M64/60: zwei im Vergleich zum Vorgänger kleinere Turbinen für 0,8 bar Ladedruck, beiden Ladern gemeinsamer Ladeluftkühler.

M64/60-Spezialität im Vergleich zum M64/50 des 964 Turbo: versetzte Trennebene von Zylinder zu Zylinderkopf.

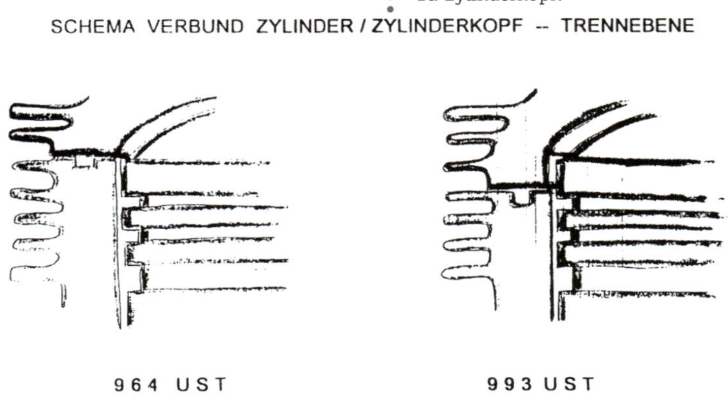

Turbo-Motor M64/60: stärker, leichter, sauberer

Trotz des zusätzlichen Lader/Ladeluftpaars gelang es den Weissacher Motorenentwicklern, das Gewicht ihres Turbo-Boxers gegenüber dem M64/50 um immerhin acht Kilogramm zu reduzieren: 268 Kilogramm bringt M64/60 einbaufertig inklusiv Unterbodenverkleidung, Kupplung und Klimakompressor (jedoch trocken) auf die Waage. Deutlich reduziert werden konnte zudem die Abgas-Emission des neuen Biturbos. Dafür sorgen für beide Zylinderbänke separate Dreiwege-Metallkatalysatoren im Zusammenspiel mit vier Lambdasonden und der Digitalen Motor-Elektronik (DME) Bosch Motronic M5.2 sowie einem elektronischen Abgaskontrollsystem. Diese »Onboard-Diagnose II« checkt permanent alle für das Abgas zuständigen Bauteile und signalisiert eventuelle Fehlfunktionen in Echtzeit ins Cockpit.
Porsche sprach mit Einführung dieser kombinierten Anlage vom in Sachen Emissionswerte weltweit saubersten Personenwagen und bezifferte die Abgaswerte für HC+NOx mit nur 0,098 Gramm/km (Grenzwert: 0,5 g/km) bzw. für CO mit 0,19 g/km (Grenzwert: 2,2 g/km).
Weniger erfolgreich war das Streben nach einem gegenüber den Turbo-Vorläufern weiter verringerten Treibstoffverbrauch des 290 km/h-Boliden: Mit im Drittelmix 13,2 Liter/100 km geriet der Fortschritt marginal (minus 0,1 l/100 km) und zudem kostspielig: Der höher verdichtete Biturbo M64/60 verlangt nach 98 ROZ-Super Plus an Stelle von 95 ROZ-Super des MonoTurbo M64/50 im 964 Turbo 3.6.
Dass Porsche mit dem 993 Turbo keine größere Verbrauchsenkung gelang, hängt mit einer Veränderung des Generalkonzeptes dieses Modells zusammen, das die bereits 1990 (Modelljahr ´91) erwogene Annäherung des Serien-Turbo an den Kleinserien-Sportwagen 959 aus den 1980er Jahren bedeutete. Statt lediglich über die (in der Breite abermals um 20 auf 285 Millimeter angefetteten) Hinterreifen überträgt der für 1995 neue Turbo seine Kraft über alle Viere auf die Fahrbahn, naturgemäß verbunden mit höheren Reibungswiderständen und einer deshalb prinzipbedingten Erhöhung des Treibstoffverbrauchs.
Hinterrad- und Vorderradantrieb sind dabei analog zum Carrera 4 (mit Saugmotor) mittels eines Dünnwand-Verbindungsrohres zu einer starren Transaxle-Antriebseinheit verbunden. Die drehelastische Antriebswelle zwischen Hinterachs- und Vorderachs-Getriebe rotiert innerhalb des Rohres. Eine Viskokupplung besorgt die variable (statt beim Carrera 4 starre) Drehmomentverteilung unter den Antriebsachsen, teilt der Vorderachse jedoch maximal 40 Prozent zu, um ein weitgehend neutrales Eigenlenkverhalten zu gewährleisten. Lastabhängige Differentialsperren (unter Zug 25, unter Schub 40 Prozent) und das automatische Bremsdifferential (ABD) tun ein Übriges, den Vortrieb auch unter widrigen Pistenbedingungen mit geringstem Schlupf sicher zu stellen.

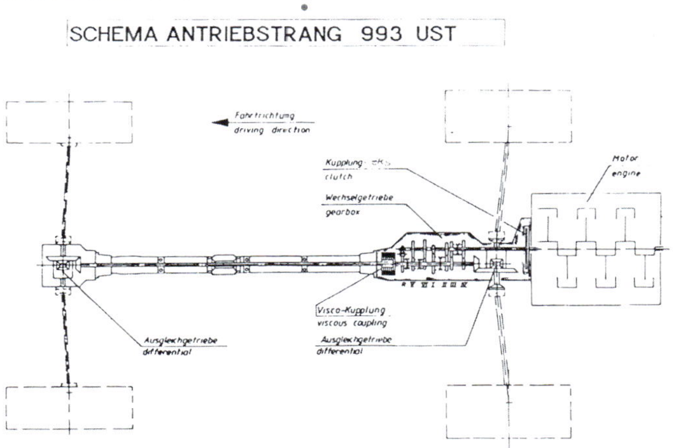

993 Turbo-Systemskizze: Die an eine Visco-Kupplung angeschlossene Kardanwelle zum Vorderradantrieb verläuft in einem Transaxle-Rohr.

Walter Röhrl´s Empfehlung beim 993 Turbo umgesetzt: Der erste neue Turbo nach Röhrl´s Engagement als Entwicklungshelfer hat Allradantrieb.

993 Turbo-Cockpit: 964 Turbo 3.6-Besitzer mussten sich hier nicht umgewöhnen.

Irgendwie vertraut und doch ziemlich anders: Mit dem 993 Turbo tat Porsche-Designer Harm Laagay einen ersten Schritt weg von der ursprünglichen Elfer-Form.

Die Bremsanlage des 993 Turbo erfuhr gegenüber dem Vorgänger-Modell eine weitere Verbesserung. So haben die hinteren Bremsscheiben einen um 23 Millimeter auf 322 mm vergrößerten Umfang, die Belagfläche pro Hinterrad wuchs von 81 auf 118 cm^2, pro Vorderrad bei unverändertem Scheibenumfang (322 mm) von 144 auf 147 cm^2. Damit sollten die Porsche-üblichen Entwicklungs-Vorgaben, nämlich absolute Dauerbelastbarkeit und Rundstrecken-Tauglichkeit der Bremsanlage selbst unter Rennsport-Bedingung, nochmals besser erfüllt werden.

Eine Weltpremiere feierten im 993 Turbo Hohlspeichenräder aus Aluminium. Bei diesen sind Felge und Schüssel (Stern) zwei getrennte Bauelemente, die durch Reibschweißung untrennbar miteinander verbunden sind. Die Schüssel wird bei dieser damals neuen Porsche-Technologie im Niederdruckverfahren sternförmig und hohl ausgeführt, wodurch sich eine extrem hohe Steifheit des Bauteils erzielen lässt – und zudem eine beträchtliche Gewichtsersparnis. So wiegt etwa das 8x18 große Vorderrad lediglich 3,2 Kilogramm – rund 30 Prozent weniger, als ein konventionelles Aluminium-Rad identischen Formates.

Hatten die Weissacher Turbo-Entwickler bei ihrem Premieren-Modell in den 1970er Jahren noch vier Vorwärtsgänge für Turbo-ausreichend erklärt, so genehmigten sie ihrem 993 Turbo nun sechs Gänge – ein Gang mehr, als beim Vormodell 964 Turbo 3.6. Trocken wiegt das Sechsganggetriebe mit der internen Bezeichnung G 64/51 lediglich 65,5 Kilogramm – auch hier gelang trotz des zusätzlichen Räderwerks gegenüber dem Fünfganggetriebe G50/52 eine Gewichtsreduzierung um 2,5 Kilogramm.

Die nun zur Verfügung stehenden sechs Gänge mit ihren kleineren Drehzahlsprüngen bei Gangwechseln sind neben den beiden kleinen Ladern mit verantwortlich dafür, dass im 993 Turbo das in früheren Turbos so ausgeprägte »Turbo-Loch« sozusagen »zugeschüttet« wurde: Das gilt – bei unverändertem Achstrieb (3,444) – insbesondere in den unteren vier Gängen, während die G64/51-Gänge 6 und 5 nahezu den Gängen 5 und 4 des G50/52 entsprechen. Ein wenig Unterstützung zu besseren Anschlüssen bietet zudem das etwas höhere Drehvermögen des Biturbo im Vergleich zum Vorgänger-MonoTurbo: Letzterer macht bei 6600/min zu, der Biturbo erst 120/min später…

Damit die Schaltarbeit beim Treten der Kupplung möglichst wenig Mühe bereitet, feierte beim 993 Turbo eine servounterstützte Kupplung ihre Porsche-Premiere. Sie reduziert die aufzubringende Pedalkraft (gegenüber dem Vorgänger-Modell) um 25 Prozent (135 statt 180 N), der Auskuppelweg wurde um 15 Prozent verringert (140 statt 160 Millimeter).

Motorisch lieferte Porsche das Turbo-Modell der 993-Generation weltweit in einer Einheits-Variante aus. Die 408 PS nach der EWG-Norm 80/1269/EWG (vergleichbar mit der einstigen DIN-Norm) entsprechen in den offizi-

993 Turbo: Viele Karosserie-Teile fanden zu neuer Form. Dazu zählen die Motorhaube mit modifiziertem Heckspoiler und die Heckschürze.

ellen Datenblättern nach US-Norm 400 HP, auch die Werksangaben für die Fahrleistungen (Höchstgeschwindigkeit 290 km/h bzw. 180 mph, Beschleunigung 0-100 km/h in 4,5 Sekunden, 0-60 mph (96 km/h) in 4,4 Sekunden) sind nahezu identisch. Doch wie schon beim 964 Turbo kamen auch beim 993 Turbo Länder-spezifische Fahrwerks-Abstimmungen zur Anwendung.

Analog zum 964 Turbo sorgen im Federdrahtdurchmesser und in der Windungszahl unterschiedliche Schraubenfedern sowie neutrale (statt negative) Radsturz-Werte vorn und hinten bei der US-Abstimmung für etwas mehr Bodenfreiheit (130 statt 100 mm) und vergrößerte Rampen- und Überhangwinkel. Das sorgt nicht nur für eine geringere Gefährdung des Frontspoilers und des Unterbodens. Auch die Scheinwerfer sitzen für den US-Markt im Vergleich zur R.d.W-Version naturgemäß um drei Zentimeter höher über der Fahrbahn und entsprechen damit den diesbezüglichen US-Vorgaben.

Die Auswirkungen dieser nicht unbeträchtlichen Fahrwerks-Unterschiede auf das Fahrverhalten wurden von Porsche nicht kommuniziert und waren auch nie Gegenstand unabhängiger Vergleichstests. Zumindest theoretisch sind jedoch bei der US-Version außer einem etwas besseren Federansprechverhalten auf dem Negativkonto eine größere Seitenneigung in Kurven und stärkere Wankbewegungen bei Richtungswechseln zu erwarten. Von Interesse sind die Fahrwerksunterschiede naturgemäß für Käufer reimportierter 911-Turboklassiker – natürlich auch im Zusammenhang mit Fahrwerksersatzteil-Bestellungen.

In der Karosseriegestaltung unterscheiden sich US-Turbo und R.d.W-Turbo nicht – doch im Vergleich zur Sauger-Basis erfuhr die Außenhaut des Turbo beträchtliche, wenn auch in vielerlei Hinsicht erst auf den zweiten Blick erkennbare Modifikationen. Turbo-typisch neu geformt sind unter anderem:

- die einteilige Frontschürze mit dem Lüftungsgitter und der darunter angebrachten Spoilerlippe,
- die Fondseitenteile und einteiligen Schwellen,
- die hintere Schürze,
- die Motorhaube mit aufgesetztem Heckspoiler (gegenüber der Vorgänger-Version dank eines neuen Fertigungsverfahrens im Gewicht um sieben Kilogramm reduziert).

993 Turbo: weitere Karosserie-Teile fanden zu neuer Form. Dazu zählen auch die einteilige Frontschürze, die Fondseitenteile und einteiligen Schwellen.

Für den Turbo angepasst wurden unter anderem:
- die vorderen Kotflügel,
- die vorderen Radhauswände,
- der Steinschlagschutz an den Seitenteilen.

Diese Änderungen dienten nicht allein der Unterscheidung des Turbo von den Saugvarianten. Sie machen auch aerodynamisch Sinn. So verschlechterte sich zwar der c_w-Wert gegenüber der Basisversion geringfügig von c_w 0,33 auf 0,34. Doch auf der Haben-Seite stehen spürbar reduzierte Auftriebskräfte an den Vorder- und Hinterachsen des Turbo im Vergleich zum Carrera bei deren jeweiliger Höchstgeschwindigkeit (Turbo: 290 km/h, Carrera: 270 km/h). So steht das Auftriebsverhältnis unter diesen Umständen an der Vorderachse 70 zu 117 N, an der Hinterachse 210 zu 410 N jeweils zugunsten des Turbo

993 Turbo: etwas teurer, deutlich preiswerter

Ob US-Modell oder RdW-Version – in beiden Fällen bot Porsche der Turbo-Kundschaft mit dem 993-Turbo einen im Vergleich zum Vormodell der 964-Generation beträchtlichen Mehrwert, nicht zuletzt auch, was die Fahrleistungen anbelangt. Mitte der 1990er Jahre sprach wieder – wie zu Beginn der Turbo-Geschichte – nicht nur Image für den Turbo, sondern im Vergleich zum Saug-Pendant Carrera auch wieder deutlich mehr Dampf. »auto motor und sport« ließ es sich naturgemäß nicht nehmen, die Differenz im Vergleichstest zu manifestieren. Ein Plus von 20 km/h in der Höchstgeschwindigkeit ergab sich da im Vergleich zum Carrera 4, und zudem ein Minus von einer guten Sekunde beim Sprint auf 100 km/h bzw, von 6,6 Sekunden in der Beschleunigungszeit 0 bis 200 km/h. Das sind Welten – zumal sich das Mehr an Temperament deutlich geringer auf den Treibstoffverbrauch auswirkte, als noch fünf Jahre zuvor beim Turbo 2 auf 964-Basis (siehe Seite 88): Knapp drei Liter Zuschlag mussten Turbo-Piloten einkalkulieren – beim Turbo 2 waren es (für deutlich weniger Potenz-Überlegenheit gegenüber dem Carrera) noch 8,9 Liter...

993 Turbo: Bei hoher Geschwindigkeit noch geringere Auftriebskräfte als beim Saugmotor-993 Carrera und beim Vorgänger 964 Turbo 3.6.

Friedrich Bezners Entwicklungsziel »*Verbesserung der Fahrleistungen*« war also zweifellos erreicht worden – wie war das aber mit seiner Lastenheft-Forderung »*Kein höherer Verkaufspreis zum Vorgänger*« (siehe Seite 101)? In seinem letzten Angebotsjahr (Ende 1993) hatte der Porsche 911 Turbo 3.6 (964-Modell) 207880 DM gekostet. Als der Nachfolger erstmals in der Preisliste aufgeführt wurde, Anfang 1995, wurde er dort mit 212040 DM gelistet. Auch inflationsbereinigt konnte (oder wollte) Porsche den Turbo-Preis also nicht beibehalten – doch angesichts des beträchtlichen Mehrwerts war der neue Turbo Mitte der 1990er Jahre ausstattungsbereinigt doch der vergleichsweise preiswertere Supersportwagen. Er bot mehr Leistung, bessere Fahrleistungen, mehr angetriebene Räder, mehr Gänge – und nicht zuletzt serienmäßig das bessere Xenon-Scheinwerfersystem... Zwei Turbo-Modelle der 993-Generation wären damit abgehakt – doch was hat es mit den zum 993-Kapitelstart angekündigten zusätzlichen Turbo-Varianten auf sich?

Zur 993-Zeit war die Elfer-Familie wieder deutlich angewachsen, darunter zwei Turbo-Varianten (Turbo vorne links, Turbo S hinten rechts).

Turbo-Jahrgang ´96: GT 2-Motor als Turbo-Option

Im GT2-Kapitel dieses Buches ist nachzulesen, dass Porsche in der Generation wieder Extremsportlern huldigt – wie einst zu Zeiten des 911 2.7 RS und 3.0 RS. In der 993-Generation lautet die Typbezeichnung GT 2 – siehe das GT 2-Kapitel ab Seite 234. Dieses Kürzel steht für Leichtbau und auch für eine vergleichsweise extrovertierte Erscheinung des als Homologations-Version für solche Privatfahrer konzipierten Heckantriebs-Turbo, die von einem Porsche auch die Tauglichkeit für Motorsporteinsätze fordern.
Deutlich preisgünstiger und im Gebrauch sicher auch weniger fordernd ließ sich das GT 2-Triebwerk mit 430 PS (316 kW) ab Modelljahr 1996 auch als 12500 DM-Option im »normalen« 911 Turbo verkosten – möglich machte das einmal mehr die Abteilung »Porsche Exclusive«, die damit die vierte Turbo-Variante der 993-Generation kreierte. Obwohl gut 200 Kilogramm schwerer als der GT 2, weil deutlich luxuriöser ausgestattet und mit zusätzlichen Technikelementen für den Allradantrieb versehen, nannte Porsche für den leistungsgesteigerten Turbo ähnlich phänomenale Fahrleistungswerte, wie für den GT 2. Wegen der geringeren Stirnfläche (1,93 statt 2,04 m²) steht gar eine marginal (um 2 km/h) höhere Spitzengeschwindigkeit im Datenblatt dieser Variante: Mit 297 km/h fehlte nicht mehr viel zum Durchbrechen der magischen 300 km/h-Mauer…
Diese Mauer streifte der 993 Turbo jedoch im Sommer 1997 (Modelljahr 1998) dank der dritten M64/60-Motorversion, intern mit dem Buchstaben »S« versehen. Nach 408 PS (M64/60) im ersten 993 Biturbo, 430 PS (M64/60R) im ersten 993 GT 2 (und Exclusive-Modell) leistet dieser M64/60 S 1997 im bei Porsche Exclusive aufgewerteten 911 Turbo S 450 PS/331 kW bei 6000/min. Nun steht die runde V_{max}-Zahl »300« im Datenblatt der in zwei Modelljahren 345 ausgelieferten, 304650 DM teuren Super-Turbo. Deren Käufer hatten sich die Mehrleistung im Vergleich zum Turbo-Grundmodell nicht weniger als 82150 DM mehr kosten lassen – den Preis eines zeitgenössische Porsche 986 (Boxster) also.
Dafür bekamen sie zusätzlich zur Mehrleistung ein umfangreiches Paket aus dem »Porsche Exclusive«-Katalog:

- in der Gestaltung geänderte Spoiler vorn und hinten (»Aerokit II« genannt),
- zusätzliche Bugöffnungen zur Kühlung der vorderen Bremsen,

Erster serienmäßiger Turbo mit der Zahl »300« (km/h) im Kfz-Schein: der 450 PS starke Porsche 993 Turbo S.

- Flanken-Lufteinlässe in den Kotflügeln vor den Hinterrädern,
- gelb (statt rot) lackierte Aluminium-Bremssättel,
- verstärkte Federbeindome und das um 15 Millimeter tiefergelegte Sportfahrwerk,
- Domstrebe im Kofferraum zur Versteifung des Vorderwagens,
- eine spezielle, leistungsfördernde Auspuffanlage,
- zusätzlichen Ölkühler,
- eine umfangreichere Lederausstattung und Carbon-Blenden im Interieur.

Erzielt wurde die 42 PS-Mehrleistung gegenüber dem Turbo-Grundmodell durch die Auslese von in der Leistung nach oben streuenden Motoren in Kombination mit diesen Maßnahmen:

- größere K 24-Turbolader (wie im GT2) mit um 0,1 bar höherem Ladedruck (0,9 bar),
- konventionelle Tuningmaßnahmen, wie Glätten der Ansaug-Kanäle,
- Anpassungen der Motronic,
- Auspuffanlage mit verbesserten Strömungsbedingungen.

Wer den M64/60S-Motor allerdings lieber in einem (etwas) unauffälligeren Gehäuse genießen wollte, der konnte das 450 PS-Triebwerk bei »Porsche Exclusive« auch für den Basis-Turbo ordern – gleich bei der Neuwagen-Bestellung, aber auch im Nachhinein anlässlich eines Werkstattaufenthalts. 29800 DM kostete das Leistungs-Plus im Neuwagen, rund 50 Prozent mehr bei einem nachträglichen Um- bzw. Einbau. Auch einer 1997 zusätzlichen Kleinstserie von 21 GT2-Exemplaren des hinterradange-

triebenen Sportmodells wurde der stärkste 993 Biturbo-Motor eingepflanzt – siehe auch Seiten 234 und 248.
Diese Exemplare gingen somit als die stärksten ab Porsche-Werk offerierten und für den Straßenbetrieb zulassungsfähigen 911 Turbo klassischer Konzeption (Heckantrieb, Luftkühlung) in die Elfer-Geschichte ein. Zweifellos erhebt sie das bei heutigen Porsche-Sammlern in den Status einer »Blauen Mauritius«...

993 Turbo S-Vorserienexemplar: noch mit roten statt S-typisch gelben Bremssätteln.

993 Turbo S-typisch: Heckspoiler mit seitlichen Lufteinlässen und zusätzlichen Flanken-Lufteinlässen.

Porsche Exclusive machte es möglich: Spezialarmaturenbrett mit weißen Zifferblättern und Carbon-Blenden.

Turbo-Jahrgang 2000: der Turbo mit Wasserkühlung

FAST ALLES NEU IM TYP 996 – DOCH DER MOTOR SITZT WEITERHIN IM HECK

911 (996) Turbo: Das ist neu*

- völlig neue, deutlich vergrößerte Karosserie mit deutlich verbesserter Aerodynamik und größerem Innenraum
- knapp acht Zentimeter mehr Radstand
- komplett neu gestaltetes Interieur
- neuer wassergekühlter Biturbo-Motor (M96/70) mit sequentiell angesteuerter Einspritzanlage
- in Festigkeit und Geräuschverhalten verbessertes Sechsgang-Schaltgetriebe mit Seilzugschaltung
- Automatikgetriebe Tiptronic S als optionale Alternative zum Sechsgang-Schaltgetriebe
- Entfall des Transaxle-Rohres zur Gewichtseinsparung
- Viskokupplung im Vorderachsgetriebe
- verbesserte Bremsanlage mit um fünf Prozent vergrößerter Belagsfläche
- Keramik-Bremsanlage als Option (ab August 2000)

**im Vergleich zum 911 (993) Turbo*

Walter Röhrl über den…
… 996 Turbo

»Mit der neuen Generation kam der nächste Meilenstein in der Turbo-Entwicklung: die Wasserkühlung. Technisch war das Auto hervorragend, selbst die aus dem Rennsport stammende Keramikbremsanlage war nun optional erhältlich. Der 996 war mit Abstand der beste Turbo, den es bis dahin gegeben hatte. Nur optisch wurden die neuen Autos wenig geliebt, viele bemängelten die Spiegelei-Scheinwerfer. Meiner Meinung nach ist das jedoch völlig unberechtigt. Für mich ist der 996 Turbo, gerade auch aus heutiger Sicht, ein Geheimtipp – ein immer noch sehr schneller und voll alltagstauglicher Sportwagen zu einem vernünftigen Preis. Allerdings würde ich persönlich das Schaltgetriebe vorziehen. Das mit dem 996 erstmals in einem Turbo eingeführte Tiptronic-Automatikgetriebe nimmt den 420 PS deutlich an Schärfe.
***7 von 10 Punkten** gebe ich dem 996 Turbo.«*

1998 wurde die letzte Runde für den luftgekühlten 911 Turbo eingeläutet – es war zugleich das Ende des Elfers in seiner ursprünglichen, wenn auch Zug um Zug der Evolution unterworfenen Gestalt. Den technologischen Neubeginn hatte bereits im Herbst 1995 der »Einstiegs-Porsche« 986 eingeläutet, der Boxster mit Mittelmotor als ideologischer Erbe des einstigen VW-Porsche 914/6. Beim 986-Sechszylinder verzichtete Porsche auf jenes seit Ende der 1940er Jahre in den hauseigenen Boxer-Motoren bewährte Kühlmedium, das gemäß klassischer Käfer-Werbung weder kocht, noch gefriert. Statt Luft ist es nun Wasser, das mittels einer Pumpe und eines Öl-Wasser-Kühlers die sechs liegend in Dreierpacks angeordneten Verbrennungs-Einheiten vor dem Verglühen bewahrt.

Ein Jahr später galt es endgültig Abschied nehmen: Mit der Konstruktionsnummer 996, in den Katalogen traditionell weiterhin Porsche 911 Carrera genannt, stand ein technologisch, im Format und auch im Design völlig neuer Elfer in den Startlöchern. Sein Radstand war um 78 Millimeter, seine Außenlänge um 185 Millimeter und seine Breite (im Vergleich zum Vormodell 993 mit Saugmotor) um 30 Millimeter gewachsen. Außerdem attestierte ihm Porsche eine gegenüber seinem Vorgänger deutlich günstigere

996-Anfänge auf Papier: erste Design-Skizzen von Porsche-Designer Pinky Lai – sie stammen aus dem Jahr 1998 und visualisieren sowohl die Saugmotor-Version (links) als auch den Turbo.

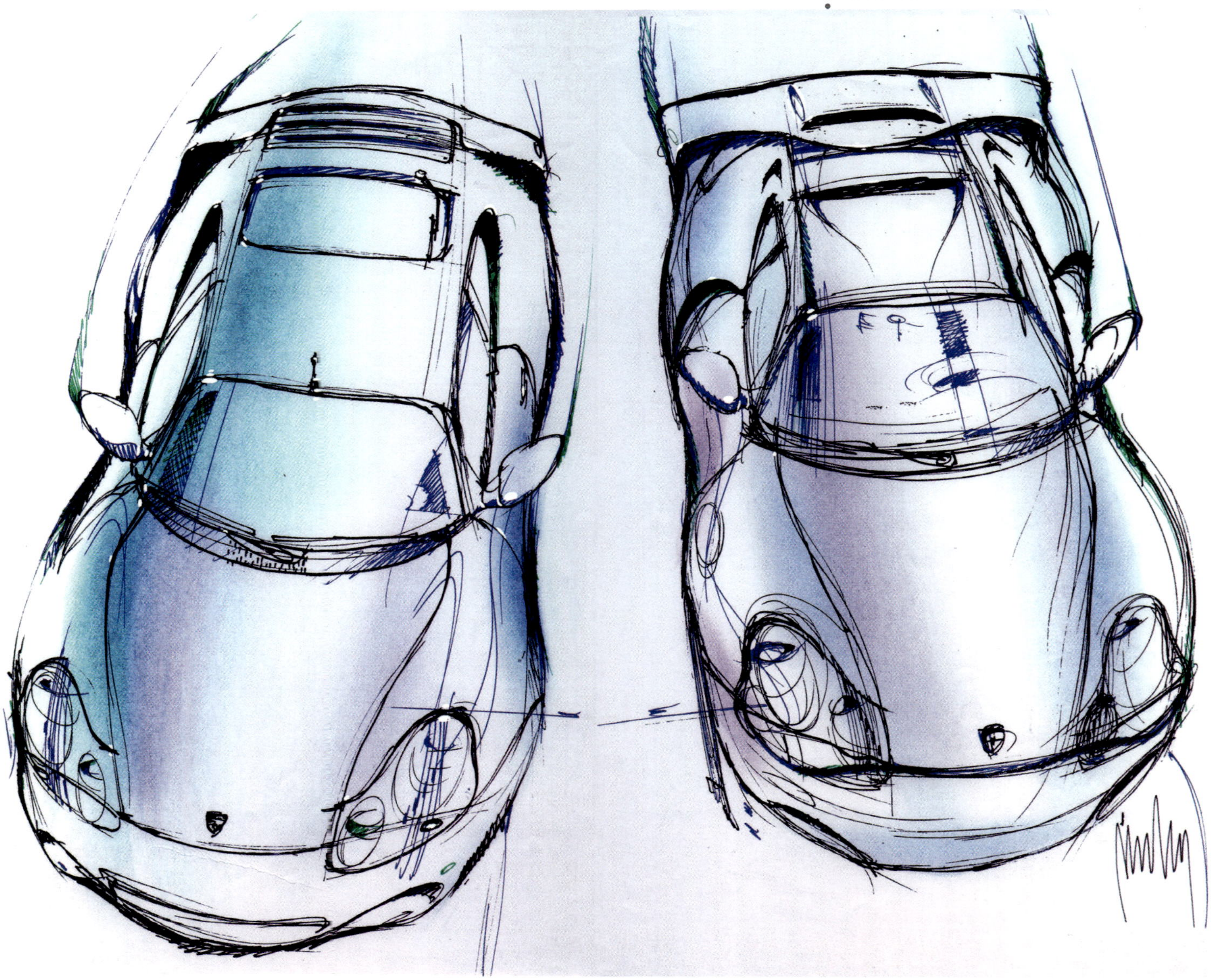

Porsche-Designstudio 1996: Hinter dem 996-Tonmodell diskutieren Designchef Harm Laagay (rechts) und 996-Designer Pinky Lai die 996-Gestaltung.

Aerodynamik. Dank des von c_w 0,33 auf 0,30 reduzierten Luftwiderstandbeiwertes konnte der Luftwiderstand trotz größerer Stirnfläche (1,94 gegenüber zuvor 1,86 m^2) auf 0,582 (zuvor 0,614) reduziert werden.

Mit seinen stattlichen Außenmaßen – Länge/Höhe/Breite = 4430/1305/1765 mm – erreicht der 996 annähernd das Format des Mitte der 1990er Jahre eingestellten Frontmotor-Typs 928. Den hatte die typische Elfer-Klientel nicht zuletzt wegen seiner Üppigkeit abgelehnt. Da der 996-Radstand im Vergleich zum 928 mit 2350 mm um 150 mm kürzer ausfiel, wirken die vorderen und hinteren Überhänge des 996 etwas opulent. Auch gegenüber dem wohlproportionierten und kompakteren Vorgänger 993 hatten die Überhänge in der Summe um knapp elf Zentimeter zugenommen. Somit erreichte der von Porsche-Designchef Harm Lagaay verantwortete Neue trotz des Elfer-typischen Schräghecks nicht vorbehaltlos die formale Ausgewogenheit des alten Elfers.

Er war völlig anders geworden, der Elfer, aber nicht in jedermanns Augen schöner. Das lag womöglich auch an den vom Serie 1-Boxster übernommenen, eigenartigen Bi-Xenon-Scheinwerferpartien, die manchen Kritiker an missglückte Spiegeleier erinnerten – und die zu allem Überfluss von vorn betrachtet die Unterscheidung zwischen Einstiegs- und Klassik-Porsche erschwerten. Auch die aufgebläht erscheinende Dachkuppel mit ihren erweiterten Glasflächen geriet dem 996 optisch nicht eben zum Vorteil – was übrigens übereinander gelegte Leuchtröhren-Silhouetten der diversen 911-Generationen an einer Schauwand des sehenswerten Zuffenhausener Porsche-Museums (sicher ungewollt) bestätigen...

996-Paarlauf: Der Saugmotor-Carrera im Vordergrund war der erste Elfer mit Wasserkühlung, der 996 Turbo (hinten) folgte Turbo-traditionell mit Zeitverzug.

S PR 903

Insgesamt wirkt der 996 filigraner und damit vermeintlich weniger solide als der kompaktere Ur-Elfer, der wie aus einem einzigen Stück Metall gegossen scheint. Traditionsbewusste Porsche-Freunde begleiteten diesen 911-Modellwechsel also wieder einmal mit Groll und Gejammer – der Autor dieser Turbo-Chronik zählte in diesem speziellen Falle dazu.
Fast schon als »Running Gag« führte Porsche die Turbo-Variante auch für die 996-Generation zeitversetzt zur saugenden Basisversion ein: Nach dem Debüt des 996 Turbo anlässlich der Frankfurter IAA im Spätsommer 1999 startete dessen Produktion erst im Januar 2000, um in der Elfer-Preisliste für mindestens 234900 DM offeriert zu werden. Das bedeutete ein Aufgeld von 12400 DM gegenüber dem Vorgänger 993 in dessen letztem Baujahr. Angesichts des beträchtlichen Entwicklungsaufwandes für die 996-Serie darf dieser Mehrpreis zumindest für Porsche-Verhältnisse als moderat bezeichnet werden. Immerhin handelte es sich bei diesem Modell um nichts weniger als eine Neukonstruktion, die vom Vorgänger nur wenige Komponenten übernahm – und die sich im Übrigen auch vom Basismodell mit Saugmotor ziemlich weit entfernte.

996 Turbo: Carrera-Karosserie tiefgreifend überarbeitet

Allein schon die Turbo-Karosserie wartet mit tiefgreifenden Unterschieden zur 911 Carrera-Basis auf. Von dieser wurden nämlich lediglich die innere Struktur, die Türen, Fensterpartien und die Fronthaube übernommen.
Neu waren hingegen:

- die komplette Frontpartie mit drei riesengroßen Öffnungen für die Wasserkühler,
- alle vier Kotflügel, hinten im Anschluss zu den Türausschnitten mit umrahmten Lufteinlässen für den Heckmotor versehen und (Turbo-typisch) pro Kotflügel um 32,5 Millimeter verbreitert (plus 65 mm Gesamtbreite),
- die komplette Heckschürzen-Partie mit weiteren seitlichen Kühlschlitzen links und rechts hinter den Radausschnitten für die seitlich (statt im 993 und dessen Vorgängern oberhalb des Motors) positionierten Ladeluftkühler,
- die nach außen (statt wie im Saug-996 nach innen) gekrümmten Schwellenpartien zwischen den Radausschnitten,
- die Motorhaube mit ausfahrbarem statt starrem Heckflügel.

In ihrer Kombination veränderten diese Karosserie-Modifikationen das Erscheinungsbild des 996 nachhaltig – und zwar ganz eindeutig zu dessen Gunsten. Aus dem freundlich-verträumt dreinblickenden 996 Carrera wurde ein grimmig auftretender Bolide, dessen seitlichen Frontöffnungen an weit aufgerissene Nüstern erinnern.

Umstrittenes 996-Detail: die an missglückte Spiegeleier erinnernden Scheinwerfer-Partien.

Ist funktionell und sieht gut aus: der seitliche 996 Turbo-Lufteinlass zur Kühlluftunterstützung des Heckmotors.

Dass der einst so Turbo-typische (schon beim 993 Turbo geschrumpfte) Heckflügel einem winzigen Bürzelchen wich, mögen Turbo-Konservative bedauern, von funktionellem Nachteil ist die aerodynamische Neuorientierung bei Porsche indessen nicht – ganz im Gegenteil. Ab einer Geschwindigkeit von 120 km/h wird der bis dahin eng anliegende kleine Heckflügel auf zwei Stelzen automatisch um sieben Zentimeter nach oben gefahren und bildet dadurch ein unten und oben umströmtes, leicht geneigtes Tragflächenprofil. Dadurch kommt es im Heckbereich statt zu Auftrieb wie noch beim 993 Turbo (siehe Seite 107) sogar zu etwas Abtrieb (neun Kilogramm bei Höchstgeschwindigkeit). Das verbessert nicht nur die Richtungsstabilität bei Geradeausfahrt, sondern wirkt sich speziell bei hohen Kurvengeschwindigkeiten auch vorteilhaft auf das (dann neutralere) Eigenlenkverhalten aus.
Auf dem Negativkonto der Turbokarosserie steht ein gegenüber dem Saug-Carrera durch diese Abtriebs-Maßnahmen geringfügig verschlechterter c_w-Wert von 0,31, der freilich im Vergleich zum 993 Turbo (c_w=0,34) einen beträchtlichen Fortschritt bedeutet. Nicht zuletzt dieser Verbesserung ist es zu verdanken, dass Turbo-Piloten im 996 unter guten Voraussetzungen erleben können, wie die Tacho-Nadel die 300 km/h-Marke kreuzt, um erst rechts daneben, bei 305 km/h, zur Ruhe zu kommen.
Dieses Tempo ist zuvorderst der gegenüber der 993-Turbovariante verbesserten Windschlüpfigkeit zu verdanken, fiel doch die Mehrleistung im Vergleich zum 290 km/h schnellen Vorgänger keineswegs üppig aus: Mit 420 PS/309 kW (bei 6000/min) entwickelt der wassergekühlte Biturbo gerade mal ein Plus von zwölf PS. Ein weiterer Vergleich beleuchtet die überragende Bedeutung der Aerodynamik gerade im hohen Geschwindigkeitsbereich: Für sein 10 km/h-Plus gegenüber dem 408 PS-Turbo der luftgekühlten 993-Generation musste der 300 km/h-993 Turbo S in den 1990er Jahren nämlich eine Mehrleistung von 42 PS – also plus gut zehn Prozent – aufbringen …

996 Turbo-Heckspoiler in Ruheposition und bei Geschwindigkeiten unter 120 km/h,...

...bei Tempo 120 km/h fährt das Luftleitwerk automatisch um sieben Zentimeter nach oben.

996 Turbo-Feintuning im Windkanal: Ergebnis waren exzellente Windschlüpfigkeit und leichter Abtrieb bei hohen Geschwindigkeiten.

Luftströmungen am 996 Turbo sichtbar gemacht: geringe Luftverwirbelungen und perfekt für Kühlaufgaben vorn und an den Flanken genutzter Fahrwind.

996-Motor: Vierventil-Köpfe und »Variocam Plus«

420 PS lieferte also der erste wassergekühlte 911 Turbo, dessen Motor auf Basis des GT1-Rennmotors der Jahre 1997/98 entstanden war. Das ist zwar objektiv viel Leistung, doch angesichts des immensen gebotenen Mehraufwandes gegenüber der 993-Vorgängerversion eher bescheiden. Immerhin wartet der intern unter der Nummer M96/70 gelistete 3,6-Liter im Vergleich zum 993-M64/60 mit der jeweils doppelten Anzahl an Ventilen und Nockenwellen auf. Die pro Brennraum je zwei Einlass- und Auslassventile sind V-förmig mit einem Ventilwinkel von 27,4 Grad angeordnet, der Ventilschaft-Durchmesser misst zugunsten möglichst geringer bewegter Ventiltriebs-Massen lediglich 6 Millimeter (zum Vergleich: 993 Turbo: 8 mm, 964 Turbo: 9 mm). Doppelte Ventilfedern stellen sicher, dass die Ventile trotz des im Turbo hohen Abgasgegendrucks sicher schließen.

Die Verdichtung erreicht den für einen unter Volllast bei 2700/min mit 0,8 bar und bei Nenndrehzahl immer noch mit 0,65 bar druckbeatmeten Turbo astronomischen Wert von 9,4:1. Zum Vergleich: Bei den direkten Vorfahren mit Luftkühlung wurde das Gemisch in den Brennräumen bei der Aufwärtsbewegung der Kolben lediglich auf ein Achtel des Volumens komprimiert – und das unabhängig von der Leistungsausbeute dieser Modellreihe (408, 430 oder 450 PS). Darüber hinaus setzte Porsche beim M96/70 erstmals eine kennfeldgesteuerte Nockenwellen- und Ventilhubverstellung zur noch besseren Kontrolle der Gaswechsel ein.

Bei diesem von Porsche »VarioCam Plus« genannten System sorgen Phasenschieber auf den beiden Einlass-Nockenwellen für eine bedarfsgerechte, drehzahlabhängige Verschiebung der Steuerwinkel um 30 Grad. Zusätzlich ermöglicht das System eine zweifache Variation des Hubs der Einlassventile, je nachdem, über welchen von drei Nocken diese (über Tassenstößel mit integriertem hydraulischen Ventilspiel-Ausgleichselement) betätigt werden. Dabei initiiert eine zentrale Nocke einen kleinen Ventilhub (3 mm), zwei links und rechts der Zentralnocke angeordnete Nocken einen großen Hub (10 mm).

Zur Erläuterung der Funktion dieses aufwändigen Systems sei einmal mehr die Porsche-interne Technik-Literatur zitiert:

»VarioCam Plus bedeutet quasi zwei Motorkonzepte in einem. Im Leerlauf wird durch die Schaltung des Ventilhubes auf den kleinen Nocken von drei Millimeter und einer Einstellung der Steuerzeiten für geringe Ventilüberschneidung der Motor optimiert. Durch den kleinen Ventilhub werden eine Reibleistungsreduzierung, eine deutlich erhöhte Ladungsbewegung durch extrem verkürzte Öffnungszeiten und wenig Abgase von vorherigen Verbrennungen im Brennraum erreicht. Daraus ergeben sich Verbrauchs- und Emissionsreduzierungen bis zu zehn Prozent bei deutlich verbesserter Leerlaufqualität.

996 Biturbo M96/70: komplette Neukonstruktion mit Wasserkühlung, doppelten Nockenwellen pro Zylinder-Trio, ...

... vier Ventilen pro Brennraum und kennfeldgesteuerter Nockenwellen- und Ventilhub-Verstellung.

In der Teillast ist zur Entdrosselung und damit Verbrauchsabsenkung des Motors ein Betrieb mit interner Abgas-Rückführung optimal. Dazu wird die Nockenwellenverstellung bei kleinem Ventilhub auf viel Überschneidungsfläche, das heißt großen Zeit-Anteil zum Rücksaugen von Abgas aus dem Auspuff, gestellt.

In der Volllast wird ein hohes Drehmoment und hohe Spitzenleistung einerseits durch einen verlustarmen Gaswechsel und andererseits durch eine kompromisslos ausgelegte Nockenkontur bei einem maximalen Ventilhub von zehn Millimeter un entsprechend angepasste Öffnungs- und Schließzeitpunkte der Ventil-Erhebungen erreicht.

VarioCam Plus hilft aber auch schon vor Beginn einer Fahrt. Zum Beispiel wird der Kaltstart des Motors deutlich verbessert, und in der Warmlaufphase des Motors können die Emissionen durch eine entsprechende Einstellung des VarioCam Plus reduziert werden. «

Gesteuert wird VarioCam Plus durch das Motronic Steuergerät ME7.8 von Bosch, das speziell für diesen Zweck mit einer besonders hohen Rechnerleistung ausgestattet ist. Schließlich müssen zur Steuerung des Systems die Eingangsgrößen Motordrehzahl, Gaspedalstellung, Temperaturen von Motoröl und Kühlwasser sowie Gangerkennung verarbeitet und mit abgespeicherten Kennfeldern verglichen werden, um in Millisekunden über die VarioCam-Arbeitsweise zu entscheiden.

Porsche versprach dank VarioCam Plus einen gegenüber dem Vorgänger der 993-Generation einen um 18 Prozent niedrigeren Verbrauch – und rechtfertigte damit indirekt den gegenüber dem 993 Turbo im Volumen um knapp zehn auf 64 Liter verkleinerten Tank. Erfreulicher: Mit den nach Werksangabe um 50 Prozent gesenkten Abgaswerten erfüllte der 996 Turbo bei seinem Debüt bereits die erst ab 2005 geforderten EU4-Grenzwerte.

Neben den progressiven 996-Elementen steckt jedoch auch noch ein wenig 993 bzw. M64/60 im 911 Biturbo für das 21. Jahrhundert, nämlich dessen vertikal geteiltes Leichtmetall-Kurbelgehäuse und dessen Kurbeltrieb. Auch das Hub/Bohrungs-Verhältnis von 76,4 x 100 Millimeter blieb (vorerst) unverändert, was wie beim Vorgänger in den werkseitig genannten, runden Hubraum von 3600 cm^3 (genau gerechnet sind es 3581,4 cm^3) resultiert.

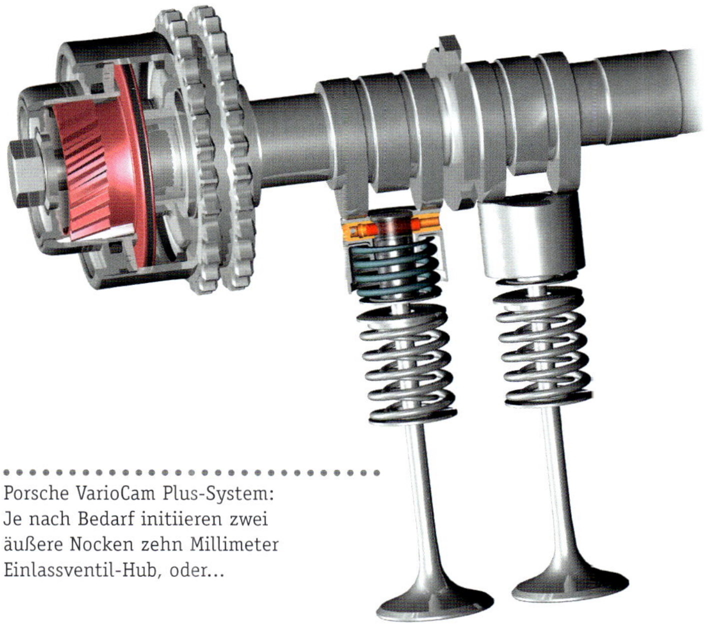

Porsche VarioCam Plus-System: Je nach Bedarf initiieren zwei äußere Nocken zehn Millimeter Einlassventil-Hub, oder...

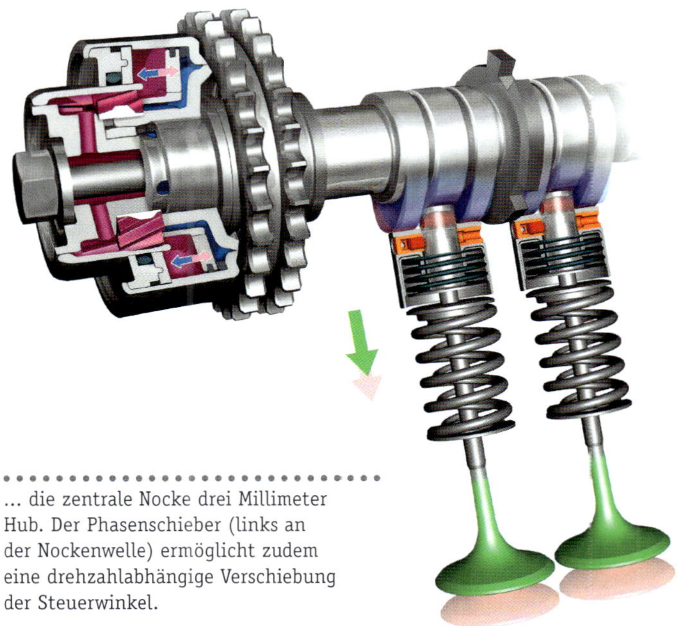

... die zentrale Nocke drei Millimeter Hub. Der Phasenschieber (links an der Nockenwelle) ermöglicht zudem eine drehzahlabhängige Verschiebung der Steuerwinkel.

VarioCam-Vorteile in der Drehzahl/Drehmoment-Darstellung: unter allen Fahrbedingungen von Nutzen.

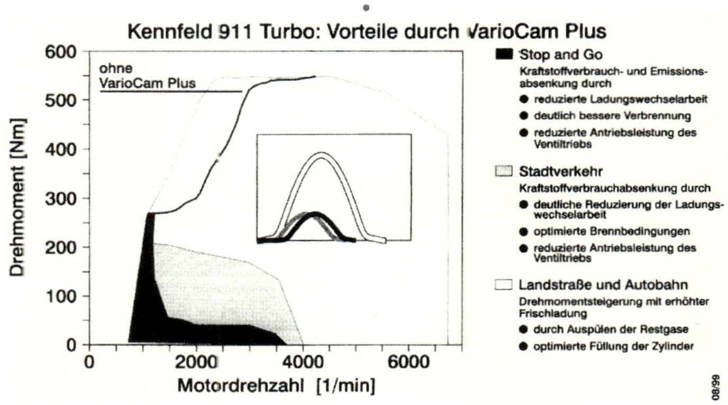

Unterhalb der geschmiedeten, achtfach gelagerten und plasmanitierten Kurbelwelle rotiert, Zahnrad-getrieben, eine Nebenwelle, die über Doppel-Rollenketten die vier Nockenwellen antreibt. Die Nebenwelle betätigt außerdem die Vierfachölpumpe, die für die Rückführung des Schmieröls aus dem Kurbelgehäuse in den oben am Motor sitzenden Öltank der Trockensumpfschmierung sorgt. Im Innern des Öltanks befindet sich ein Ölabscheider zur Entschäumung des Öls – Vorsorge für eine störungsfreie Funktion des hydraulischen Ventilspielausgleichs. Jeweils eine weitere in den beiden Nockenwellengehäusen positionierte Saugpumpe befördert das Öl aus dem durch einen Öl-Wasser-Wärmetauscher gekühlten Ölreservoir zu den Schmierstellen des Motors.
Der Ölstand des Sechszylinders lässt sich nicht nach alter Väter Sitte mit Hilfe eines Ölstabs ermitteln. Vielmehr muss der Fahrer den Status Quo des Schmiermittels über den Bordcomputer abrufen. Dies ist lediglich bei betriebswarmem, im Leerlauf drehenden Motor möglich – und auf einer ebenen Fläche.

M96/70 bedeutete im Zuge der Umstellung auf Wasserkühlung das Ende der zuvor Elfer-charakteristischen Einzelzylinder mit ihren typischen Kühlrippen. An die Stelle der sechs Solitäre traten zwei zu Dreiereinheiten zusammen gegossene Aluminium-Zylindergehäuse mit darin eingesetzten, an den Laufflächen mit Nikasil (Verbindung von Nickel und Silizium) beschichteten und direkt vom Kühlwasser umspülten (nassen), sehr dünnwandigen Leichtmetallbuchsen. Zylindergehäuse, Zylinderköpfe und Nockenwellengehäuse bilden Einheiten, die mit Kurbelgehäuse verschraubt sind.
Nach dem Querstromprinzip werden die Zylinder und Zylinderköpfe von der heißen zur kalten Seite mit Kühlwasser durchströmt, um eine möglichst homogene Temperaturverteilung zu erzielen. Die Abwärme des Motoröls wird über einen Öl/Wasser-Wärmetauscher vom Kühlwasser aufgenommen. Im Vergleich zum 996 Carrera mit Saugmotor musste die Kühler-Gesamtfläche für den Turbo um über 50 Prozent vergrößert werden – was die Notwendigkeit der großen, nüsternartigen Turbo-Frontöffnungen er-

Komplexer als in den Luftkühlungs-Zeiten: Der Wasserboxer des 996 Turbo verfügt über jeweils zwei Nockenwellen pro Zylinderbank und jeweils vier Ventile pro Brennraum.

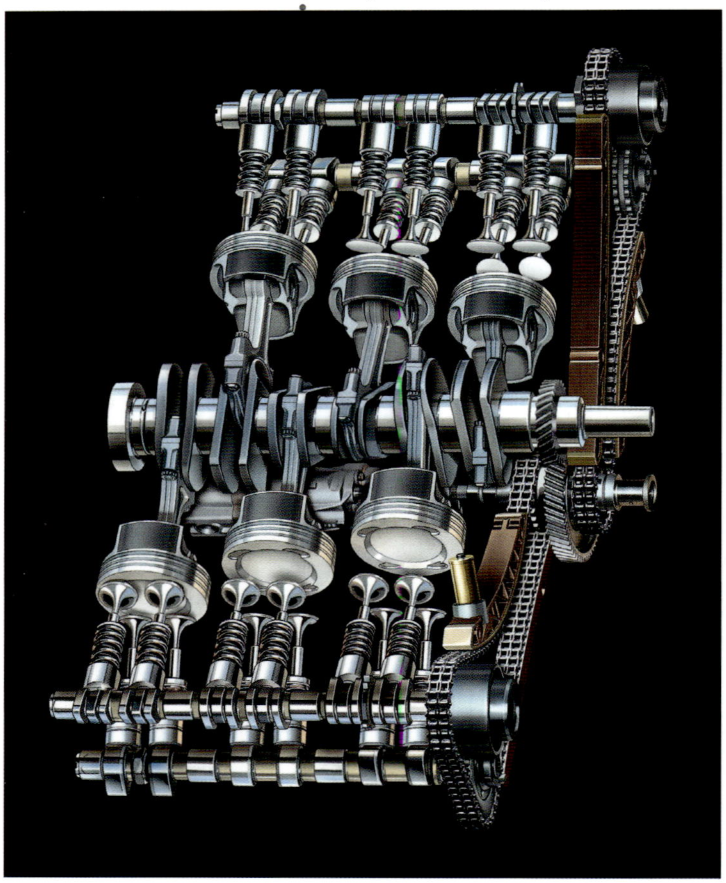

Für Porsche-Traditionalisten ungewöhnlicher Anblick: Statt der verrippten Einzelzylinder der luftgekühlten Elfer verfügt der 996-Wasserboxer über zusammen gegossene Zylinder-Dreiereinheiten.

klärt. Pro Stunde werden von der Wasserpumpe 17000 Liter Wasser durch das Turbo-Kühlsystem gepumpt.
Zusammen mit den neuen Vierventil-Zylinderköpfen und Nockenwellengehäusen veränderten diese Komponenten das Erscheinungsbild des auf einem Hilfsrahmen montierten Porsche-Boxers naturgemäß signifikant. Er sieht nun sehr konventionell aus – dem wassergekühlten Elfer war das von Enthusiasten geschätzte 911-Alleinstellungsmerkmal unter der Motorhaube abhanden gekommen.
Da ist es wenig Trost, dass man beim Öffnen der Motorhaube vom Triebwerk ohnehin kaum etwas zu sehen bekommt. Die beiden in die beiden pro Dreizylinder eigenständigen Abgassysteme integrierten KKK-Turbolader vom Typ K16 führen genauso ein verborgenes Dasein tief unten links und rechts der beiden Zylinderköpfe, wie die vier Abgas-Katalysatoren. Deren vier korrespondierenden Lambdasonden regeln die Gemisch-Zusammensetzung für jede Zylinderreihe individuell, wodurch sich die Schadstoffreduzierung besonders exakt abstimmen lässt. Die Regelung des Ladedrucks wiederum erfolgt über ein für beide Motorseiten gemeinsames, vom Motormanagement angesteuertes Taktventil, das die beiden in die Turbolader integrierten Bypass-Ventile regelt.
Nach moderner Sitte versteckt sich das Triebwerk unter schwarzen Kunststoff-Verschalungen, die es wohl verhindern werden, dass Turbo-Fahrer wie einst zur klassischen Elfer-Epoche in stiller Andacht vor geöffneten 911 Turbo-Motorhauben verharren.

996-Cockpit: großzügiger und heller als zuvor

Umgewöhnen müssen sich die »Gusseisernen« auch im 996-Cockpit. Jene intime Enge, die im Vorgänger – wie schon im 356 (und im VW Käfer) – zu gelegentlichem Ellbogen-Kontakt mit dem Beifahrer führte, wich im 996 einer ziemlich lichten Weite. Die erscheint subjektiv wegen der vergrößerten Fensterflächen noch großzügiger, als dies die bloßen Messwerte für die Innenraumbreite vermuten lassen. Hatte die klassische Elfer-Karosserie bis

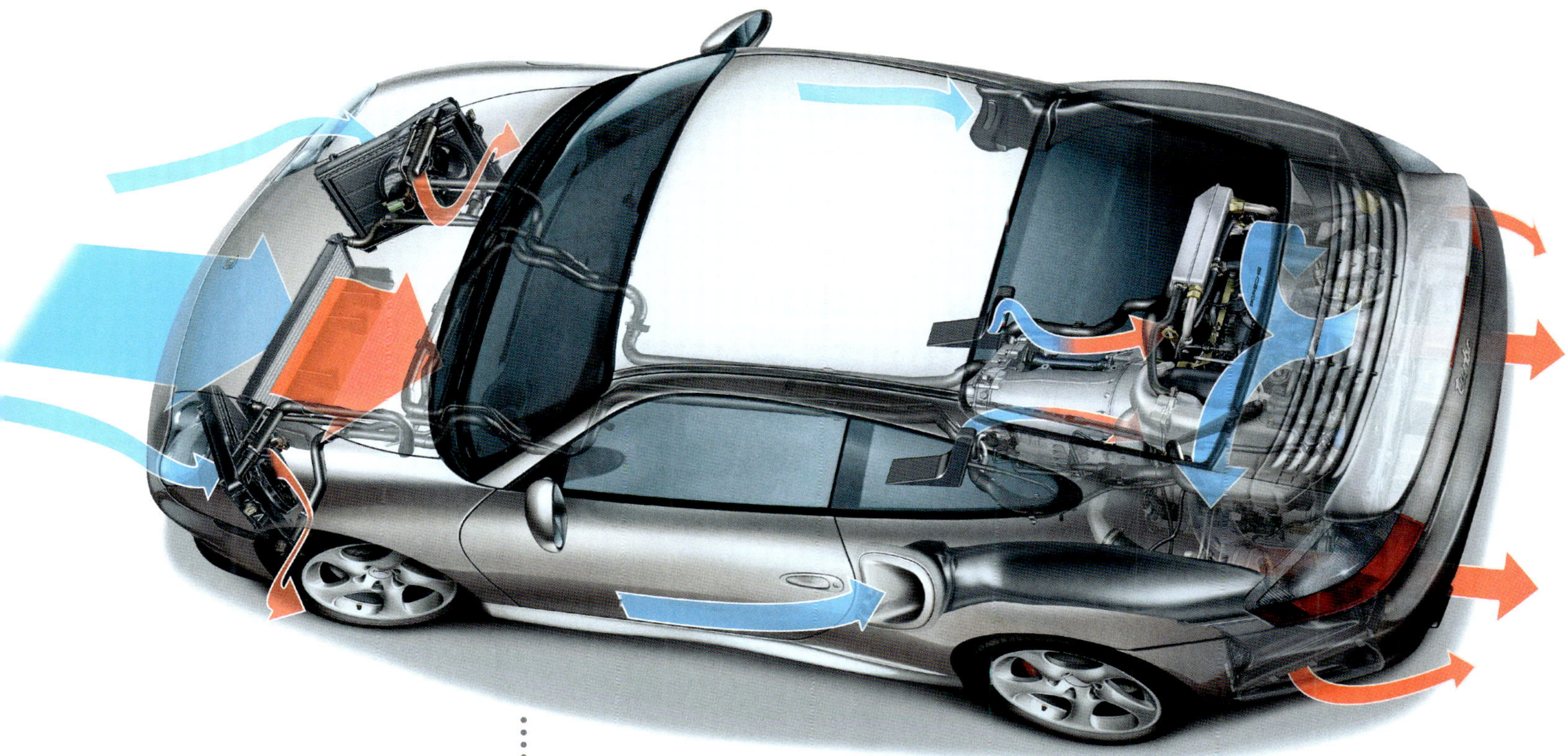

996 Turbo-Kühlsystem: mittels drei Frontwasserkühlern, deren Abluft nach oben und in die vorderen Radhäuser strömt. Die Ladeluftkühler erhalten Fahrtluft über die Flanken-Öffnungen.

hin zum 993 noch eine im Bereich der Vordersitze eine Breite von 1310 mm (gemäß Messung von »auto motor und sport«, Ausgabe 9/1995), so sind es im 996 1350 mm (»ams« 5/2000), was etwas Raum lässt für eine Mittelkonsole zwischen den Sitzen, aus der sich die wohlgeformten Schalt- und Handbremshebel dem Fahrer entgegen strecken.
Wird der verbesserte Raumkomfort auch von überzeugten Klassikelfer-Freunden durchaus als angenehm empfunden, so erzeugt der Blick auf die neu gestalteten Armaturen bei diesen wiederum hängende Mundwinkel. Das seit dem ersten 901 von 1963 traditionelle, in leichtem Bogen angeordnete Instrumenten-Fünferpack des Elfers ist im 996 Vergangenheit. An dessen Stelle trat ein modisch geschwungener, dem Armaturenbrett aufgesetztes Instrumenten-Gehäuse, in dem lediglich der zentral positionierte, große Drehzahlmesser traditionell rund ausgeführt ist. Die übrigen Instrumente schmiegen sich sichelförmig an den Tourenzähler an.

In der offensichtlichen Erkenntnis, dass die links des Drehzahlmessers positionierte Tacho-Sichel nun nicht mehr optimal ablesbar sein könnte, ergänzten die Interieur-Designer den analogen Tachometer an dessen unterem Rand durch einen zusätzlichen Tacho in Digital-Ausführung.

996 Turbo-Armaturen im Boxster-Stil: eng zusammen gerückt und eher modisch als funktionell.

996 Turbo-Cockpit: gegenüber dem 993 Turbo völlig neu gestaltet erzeugt es dank größerer Fensterflächen den Eindruck lichter Weite.

Auch die haptisch 911-Fahrern so vertrauten runden, in Reihe angeordneten Schalter mussten im 996 weichen. An ihre Stelle trat eine breite Mittelkonsole mit ovalen Druckknöpfen und einem zentralen, von einem Luftausströmer gekrönten Feld für die Radio- oder Radio/Navi-Anlage. Für deren Bedienung ist wiederum eine Vielzahl sehr kleiner Tasten zuständig, deren Betätigung ein eingehendes Studium der Bedienungsanleitung erfordert. Weitere Bedienfelder – etwa für die serienmäßige Klimaautomatik – sind in einer breiten Mittelkonsole unterhalb des zentralen Radiobereiches angesiedelt. Diese Konsole stützt sich vor dem Schalthebel auf die Verkleidung des Mitteltunnels.
Im Gegensatz zum gleichfalls allradangetriebenen 993-Vorgänger verläuft zwischen den Sitzen allerdings kein fest mit dem Getriebe und der Vorderachse verbundenes Transaxle-Rohr. Vielmehr rotiert die Kardanwelle im 996 Turbo (analog zum 996 Carrera) ohne Hülle. Dadurch konnte das Systemgewicht um rund sieben Prozent reduziert werden: Im 996 Turbo wiegt der komplette Allrad-Antrieb lediglich 55 Kilogramm.

996-Antrieb: Allradantrieb, doch Verzicht auf Transaxle

Motor und Getriebe (Letzteres mit völlig neu entwickelten Gehäuseteilen) bilden 911-traditionell eine verschraubte Antriebseinheit. Im Sechsganggetriebe sind die einzelnen Gangräder nicht wie andernorts üblich aufgeschrumpft, sondern auf eine Verzahnung gesteckt. Dies ermöglicht einen einfachen und schnellen Übersetzungstausch – hilfreich (und kostensparend) nicht nur bei Reparaturen, sondern vor allem auch bei Rennsport-Einsätzen.
Wie beim Carrera 4 (mit Saugmotor) werden die Hinterräder direkt angetrieben, während die Kraftübertragung zur Vorderachse über eine dort angesiedelte Viscolamellenkupplung erfolgt, die je nach Fahrsituation mindestens 5 Prozent, maximal jedoch 40 Prozent der Antriebskraft den Vorderrädern zuteilt. Die Viscokupplung gleicht außerdem Drehzahlunterschiede zwischen Vorder- und Hinterachse aus. Sie besteht aus mit der Nabe verbundenen Innen- und mit dem Gehäuse verbundenen Außenla-

996 Turbo in der Durchsicht: vorn Federbein-Achse mit Querstreben und Längslenkern, hinten Mehrlenker-Achse mit an fünf Lenkern geführten Rädern.

mellen. Dazwischen befindet sich im abgedichteten Raum Silikon-Öl. Bei Differenz-Drehzahlen wird über Scherkräfte zwischen dem Silikon-Öl und den Lamellen das Moment flexibel an die Vorderachse geleitet.
Durch die ungleichmäßige Kraftverteilung zwischen Hinter- und Vorderachse soll auch der wassergekühlte Turbo-Elfer seinen Piloten mit einem neutralen bis leicht übersteuernden Eigenlenkverhalten erfreuen, also nicht etwa bei zügiger Fahrt in Frontantriebsmanier über die Vorderräder zum Kurvenausgang schieben. Hilfreich ist dabei auch das beim Turbo serienmäßige sogenannte »Porsche Stability Management« (PSM) mit Längs- und Querdynamikregelung, das über gezielte Bremseneingriffe an einzelnen Rädern das Fahrzeug in Extremsituationen stabilisiert.
So pariert PSM ein Untersteuern durch ein Abbremsen des kurveninneren Hinterrades. Droht das Heck auszubrechen, wird das kurvenäußere Vorderrad leicht abgebremst. Dieses über Raddrehzahl-, Lenkwinkel-, Querbeschleunigungs- und Gierwinkel-Sensoren angesteuerte System greift in höchster Not gar ins Motormanagement ein und reduziert automatisch via E-Gas und Drosselklappenstellung die Motorleistung. Selbstverständlich ist in PSM auch ein Antiblockiersystem (ABS) integriert, das anhand von Drehzahl-Differenzen zwischen linken und rechten Rädern sogar Kurven und deren Radien erkennt und die erforderliche Bremskraftverteilung elektronisch steuert (EBV). Freunde des gepflegten Drifts können PSM allerdings über einen Schalter am Armaturenbrett deaktivieren. Sollten sie den Mut verlieren, genügt ein Tritt aufs Bremspedal, um PSM wieder die Verantwortung zu übertragen.
Vorbei war also endgültig die Turbo-Epoche, in der Turbo-Fahrer allein auf sich und eigenes Fahrkönnen angewiesen waren…

996-Getriebe: erstmals auch Automatik möglich

Das gilt auch in Sachen Schaltarbeit. Wer sich bei der Wahl unter sechs manuell zu selektierenden Übersetzungen überfordert sah, der konnte seinen Kraft-Porsche mit Einführung der 996-Generation erstmals in der Porsche Turbo-Geschichte auch mit Automatik ordern. Diese 5610 DM-Option erweiterte naturgemäß den Turbo-Käuferkreis speziell auf dem nordamerikanischen Markt, wo das Automatik-Getriebe seit seiner Breiten-Lancierung anno 1940 durch Oldsmobile (Hydra-Matic) sozusagen zur Technik-Folklore zählt. Diese bei Porsche Tiptronic S genannte Bedienungserleichterung, interne Bezeichnung A 96.50, verfügt über fünf Vorwärtsgänge. Sie wechselt selbständig, stufenlos und orientiert an der Fahrsituation die Übersetzung, erlaubt jedoch in einer zweiten Schaltgasse zur Linken der Automatik-Gasse und außerdem über Wipptasten am Lenkrad auch manuelle Eingriffe des Fahrers.
Beim Tiptronic-Schaltvorgang greift die Motronic in den Verbrennungsvorgang ein und sorgt durch Verstellung für eine Dämpfung des Schaltrucks. Doch damit nicht genug: In weise geregelter Kooperation von Tiptronic und Motormanagement werden diese Funktionen bewirkt:

- Unterdrückung frühen Hochschaltens während des Kaltlaufs, um die Temperatur im Katalysator schneller ansteigen zu lassen,
- Verschiebung der Schaltpunkte bei schnellen Gaspedalbewegungen in das Dynamik-Kennfeld,
- Unterdrückung der Schubhochschaltung bei raschem Gaslupfen (z.Bsp. vor Kurven) und Gangfixierung in Kurven zur Verhinderung des Hochschaltens,

Turbo-ungewöhnlicher Schalthebel, optional im 996 Turbo. Er dient zur Betätigung des ersten Automatik-Getriebes (Tiptronic S) der Porsche Turbo-Geschichte.

- Herunterschalten in den nächstniedrigen Gang zur Erzielung einer Motor-Bremswirkung,
- Bergerkennung, um unter diesen Bedingungen möglichst lange in niedrigen Gängen fahren zu können,
- Schlupfhochschaltung auf glatter Fahrbahn zwecks Erhöhung der Seitenführung und Verbesserung der Fahrstabilität.

Die Achsübersetzungen sind in Tiptronic-Version mit 2,889 deutlich länger ausgeführt, als in Kombination mit dem Sechsganggetriebe (3,44). Tiptronic-Turbos mögen sich problemloser bedienen lassen – in der Fahrleistungen können sie mit konventionell geschalteten Turbos nicht mithalten. Nach Werksangaben verlieren Tiptronic-Fahrer beim Spurt aus dem Stand bis 100 km/h 0,7 Sekunden, 200 km/h zeigt ihnen der Tacho 2,5 Sekunden später an. Auch bei der Höchstgeschwindigkeit ist ein Automatik-Turbo im Nachteil: Er ist nach Werksangaben sieben Kilometer langsamer als ein 305 km/h schneller 996 Turbo mit manuellem Getriebe. Und an der Tankstelle müssen Tiptronic S-Freunde mit einem Liter mehr Super Plus pro 100 Kilometer Fahrstrecke rechnen, nämlich mit 13,9 Liter – sofern ihr Fahrstil zwar nicht Porsche-typisch, dafür EG-normgerecht ist.

Außer dem Kraftverlust im Drehmomentwandler und in den Gängen eins und zwei längeren Gesamtübersetzungen ist auch das höhere Automatik-Gewicht für die etwas schlechteren Fahrleistungen verantwortlich. So lastet das Tiptronic-Getriebe im Betriebszustand, also gefüllt mit Wandleröl und dem dafür benötigten Kühler, gegenüber dem einbaufertig 72 Kilogramm schweren Sechsganggetriebe mit einem Mehrgewicht von immerhin 53,2 Kilogramm auf der Hinterachse. Dass die Werksangaben Tiptronic-Varianten von Coupé und Cabriolet dennoch lediglich ein Mehrgewicht von (je nach Quelle) 40 bzw. 45 Kilogramm zuschreiben, ist auf Gewichtseinsparungen bei der Getriebe-Betätigung zurück zu führen: Eine elektronische Steuerung ist hier gegenüber einer mechanischen Mimik von Gewichtsvorteil.

Die Hinterradaufhängungen gerieten in der 996-Generation übrigens komplexer als je zuvor in der Elfer-Geschichte. Kommen vorn wie beim 993 Turbo Porsche-optimierte McPherson-Federbeine mit Quer- und Längslenkern zum Einsatz, so verfügt die Mehrlenker-Hinterachse nun statt vier Lenker (993-Version) für eine noch präzisere Führung fünf Lenker. Die Federung übernehmen Schraubenfedern mit koaxialen, innenliegenden

Porsche-Familienfoto anlässlich der 996 Turbo-Präsentation anno 2000 in Spanien. Dabei waren unter anderen das damalige Porsche-Vorstandsmitglied Michael Macht (ganz rechts), Pressechef Anton Hunger (ganz links) und Walter Röhrl (im Hintergrund).

und doppelt wirkenden Einrohr-Gasdruckdämpfer. Einmal mehr wurden die hinteren Rad- und Reifen-Formate gegenüber der Vorgängerversion erweitert: Die Breite der wie beim 993 als Hohlspeichenräder ausgeführten Felgen wuchs um ein Zoll auf 11 Zoll, die Reifenbreite um zehn auf 295 Millimeter (unter Beibehaltung von 18 Zoll Umfang und 30 Prozent Reifenquerschnitt).
Wie schon bei den beiden Vorgänger-Generationen hielten es die Porsche-Fahrwerksentwickler auch beim 996 Turbo für angeraten, US-Kunden im Vergleich zu sonstigen Käufern 20 Millimeter mehr Bodenfreiheit zu liefern – dies bei ansonsten unveränderten Radstellungen. Und wie beispielsweise beim US-993 Turbo sorgt der größere Abstand des Unterbodens zur Fahrbahn für größere Rampen- und Überhangwinkel des Fahrzeugs – was in Zeiten der vernachlässigten Infrastruktur in deutschen Landen durchaus auch auf bundesrepublikanischen Straßen von Vorteil wäre...

996-Bremsanlage: Keramik-Bremsen als Option

Und wie steht es mit den Turbo-Bremsen für das 21. Jahrhundert? Die wurden – Porsche-Ehrensache – einmal mehr verbessert. Die serienmäßige Bremsanlage verfügt über eine um fünf Prozent vergrößerte Belagfläche, gegenüber dem Vorgänger größere und verstärkte Vier-Kolben-Festsättel, sowie über spoilerartig gestaltete Bremsen-Schutzbleche zur Verbesserung der Bremsenkühlung und Standfestigkeit. Und wem das nicht genügte, dem offerierte Porsche ab dem Spätherbst 2000 ein Bremsensystem, das in der Porsche-Pressemitteilungslyrik mit Fug und Recht als *»revolutionär«* bezeichnet wurde.
Tatsächlich führte Porsche damals als weltweit erster Automobilhersteller Bremsscheiben aus carbonfaserverstärktem Siliziumkarbid (Sigrasic) mit Evolventen-Kühlkanal (zur Innenkühlung) ein, in Kooperation mit der Wiesbadener SGL Carbon AG entwickelt und von den Zuffenhausenern »Porsche Ceramic Composite Brake« (PCCB) genannt.
O-Ton-Porsche: *»Die Keramik-Verbundbremsscheibe basiert auf einem Drei-Phasen-System mit speziell behandelten Carbon-Fasern, die in einem Hochvakuum-Prozess bei 1700 Grad Celsius siliziert werden. Wie herkömmliche Bremsscheiben bei Porsche ist sie gelocht und innenbelüftet. Auch in ihren Dimensionen unterscheidet sie sich nur geringfügig von der runden Scheibe aus Grauguss. Aber schon beim Gewichtsvergleich fällt auf, dass hier zwei verschiedene Welten aufeinander treffen. Über 50 Prozent wiegt die Keramik-*

Welt-Neuheit von Porsche anno 2000: Bremsanlage mit Keramik-Verbundbremsscheiben.

Bei 1700 Grad silizierte Bremsscheibe, Alu-Bremssattel, hydrophobe Spezial-Bremsbeläge.

Gewichtsvorteil der Porsche-Keramikbremsscheiben sichtbar gemacht: Vier Scheiben wiegen so viel, wie zwei konventionelle Stahlscheiben.

Fast ein Kunstobjekt und ähnlich kostspielig: gelochte Turbo-Keramikbremsscheibe mit (zur Anschauung geöffneten) Evolventen-Kühlkanälen.

Verbundbremsscheibe weniger. Damit sinkt das Fahrzeuggewicht je nach Bremsscheiben-Größe um bis zu 20 Kilogramm. Das spart vor allem Kraftstoff, aber Fahrwerksspezialisten erkennen sofort einen weiteren Vorteil: Hier handelt es sich um die Reduzierung von ungefederten Massen, wodurch das Ansprechverhalten der Stoßdämpfer weiter verbessert werden kann. «
Doch damit nicht genug der Keramik-Vorteile. Im Verbund mit speziellen Bremsbelägen entwickelt die Keramik-Bremsanlage im kalten und im heißen Zustand sehr hohe und konstante Reibwerte – ein Fading ist selbst beim Abbremsen aus extrem hohen Geschwindigkeiten praktisch ausgeschlossen. Da der Spezialbremsbelag im Gegensatz zu konventionellen Belägen kein Wasser aufnehmen kann, besticht die Superbremsanlage auch bei Regen mit einem ausgezeichneten Bremsverhalten – Wasser muss nicht erst verdrängt werden, bevor die Bremszangen verzögernd zupacken.

Als weitere Vorteile nannte Porsche die Unempfindlichkeit des Sigrasic-Materials gegen Thermoschocks und mechanische Schlageinwirkung sowie die Korrosionssicherheit und Unempfindlichkeit gegenüber Streusalz und Flüssigsalzen auf Autobahnen. Dies führe zu höchster Abriebfestigkeit und damit zu einer besonders langen Lebensdauer von 300000 Kilometer und mehr. Auch die Lebensdauer der Bremsbeläge sei herkömmlichen Belägen weit überlegen: Ihre Kilometerleistung läge etwa doppelt so hoch. Nach der PCCB-Ankündigung durch Porsche am 24.September 1999 begann im SGL-Werk Meitingen elf Monate später die Fertigung der Keramik-Bremsscheiben. Nun stand auch der Aufpreis fest, am 23. August 2000 auch bereits in Euro angegeben: Bei der Neuwagen-Bestellung mit geordert, erhöhte die Keramik-Bremsanlage den Kaufpreis um 7830 € (15314 DM). Nachträglich umgerüstet – was laut Porsche problemlos möglich sei – waren in der Porsche-Werkstatt inclusive der Montagearbeiten knapp 10000 € zu entrichten.

Anno 2000 um über 15000 D-Mark teurer als ein gewöhnlicher 996 Turbo: Exemplar mit damals neuartiger Keramik-Bremsanlage.

996-Serienausstattung: lässt kaum Wünsche offen

Ohne Aufpreis lieferte Porsche für das 234900 DM teure Topmodell zur Jahrtausendwende unter anderem

- Metallic-Lackierung,
- automatischer Klimaanlage,
- Wärmeschutzverglasung,
- Kassettenradio mit Klangpaket,
- elektrische Fensterheber,
- elektrisch verstellbare und beheizbare Außenrückspiegel,
- Lederausstattung,
- elektrisch verstellbare Sitze (Sitzhöhe, Sitzneigung, Längs- und Lehnen-Einstellung) mit vierfacher Memory-Funktion auf der Fahrerseite (auch für die Rückspiegel) oder (optional, doch ohne Aufpreis) Sportsitze mit stärkerer Seitenführung an Lehnen und Sitzfläche (jedoch ohne Memory-Funktion),
- Bordcomputer mit diversen Anzeigen im Drehzahlmesser-Instrument,
- Wegfahrsperre und Alarmanlage mit Innenraum-Überwachung,
- Bi-Xenonscheinwerfer (für Fern- und Abblendlicht) mit integrierter Reinigungsvorrichtung und automatischer Leuchtweiten-Korrektur (bei Nick-Bewegungen oder beim Beschleunigen und Bremsen),
- elektrisch entriegelbare Kofferraum- und Motorhauben,
- Fernbedienung im Zündschlüssel für die Türen, die Kofferraumhaube und die Memory-Funktion des Fahrersitzes,
- diverse, in der Helligkeit zweistufig einstellbare Leuchtdioden zur Erhellung des Interieurs, des Zündschlosses und der Innentürgriffe,
- Alcantara-Dachhimmel,
- Fahrer- und Beifahrer-Airbags sowie voluminöse Seiten-Airbags, die den Körper vom Brustkorb bis zum Kopf auffangen.

In klassischen 911 Turbos ein schweißtreibendes Abenteuer, im 996 Turbo dank elektronischer Assistenzsysteme auch für durchschnittliche Fahrer beherrschbar: Turbo-Fahrt auf nasser Piste.

turbo

Das alles schließt freilich nicht aus, dass ein 996 Turbo Porsche-typisch nicht selten mit einer »3« am Anfang in der Endrechnung stand: Die 996 Turbo-Preis- und Optionenliste, Ausgabe 8/2001, umfasst nicht weniger als 57 verführerische Seiten... Nützliches, zum Beispiel eine Sitzheizung für 706 DM, sind dort genauso aufgeführt, wie eher Sinnloses, wie ein Lederbezug für die Innenleuchte zu 440 DM. Selbst farbige Porsche-Logos auf den Radnabenkappen sind aufpreispflichtig und stehen bei Ästheten mit 277 DM in der Endabrechnung.

Offensichtlich traf der neue 911 Turbo der Generation 996 den Nerv der wohlhabenden Porsche-Klientel wie kein Turbo zuvor – zur Überraschung der vielen Kritiker zur Markteinführung des wassergekühlten 911 Turbo: Schon am 15. August 2000 meldete die Zuffenhausener Presseabteilung, man habe die Turbo-Produktion im Geschäftsjahr 2000/01 (also vom 1. August 2000 bis 31. Juli 2001) aufstocken müssen. Statt der ursprünglich geplanten 2500 Einheiten würde man nun 4000 Turbo-Elfer produzieren...

Turbo-Jahrgang ´04: Turbo-Power jetzt auch im Cabriolet

Schon ein gutes halbes Jahr nach der Premiere der Coupé-Version des 911 (996) Carrera mit Saugmotor, somit ab Frühjahr 1998, lieferte Porsche den wassergekühlten Elfer auch mit Luftkühlung – für die Passagiere. Cabriolet-Freunde mit Turbo-Ambition mussten hingegen rund drei Jahre lang warten, bis Ihnen Porsche ab August 2003 den 996 Turbo alternativ auch mit einem dreiteiligen Faltverdeck offerierte, wie es in Zuffenhausen

Wer mit der Serienausstattung des 996 Turbo nicht zufrieden war, dem lieferte Porsche Exclusive feine Zutaten – etwa farbcodierte Schalensitze.

Das lange Warten hatte sich gelohnt: Den offenen 996 Turbo offerierte Porsche erst drei Jahre nach der Blechdach-Variante.

bei Cabrios seit 1998 Verwendung fand. Die Kapuze lässt sich elektrohydraulisch auf Knopfdruck innerhalb von 20 Sekunden in Z-Faltung unter einer Klappe hinter den Rücksitzen versenken – dies auch noch nach Fahrtbeginn bis zu einer Geschwindigkeit von 50 km/h. Auch der Schließvorgang kann in Fahrt (unterhalb 50 km/h) initiiert werden, wobei in diesem Fall wegen des Luftwiderstands sechs Sekunden mehr einzuplanen sind, bis die Haube wieder ordnungsgemäß sitzt.

Cabrio-Terrain – auch mit Turbo-Kraft: einsame, verwinkelte und möglichst bergige Landstraßen.

996 Turbo Cabrio: Die Ansicht von oben dokumentiert üppige Platzverhältnisse – im Notfall auch einmal für vier Personen.

Porsche-typisch: Das hochwertige Cabrio-Verdeck des 996 Turbo sitzt straff und stört die Linienführung nur wenig...

...und innerhalb von 20 Sekunden versenkt, verschwindet die Mütze ohne Wulst unter einer Klappe.

Für die Klappaktionen des Verdecks ist ein Elektromotor zuständig. Mit in die Aktion einbezogen ist eine elektrische Pumpe, die der für die Bewegungen des Dachgestänges zuständigen Hydraulik den notwendigen Druck liefert. Weitere E-Motoren sorgen für das Verriegeln des vorderen Spriegels am oberen Windschutzscheibenrahmen. Während der Verdeck-Betätigung werden die Tür-Seitenscheiben automatisch ein kleines Stück herunter gelassen, um anschließend wieder in ihre Ausgangsposition zu rücken. Die hinteren Seitenscheiben werden hingegen analog dazu komplett versenkt. Die Außenhaut des Verdecks besteht aus einem besonders hochwertigen, verschleißfesten Textil, das zwischen Windschutzscheibe und erstem, im Bereich der B-Säulen positionierten Spriegel über einen Magnesium-Rahmen gespannt ist. Eine zwischen Außenhaut und Himmel eingelagerte Kunststoffplatte garantiert besten Geräusch- und Klimaschutz. Bedenken, dass ein Stoffverdeck den Turbo-typisch hohen Geschwindigkeiten nicht standhalten könnte, zerstreute Porsche mit dem Hinweis auf Versuche im Windkanal. Dort sei die Mütze bis zu 337 km/h getestet worden – und dies ohne Beanstandung.

996 Turbo Cabrio: Aluminium-Hardtop serienmäßig

Knapp 10000 Euro Aufpreis kostet das Cabrio-Vergnügen im Vergleich zum Coupé – doch diese stattliche Summe relativiert sich angesichts zweier freundlichen Gratis-Zugaben des Hauses Porsche: ein zweifach klappbares und abnehmbares Windschott sowie ein nur 32 Kilogramm schweres Hardtop, bestehend aus zwei vernieteten Aluminium-Schalen sind im Preis inbegriffen. Porsche versprach, dass sich das Festdach von zwei Personen mühelos handhaben ließe. Auch bedürfe es keinerlei technischer Vorkenntnisse – ein wichtiger Hinweis im Hinblick auf die Elfer-Hardtops der ersten Cabrio-Jahre, deren Montage/Demontage einen Werkstatt-Aufenthalt erfordern.
Die Ausstattung des Turbo-Modells – ob Cabrio oder Coupé – hatte Porsche für das Modelljahr 2004 abermals angereichert, wovon im Armaturenbrett ein 5,8 Zoll großer Farbbildschirm in 16:9-Aufteilung zeugt. Er ist der Kommunikator des nun serienmäßigen Porsche Communication Managements (PCM), das einen Doppeltuner (zur permanenten Hinter-

996 Turbo Cabrio in der Durchsicht: Es bedurfte der Kunstkniffe, um das Verdeck im knappen Raum zwischen Rücksitz und Triebwerk voll versenkbar unterzubringen.

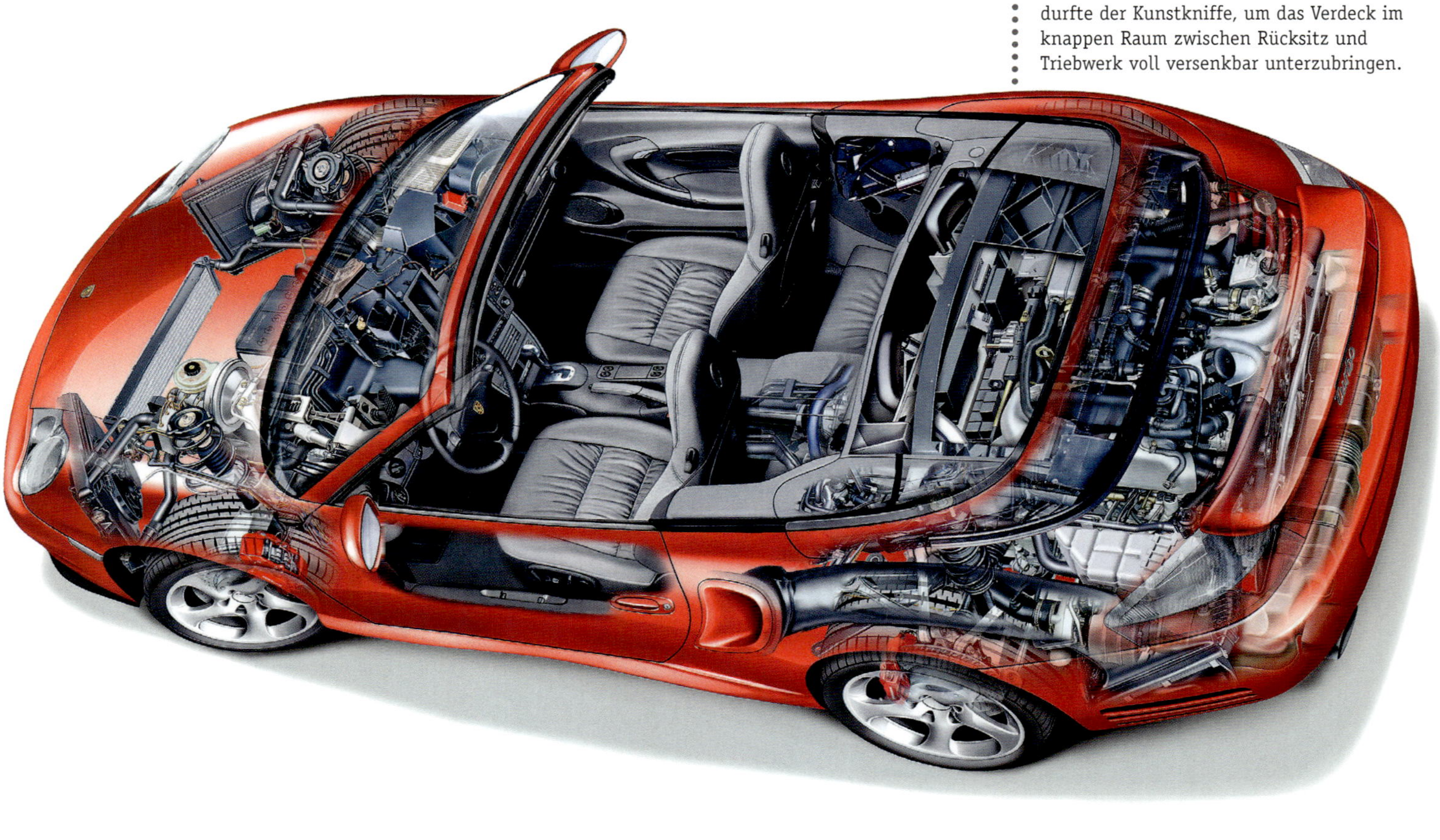

Porsche 996 Turbo Cabrio mit Aluminium-Hardtop: Das feste Winterdach wurde den Käufern eines 996 Turbo Cabrios ohne Aufpreis geliefert.

Das Cabrio-Interieur der 996 Turbo-Generation entspricht der Anmutung in der Festdach-Variante.
Im Modelljahr 2004 neu: der 5,8 Zoll große Farbbildschirm.

grundsuche nach der jeweils besten Frequenz), CD-Player, einen Reiserechner sowie ein Navigationsinstrument mit dynamischer Routennavigation umfasst. Optional kann in das System ein GSM-Dualbandtelefon (D- oder E-Netz) integriert werden.
Die Zahl der Armaturenbrett-Knöpfchen stieg durch diese Zugabe naturgemäß weiter an – Porsche Turbo-Neulinge tun gut daran, sich vor Fahrbeginn ein Stündchen in die 194 seitige Betriebsanleitung (Ausgabe 8/2000) zu vertiefen.
Technologisch gleicht das Cabrio mit 420 PS und Allradantrieb dem Coupé-Pendant. Und wie dieses konnte auch das Cabrio alternativ mit Automatikgetriebe – Aufpreis 2871 Euro – ausgeliefert werden. Auch mit seinen aerodynamischen Qualitäten scheint das Cabrio nicht hinter dem Coupé zurück zu stehen – was die für beide Karosserievarianten identi-

sche Höchstgeschwindigkeit von 305 km/h (nach Werksangabe) dokumentiert. Allerdings dämpft das im Vergleich zum Coupé stattliche Mehrgewicht des Cabrios von immerhin 120 Kilogramm ein klein wenig das Beschleunigungs-Temperament: 200 km/h werden nach 14,8 Sekunden erreicht – 0,6 Sekunden später, als im Coupé.

Wie bei Cabrios üblich erfuhr nämlich auch die 996-Karosserie zur Kompensation des fehlenden Blechdachs einige Rohbau-Änderungen. Diese hatten sich zuvor schon beim 911 Carrera 4S Cabriolet bewährt und addierten sich zu einem Mehrgewicht der Rohkarosserie von rund 70 Kilogramm. So bewirken Schwellenverstärkungen in doppelter Blechstärke, zusätzliche Knotenbleche und sowohl verschweißte, als auch verklebte Schachtverstärkungen hinter der B-Säule eine Erhöhung der Steifigkeit. Die Festigkeit des Rohbaus profitiert von der erstmals bei Porsche verwendeten Stahlsorte DP600 der Firma Salzgitter Flachstahl. Dank deren martensitischen* Einlagerungen verspricht Salzgitter für DP600 ein besonders hohes Verfestigungs-Potential nach dem Umformen im Zuffenhausener Karosseriebau, außerdem eine hohe Bruchdehnung, eine beträchtliche Gewichtsreduzierung im Vergleich zu herkömmlichem Stahl sowie eine besonders gute Schweißbarkeit.

Zum Schutz der Insassen bei Unfällen, speziell bei Überschlägen, kommen im Cabriolet außer der (auch bei geöffnetem Verdeck und abgesenkten Seitenscheiben wirksamen) Airbag-Garnitur zwei Überrollbügel zum Einsatz, die in Ruhestellung hinter den Rücksitzen verborgen sind. Wenn ein Karosserie-Neigungssensor einen drohenden Überschlag signalisiert, werden die Bügel durch Federdruck ausgefahren.

Dirigiert wird dieser Prozess durch ein Steuergerät, in dem ein sogenannter Libellensensor auf Schräglage und Beschleunigung reagiert, während ein g-Sensor ein Flugmanöver des Fahrzeugs erkennt. Die Überrollbügel werden erst dann ausgelöst, wenn die Schräglage seitlich über 51 Grad oder längs über 72 Grad beträgt, wenn darüber hinaus die Beschleuni-

**Martensit ist ein metastabiles Gefüge in Metallen, benannt nach dem deutschen Metallurgen Adolf Martens (1850-1914)*

Reagieren auf Karosserie-Neigung und Beschleunigungen: die automatisch unter Federdruck ausfahrbaren Überrollbügel des 996 Turbo Cabrios.

Steile Lehne, aber notfalls auch für zwei Mitfahrer nutzbar: Rücksitzanlage im 996 Turbo Cabriolet.

gung quer über 5,5 g oder längs 10 g mindestens 40 Millisekunden lang anhält. Ausgelöst wird auch, wenn das Fahrzeug mit mehr als 0,1 g länger als 200 Millisekunden abhebt.
Wer nach dem Überschlag mit Glück wieder auf den Rädern landet, der kann die beiden Sicherheitsbügel nach dem Entriegeln der Einrastklinke von Hand wieder in ihre Ausgangsposition zurück drücken.

Turbo-Jahrgang ´05: noch mehr Power im Turbo S

Modellvielfalt belebt das Geschäft – und bei Hochleistungs-Sportwagen wie dem Porsche Turbo lässt sich zahlungskräftiges Publikum nicht zuletzt mit noch mehr Leistung locken. Bereits seit 2001 (Modelljahr 2002) bot deshalb die sehr profitable »Wünsch-Dir-was-Abteilung Porsche Exclusive« einen in der Leistung um 30 PS auf 450 PS (331 kW) erstarkten Super-Turbomotor an – Aufpreis: 24730 DM*, Bestellcode; X50. Diese Nennleistung egalisierte das Potential des letzten luftgekühlten 911 Turbo S der 993-Generation (Motortyp M64/60 S), sie steht jedoch bereits bei 5700 statt wie beim M64/60 S erst bei 6000/min zur Verfügung.

**Aufpreis mit Euro-Einführung ab 2002 € 12748.*

Steigerungs-Möglichkeit: Turbo-Kraft ist durch nichts zu ersetzen – es sei denn durch noch mehr Turbo-Kraft. Porsche bewies diese Weisheit mit dem 996 Turbo S.

Dieses intern M96/70 E genannte Triebwerk motorisierte ab Ende 2004 (also im Modelljahr 2005) auch eine neue 911 Turbo-Variante mit dem traditionsreichen Kürzel S. Erzielt wurde die Mehrleistung bei unveränderten Steuerzeiten durch größere Verdichter- und Turbinenräder (Lader-Typ K24 statt K16), etwas mehr Ladedruck (0,9 statt 0,8 bar) und optimierte Ladeluftkühler. Identisch bei beiden Motorvarianten sind die Leerlaufdrehzahl (740 +/- 40/min) und das Drehzahllimit von 6750/min, dessen Respektierung die Motorelektronik mit einer Drosselklappenverstellung und Kraftstoffunterbrechung sozusagen erzwingt.
Bemerkenswerterweise erreicht der M96/70E-Motor seine Mehrleistung gegenüber dem Basis-Turbo bei einer um 300/min geringeren Nenndrehzahl (5700 statt 6000/min). Auch liefert der S-Motor ein deutlich erhöhtes Drehmoment, nämlich im Drehzahlbereich 3500-4500/min gewaltige 620 Nm (Basis-Turbo: 560 Nm in einem allerdings breiteren, von 2700 bis 4500/min reichenden Drehzahlbereich). Umso mehr überraschen die werksseitigen Fahrleistungsangaben des Turbo S, die sich mit Sechsgang-Schaltgetriebe nur marginal von denen des Turbo unterscheiden: Beschleunigung von 0-100 km/h in jeweils 4,2 Sekunden, 0-160 km/h in 9,0 statt 9,2 Sekunden, Höchstgeschwindigkeit 307 statt 305 km/h. Mit Automatik (Tiptronic S) stehen die Verhältnisse 4,5 zu 4,9 Sekunden, 9,7 zu 10,6 Sekunden und 300 zu 298 km/h.
Auch die Norm-Verbrauchswerte der beiden Motorvarianten differieren weit weniger markant, als die jeweiligen Unterschiede zwischen Schaltgetriebe und Automatik. Im Drittelmix füttern die Innenzahnrad-Benzinpumpe und die beiden zusätzlichen Saugstrahlpumpen die 450 PS des von Hand geschalteten S-Modells mit 13,3 L Superplus/100 km – 0,4 Liter mehr, als sich die 420 PS des Basis-Turbo genehmigen. Mit Automatik lautet das Verhältnis 14,2 zu 13,9 l/100 km zuungunsten des S-Modells.

Serienmäßig lieferte Porsche den Turbo S mit der Hightech-Bremsanlage mit Keramik-Bremsscheiben aus, was diese Variante für Porsche-Verhältnisse geradezu zum »Schnäppchen« machte – zumindest, wenn deren Listenpreis (€ 142248) mit dem Gesamtpreis eines zuvor offerierten 911 Turbo mit entsprechender Exclusive-Leistungssteigerung verglichen wird. Der kostete nämlich € 141424 – jedoch OHNE die als Option rund 8000 € teure Keramik-Superbremse...
Optisch verweisen außer dem »Turbo S«-Schriftzug am Heck lediglich polierte Endrohre, in einem speziellen Silberton lackierte Räder mit farbigem Porsche-Wappen auf den Radnabenabdeckungen und aluminiumfarbene (statt schwarze) Ziffernblätter der Armaturen auf den zur 996-Zeit teuersten 911 Turbo – Accessoires, die freilich auch in der Aufpreisliste »normaler« 911 Turbo standen oder über Porsche Exclusive bestellt werden konnten.
Obwohl von den Gusseisernen der Porsche-Fangemeinde mit Reserve aufgenommen, entwickelte sich der erste wassergekühlte 911 Turbo zum Verkaufsrenner, der in nur fünf Baujahren 22057 Mal einen solventen Käufer fand – über das Dreifache des letzten luftgekühlten 911 Turbo (993) in dessen vier Baujahren. Auch den bisherigen 911 Turbo-Stückzahlkönig, den 930 Turbo 3.3 der Jahre 1978 bis 1989, entthronte der 996 Turbo: Für den entschieden sich in zwölf Baujahren lediglich knapp 18000 Freunde der Faust im Nacken...

Sichtbares Porsche 996 Turbo S-Merkmal: spezieller Silberton für die mit farbigen Porsche Wappen geschmückten Räder.

Auch für den erstarkten Turbo S lieferbar: die Fünfgang-Automatik namens Tiptronic S.

Turbo S-Indiz unter der Heckschürze: polierte Endrohre der Auspuffanlage.

Turbo S-Indiz im Cockpit: hellsilberne statt schwarze Ziffernblätter der Armaturen.

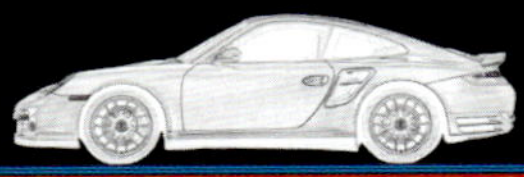

Turbo-Jahrgang ´06: Der Wasser-Turbo wird verfeinert

911 (997) TURBO – WIEDER KLASSISCHER, AUSSEN UND AUCH INNEN

911 (997) Turbo: Das ist neu*

- Design-Modifikationen an Bug und Heck mit überarbeiteter Aerodynamik zugunsten mehr Abtrieb am Heck
- gewichtsreduzierte Rohbau-Karosserien mit Türen, Frontdeckel und Heckmittelteil aus Aluminium
- voll verkleideter Unterboden
- komplett neu gestaltetes Interieur mit im klassischen 911-Stil angeordnetem Armaturen-Ensemble und abgesenkter Sitzposition
- leistungsstärkerer Biturbo-Motor (M97/70)
- Turbolader-Duo mit variabler Geometrie und höherem Ladedruck
- optionales Sport Chrono-Paket mit Overboost-Funktion für die Turbolader
- neues Allradsystem mit magnetgesteuerter Lamellenkupplung
- überarbeitetes Automatikgetriebe Tiptronic S für bessere Fahrleistungen
- Lenkung mit variabler Übersetzung
- im Gewicht reduzierte Radaufhängungen mit verbreiterten Spurweiten vorn und hinten
- verbesserte Serien-Bremsanlage mit 6-Kolben-Festsätteln vorn sowie vergrößerten Bremsscheiben vorn und hinten
- auf 19 Zoll Durchmesser vergrößerte Räder in neuem Fünfspeichen-Design** und rundum breitere Reifen
- serienmäßiges Reifendruck-Kontrollsystem

*im Vergleich zum 911 (996) Turbo
**Das Foto-Modell trägt optionale Zentralverschluss-Räder.

Walter Röhrl über den...
... 997 Turbo

»Mit der Generation 997 hat man vor allem optisch einen Schritt in die Neuzeit gemacht. Die Autos sind auch heute kaum gealtert und verkörpern immer noch die Ästhetik eines modernen Porsche. Dank seiner variablen Turbinen-Geometrie hat der Motor ein hervorragendes Ansprechverhalten – man merkt kaum, dass es ein Turbo ist. Bis heute kann ich an dieser Turbo-Generation nichts Negatives finden und sitze immer wieder gerne am Lenkrad eines 997 Turbo. Das Gefühl in der Abstimmung von Lenkung, Fahrwerk und Bremse ist herrlich analog.
***9 von 10 Punkten** gebe ich dem 997 Turbo.«*

Als Porsche im Sommer 2004 den 911 Carrera, Typnummer 997, präsentierte, da ging ein Aufatmen durch die Enthusiasten-Gemeinde von Porsche. Der damals Neue beleuchtet die Fahrbahn wieder mit klassisch-ovalen Scheinwerfern. Er sieht – von vorn betrachtet – wie eine gelungene Neuinterpretation der letzten luftgekühlten 911 aus. Und das im Vorgänger 996 überfrachtete, allzu modisch gestaltete Armaturenbrett im Boxster-Stil hatte annähernd zur klassischen Elfer-Formation zurück gefunden, die fünf nebeneinander platzierte Instrumente vorgibt. Dass sich die vier äußeren Uhren an den zentralen Drehzahlmesser anschmiegen und folglich einen Teil ihrer Rundungen verloren haben, wurde als Zugeständnis an den Design-Zeitgeist vom Gros der Enthusiasten akzeptiert.

Einmal mehr präsentierte Porsche die Turbo-Variante eines neuen Elfers mit Zeitabstand zum Saugmodell. Erst im Frühjahr 2006 wurde für die 997-Generation die Turbo-Ära eingeläutet – noch innovativer, noch leistungsstärker, noch schneller, noch umfangreicher ausgestattet und zudem optisch attraktiver als die 996-Version. So wirkt die analog zum 997 Carrera mittels Sicken straffer modellierte Frontpartie einerseits strukturierter, andererseits aber auch wieder 911-gemäßer. Die am vorderen Rand

Frühe Skizze für den Turbo-Elfer mit der Kennziffer 997: Sie entstand bereits Ende der 1990er Jahre noch unter Designchef Harm Laagay (der 2004 in den Ruhestand ging).

Diese Front beruhigte die Gemüter der Porsche-Enthusiasten: Die Scheinwerfer sind wieder oval, das Gesicht wieder 911-typischer.

Diese Fingerübung für den 996 Turbo-Nachfolger mit sehr dezenter Spoiler-Gestaltung entstand im Porsche-Designstudio anno 2002.

turbo
S GO 18

wieder abgerundete (statt zuvor eckige) Kofferraumhaube zitiert zudem klassische 356-Frontdeckelmerkmale und steht in harmonischem Einklang mit den wieder schlichteren Hauptscheinwerfern.
Gegenüber dem 996-Bug wurden die Frontöffnungen vergrößert, um dem höheren Kühlluftbedarf der 997-Motorisierung gerecht zu werden. Hornartige Stege mit darin integrierten LED-Blink- und Positionsleuchten unterbrechen optisch vorteilhaft die äußeren Nüstern, so dass deren oberen Partien im Zusammenspiel mit der neu gestalteten Fronthaube ein wenig an die einstigen Hupengitterchen des seligen 356 erinnern – zumindest in der Fantasie Porsche-historisch ambitionierter Betrachter. Ergänzung fand das 997-Leuchtfeuer durch im Umfang relativ kleine, weit unten außen angeordnete Nebelscheinwerfer in neuartiger Projektionstechnik, bei der ein Projektor und eine Linse statt einer Reflektor/Streuscheiben-Kombination die Lichtübertragung erledigen.
Die Turbo-Heckverkleidung wurde gegenüber der 996-Version komplett neu entwickelt und nochmals um 22 Millimeter verbreitert. Damit wuchs die Karosserie-Gesamtbreite (ohne Außenspiegel) auf 1852 Millimeter an, entspricht jedoch dank neu gestalteter Außenspiegel mit 1937 Millimeter inclusive Rückspiegel dem Vorgänger – was es auch 997 Turbo-Fahrern erlaubt, in Autobahn-Baustellen die Überholspur zu nutzen*. Als weitere, in erster Linie von der Design-Abteilung diktierte Änderung rückten die ovalen Auspuffendrohre etwas nach oben. Umgeben von Kunststoff-Blenden, die Temperaturen von bis zu 280 Grad Celsius schadlos überstehen, ragen sie nun aus der Heckschürze hervor, statt wie beim 996 Turbo darunter hervor zu lugen.

**Fahrzeugbreiten-Limit auf linken Baustellen-Spuren überwiegend zwei Meter.*

Auch von hinten typisch 997 Turbo: neu entwickelte Heckverkleidung und in die Heckschürze integrierte Endrohre der Auspuffanlage.

997-Leuchtfeuer: Ovalscheinwerfer, kleine Nebelscheinwerfer und LED-Positionslämpchen/Blinker.

Neu gestaltet wurde auch der doppelte, auf jeder Seite um 30 Millimeter verbreiterte Heckspoiler (Spaltflügel), der an den Flanken leicht nach unten gebogen ist und sich dadurch in Ruhestellung an die Wölbung der hinteren Kotflügel anschmiegt. Bei 120 km/h fährt der obere Teil des Spoilers um 35 Millimeter nach oben, um sich bei etwa 80 km/h wieder abzusenken. Die gegenüber dem 996-Turbospoiler um 35 Millimeter reduzierte Ausfahrhöhe des Flügels begründete Porsche mit einer *»besseren aerodynamischen Balance«* im Gesamtzusammenhang mit weiterem Feinschliff an der Karosserie zugunsten noch besserer Windschlüpfigkeit.
So konnte zwar der c_w-Wert des Vorgängers mit 0,31 numerisch nicht verbessert werden, doch angesichts des größeren Kühlluftbedarfs des überarbeiteten Biturbo und der breiteren Reifen darf dieser Wert relativ durchaus als Fortschritt interpretiert werden. Dies gilt umso mehr, als es den Porsche-Aerodynamikern gelang, die Auftriebs-Werte der Karosserie sowohl vorn, als auch hinten weiter zu reduzieren.
Dies gelang durch die folgenden Maßnahmen:

- kleine, aber feine Veränderungen an der Spoiler-Lippe unterhalb des Bugs,
- neu gestaltete Schwellenabdeckungen aus schwarzem Kunststoff (die zugleich die unteren Karosserie-Flanken vor Steinschlagschäden schützen),
- kleine Spoiler vor den Hinterrädern für eine aerodynamisch effiziente Rad-Umströmung,
- im Carrera 4-Stil nahezu voll verkleideter Unterboden (gegenüber dem Vorgänger durch zusätzliche Verkleidungsteile links und rechts des Mitteltunnels in der Verkleidungs-Fläche um 97 Prozent erweitert), dadurch eine kontrollierte Unterströmung mit geringen Verwirbelungen,
- Veränderung der Strömungsverhältnisse im Bereich der Wasserkühler, wobei ein Bypass zwischen mittiger und äußeren Kühlluftöffnungen die Luftverteilung auf die drei Wasserkühler effizienter gestaltet, während eine Umlenkschaufel die Abluft des mittigen Kühlers statt nach oben (wie im 996 Turbo) gezielt unter den Wagenboden leitet, ohne jedoch dort Auftrieb zu erzeugen.

An der Hinterachse des 997 Turbo beschert der ausgefahrene Spoiler dem Fahrzeug bei Höchstgeschwindigkeit einen Abtrieb von 27 Kilogramm (996 Turbo: 9 kg) – Porsche schreibt diesem aerodynamisch erzeugten Zusatzgewicht eine *»verstärkte Traktion und Seitenführung insbesondere beim Spurwechsel mit sehr hoher Geschwindigkeit«* zu. Wer unter den Turbo-Käufern noch extra in Aerodynamik investieren wollte, dem bot Porsche ab Dezember 2007 ein Aerokit mit modifizierten Front- und Heckpoilern für das Coupé – als *»Aerodynamischer Feinschliff aus dem Windkanal«* angepriesen. Unter Beibehaltung des c_w-Wertes von 0,31 versprach Porsche noch etwas bessere Abtriebs-Werte (ohne diese jedoch zu benennen) – und damit noch mehr Fahrstabilität bei hohen Tempi.

997 Turbo-Unterbodenverkleidung: gegenüber dem 996 Turbo in der Fläche um 97 Prozent erweitert.

997 Turbo im Windkanal: Trotz vergrößerter Stirnfläche ähnlich windschlüpfig wie der 996-Vorgänger.

997 Turbo-Spaltflügel: in Ruheposition und unterhalb von 120 km/h abgesenkt,...

...bei 120 km/h fährt der obere Spoiler um 35 Millimeter nach oben.

Entwicklungszentrum
Windkanal
Weissach
S AI 911

Inclusive Mehrwertsteuer erhöhte das exklusive Luftleitwerk den Coupé-Preis um 5355 Euro. Möglich war indessen auch der nachträgliche Anbau: Ohne (individuell von den Werkstätten kalkulierter Lackierung und Montage) berechnete Porsche für die Teile 4879 Euro.
Außer an Front, Heck und Unterboden modifizierten die Porsche-Designer ihren 997 Turbo auch an den Flanken – und das weniger aus optischen, sondern mehr aus funktionalen Gründen. So tragen die seitlichen Lufteinlässe hinter den Türen nun einen Mittelsteg und sind großflächiger. Eine Vergrößerung der Kanalquerschnitte um je rund zehn Prozent reduzierte im Vergleich zur 996-Variante die Strömungswiderstände und verbesserte die Anströmung auf die Kühlernetze der Ladeluftkühler. Die effizientere Ladeluftkühlung begünstigt wiederum die Nennleistung und das Drehmoment des Motors.

Völlig neu gestaltete Leichtmetallräder tragen ihren Teil zur signifikant veränderten Seitenansicht des Ende 2005 erstmals gezeigten 997 Turbo bei: Sie zeichnen sich durch extrem geringe Querschnitte der fünf Speichen aus. Zusätzliche Akzente setzt das sehr attraktive Zweifarb-Finish der Räder mit hochglanzpolierten Stirnflächen und titancolorierten Speichenflanken.

Typisch 997 Turbo: filigran erscheinende Fünfspeichenräder im Zweifarben-Design.

Noch dynamischer, im Design und in der Wirkung: modifizierter Heckspoiler des 997 Aerokits.

997 Turbo im Aerokit-Design: spezieller, fest stehender Heckspoiler als Reminiszenz an den Klassik-Turbo...

...und neu gestaltete Frontpartie mit tiefer gezogener Spoiler-Lippe und in Wagenfarbe lackierten Kühlergittern.

997 Turbo-Bremsanlage: Effizienz abermals erhöht

Das filigrane Laufwerk ermöglicht einen nahezu ungehinderten Blick auf die neu entwickelte Bremsanlage mit ihren sowohl vorn, als auch hinten im Durchmesser um 20 auf 350 Millimeter vergrößerten Bremsscheiben (Belagflächen-Zuwachs: rund 42 Prozent) und den rot lackierten Bremssätteln. Vorn werden die Bremszangen im 997 Turbo nach dem Vorbild des Mittelmotor-Carrera GT von 2004 durch sechs Kolben betätigt (996 Turbo: vier Kolben). Dabei sind die Kolben thermisch isoliert, um ein Überhitzen der Bremsflüssigkeit bei Extrembelastung zu verhindern. Auch die Vierkolben-Bremsanlage an der Hinterachse wurde optimiert: Erstmals bei Porsche-Serienwagen erhielt sie (wie zuvor schon die vordere Bremsanlage) eine aktive Belüftung über Öffnungen am Wagenboden, von denen aus der Kühlluftstrom über Kanäle mit speziellen Luftlenkungsspoilern zu den gelochten und innenbelüfteten Scheiben geführt wird.
Für eine um 20 Prozent verringerte Bremspedalkraft sorgt (an Stelle des einfachen Verstärkers wie im 996 Turbo) ein neuer Tandem-Bremskraftverstärker mit einer um 45 Prozent vergrößerten Gesamtfläche. Dass dabei das 911-typisch präzise Pedalgefühl und die Dosierbarkeit nicht litten, ist dem vergrößerten Hauptbremszylinder zu verdanken. Die Bremsenfunktion verbessert überdies das sogenannte Porsche Stability Management (PSM) mit erweiterten Funktionen der Bremsanlage.
Dazu zählt der Bremsassistent, der bei vom System erkannten Notbremsungen alle vier Räder in den Regelbereich der ABS-Anlage bringt – unabhängig vom Bremspedaldruck durch den möglicherweise zögerlichen Fahrer. Es versteht sich, dass diese Funktion dazu beiträgt, den Bremsweg auch bei zaudernden Bremsern zu verkürzen. Des Weiteren kompensieren asymmetrische Bremseneingriffe kritisches Unter- oder Übersteuern. Schließlich erhöht eine Vorbefüllung der Bremsanlage die Bremsbereitschaft dann, wenn der Fahrer sehr abrupt vom Gaspedal geht – für gewöhnlich der erste Akt einer Notbremsung. In dieser Situation wird sofort Bremsflüssigkeit zu den Radbremsen befördert, um das so genannte »Lüftspiel« zwischen Bremsbelag und Bremsscheibe zu eliminieren. Auf diese Weise liegen die Beläge bereits an der Scheibe an, wenn der Fahrer letztlich die Bremse – dank PSM verzögerungsfrei – betätigt. Das Antiblockiersystem (ABS) von Bosch entspricht im 997 Turbo der 2006 aktuellen Version 8.0 (996 Turbo: Version 5.7) Und natürlich können Turbo-Käufer gegen 8491 Euro Aufpreis nach wie vor die schon in den Vormodellen der

996-Generation bewährte Keramik-Bremsanlage ordern, deren vordere Scheiben im Umfang von 350 auf 380 Millimeter vergrößert wurden.
Eine tiefgreifende Weiterentwicklung erfuhr neben der Bremsanlage auch das Fahrwerk des 997 Turbo. So wuchsen die Spurweiten vorn um 18 auf 1490 Millimeter, hinten um 20 auf 1548 Millimeter. Die im 997 Turbo neuen Leichtbau-Federbeine stützen sich auf einer breiteren Basis ab. An der Vorderachse neue Achs-Querträger, modifizierte Schwenklager und verstärkte Radlager, hinten ein steiferer Stahl-Hilfsrahmen sowie rundum verstärkte Radlager tragen der Mehrleistung des 997 Turbo und der damit verbundenen noch höheren Belastung Rechnung. Serienmäßig ist das aktive Dämpfersystem PASM (für Porsche Active Suspension Management), das zwei Grundprogramme bietet:

- In der Normal-Einstellung bietet es eine eher komfortable Grundabstimmung, die erst bei forcierter Fahrt selbständig in den Sport-Modus wechselt;
- in der Sport-Einstellung unterstützt eine härtere Dämpferkennlinie eine sportliche Fahrweise und bietet eine verbesserte Wanksteifigkeit.

Der Raddurchmesser wuchs um ein auf 19 Zoll, die vordere Radbreite von acht auf 8,5 Zoll (hinten unverändert elf Zoll Radbreite). Auch die Reifen-Breiten nahmen zu, und zwar um jeweils zehn Millimeter. Somit rollt der 997 Turbo vorn auf 235/35er Gummis, hinten kommt gar das 305/30er Format zum Einsatz. Die vergrößerten Abrollumfänge der Räder erzwangen Übersetzungs-Anpassungen der Gänge 2 bis 6, die im Vergleich zum 996 Turbo-Getriebe durchweg etwas kürzer ausgelegt sind. Als weltweit erster Serienwagen erhielt der 997 Turbo ein Reifendruck-Kontrollsystem zur permanenten Überwachung des Luftdrucks jedes einzelnen Reifens. Einen Rückschritt unter Berufung auf eine Gewichtseinsparung um 14 Kilogramm bedeutet hingegen der Entfall des Faltrotrades und des Wagenhebers. Stattdessen müssen Plattfuß-Havaristen unter den 997 Turbo-Fahrern mit einer Sprühflasche hantieren, die aufblähenden Reparaturschaum enthält...
Schwäbische Sparsamkeit herrschte also für den Fall von Reifenpannen – doch technologisch belegt der 997 Turbo, dass Porsche im ersten Jahrzehnt des 21. Jahrhunderts hochprofitabel war und entsprechend großzügig in die Weiterentwicklung seines Serien-Topmodells investieren konnte. Das gilt für die Motor-Technik genauso, wie für das ein Jahrzehnt zuvor in der 993-Generation eingeführte Allrad-Antriebssystem oder das im Vormodell 996 Turbo erstmals offerierte Automatikgetriebe Tiptronic. Alle drei Gewerke erfuhren für den 997 Turbo tiefgreifende und nachhaltige Überarbeitungen.

997 Turbo-Motor: von der Raumfahrt gelernt

Die motortechnisch wichtigste Turbo-Innovation bedurfte nach Porsche-Bekunden zur Erprobung und Ausreifung über eine Million Test-Kilometer im Fahrzeug, gut 20000 Stunden auf dem Prüfstand und zudem 1000 Erprobungs-Stunden in einer Brennkammer. Umfangreiche Fahrversuche und Dauertestläufe gehören seit dem Prototypen-Stadium des von Profes-

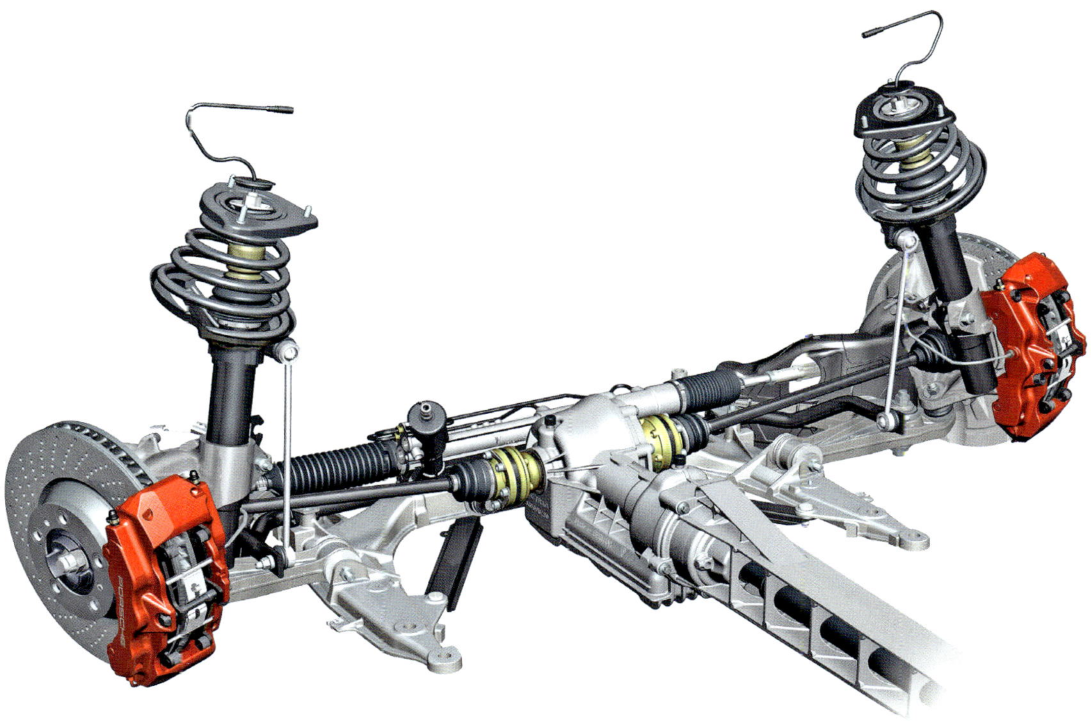

997 Turbo-Fahrwerk: verbreiterte Spurweiten, Leichtbau-Federbeine, steiferer hinterer Hilfsrahmen, aktives Dämpfersystem, um 20 mm vergrößerte Bremsscheiben.

997 Turbo-Bremsanlage: vorn nach Carrera GT-Vorbild mit Sechskolben-Bremszangen und thermisch isolierten Kolben; Keramik-Bremsanlage mit vergrößerten Bremsscheiben.

sor Ferdinand Porsche und seiner Crew entwickelten Porsche Typ 60 (Volkswagen Käfer) zur Reifung eines neuen Automobils. Wozu aber benötigten die Weissacher Ingenieure eine Brennkammer?
Erst die Entwicklung und Erprobung hochtemperaturfester Werkstoffe ermöglichten es Porsche und Turbo-Zulieferer Borg-Warner-Turbosystems (früher Kühnle, Kopp und Kausch, KKK), die zuvor schon bei Diesel-Motoren erprobte, variable Turbinen-Geometrie (VTG) im Hochleistungs-Otto-motor einzusetzen. Otto-Motoren erzeugen nämlich um 200 bis 300 Grad heißere Abgase als Diesel-Triebwerke, und bei bis zu 1000 Grad heißen Abgas-Temperaturen bedurfte es schon der Raumfahrt-Technologie und entsprechender Werkstoffe, um die filigrane Mimik der bei der VTG-Technologie verstellbaren, elf Leitschaufeln nicht zu schädigen. Extrem hohe Ansprüche an die Beschaffenheit und das Ausdehn-Verhalten der verwendeten Materialien stellten zudem die zu erwartenden Temperaturschwankungen, denen die Turbo-Einzelteile ausgesetzt sind: Sie müssen bei einem Kaltstart unter Polarbedingungen (minus 30 Grad) genauso funktionieren, wie bei 1000 Grad Celsius unter Höchstbeanspruchung.
Sowohl die Nennleistung, als auch das maximale Drehmoment profitieren von der variablen Turbine – vor allem aber die Motor-Charakteristik eines Hochleistungs-Turbos. Zwar war es Porsche gelungen, mit konventionellen Methoden das gleichermaßen berüchtigte wie wegen des nachfolgenden Katapulteffektes legendäre »Turboloch« weitgehend zuzuschütten – zuletzt durch die Verwendung zweier kleiner (Biturbo) statt eines großen Turboladers in den 993- und 996-Generationen. Sensible Fahrernaturen spürten freilich auch noch in den ersten Biturbos von Porsche den etwas verzögerten Einsatz der beiden Turbinen, weil ausreichender Abgasdruck zum Antrieb der Turbinen eben erst nach einer oder mehreren Zehntelsekunden zur Verfügung steht. VTG hingegen kombiniert – übrigens gegenüber einer konventionellen Turbine zum doppelten Einkaufs- (und Ersatzteil-)Preis – die Vorteile sehr kleiner Turbinen, also ihr vergleichsweise spontanes Ansprechen, mit dem Leistungsvermögen großer Turbinen.
In der Porsche-Hausliteratur wird die Turbo-Problematik professoral so erläutert:

»Kleine Turbolader reagieren durch enge Strömungsquerschnitte schon auf geringe Abgasmengen mit hohen Strömungsgeschwindigkeiten, die zudem auf ein Turbinenrad mit kleiner Beschleunigungsmasse treffen. Durch dieses gute Ansprechverhalten fördert das mit dem Turbinenrad über eine Achse verbundene Verdichterrad bereits bei niedrigen Drehzahlen komprimierte Luft in die Brennräume und erhöht so die Leistungsdichte des Motors. Der Nachteil: Bei wachsenden Drehzahlen mit höherem Luftdurchsatz wächst auch der Strömungswiderstand, wodurch hohe Gegendrücke entstehen und ein Teil des Abgases über ein Waste Gate oder Bypass-Ventil abgeleitet werden muss. Umgekehrt bei großen Turboladern: Sie haben bei geringen Motordrehzahlen ein schlechtes Ansprechverhalten durch die größeren Querschnitte und höheren Turbinenmassen, dafür sind die Abgas-Gegendrücke bei hohen Luftdurchsätzen geringer.«
Wie aber vermeidet VTG die Nachteile der beiden Turbo-Varianten?
Dazu sei wieder der ausführliche Porsche-Text zitiert:
»Mit der variablen Turbinengeometrie werden die Querschnitte der jeweils optimalen Ladergröße über Leitschaufeln simuliert, die im Abgasstrom stehen. Bei niedrigen Drehzahlen schließen sich die Schaufeln zu kleinen Luftspalten. Das Abgas strömt durch den kleinen Querschnitt, wird beschleunigt und trifft mit hoher Energie radial auf das Turbinenrad – wie bei einem kleinen Turbolader. Diese Winkelstellung der Leitschaufeln wird so lange beibehalten, bis der gewünschte Ladedruck erreicht ist. Beim neuen Turbomotor ist er im Mittel auf etwa 1 bar eingestellt, in Meereshöhe, bei Volllast und 20 Grad Außentemperatur. Diese Parameter sind entscheidend für den Druck, mit dem die Verbrennungsluft in die Zylinder gefördert wird, da sich mit ihnen auch die Verbrennungsqualität ändert.
Wächst der Abgasstrom mit steigender Drehzahl weiter an, vergrößern die Leitschaufeln den Durchlass und regulieren so den Ladedruck. Die in der Motronic integrierte elektronische Regelung und der elektrisch betriebene Verstellmechanismus sind dabei so ausgelegt, dass die Verstelldauer für die Leitschaufeln von auf nach zu und umgekehrt nur etwa 100 Millisekunden beträgt. Darüber hinaus ist die variable Turbinengeometrie des Laders so

State of the Art der Turbinen-Technologie: Borg-Warner-Turbolader mit variabler Turbinen-Geometrie (VTG).

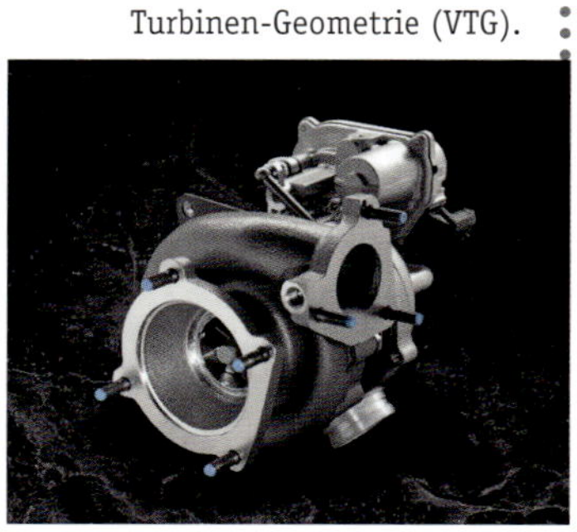

Blick ins Innere der VTG: Die Koppelstange verbindet die im Winkel variablen Schaufeln mit dem Stellmotor.

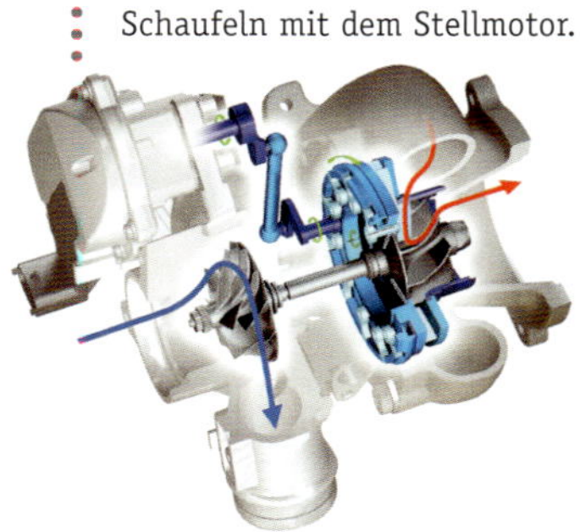

Kupplungsseite des 997-Biturbo M97/70: Die wassergekühlten VTG-Lader flankieren das Kraftpaket auf Höhe der mittleren Zylinder.

berechnet, dass auch die maximal auftretende Abgasmasse verarbeitet werden kann. Dadurch wird ein Bypass-Ventil überflüssig. «

Und wie funktioniert der erwähnte elektrisch betriebene Verstell-Mechanismus?

Die elf sogenannten Leitschaufeln des Laders sind untereinander über einen Verstell-Ring verbunden, der über eine Koppelstange mit einem elektrischen Stellmotor verbunden ist. Dieser Motor regelt auf diese Weise die Anstellwinkel der Schaufeln. Die Verstell-Vorgaben liefert das Motorsteuergerät Motronic, das über darin abgelegte Kennfelder je nach Situation optimale Verstell-Winkel vorgibt.

Überschüssiger Ladedruck entsteht bei diesem hochsensiblen System lediglich im Schub beim schnellen Schließen der Drosselklappe, wenn der weiterlaufende Verdichter weiter Druck aufbaut. Ein im Verdichter-Gehäuse integriertes (statt wie noch beim 996 Turbo externes) Abblas-Ventil öffnet unter diesen Umständen automatisch, um Überschuss-Druck abzubauen. Das einst Turbo-typische Zischeln beim Abblasen durch das exter-

Hightech aus Zuffenhausen: Beim Öffnen der Motorhaube sieht man leider davon lediglich die schwarzen Kunststoff-Blenden mit der mittigen Turbo-Plakette und das Ladeluft-Geweih.

ne Wastegate war somit beim 997 Turbo Vergangenheit – zumindest aus emotionaler Warte ist nicht jeder Fortschritt von Vorteil...
Naturgemäß wurde die Turbo-Technologie beim Streben nach noch mehr Perfektion auch nochmals komplexer. Um nämlich die erforderliche Dauerfestigkeit des VTG-System zu gewährleisten, bedurfte es neben einer zweistufigen Ölkühlung inclusive Nachlaufpumpe auch noch als Turbo-Novum eines Turbolader-Wasserkühlsystems zur Abkühlung der Gerätschaft nach dem Motorabstellen.
Turbo-Veteranen werden sich erinnern, dass in den Kindertagen dieser Technologie Turbolader meist nicht dann kollabierten, während mit heißer Sohle gefahren wurde. Sie wurden stets erst danach zum Problem, wenn nämlich der Fahrer nach dem Stopp versäumte, den Motor und vor allem die Turbine im Leerlauf noch einige Minuten abkühlen zu lassen. Lader-Schäden durch verkokte Turbinen-Wellenlager waren einst an der Tagesordnung inkompetenten Turbo-Gebrauchs...
Doch zurück zum Turbo-Porsche des Modelljahrgangs 2006, in dem der 911 Turbo der Baureihe 997 bereits bei rund 3000/min die maximale Nennleistung seines Urgroßvaters Turbo 3.0 von 1975, nämlich dessen 260 PS/191 kW, abgibt. In der sechsten Generation sind es bei Nenndrehzahl von 6000/min 480 PS/353 kW. Die Zahl bedeutet auch im Vergleich zu den 996-Varianten Turbo und Turbo S ein signifikantes Leistungs-Plus von 60 PS/44 kW bzw. 30 PS/22 kW – trotz der gegenüber diesen geringeren Verdichtung von 9:1 statt 9,4:1. Die Reduzierung der Kompression ist Vorsorge im Hinblick auf die höhere Bauteile-Belastung des stärkeren und mit höherem Ladedruck – 1 bar statt 0,8 bar – beanspruchten Triebwerks. Dazu gesellt sich ein Drehmomentzuwachs im Vergleich zum 996 Turbo um 60 Nm auf 620 Nm und – noch eindrucksvoller – ein deutlich breiteres Hochplateau des Maximal-Drehmoments, das sich von 1950 bis 5000/min erstreckt (996 Turbo: 2700 bis 4600/min).

997 Turbo-Leistung: Detailarbeit im Großen und Kleinen

VTG und die bereits erwähnte weiterentwickelte Ladeluftkühlung sind jedoch nicht alleine verantwortlich für die im Modell 997 Turbo gegenüber den keineswegs schwächlichen Vorgängern zu notierende Leistungs-Explosion. Vielmehr reduzieren neu entwickelte Luftfilter mit zwei- (statt im 996 Turbo) einflutiger Ansaugung über den Heckdeckel und mit neuen Luftfiltereinsätzen den Ansaugwiderstand, gleichbedeutend mit einer Optimierung der Ladungswechsel. Auch die Saugrohre vom Luftfilter zu den Verdichtern und die Druckrohre von den Verdichtern zur Drosselklappe wurden zur Reduzierung der Widerstände überarbeitet. Im Vergleich zur 996-Version verbesserte Strömungsübergänge zu den Zylinderköpfen und eine teilweise neu entwickelte Abgasanlage sind weitere Elemente des umfangreichen Feintuning-Katalogs zur Leistungssteigerung des 997 Turbomotors im Vergleich zu seinen direkten Vorgängern.
Zwecks Leistungssteigerung weiter entwickelt wurde auch das im Vorgänger 996 Turbo erstmals realisierte VarioCam Plus-Ventilsteuerungssystem, bei dem sowohl die Steuerzeiten der Nockenwellen, als auch der Ventilhub dem jeweiligen Motorleistungsbedarf entsprechend variiert werden (siehe auch Seite 121). Wie schon beim 996 Carrera bereits im Jahr 2001 als Modellpflegemaßnahme eingeführt, erfolgt nun auch im 997 Turbo die Steuerzeitenverstellung kontinuierlich statt digital, und das in einem mit 40° um 10° vergrößerten Verstell-Bereich. Die Verstellung übernimmt im 997 statt eines axialen Verstellers ein Flügelzellenversteller, in dem ein elektromagnetisches, von der Motronic gesteuertes Regelventil die Verstellung mittels Öldrucks innerhalb der Flügelzellen initiiert. Zugleich wurde der kleine Ventilhub von 3,0 auf 3,6 Millimeter erhöht (während der große Hub mit 10 Millimeter beibehalten wurde).
Mehr Leistung bedeutet mehr Kühlbedarf – und höhere Ansprüche an die Ölversorgung. Deshalb verfügt der 997 Turbo nicht nur über größere Kühlluft-Öffnungen im Bug und ein dahinter optimiertes Kühler-System, sondern zudem über einen zweiten Öl/Wasser-Wärmetauscher in der Ölrückförderleitung zum Öltank. Gegenüber dem nur mit einem solitären Öl/Wasser-Wärmetauscher gerüsteten 996 Turbo konnte Porsche die Kühlleistung auf diese Weise um über 15 Prozent steigern. Eine gegenüber dem 996 Turbo zusätzliche Öl-Absaugpumpe im Kurbelgehäuse erhöht die Anzahl der im 997 Turbomotor aktiven Ölpumpen auf neun (je zwei Absaugpumpen pro Zylinderkopf, je eine Absaugpumpe pro Turbolader, zwei Absaugpumpen im Kurbelgehäuse und eine Druckpumpe im Kurbelgehäuse).
Neben der primären Funktion eines für jede Situation und jede Beanspruchung gerüsteten Hochleistungs-Werkzeugs berücksichtigten die Porsche-Konstrukteure jedoch beim 997 Turbo auch mehr als je zuvor eine zweite Funktion ihres Spitzenmodells: die eines technoiden Spielzeugs. So wartet der 997 Turbo mit einem (optionalen) Paket auf, deren Inhalte das Kind im Manne (und womöglich auch in mancher Frau) erfreuen: Gemeint ist das Sport Chrono Paket Turbo. Diese mit 1485 Euro Aufpreis zu honorierende Sammlung amüsanter Gimmicks umfasst nicht nur eine analoge und digitale Stoppuhr auf der Mittelkonsole zur Messung von Rundenzei-

Die beiden Ladeluftkühler sind beim 997 Turbo seitlich des Boxers angebracht statt wie einst beim 930 Turbo 3.3 an dessen Oberseite.

ten (oder wohl überwiegend von Wegzeiten ins Büro). Bestandteil ist auch eine agilere Allradabstimmung, eine wahlweise sportlichere Gaspedalkennlinie für noch spontaneres Ansprechen, spezielle Getriebe- und Fahrwerksabstimmungen sowie eine Overboost-Funktion.

Doch der Reihe nach – was hat es mit der Overboost-Funktion auf sich? Die wird durch einen Druck auf die neben dem Schalthebel platzierte Sporttaste aktiviert. Ihre Wirkung gleicht jener, die Mercedes Kompressor-Piloten in den 1920er Jahren erleben durften, wenn der Kompressor des von Ferdinand Porsche entwickelten Modells SS, SSK oder SSKL für maximal einige Sekunden einrastete, um der Fuhre mit heulendem Sirren zusätzlichen Schub zu verleihen. Auch Overboost erhöht kurzzeitig die Befüllung der Brennräume, und das höchstens zehn Sekunden lang. Dabei wird der Ladedruck im mittleren Drehzahlbereich (2100 bis 4000/min) um etwa 0,2 bar (somit auf 1,2 bar) angehoben, wodurch das Drehmoment kurzzeitig um 60 Nm auf 680 Nm ansteigt. Nach Werksangaben erzielt diese Technologie beim Beschleunigen von 80 auf 120 km/h im fünften Gang eine Zeitersparnis von 0,3 Sekunden (3,5 statt 3,8 Sekunden ohne Overboost) – das liest sich zwar nicht gerade prickelnd, doch in der Beschleunigungs-Praxis eines Zwischenspurts ist diese Differenz durchaus spürbar.

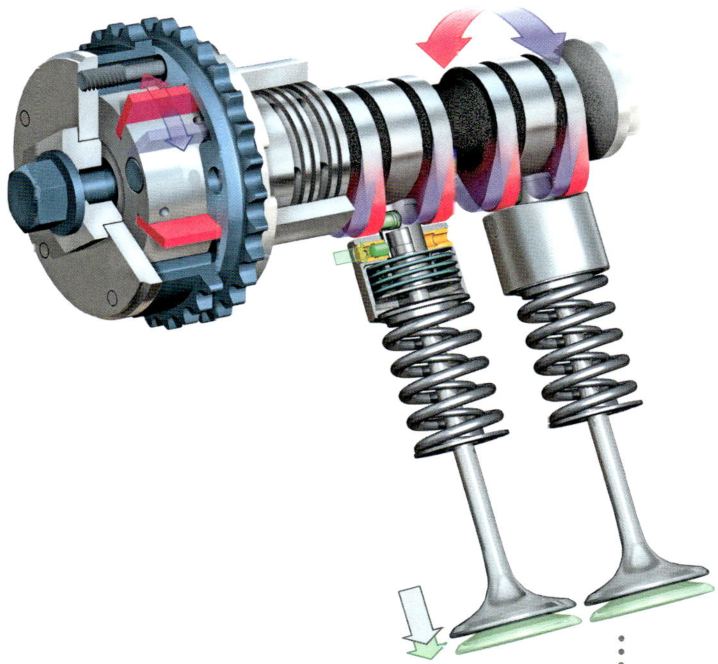

VarioCam Plus: Für den 997 Turbo mit vergrößertem Steuerzeiten-Verstellbereich, kontinuierlicher (statt digitaler) Verstellung und Vergrößerung des kleinen Ventilhubs auf 3,6 mm.

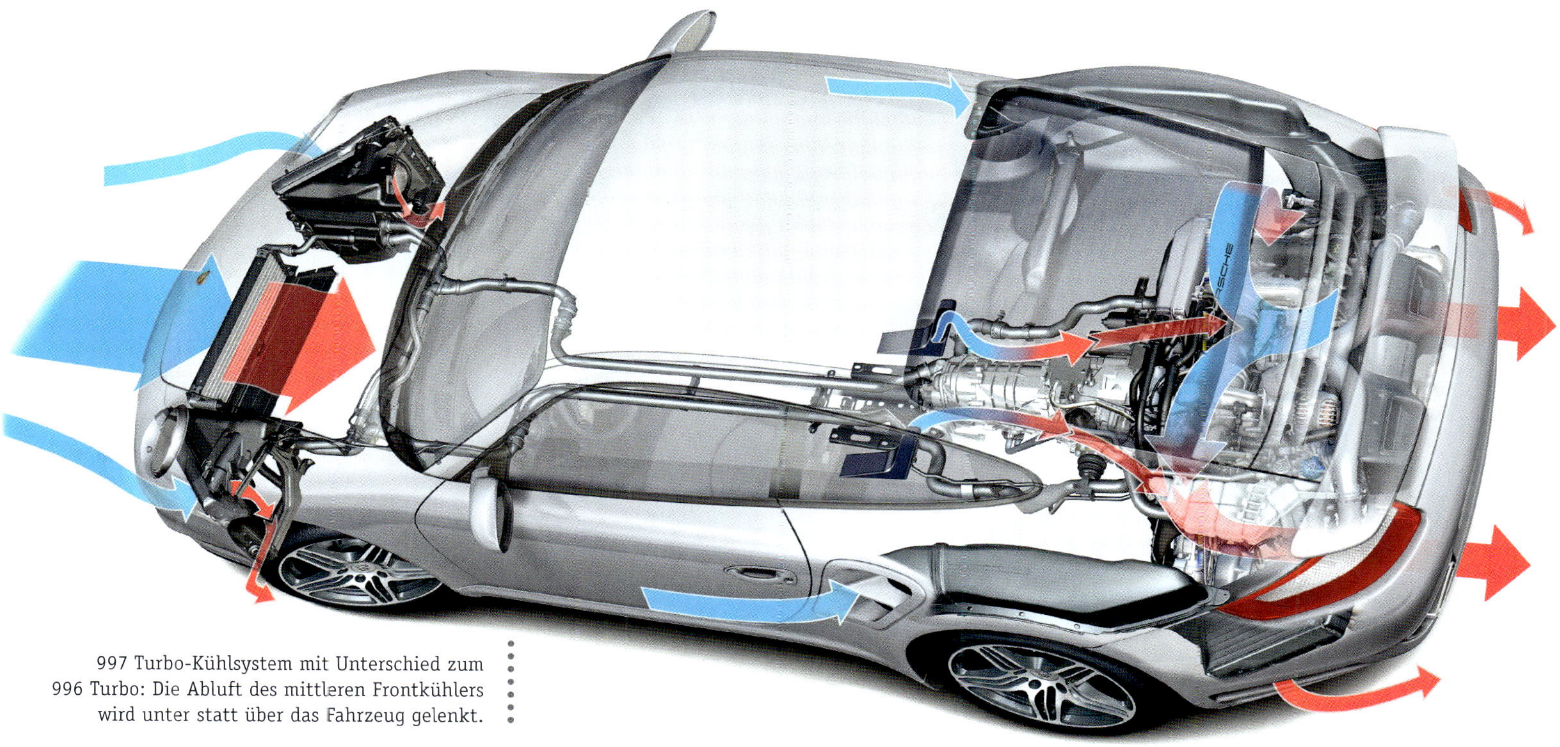

997 Turbo-Kühlsystem mit Unterschied zum 996 Turbo: Die Abluft des mittleren Frontkühlers wird unter statt über das Fahrzeug gelenkt.

Die 997 Turbo Tiptronic S: schaltet flinker als der Mensch

Das manuelle Wechseln der Gänge ist im 997 Turbo dank hydraulisch unterstützter Servo-Kupplung weder für die Waden, noch für die Kniekehlen des Fahrers eine Zumutung. Auch die Hand- und Arm-Arbeit bedeutet im 997 Turbo eher Lust als Last – dank einer 15prozentigen Verkürzung der Schaltwege gegenüber der 996-Generation und abermals verringerter Schaltkräfte in den Gängen 2 bis 6 durch zweifache Carbon-Synchronisierung (996 Turbo: einfache Sinter-Synchronisierung).

Im 21. Jahrhundert favorisieren jedoch zunehmend sogar Porsche-Fahrer, einst gusseiserne Verfechter des Sportwagen-Purismus, eine Schaltautomatik und damit den Verzicht auf ein Kupplungspedal. Mit der 996 Turbo-Generation erstmals im Turbo-Elfer eingeführt, bedeutete die Schalterleichterung allerdings merkliche Nachteile, wenn es um das Beschleunigen geht: Tipronic-996 Turbo brauchen über eine halbe Sekunde länger für den Standard-Spurt von 0 bis 100 km/h. Auch attestieren die Porsche-Werksangaben Schaltfaulen eine um sieben km/h verminderte Höchstgeschwindigkeit.

Mit Einführung der 997-Turbogeneration wendete sich das Blatt. Ob Sechsgang-Getriebe oder 2871 Euro teurere Fünfgang-Tiptronic – für beide Varianten versprach Porsche eine Vmax von 310 km/h. Und überraschenderweise beschleunigt ein 997 Tiptronic-Turbo sogar etwas schneller, als der Schaltkamerad: Von 0 bis 100 km/h ist er mit 3,7 Sekunden um 0,2 Sekunden flinker, beim Spurt bis 200 km/h sind es gar mit 12,2 Sekunden 0,6 Sekunden Zeitersparnis.

Verantwortlich für diesen Fortschritt sind zum einen weniger Schlupf in der Wandler-Überbrückungskupplung, zum andern eine schnellere Regelung der Drehzahlanpassung – beides verbessert das Ansprechverhalten auf Gaspedalorder und damit die Dynamik des Beschleunigens. Zudem wurde gegenüber der 996-Version die Tiptronic-Möglichkeit »Fast Off« verbessert und mit »Fast Back« eine neue Funktions-Variante geschaffen. »Fast Off« verhindert vorzeitiges Hochschalten, wenn vor Kurven das Gas zurückgenommen wird – was konventionellen Automatik-Getrieben üblicherweise das Signal zum Wechsel in den nächsthöheren Gang ist. Funktionierte dieser Modus noch beim 996-Tiptronic lediglich bei totaler Entlastung des Gaspedals, so wird im 997 Turbo auch dann nicht länger übersetzt, wenn der Fahrer nur teilweise vom Gas geht – bei sportlicher Fahrt auf kurvigem Terrain ein fahrdynamischer Fortschritt, der unharmonisches Hin- und Hergeschalte unterbindet.

»Fast Back« wiederum ermöglicht beim Bremsvorgang ein schnelles, den Bremsvorgang unterstützendes Zurückschalten. Wird innerhalb von 1,5 Sekunden vom Gas- auf das Bremspedal gewechselt, schaltet Tiptronic sofort um einen Gang zurück – also nicht erst während des Bremsvorgangs. Daraus ergibt sich eine nützliche Verkürzung der Reaktionszeit, was zur Folge hat, dass meist bereits vor der Kurve zurück geschaltet wird und nicht erst in der Kurve.

997 Turbo-Allradantrieb: noch mehr Fahrsicherheit

Für den 997 Turbo erfuhr auch das Allradsystem eine weitere Verbesserung – zugunsten der Fahrsicherheit, aber auch im Sinne des Fahrvergnügens. Dafür steht ein weiteres Kürzel in der Porsche-Nomenklatur, nämlich »PTM« für »Porsche Traction Management«. Kernelement des PTM ist eine im Gehäuse des Vorderachsgetriebes integrierte, elektromagnetisch gesteuerte, mit eigenem Ölkreislauf versehene Lamellenkupplung. Sie trat an die Stelle der im 996 Turbo verwendeten, passiv durch die Differenzdrehzahl von Vorder- und Hinterrädern gesteuerte Visco-Lamellenkupplung. Die PTM-Kupplung wird hingegen aktiv von einem speziellen Rechner gelenkt, der die aktuelle Fahrsituation anhand von mehreren, parallel

Im 997 Turbo Cockpit Indiz für noch bessere Fahrleistungen: der Wählhebel des Automatikgetriebes Tiptronic S.

berechneten Kennfeldern analysiert. Ins Kalkül kommen dabei die Raddrehzahlen, die Quer- und Längsbeschleunigung sowie der Lenkwinkel. Diese fünf Basis-Funktionen nennt Porsche für eines der im O-Ton Porsche »*leistungsfähigsten und gleichzeitig leichtesten Allradsysteme auf dem Markt*«:

- »**Grundmomentenverteilung:** *Im alltäglichen Fahrbetrieb verteilt die Steuerung das Motormoment in Abhängigkeit der aktuellen Fahrsituation stufenlos zwischen Vorder- und Hinterachse. Dazu wird der Momentenbedarf an der Vorderachse im Millisekundentakt ermittelt. Vor allem bei sehr hoher Geschwindigkeit spürt der Fahrer dies durch einen deutlichen Gewinn an Fahrsicherheit.*
- **Vorhaltesteuerung:** *Anhand typischer Parameter kann das PTM dynamische Fahrzustandsänderungen frühzeitig erkennen und Antriebsschlupf bereits im Vorfeld vermeiden. Beim Start ermittelt das System beispielsweise, wie schnell der Fahrer Gas gibt. Noch bevor der Motor diesen Beschleunigungswunsch in Drehmoment umsetzen kann, schließt das PTM die Lamellenkupplung soweit, dass durchdrehende Räder möglichst vermieden werden. Damit werden bereits beim Anfahren alle vier Räder mit der größtmöglichen Antriebskraft versorgt und eine optimale Beschleunigung erreicht.*
- **Schlupfregler:** *Durch sein hohes Drehmoment kann der neue 911 Turbo im Zwischenspurt bereits auf nasser Fahrbahnoberfläche die Traktionsgrenze an der Hinterachse erreichen. Auch dabei wird über einen stärkeren Eingriff der Lamellenkupplung mehr Moment und damit Antriebskraft an die Vorderachse geleitet. Der 911 Turbo verfügt erstmals über diese Erkennung und Regelung der Längsbeschleunigung.*
- **Übersteuerkorrektur:** *Drängt das Fahrzeug in der Kurve durch Störeinflüsse, wie zum Beispiel nasses Laub, mit dem Heck nach außen, wird zur fahrdynamischen Fahrzeugstabilisierung mehr Antriebskraft an die Vorderräder geleitet. Ein weiterer Vorteil von PTM ist die Berücksichtigung des Lenkwinkels bei der Kraftverteilung an die Vorderachse. Lenkt der Fahrer beim Übersteuern gegen, passt das PTM die Antriebskraft zur Vorderachse an und das Fahrzeug stabilisiert sich noch schneller. Dies gilt genauso für die*
- **Untersteuerkorrektur:** *Tendiert der Sportwagen im umgekehrten Fall dazu, über die Vorderräder aus der Kurve zu schieben, reduziert das PTM die Momentenzuteilung an die Vorderachse. Durch die feinfühlige Sensorik reagiert das PTM in beiden Fällen, bevor der Fahrer überhaupt eine Instabilität bemerkt. Das Resultat ist eine schnelle und aktive Stabilisierung des Fahrzeugs für eine zügige und dynamische Kurvenfahrt, da weniger Eingriffe durch das Porsche Stability Management (radselektiver Bremseneingriff) erfolgen.* «

997 Turbo-Technikpaket zum Selbststudium: Bei aller Komplexität erfreut den Traditionalisten das Vorhandensein einer klassischen Handbremse auf dem Mitteltunnel.

Trotz des hohen elektronisch gesteuerten Antriebsaufwandes bot Porsche Sportfahrern auch in der 997 Turbo-Generation eine mechanische Sperrdifferential-Option. Diese nur in Kombination mit dem manuellen Sechsganggetriebe lieferbare Hinterachs-Quersperre mit asymmetrischer Aufteilung sperrt unter Zug mit 22 Prozent, bei Schub mit 27 Prozent. In Kombination mit dieser 1202 Euro-Option greift das automatische Bremsdifferential zugunsten einer höheren Fahrdynamik erst später als mit der Basissteuerung ein.
Die Lenkung des 997 Turbo entspricht dem mit der 997 Carrera-Generation eingeführten System, das statt der noch im 996 Turbo verwendeten starren Übersetzung vom 16,9:1 je nach Geschwindigkeit im Bereich 13,8:1 und 17,1:1 variiert. Von Anschlag zu Anschlag benötigt die 997-Lenkung nur 2,62 Umdrehungen am mit 370 Millimeter im Umfang um fünf Millimeter verkleinerten Lederlenkrad – beim 996 Turbo sind es 2,98 Umdrehungen (für einen allerdings mit 10,6 Meter um 30 Zentimeter kleineren Wendekreis).
Schließlich lässt sich das Lenkrad in der Höhe um 40 Millimeter verstellen, was in Verbindung mit einer tieferen Sitzposition und der etwas nach vorn gerückten Pedalerie Fahrern unterschiedlichen Wachstums im 997 eine nochmals bessere Sitzposition ermöglicht – und die Innenraumlänge des 997 Turbo im Vergleich zum Vorgänger auf der Fahrerseite um exakt 12 Millimeter vergrößert. Unterschiedlichen Passagier-Staturen kommt auch das geänderte Airbag-System entgegen, bei dem die Kopf- und Thorax-Airbags zugunsten eines besseren Auffangvermögens getrennt wurden: Der Kopf-Airbag sitzt im oberen Türtafelbereich, der Thorax-Airbag in den Sitzseitenwagen.

Trotz eines deutlich erweiterten Umfangs technischer Komponenten bringt der 997 Turbo im Vergleich zu seinem Vorgänger mit 1585 Kilogramm sogar noch fünf Kilogramm weniger auf die Waage. Erzielt wurde die Gewichtseinsparung durch das Abspecken mehrerer Einzelkomponenten:

- Auspuffanlage (Endschalldämpfer in Dünnblechbauweise) – minus 4 kg,
- Leichtbau-Federbeine – minus 2,4 kg,
- Entfall von Notrad und Wagenheber – minus 14 kg,
- Aluminium-Türen – minus 14 kg,
- Aluminium-Fronthaube – minus 6 kg,
- einteilige Kunststoff-Ansauganlage statt zweiteilige Anlage mit separaten Alu-Saugrohrstutzen (996 Turbo) – minus 2 kg.

997 Turbo und Konkurrenten: Modellvergleich von Porsche

Mit Recht war Porsche 2006 stolz auf den neuen 911 Turbo – und dieser Stolz spiegelt sich auch in einem internen Vergleich mit sechs als Konkurrenz für den 997 Turbo ausgemachten Coupés und Sportwagen:

- Ferrari F 430
- Lamborghini Gallardo
- BMW M6
- Mercedes-Benz SL 55 AMG
- Mercedes-Benz SL 600
- Aston Martin DB 9

Gegenüber diesen attestieren die Porsche-Analysten ihrem Hausgewächs eine Überlegenheit in praktisch allen Kriterien, sei es die Drehzahlspanne, in der das maximale Drehmoment zur Verfügung steht, seien es die Fahrleistungen, oder dank aktiv gesteuertem Allradantrieb die Fahreigenschaften. Die Alltagstauglichkeit habe gegenüber Ferrari und Lamborghini Vorteile, der relativ kurze Radstand sorge für das agilste Fahrverhalten – und auch das optionale Dachträgersystem des 911 Turbo hebe den Porsche im Konkurrenzumfeld hervor…

Ende September 2005 wurden Porsche-Mitarbeiter im Rahmen eines Workshops auf den kommenden neue Turbo vorbereitet – in diesem Falle rekrutierten die Workshop-Initiatoren weitere Konkurrenten zum Vergleich: Ford GT, Dodge Viper, Audi R8 (der als damals noch nicht der Öffentlichkeit vorgestellter Audi-Spitzensportler versehentlich »R9« genannt wurde). Obwohl mit 620 Nm Drehmoment in diesem Feld nur Mittelmaß (Spitzenreiter: der Mercedes SL 600 mit 800 Nm) und in der Nennleistung mit 480 PS gar Drittletzter (Bester: der Ford mit 549 PS), erringt der 997 Turbo in diesem Vergleich bei den Beschleunigungs-Zeiten hinter dem Ford und dem Ferrari die Bronze-Medaille. Unschlagbar ist der Turbo-Porsche des Modelljahrs 2006 jedoch, wenn es um den Treibstoff-Normverbrauch geht (Porsche: 13 l/100 km; Ford als Letzter: 25 l/100 km), und wenn die Porsche-Paradedisziplin in Betracht gezogen wird, nämlich die erzielbare Rundenzeit auf der Nürburgring-Nordschleife (Porsche 997 Turbo: 7:49 Minuten, Lamborghini Gallardo: 7:52 min; Porsche 996 Turbo: 7:56 min, Mercedes SL 55 AMG: 8:06 min; Ferrari 360 Modena*: 8:09 min; BMW M5*: 8:13 min; Dodge Viper: 8:13 min; Aston Martin DB 9 8:16 min)…

**Platzhalter mangels Vergleichswerte für den Ferrari F430 bzw. für den BMW M6.*

Der 997 Turbo im Röntgenblick: Auffällig sind die sehr filigranen Antriebswellen und das kompakte Vorderachs-Differential.

997 Turbo-Cockpit: hochwertige Materialien, wieder sachlicheres Design, gegenüber dem Vorgänger etwas verkleinertes Lenkrad.

Turbo-Jahrgang ´08: 997 Turbo jetzt auch als Cabriolet

Mitte 2007 ergänzte Porsche das 997 Turbo-Programm um die Cabriolet-Variante als Fortführung einer Tradition, die 1987 mit der zweiten Turbo-Generation 3.3 – damals noch in doppelter Hinsicht luftgekühlt – begann. Das komplette Faltdach des ab September 2007 käuflichen 997 Turbo Cabrios entspricht weitgehend der 996-Version (siehe Seite 133). Wie bei diesem besteht es aus Leichtmetallspriegeln, einem vorderen Magnesium-Querträger zwischen Windschutzscheibe und erstem Spriegel sowie einer dreilagigen Kapuze. Mit nur 42 Kilogramm wiegt es wenig genug, um nicht den Schwerpunkt des Cabrios im Vergleich zum Coupé weiter nach oben zu verlagern. Die Dachhaut bildet ein auch optisch sehr wertiges Polyacrylnitril-Obergewebe, eine Zwischenschicht aus Synthesekautschuk zur Geräusch- und Kältedämmung sowie ein Polyester-Untergewebe. Das aufwändige Überrollschutzsystem entspricht der 996-Version. Während das Festdach aus Aluminium noch Bestandteil der Serienausstattung des 996 Turbo-Cabrios war, so muss die mit 33 Kilogramm im Vergleich zur 996-Version um 1000 Gramm schwerere Wintervorsorge für die 997-Generation als Sonderausstattung bestellt werden – Aufpreis: 3190 Euro. Porsche-Intern wird übrigens kolportiert, dass viele 996 Cabrio-Käufer keinen Wert auf das Hardtop gelegt hatten, da es im Sommer Garagenraum beanspruchte. So kam es nicht selten zu Minderpreisverhandlungen durch Kunden, die auf das Aludach verzichten wollten.
Wie auch immer: In der 997-Generation zählte lediglich das Windschott noch zur Serienausstattung des im Vergleich zum Coupé 10710 Euro teureren Soft-Tops – letztlich ein gutes Geschäft für Porsche, lag doch der 996-Cabrioaufpreis noch bei knapp 10000 Euro – und das inclusive des Hardtops...
Weniger nachteilig als auf den Preis wirkt sich die Luftfahrt auf das Leergewicht, den Luftwiderstands-Beiwert und das Volumen des Fond-Kofferraums aus. 70 Kilogramm bringt das Cabrio mehr auf die Waage als das Coupé, der c_w-Wert steigt gegenüber diesem von 0 31 auf 0,32, und wenn die Rücksitze nicht für zwei Kinder benötigt werden, kann dort auf den herunter geklappten Lehnen Gepäck mit einem Volumen von 155 Liter (Coupé: 190 Liter) untergebracht werden.
Für das zusätzliche Leergewicht sind in erster Linie Karosserieversteifungen in den Bereichen der Schwellen, A- und B-Säulen durch doppelte Blechstärken verantwortlich. Auch das schon beim 996 Cabrio bewährte, kombinierte Punktschweiß-Klebeverfahren, mit dem die Bodengruppe mit der Karosserie verbunden wird, trägt zur herausragenden Torsions- und Biegesteifheit des Cabrios bei, die der des Coupés kaum nachsteht. Mit über 90000 Nm Kraftaufwand pro Biege-Grad erzielen im Konkurrenzvergleich beide Karosserie-Varianten Spitzenwerte.
Das in der Silhouette gegenüber dem Stahldach des Coupés etwas anders ausgeformte Stoffdach ist etwas weniger windschlüpfig. Und wegen der veränderten aerodynamischen Verhältnisse im Heckbereich fährt der (in Format und Ausformung der Coupé-Variante gleichende) Heckspoiler um 30 Millimeter höher aus. Er schwebt somit bei Geschwindigkeiten über 120 km/h in 65 Millimeter Höhe oberhalb der Motorhaube, um die beim Cabriolet für den gewünschten Abtrieb höher verlaufende Luftströmung zu nutzen. Schließlich schränken das hinter den Rücksitzen in einem Schacht versenkte Verdeck und der automatisch ausfahrbare Überrollbügel den Heck-Kofferraum um 35 Liter ein.

Wer wollte da nicht am Lenkrad sitzen...?

turbo

Turbo-Jahrgang ´10: mehr Hubraum, mehr Kraft im 997

911 (997) TURBO 3.8 – NOCH EFFIZIENTER, NOCH LEICHTER, NOCH SPARSAMER

Walter Röhrl über den … … 997 II Turbo

»Technisch hatte man mit dem 997 II Turbo Dank Direkteinspritzung die einst magische Grenze von 500 PS erreicht, dazu kam erstmals das PDK-Doppelkupplungsgetriebe an Stelle der Tiptronic-Automatik und das überarbeitete Fahrwerk – er war damit wunderbar zu fahren. Und: Er sieht noch heute traumhaft gut aus. Deshalb gebe ich auch der zweiten 997 Turbo-Generation…
9 von 10 Punkten.«

911 (997) Turbo 3.8: Das ist neu*

- **leistungsstärkerer, 9,8:1 verdichteter Biturbo-Motor mit 3,8 Liter Hubraum und Benzin-Direkteinspritzung (MA 1.70)**
- **integrierte Trockensumpfschmierung (statt mit externem Öltank)**
- **dynamisch geregelte Motorlager**
- **Siebengang-Doppelkupplungsgetriebe (PDK) an Stelle der Tiptronic-Automatik als Option**
- **Quersperrdifferential als Option sowohl für das Sechsganggetriebe, als auch für das PDK**
- **Porsche Torque Vectoring (PTV) als Option**
- **Anfahrassistent und Hochschaltanzeige serienmäßig**
- **Fahrwerks-Modifikationen an den Querlenker-Lagern und Aluminium-(statt Stahl-)Hinterachsquerträger**
- **neu gestaltete, geschmiedete 19 Zoll-Räder**
- **diverse Karosseriedesign- und Beleuchtungs-Modifikationen**

im Vergleich zum 911 (997) Turbo 3.6

Obwohl Porsche traditionell die USA als wichtigsten Absatzmarkt sieht, feierte auch die zweite Generation des 997 Turbo seine Premiere in Deutschland: 2009 präsentiert Porsche den neuen 911 Turbo anlässlich der Internationalen Automobil-Ausstellung (IAA) in Frankfurt. Zwar äußerlich erst auf den zweiten Blick und von Kennern zu identifizieren, wartet der Turbo-Modelljahrgang 2010 doch mit tiefgreifenden technologischen Änderungen auf, die eine neue Typnummer – zum Beispiel 998 – durchaus gerechtfertigt hätten. Intern ist die zweite 997-Generation jedoch lediglich als 997/II gelistet. Diese Modifikationen machten das Porsche-Spitzenmodell noch sparsamer, aber Porsche-typisch zugleich auch noch agiler im Fahrverhalten, temperamentvoller in den Motoreigenschaften – und damit noch wertvoller.

Der von Grund auf neu entwickelte Turbomotor MA 1.70 basiert auf dem 3,8 Liter-Saugmotor des 911 Carrera S. Wie bei diesem strebten die Porsche-Techniker zugunsten einer Gewichtseinsparung eine Reduzierung von Bauteilen an. Das bisherige zweiteilige Kurbelgehäuse mit separatem Lagergehäuse wurde folglich durch einen einteiligen Block mit integrierten Kurbelwellenlagern abgelöst. Im Hinblick auf höhere Belastungsanforderungen erfuhren die Zylinderwände eine Verstärkung, Auch die Umstellung der beiden Zylinder-Trios von der bisherigen Open deck*-Ausführung auf die sogenannte Closed deck*-Version dient der höheren Robustheit, in mechanischer wie in thermischer Hinsicht. Die dadurch erzielte höhere Formstabilität der Zylinder reduziert sowohl den Ölverbrauch des Motors, als auch dank verringerter Reibleistung dessen Kraftstoffverbrauch.

Weniger Antriebsleistung für die Ölpumpen und auch auf diesem Gebiet eine Gewichtsreduzierung waren die Ziele bei der Neukonzipierung des Turbo-Ölsystems für den 3,8-Liter. Die Öllagerung erfolgt nun über eine integrierte Trockensumpfschmierung statt mittels eines externen Öltanks. Statt wie im 3,6-Liter M97/70 insgesamt neun Ölpumpen befördern im MA 1.70 nur noch sieben Pumpen den Schmierstoff, sechs Saug- und eine Druckölpumpe. Doch damit nicht genug: Erstmals kommt eine geregelte Druckölpumpe zum Einsatz, deren Förderleistung durch das Motor-Management dem jeweils aktuellen Bedarf angepasst wird und dadurch stets nur so viel Energie verbraucht, wie gerade benötigt wird. Und so funktioniert die geregelte Ölpumpe: Ein hydraulisch axial verstellbares Zahnrad kann die im Eingriff befindliche Zahnbreite verändern – und damit das geometrische Verdrängungsvolumen des Radsatzes der Ölpumpe, also die Förderleistung.

**Bei Open deck-Zylindern ist der die Zylinder umgebende Kühlwasserraum nach oben hin geöffnet. Bei in den Produktionskosten teureren Closed deck-Zylindern sind die Bereiche rund um die Zylinder geschlossen, an die Stelle des Rundum-Kühlwasserraumes treten in den Block an verschiedenen Partien eingelassene Wasserkanäle. Der Block ist dadurch steifer, das Rund der Zylinder unter thermischer und mechanischer Beanspruchung formstabiler.*

Weniger Bauteile bedeuten weniger Gewicht und weniger Energiebedarf für deren Betrieb: Vier Kilogramm sparten die Porsche-Konstrukteure mit ihrem sowohl bedarfsgerechten, als auch optimierten Öl-System ein. Und als willkommenen Zusatznutzen erlaubt es die integrierte Trockensumpfschmierung, den Motor noch ein wenig tiefer anzuordnen – was wiederum den Fahrzeugschwerpunkt optimiert.

Bei einer derartigen Hightech-Ballung freut sich der Turbochronik-Autor, dass der Ende 2009 neue Turbo-Motor auch mit Konstruktions-Merkmalen aufwartet, die seit Erfindung des Automobils jedem Verbrennungsmotor zu eigen sind. Gemeint sind die Bohrung der Zylinder und der Weg bzw. Hub, den der Kolben während seiner Arbeit zurücklegen muss. Im Falle des 3,8 Liter-Turbo lautet das sehr kurzhubige Hub/Bohrungs-Verhältnis wie beim Ende 2008 für das Modelljahr 2009 eingeführten Carrera S mit Saugmotor

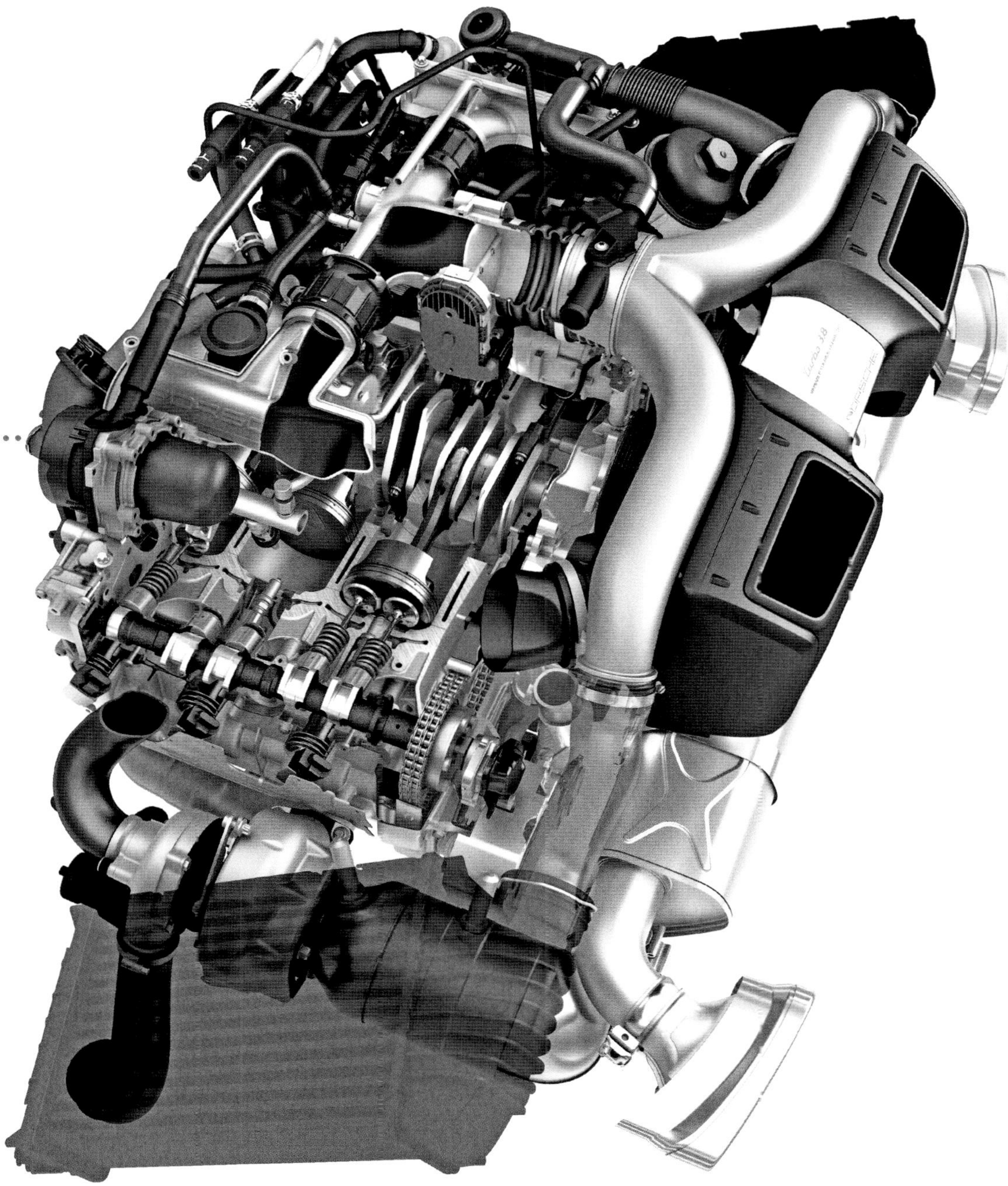

Neuentwicklung mit weniger Teilen und Benzindirekteinspritzung: Motortyp MA 1.70 für den Ende 2009 neuen Porsche 911 Turbo der zweiten 997-Generation.

Vom Start weg sowohl als Coupé, als auch als Cabriolet lieferbar: Porsche 997 Turbo mit neuem 3,8 Liter-Motor.

77,5 x 102 Millimeter. Das ergibt bei exakter Berechnung 3775 cm³, von Porsche in den Datenblättern großzügig auf 3800 cm³ aufgerundet.
In der Geschichte der Porsche-Serienturbos völlig neu ist wiederum das Einspritzsystem, für das gleichfalls der Saugmotor-Carrera S bereits im Vorjahr den Vorreiter gespielt hatte. Dabei handelt es sich um eine sogenannte homogene Direkteinspritzung, bei der das Kraftstoff/Luft-Gemisch besonders gleichmäßig im Brennraum verteilt wird, was die Verbrennung optimiert. Davon wiederum profitieren der Kraftstoffverbrauch und die Abgasemissionen, einhergehend mit einer Erhöhung von Nennleistung und Drehmoment. O-Ton Porsche: *»Der Kraftstoff wird über Mehrloch-Injektoren mit einem Druck von bis zu 140 bar direkt in den Brennraum eingespritzt. Der hohe Druck und die Mehrloch-Injektoren unterstützen die Gemischaufbereitung mit einer besonders feinen Zerstäubung des Kraftstoffes.«*
Unterstützt wird die hocheffiziente Vermischung von Luft und Super Plus durch eine spezielle Formgebung der Einlasskanäle im Zylinderkopf. Vor dem Ventilsitz sind diese eingeschnürt, wodurch die einströmende Luft in dieser Verengung beschleunigt und in eine walzenförmige Bewegung versetzt wird. Dadurch vermischt sich der Kraftstoff noch besser mit der Verbrennungsluft.

Und weiter im Porsche-Text: *»Durch Einspritzung über Mehrloch-Injektoren bilden sich einzelne kegelförmige Kraftstoffwolken (Keulen), die eine sehr feine Zerstäubung ermöglichen und eine schnelle Verdampfung des Kraftstoffs bewirken. Dabei wird die zur Kraftstoffverdampfung benötigte Wärmeenergie der Verbrennungsluft entzogen. Durch diese Abkühlung verringert sich da Volumen der Zylinderladung und durch das geöffnete Einlassventil kann zusätzliche Luft in den Zylinder strömen. Dieser Effekt bewirkt insbesondere bei Turbomotoren eine Verbesserung der Zylinderfüllung und damit der Motorleistung.«*
Als ein weiterer Vorteil der Temperatur-Absenkung ergibt sich eine Verringerung der Klopfempfindlichkeit des Motors. Dies ermöglichte die Anhebung der Verdichtung von 9:1 der ersten 997 Turbo-Generation auf 9,8:1 – eine für Turbomotoren astronomisch erscheinende Kompression, wenn man bedenkt, dass der erste 911 Turbo in den 1970er Jahren mit Rücksicht auf die unter Turbodruck enorm ansteigende Verdichtung gerade mal 6,5:1 grundverdichtet war. Naturgemäß profitiert von einer Erhöhung der Verdichtung auch der thermische Wirkungsgrad – umgekehrt verschlechtert eine niedrige Kompression die Effizienz eines Motors. Deshalb sind frühe, niedrig verdichtete Turbos hemmungslose Säufer und aktuelle Tur-

Neuer Porsche 911 Turbo Modelljahr 2010: Die wesentliche Neuerung sitzt im Heck, nämlich der 3,8-Liter mit Benzindirekteinspritzung und interner Trockensumpfschmierung.

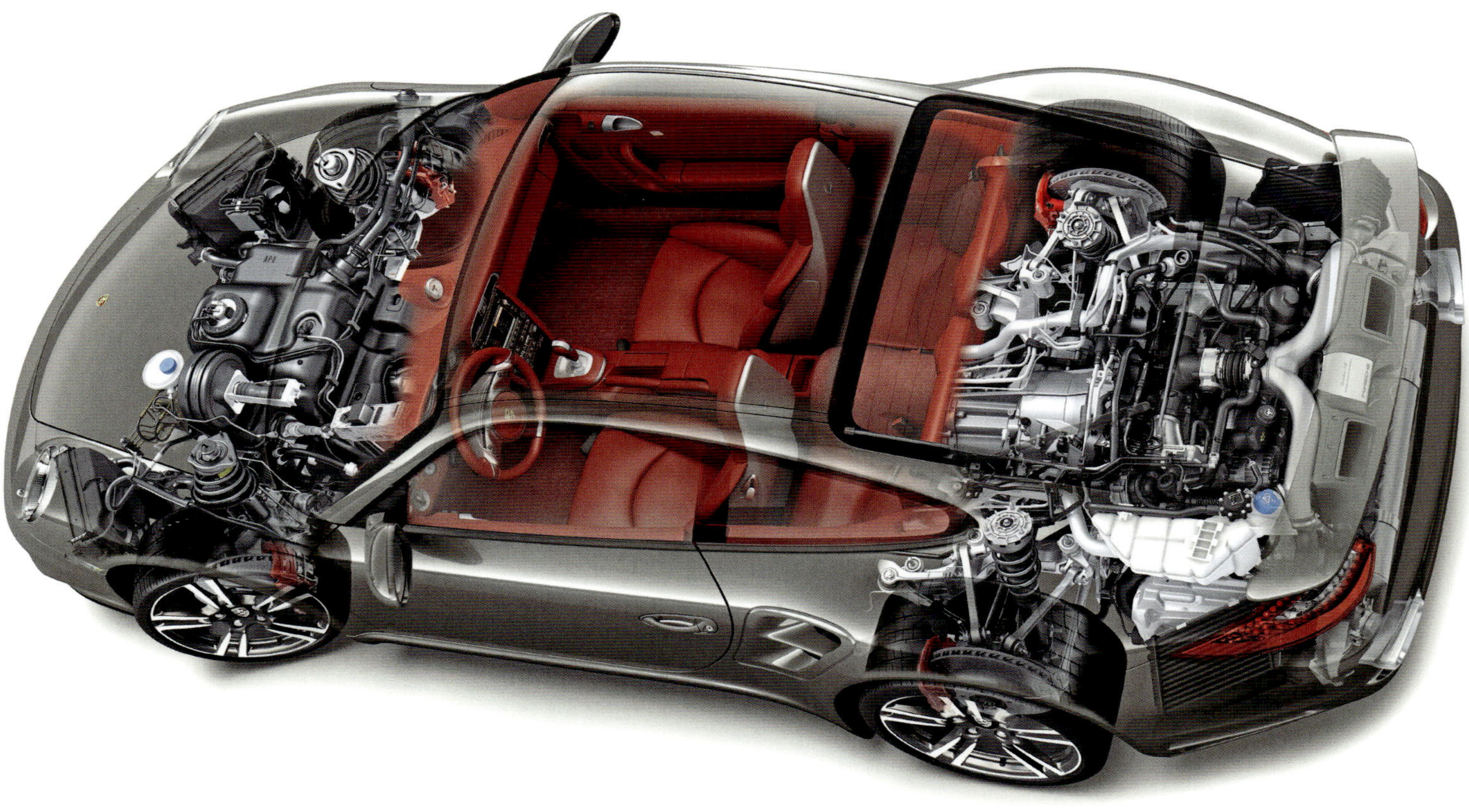

bos von Porsche in Anbetracht ihrer hohen Leistung und des gestiegenen Gewichts fast schon Spar-Akrobaten. Genehmigte sich der 1978 eingeführte, etwas über 1,2 Tonnen wiegende 930 Turbo 3.3 mit 300 PS/221 kW im Norm-Drittelmix noch 14,5 l/100 km und innerstädtisch gar 20,0 l/100 km, so sind es beim knapp 1,5 Tonnen schweren 997 Turbo 3.8 mit 500 PS/368 kW 11,6 bzw. 16,5 l/100 km – Werte, die sich zwar wegen geänderter Prüfzyklen nicht 1:1 vergleichen lassen, die aber dennoch eine Relation andeuten.

Direkteinspritzung und Hochverdichtung sind indessen nicht die einzigen Technik-Facetten, die den Porsche 911 Turbo des Modelljahrgangs 2010 zum Klassen-Spitzenreiter in Sachen Effizienz adeln: Als einziges Modell unter den Supersportwagen unterschritt er die damaligen US-Verbrauchsgrenzwerte, deren Überschreitung mit einer vom Hersteller oder Importeur zu begleichende Zusatzsteuer belegt ist (»Gas Guzzler Tax«). Die bereits 2008 im 911 GT2 eingeführte, neuartige Expansionsansauganlage (siehe Seite 252) mit verkürzten Saugrohren und längerem Verteilerrohr geringeren Querschnitts fand nun auch in die Motoren-Peripherie des Allrad-Turbos. Es sorgt bei hoher Drehzahl und hoher Last im Vergleich zum 997 Turbo erster Generation vor dem Schließen des Einlassventils für eine reduzierte Gemisch-Temperatur. Dieser Umstand wiederum verringert die Klopfempfindlichkeit, zudem kann das Gemisch früher gezündet werden – auch das ein Beitrag zur gesteigerten Effizienz in Form von mehr Leistung bei geringerem Verbrauch.

Natürlich blieb auch dem 3,8 Liter-Turbo erhalten, was sich im Vormodell bewährt hatte: die variable Ventilsteuerung VarioCam Plus (siehe Seite 157) und die variable Turbinengeometrie (siehe Seite 154). Allerdings erhielten die Turbinen vergrößerte Verdichter-Räder und strömungstechnische Verbesserungen. Auch die Schub-Umluftventile zum Abbau überschüssiger Druckluft beim abrupten Schließen der Drosselklappe wurden geändert. Statt in die Turbine integriert zu sein, sitzen sie nun direkt vor der Drosselklappe, was das Strömungsverhalten im Abluftsystem verbessert.

Geringere Strömungswiderstände für mehr Leistung zeichnet auch die für den 3,8-Liter neu entwickelte Abgasanlage aus. Trotz größerer Katalysatoren konnte das Gewicht der kompletten Anlage gegenüber der 3,6 Liter-Version um zwei Kilogramm gesenkt werden. Schließlich wurde auch an die Ladeluftkühler zwecks Effizienzerhöhung Hand angelegt. Änderungen an den Kühlernetzen und den Ein-/Ausströmkästen reduzierten den Druckverlust und erhöhten die Abkühlung der Ladeluft mit dem Effekt, auch auf diesem Wege noch etwas bessere Leistungs- und Drehmoment-Werte zu realisieren.

Der maximale Ladedruck des MA 1.70-Motors wurde gegenüber dem Vorgänger zwar mit Rücksicht auf die hohe Grundverdichtung von einem auf 0,8 bar reduziert, doch dank der im Vormodell eingeführten Overboost-Funktion ist nach wie vor 1 bar Druck möglich – wenn auch nur im mittleren Drehzahlbereich und für lediglich etwa zehn Sekunden Dauer. Der Zusatzdruck steigert das ohnehin im breiten Drehzahlbereich von knapp 2000 bis 5000/min mit 650 Nm hohe Drehmoment um zusätzliche 50 Nm (im Bereich 2100 bis 4000/min).

997 Turbo 3.8-Novität: Doppelkupplungsgetriebe als Option

Porsche Turbo und Automatik-Getriebe – für Puristen hat das seit der Sportomatic früher Elfer-Generationen und trotz der temperamentvollen Porsche-Tiptronic der ersten 997 Turbo-Generation einen unüberhörbaren Missklang. So war es nur folgerichtig, mit der zweiten 997 Turbo-Generation auf ein System umzurüsten, das Porsche und Audi in Renn- und Rallye-Fahrzeugen – etwa dem Gruppe C-Boliden 962 C von 1984 oder dem Sport Quattro von 1986 – bereits ein Vierteljahrhundert eingesetzt und damit erprobt hatten. Das Porsche Doppelkupplungsgetriebe – kurz PDK – war in den 1980er Jahren innerhalb von rund zwei Jahren entwickelt worden, um den Piloten mit mehr Schaltkomfort zu höherer Konzentration auf die Strecke und damit zu schnelleren Rundenzeiten zu verhelfen – was offensichtlich gelang. Porsche-Testfahrer Hans Stuck war damals jedenfalls voll des Lobes: »*Auf dem Grand Prix-Kurs des Nürburgrings sind pro Runde eine knappe Sekunde gegenüber einem identischen Fahrzeug mit einem herkömmlichen Fünfganggetriebe zu realisieren. Oder: je nach Rennstrecke zwischen 0,6 bis 1,2 Prozent pro Runde..* «

Umso mehr wundert es, dass Porsche sich relativ viel Zeit ließ, um das »Wundergetriebe« für Serienwagen zu übernehmen – und gar Volkswagen den Vortritt ließ, wo ein ähnliches, dort »DSG« (für Direktschaltgetriebe) genanntes System bereits 2003 (zunächst im Golf GTI) Premiere feierte. Für den Saugmotor-Carrera lancierte Porsche das Doppelkupplungsgetrie-

Optionales Paddle-Lenkrad für das optionale Direktschaltgetriebe (PDK) in der zweiten 997 Turbo-Generation.

be bereits im Modelljahr 2009, somit Ende 2008, ein Jahr später zog das Turbo-Modell nach.

Das PDK kann sowohl manuell über den Mittelschalthebel, über Schiebetasten am Lenkrad oder optional über Schaltpaddles hinter dem Lenkrad betätigt werden – man kann es jedoch auch im Stil einer Vollautomatik sich selbst überlassen. Die Schaltpaddles sind lenkradfest montiert, wobei mit dem rechten Paddle hoch und links runter geschaltet wird. Bei beiden Bedienarten besticht die Siebengang-Innovation durch extrem schnelle Schaltvorgänge ohne Zugkraftunterbrechung. Diese Eigenschaften ergeben sich aus der speziellen Konzeption des PDK, das im Prinzip aus zwei Teilgetrieben mit zwei Kupplungen besteht. Diese Doppelkupplung verbindet die beiden Getriebe über zwei separate Antriebswellen abwechselnd schlüssig mit dem Motor. Während der Kraftfluss über das eine Getriebe/Kupplungs-Duo läuft, ist der nächste Gang im zweiten Duo bereits vorgewählt. Beim Gangwechsel wird somit lediglich die eine Kupplung geöffnet und die andere zugleich geschlossen.

Schaltrucke entfallen damit, Gangwechsel werden lediglich akustisch durch die entsprechenden Drehzahldifferenzen hörbar. Wie von einem Gummiband gezogen beschleunigt das Fahrzeug, sei es ohne oder mit Zutun des Fahrers. Sollte der Pilot von diesem Phänomen so beeindruckt sein, dass er im Schaltmodus vergisst, hochzuschalten, so übernimmt kurz vor Erreichen der Drehzahlgrenze das PDK die Regie und schaltet zur Vermeidung größerer Schäden von alleine hoch. Die Höchstgeschwindigkeit von 312 km/h (nach Werksangabe) wird im 0,786:1 übersetzten sechsten Gang bei circa 7000/min erreicht. Der siebte Gang dient, 0,622:1 übersetzt, der Drehzahl-, Geräusch- und Verbrauchsminderung, wenn er bei Höchstgeschwindigkeit das Drehzahlniveau auf etwa 5500/min absenkt.

Dieser PDK-»Schnellgang« bedeutet gegenüber dem serienmäßigen Sechsganggetriebe einen unschätzbaren Vorteil: V_{max} bedeutet hier bei einer Übersetzung von 0,791 rund 6900/min. Liebhaber des freien Fahrerwillens bei der Schaltarbeit müssen jedoch nicht nur im höchsten Geschwindigkeitsbereich mehr leiden, als PDK-Freunde. Ihnen bleibt auch die Schmach nicht erspart, beim Beschleunigen den Kürzeren zu ziehen. PDK schaltet nämlich derart flink, dass so ein doppelt gekuppelter 997 Turbo zweiter Generation in nur 12,1 Sekunden zur 200 km/h-Marke fliegt. Ein handgeschaltetes Pendant braucht dafür – sofern ein Vollprofi die Gangwechsel bewerkstelligt – drei Zehntelsekunden länger. Womöglich hat er dabei aber auch, dieser Zwischenruf sei dem bekennend konservativen Chronisten gestattet, mehr Fahrfreude…

Mit 3510 Euro stand Ende 2009 das PDK-Getriebe in der Porsche-Optionenliste (3915 Euro ab Frühjahr 2011) – die Tiptronic des Vorläufers hatte im letzten Angebots-Jahr 2945 Euro gekostet, allerdings im Drittelmix einen Mehrverbrauch von 0,8 l/100 km bewirkt. Anders das PDK: Für die-

se Option nannte Porsche gar einen Minderverbrauch. Zwar dürften etwas kleinere Rechnungen an der Tankstelle für Käufer eines mindestens 145871 Euro teuren Sportwagens nicht ausschlaggebend gewesen sein, dennoch sei er pflichtbewusst beziffert: Nach Werksangaben sparten PDK-Fahrer gegenüber Sechsgang-Fahrern 0,2 Liter Super Plus/100 km.
Das Schaltgetriebe erfuhr – wie übrigens auch das PDK gegenüber der weniger belasteten Carrera-Variante – Verstärkungen zur Anpassung an die höheren Leistungs- und Drehmoment-Werte des 3,8-Liters. So erhielt das Zweimassen-Schwungrad verstärkte Federn und die Kupplung eine höhere Anpresskraft, was dank der hydraulischen Kupplungsbetätigung ohne spürbaren Einfluss auf die Betätigungskraft am Pedal blieb. Schaltgetriebe-Fahrern spendierte Porsche zudem eine serienmäßige Hochschaltanzeige im Kombiinstrument, das dem Piloten in Abhängigkeit des gewählten Gangs, der Motordrehzahl und der Gaspedalstellung eine Empfehlung zum Schalten in den nächsthöheren Gang gibt.
Die Zeiten bei Einführung des Ende 2009 neuen Turbo waren andere, als noch zu Zeiten des ersten Porsche Turbo – und in diesen 35 Jahren waren offensichtlich auch andere Fahrernaturen heran gewachsen, die derartiger Hilfestellungen bedürfen. So erklärt sich auch der mit dem 3,8 Liter-Turbo für beide Getriebe-Versionen eingeführte, serienmäßige Anfahrassistent, der das Vor- oder Zurückrollen des Fahrzeugs am Berg durch ein automatisches Halten mit der Betriebsbremse verhindert. Was einst durch das gekonnt synchronisierte Tun mit Handbremse, Kupplungs- und Gaspedal zu bewerkstelligen war, das erledigt im modernen Porsche ohne Zutun des Fahrers das Automobil... Da ist es Trost, zu wissen, dass der amtierende Porsche-Chef Oliver Blume Anfang 2016 im »Westfalen-Blatt« dem Hype des völlig autonomen Fahrens ein Abfuhr erteilte: *»Das ist so verlockend wie eine Rolex fürs Eierkochen. Einen Porsche will man selbst fahren.«*

Fahren in seiner schönsten Form: Der alte Porsche-Slogan gilt für den 997 Turbo mehr denn je.

Sport Plus-Taste am Turbo-Lenkrad: Wer drückt, gewinnt – nämlich dank optimalem Rennstart.

997 Turbo 3.8-Fahrdynamik: mit PTV schneller durch Kurven

Das aktive Allradsystem mit elektronisch geregelter Lamellenkupplung (zur Funktion siehe auch Seite 158) machte den 997 Turbo schon in seiner ersten Generation zum Supersportwagen, den es auf kurvigem Terrain, wie etwa der Nordschleife des Nürburgrings, zu schlagen gilt. Für den 3,8-Liter wurde es zwecks nochmaliger Verbesserung der Fahrdynamik neu abgestimmt und optional gegen einen 1309 Euro-Extraobulus um das sogenannte Porsche Torque Vectoring (PTV) ergänzt, erhältlich sowohl in Kombination mit dem Sechsganggetriebe, als auch mit der PDK-Variante. PTV kombiniert die zuvor schon optional erhältliche mechanische Hinterachs-Quersperrre mit einer variablen Momenten-Verteilung an der Hinterachse durch gezielte Bremseneingriffe.
So wird die Agilität des Fahrzeugs dadurch erhöht, indem beim Einschlagen der Lenkung das kurveninnere Hinterrad kontrolliert und in der Stärke definiert abgebremst wird. Dadurch kommt dem kurvenäußeren Hinterrad ein Momenten-Überschuss zu, wodurch das Fahrzeug einen eindrehenden Impuls erfährt – gleichbedeutend mit einer pro-aktiven Einlenkfunktion. Durch gezielte Bremseneingriffe an der Hinterhand unterdrückt PTV auch die Tendenz zum Untersteuern bei höheren Kurvengeschwindigkeiten auf nasser oder gar schneebedeckter Fahrbahn, während bei Geschwindigkeiten über 160 km/h die im Zug mit 22 Prozent Sperrwirkung, im Schub mit 27 Prozent sperrende Hinterachs-Quersperre ihre Vorteile ausspielt.
Doch nicht nur mittels PTV lassen sich die ohnehin schon sehr sportlichen Eigenschaften einen 997 Turbo 3.8 verfeinern. Optional kann auch diese Turbo-Generation gegen 4034 Euro mit dem bereits zuvor angebotenen Sport Chrono Paket Turbo aufgerüstet werden, wobei dieses Paket durch Druck auf die Sport-Taste gleich mehrere Fahrzeug-Reaktionen sozusagen schärft.
Zum einen wird dadurch die bereits erwähnte Overboost-Funktion zur kurzzeitigen Erhöhung des Ladedrucks aktiviert, dazu kommen eine sportlichere Abstimmung des Allradsystems, des Fahrstabilisierungssystems und des variablen Dämpfersystems. Im Zusammenspiel mit dem Doppelkupplungsgetriebe sorgt der Druck aufs Sport-Knöpfchen zudem für eine noch sportlichere Schaltstrategie des PDK – und für die Möglichkeit eines besonders zügigen Anfahrens mit Hilfe einer Launch Control-Funktion. Dabei erfolgt die Regelung des Beschleunigungs-Vorgangs sowohl über den Schlupf an den vier Rädern, als auch über eine kontrollierte Momentensteuerung an der Getriebe-Kupplung.
Und so läuft die Launch Control ab: Nach dem Drücken der Sport Plus-Taste tritt der Fahrer das Bremspedal und gibt zugleich Vollgas, woraufhin der Motor bis 5000/min dreht und der Ladedruck auf 0,5 bar eingeregelt wird. Wenn in der Lenkradanzeige »Launch Control« aufleuchtet, löst der Fahrer die Fußbremse und das Fahrzeug startet mit der bestmöglichen Beschleunigung – wie schon einmal angemerkt: Ein Porsche ist nicht nur Nutzfahrzeug, er ist auch Spielzeug.
Ein weiteres Bestandteil des Sport Chrono Pakets Turbo sind in der Härte regelbare Motorlager, denen Porsche sowohl fahrdynamische als auch komfortorientierte Vorteile zuschreibt. Sie halten hochfrequente Schwingungen des Motors von der Karosserie fern und reduzieren niederfrequente Aggre-

gatschwingungen. Magnetisierbare Dämpferflüssigkeit kann bei diesem System je nach Bedarf mehr oder weniger magnetisiert werden, wodurch sich die Zähigkeit der Flüssigkeit verändert und damit die Motorlager härter oder weicher einstellt. Geregelt wird das System durch ein separates Steuergerät, in dem der Lenkwinkel, Quer-, Längs- und Vertikalbeschleunigungen sowie der Flüssigkeitsdruck in den Lagern verarbeitet wird.
Was aber bringen diese Hightech-Motorlager, was deren Verhärtung? O-Ton Porsche: »*Ein elastisch gelagerter Motor versucht nach dem Kurven-Einlenken nach dem Trägheitsprinzip einer geradlinigen Bewegung weiter zu folgen. Erst nach Überwindung der Elastizitäten in den Motorlagern folgt auch der Motor der eingeschlagenen Richtung. … In dieser Situation werden die dynamischen Motorlager innerhalb von wenigen Millisekunden automatisch auf hart gestellt. Der verzögerte Kraftimpuls entfällt und das Fahrzeug kann im Grenzbereich ähnlich wie Rennfahrzeuge präziser und stabiler bewegt werden.*«

Selbst auf die Traktion beim Beschleunigen wirken sich die dynamischen Motorlager positiv aus, da die steifere Motoranbindung Radlastschwankungen reduziert und damit die Antriebskraft gleichmäßiger auf die Hinterräder übertragen wird. In gleicher Weise reduziert das System beim Anbremsen von Kurven eine Entlastung der Hinterachse, da der Motor dank der dann verhärteten Lager weniger Spiel zur Karosserie hat und somit mit seiner Masse gegenüber der Karosserie sozusagen nicht Anlauf nehmen kann. Porsche verspricht jedoch dank der dynamischen Lager unter gewissen Umständen auch mehr Fahrkomfort – und zwar dann, wenn die Fahrbahn so beschaffen und der Fahrstil so geartet sind, dass die Motorlager automatisch weich gestellt sind. Dadurch wird eine besonders gute Schwingungsisolation zwischen Motor und Karosserie erreicht. In Kombination mit dem vom Vorgänger übernommenen Aktiven Dämpfungssystem (PASM) mit alternativen Normal- oder Sport-Modi* versprach Porsche für seinen Turbo-Jahrgang 2010 eine weiter perfektionierte Anpassung an unterschiedliche Fahrstile – und an unterschiedliche Fahrsituationen.

**Normal-Modus: komfortable Stoßdämpfer-Abstimmung; Sport-Modus: mit härterer Dämpferkennlinie.*

Typisch 997 Turbo Generation 2: Rückleuchten-Gestaltung und vergrößerte Auspuff-Endrohre,…

...neu gestalteter, aerodynamisch optimierte Doppelarm-Außenrückspiegel...

...19 Zoll-Leichtbauschmiederäder mit fünf Doppelspeichen im Bi-Color-Design,…

... und titanfarbene Horizontal-Leisten in den Kühler-Lufteinlässen an der Frontpartie.

Obwohl technologisch von Grund auf und in fast allen Bereichen revidiert, braucht es des Kennerblicks, das Ende 2009 neue Turbo-Modell zu identifizieren. Diese Details wurden gegenüber dem 997 Turbo 3.6 verändert:

- neu gestaltete, im Gewicht erleichterte 19 Zoll-Schmiederäder im Bi-Color-Design mit fünf filigranen Doppelspeichen (optional: Räder mit Zentralverschluss),
- jeweils zwei titanfarbene Querleisten in den äußeren Front-Lufteinlässen unterhalb der LED-Blinkleuchten-Stege,
- LED-Tagfahrlicht an Stelle der bisherigen, kleinformatigen Nebelscheinwerfer,
- neu gestaltete, aerodynamisch verbesserte Doppelarm-Außenspiegel,
- neu gestaltete, nach außen hin spitzer zulaufende Rückleuchten in LED-Technik,
- vergrößerte Auspuff-Endrohre aus verchromtem Edelstahl.

Neu ist im Übrigen die 702 Euro-Option eines dynamischen Kurvenscheinwerfers, der mit Schwenkbereichen von bis zu 15 (kurveninnerer Scheinwerfer) bzw. bis zu sieben Grad (kurvenäußerer Scheinwerfer) den Straßenverlauf ausleuchtet. Serienmäßig ist hingegen das Reifendruck-Kontrollsystem zur permanenten Überwachung der Reifen-Luftdrücke, wobei die Übertragung der Druckangaben ins Cockpit künftig nicht mehr Einzelantennen in den Radhäusern besorgen, sondern in Kombination mit einer weiter entwickelten Racelektronik eine Zentralantenne unter dem Wagenboden. Auch Lederposter, Metallic-Lackierung, elektrische Sitzverstellung mit Memoryschaltung, Regensensor und Navigationssystem sind in beiden Turbo-Modellen, Coupé oder Cabriolet, serienmäßig.

Kommunikations- und Navigations-Zentrum in der 997 Turbo-Mittelkonsole: Festplatten-Navi mit 6,5 Zoll-Touchscreen, Bose-Audioteil mit Surround-Soundsystem und Siebenkanal-Digitalverstärker.

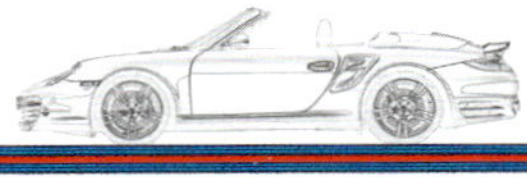

Dabei fügten die Porsche-Literaten der langen Liste kryptischer Abkürzungen eine weitere hinzu, nämlich »PCM«, was für Porsche Communication Management steht. PCM besteht aus einer Festplatten-Navigation mit 6,5 Zoll-Touchscreen, über den alle weiteren, serienmäßigen PCM-Komponenten bedient werden. Dazu zählt der Bose-Audioteil mit Surround-Soundsystem und Siebenkanal-Digitalverstärker, 13 Lautsprechern im Coupé bzw. zwölf Lautsprechern im Cabrio, außerdem ein MP3-fähiges CD/DVD-Single-Laufwerk. Ein CD/DVD-Sechsfachwechsler kostete genauso Aufpreis (524 Euro), wie Sitzheizung (434 Euro), Parkassistent mit Ultraschall-Messung zwecks Hindernis-Warnung beim Rückwärtsfahren (512 Euro), Tempostat (440 Euro) oder (beim Coupé) ein elektrisch betätigtes Schiebe/Hubdach (1452 Euro). Naturgemäß war es auch beim Turbo-Jahrgang 2010 teurer, Beschleunigungs-Orgien ohne Stahldach zu genießen: Im Frühjahr 2010 kostete das Cabriolet 160151 Euro – 11424 Euro mehr, als das Coupé.

März 2010: 997 Turbo S – fast schon ein »Schnäppchen«

Für Menschen, die trotz der 500 PS im 911 Turbo des Jahrgangs 2010 akuten Leistungsmangel verspüren, präsentierte Porsche anlässlich des Genfer Automobil-Salons im Frühjahr 2010 eine Lösung: den 997 Turbo S, lieferbar sowohl als Coupé, als auch als Cabriolet. Beide Varianten repräsentierten im Vergleich zum normalen Turbo ein Sonderangebot – doch davon später.

530 PS (390 kW) und somit 30 PS(22 kW) mehr als im 997 Turbo 3.8 stehen im 997 Turbo S zur Verfügung, außerdem mit 700 Nm im Drehzahlbereich von 2100 bis 4250/min ein Plus von 50 Nm Drehmoment. 700 Nm erreicht zwar auch schon der 500 PS-Turbo – doch das nur rund zehn Sekunden lang, wenn der Fahrer die Overboost-Tast drückt. Dieses Resultat erreichten die Weissacher Leistungs-Sportler vor allem mit einer Erhöhung des Ladedrucks auf 1,2 bar und etwas sportlicheren Steuerzeiten der Einlassventile.

Naturgemäß profitieren die Werksangaben für die Fahrleistungen von der gestiegenen Leistung. Dennoch sprach für den Turbo S wohl weniger die Zeitersparnis beim Beschleunigen von Null bis 100 km/h (0,1 Sekunden) bzw. bis 200 km/h (0,5 Sekunden) oder das Vmax-Plus von drei km/h (315 statt 312 km/h). Vielmehr offerierte Porsche diese Variante um einen runden Tausender günstiger, als einen vergleichbar aufgerüsteten Basis Turbo.

Addiert man nämlich zum Turbo-Preis alle Aufpreise für Extras hinzu, die beim Turbo S serienmäßig geliefert wurden, so kommt man zu dieser Bilanz:

- Keramik-Bremsanlage (8710 €),
- Zentralverschlussräder (3510 €),
- Doppelkupplungsgetriebe PDK (3915 €),
- Porsche Torque Vectoring (1309 €),
- Kurvenlicht (702 €),
- Sport Chrono Paket Turbo (4034 €),
- Adaptive Sportsitze (1011 €), alternativ Schalensitze (2975 €)
- Tempostat (440 €),
- CD-Wechsler (524 €)
- Aufpreis-Summe der im Turbo S serienmäßigen Extras: 24155 € (bzw. 26119 € bei Wahl der Schalensitze).

Und was kostete im Vergleich zum 997 Turbo der 997 Turbo S? Anfang 2011 waren für das 530 PS-Turbo S Coupé 173241 Euro nach Zuffenhausen zu überweisen – Aufpreis gegenüber dem wegen der Stahl-Bremsscheiben um zehn Kilogramm schwereren Turbo Coupé: 23086 Euro. Über 1000 Euro gespart, dazu 30 PS zum Nulltarif und eine exklusivere Farbwahl für Lack und Polstermaterialien – in der Tat: Der Turbo S der 997-Generation war das »Schnäppchen« der Porsche Turbo-Geschichte…

997 Turbo S-Instrumentierung: abgesehen vom Turbo S-Logo gegenüber dem Turbo unverändert.

997 Turbo S-Motor MA 1.70S: Man sieht beim Öffnen der Motorhaube nicht viel von ihm, umso mehr spürt man ihn beim Gas geben…

997 Turbo S: Motorverblendung aus Sichtcarbon, aluminiumsilberne Plakette mit dezentem Typ-Hinweis.

Turbo-Jahrgang ´13: im 991 (fast) alles neu

911 (991) TURBO/TURBO S – MEHR HIGHTECH, MEHR RADSTAND, MEHR POWER

911 (991) Turbo/Turbo S: Das ist neu*

- noch leistungsstärkere Biturbo-Motoren in zwei Leistungsversionen als Turbo mit 520 PS (MA 1.71) und als Turbo S mit 560 PS (MA 1.71S)
- komplett neues Leichtbau-Chassis aus Aluminium mit um 100 auf 2450 Millimeter verlängertem Radstand, verbreiterten Spurweiten und 20 Zoll-Rädern
- Bremsanlagen (Stahl und Keramik) mit im Umfang und Stärke vergrößerten Bremsscheiben
- in Details neu gestaltete, um 56 Millimeter verlängerte und um 28 Millimeter verbreiterte Karosserie in kombinierter Stahl/Aluminium-Bauweise
- neuer Allradantrieb mit elektrohydraulischer Steuerung
- aktive Hinterachslenkung
- elektromechanische Servolenkung
- adaptive Aerodynamik mit dreistufigem Frontspoiler und mit drei ansteuerbaren Heckflügel-Positionen
- beim Turbo optionaler, beim Turbo S serienmäßiger Wankausgleich
- Sound-Symposer zur Übertragung der Motoransauggeräusche in den Innenraum
- Aerokit Turbo als Option

*im Vergleich zum 911 (997) Turbo 3.8

Walter Röhrl über den …
… 991Turbo

»Die nochmals breiteren Kotflügel des 991 Turbo erinnern fast schon an die Ur-Turbos. Dazu die verfeinerte Kraftverteilung des Allradantriebs, die Einführung der Hinterachslenkung und natürlich die nochmals gestiegene Leistung: Die 991 Turbo-Modelle legten die fahrdynamische Messlatte so hoch, dass man kaum glauben kann, hier noch etwas verbessern zu können. Das Ansprechverhalten, die Balance und dazu die unbändige Kraft der Motoren, es ist ein Wahnsinn. Und dennoch: Mit dem kann meine Frau morgens Brötchen holen, man fährt mit ihm von München nach Hamburg, ohne zu ermüden, und wenn´s drauf ankommt, auf der Rennstrecke Top-Zeiten. Der kann alles!
***10 von 10 Punkten** gebe ich dem 991 Turbo.«*

Als Porsche am 3. Mai 2013 mit Pressemitteilung Nummer 42/13 einen neuen 911 Turbo ankündigte, da bezogen sich die Autoren der Presseabteilung sowohl auf den 50ten Geburtstag des Porsche 911, als auch auf den 40ten Geburtstag des Porsche 911 Turbo. So war Letzterer 1973 anlässlich der IAA in Frankfurt als nicht fahrbereite Studie erstmals gezeigt worden – zum Foto-Termin für die Presseaufnahmen musste die vielversprechend mit »911 Turbo«-Kennzeichen versehene Hülle geschleppt werden. Das unter dem Fahrzeug vor dem Shooting vergessene Abschleppseil verrät die damalige Improvisation.
Sein Debüt als fahrtaugliches Automobil feierte der Porsche 930 Turbo erst ein Jahr später im Rahmen des Pariser Auto-Salons. Gleichwohl ist 1973 ein Schlüsseljahr in der Porsche Turbo-Geschichte. Denn damals fiel endgültig die Entscheidung, 400 Homologations-Exemplare des Elfers für die ab 1976 gültige Motorsport-Gruppe 4 zu fertigen. Und dieser Schritt führte nach einigen »Turbolenzen« letztlich zum Serien-Modell 930 Turbo, das als Prototyp im Spätsommer 1974 die Sensation auf dem Pariser Porsche-Stand war (siehe auch Seiten 16 ff).
Als der Turbo der 991-Generation im September 2013 in Produktion ging, da bildete er von Beginn an eine kleine Modellfamilie, bestehend aus jeweils zwei Varianten des Coupés und des Cabriolets, nämlich zwei Mal Turbo und zwei Mal Turbo S. Allen Vieren gemeinsam ist das in der 991-Generation für alle Turbo-Versionen serienmäßige Doppelkupplungs-Getriebe (PDK) mit sieben Gängen – neu ist allerdings die damit verbundene Motorabschaltung beim Ausrollen vor Ampeln. Zudem wird der Motor bei schneller Fahrt durch Öffnen der Kupplungen dann abgekoppelt, wenn der Fuß vom Gas geht und Schiebebetrieb angesagt ist – »*Segeln*« nennen die Porsche-Techniker diesen Fahrzustand ohne Zugkraft des Motors und entsprechender Treibstoff-Einsparung.
Doch damit nicht genug der mit der 991 Turbo-Generation eingeführten PDK-Tricks. So wartet dieses nicht nur mit sieben realen Übersetzungen auf, sondern überdies mit virtuellen Zwischengängen. Sie kommen bei konstanter und ruhiger Fahrweise dann zum Einsatz, wenn der nächsthöhere Gang die untere Drehzahlgrenze des Motors unterschreiten würde. In solchen Fällen legt die Getriebesteuerung gleichzeitig die beiden benachbarten Gangstufen ein und befiehlt zugleich den beiden zugehörigen Kupplungen einen definierten Schlupf – was schadlos deshalb möglich ist, weil die Kupplungen im Ölbad laufen. Kupplungs- und Getriebe-Öle verfügen über eigene Kühlsysteme.

Verräterisches Indiz unter dem linken Vorderrad: Als die erste 911 Turbo-Studie 1973 in Weissach fotografiert werden sollte, musste sie zur Foto-Location geschleppt werden.

Bemerkenswerterweise schmückte Designer Varga seine 991 Turbo-Entwürfe mit Logos im klassischen Turbo-Stil, nämlich mit kleinem »t«.

991 Turbo-Entwürfe von Porsche-Designer Peter Varga: abgesehen von den Riesenrädern nahe am Endprodukt.

Turbo

Auch die von der zweiten 997-Generation übernommene Motoren-Konstruktion mit integrierter Trockensumpfschmierung, Direkteinspritzung und jeweils zwei Turbos mit variabler Turbinengeometrie (VTG) wurde zwar übernommen, jedoch weiter zugunsten von Leistung und Stehvermögen perfektioniert. Leistungssprünge von 500 auf 520 PS (997 zu 991 Turbo) und 530 auf 560 PS (S-Modelle) wurden bei beiden Motorvarianten zu einem Teil durch um 0,2 bar höhere Ladedrücke erzielt. So pressen die VTG-Turbos im 991 Turbo (Motortyp MA 1.71) mit einem bar, im 991 Turbo S (Typ MA 1.71S) mit 1,2 bar Luft in die Brennräume. Wenn die Overboost-Funktion aktiviert ist, machen die Lader gar mit 1,2 bzw. 1,4 bar Dampf und erhöhen damit für maximal zehn Sekunden das maximale Drehmoment von 660 auf 710 Nm (Turbo) bzw. von 700 auf 750 Nm (Turbo S).

Als weitere Maßnahme zur Leistungs-Stimulanz erweiterten die Weissacher Motoren-Päpste die Verstell-Bereiche der einlassseitigen Nockenwellenverstellung (VarioCam Plus) um weitere 10° auf 50° und vergrößerten den großen Ventilhub von 10,0 auf 10,5 mm, während der kleine Hub mit 3,6 Millimeter und natürlich auch der hydraulische Ventilspielausgleich beibehalten wurden. Bei beiden Motorvarianten identische, jedoch etwas »schärfere« Steuerzeiten (siehe Daten Seite 246) unterstützten das Streben nach mehr Leistung und höherem Drehmoment. Eine Vereinfachung erfuhren im Übrigen die Nockenwellenantriebe, die in den MA 1.71-Motoren durch je eine Kette pro Zylinderbank direkt von der Kurbelwelle statt über den Umweg eines Zwischenrads in Rotation versetzt werden. Zudem sank das Motorgewicht durch weiteren Feinschliff gegenüber dem MA 1.70-Motor des Vorgängers auf 217 Kilogramm.

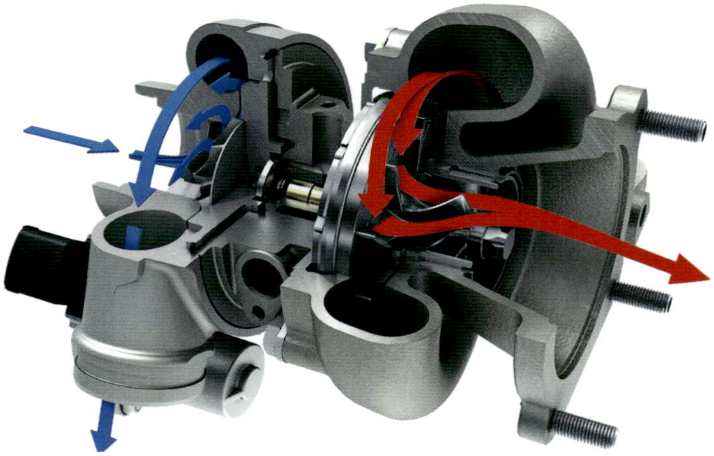

Hatte sich bereits in der 997-Generation bewährt und ist Alleinstellungs-Merkmal des 911 Turbo gegenüber den aktuellen 911 Carrera mit Turbomotoren: der Lader mit variabler Turbinengeometrie (VTG).

Flachmann mit 3,8 Liter Hubraum und im 991 Turbo auf 520 (Turbo) bzw. 560 PS erstarkt – dies bei deutlich reduziertem Motorgewicht.

Einmal mehr widmeten sich die Porsche-Motorentechniker mit mehreren Maßnahmen der Dauerhaltbarkeit ihrer Hochleistungstriebwerke. So werden die geschmiedeten Aluminium-Kolben spritzölgekühlt, die geschmiedeten Pleuel gecrackt. Bei diesem Verfahren wird das Pleuel an einem Stück geschmiedet und anschließend im Bereich des Kurbelwellen-Auges an Sollbruchstellen gebrochen, um an der Kurbelwelle montiert werden zu können. Das dabei entstehende Bruchgefüge der Oberflächen beider Teile passt im Gegensatz zu zwei individuell gefertigten Pleuelteilen absolut formschlüssig zusammen, was höchste Ansprüche der Porsche-Techniker an die Maßhaltigkeit befriedigt.

Abermals überarbeitet wurden auch die Ölversorgung und das sogenannte Thermo-Management der beiden Motorvarianten. So erfolgt die Öldruck-Regelung im MA 1.71-Motor lastabhängig, wodurch der Druck beispielsweise bei 5000/min und 90 Grad Öltemperatur je nach Beanspruchung

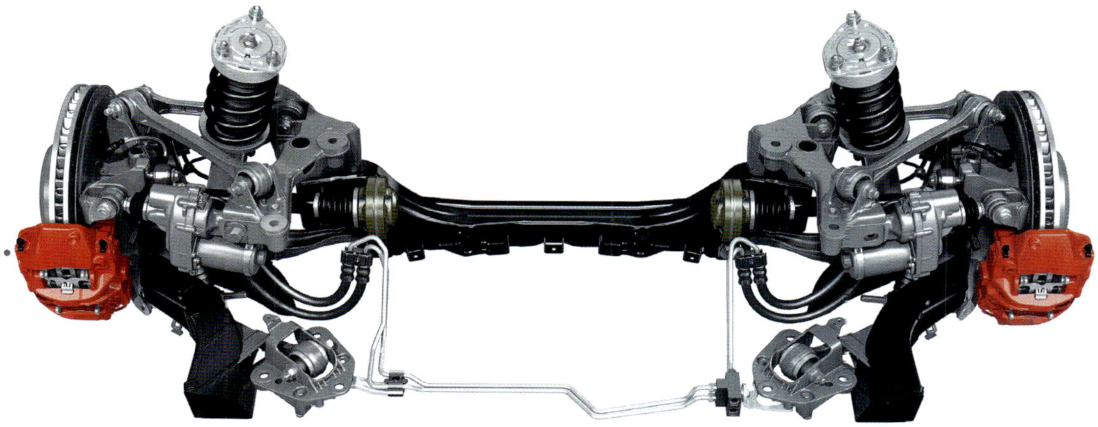

991 Turbo-Vorderradaufhängung mit vergrößerten Bremsscheiben, Lenkern aus Aluminium und elektromechanischer Servolenkung (»Steer by wire«).

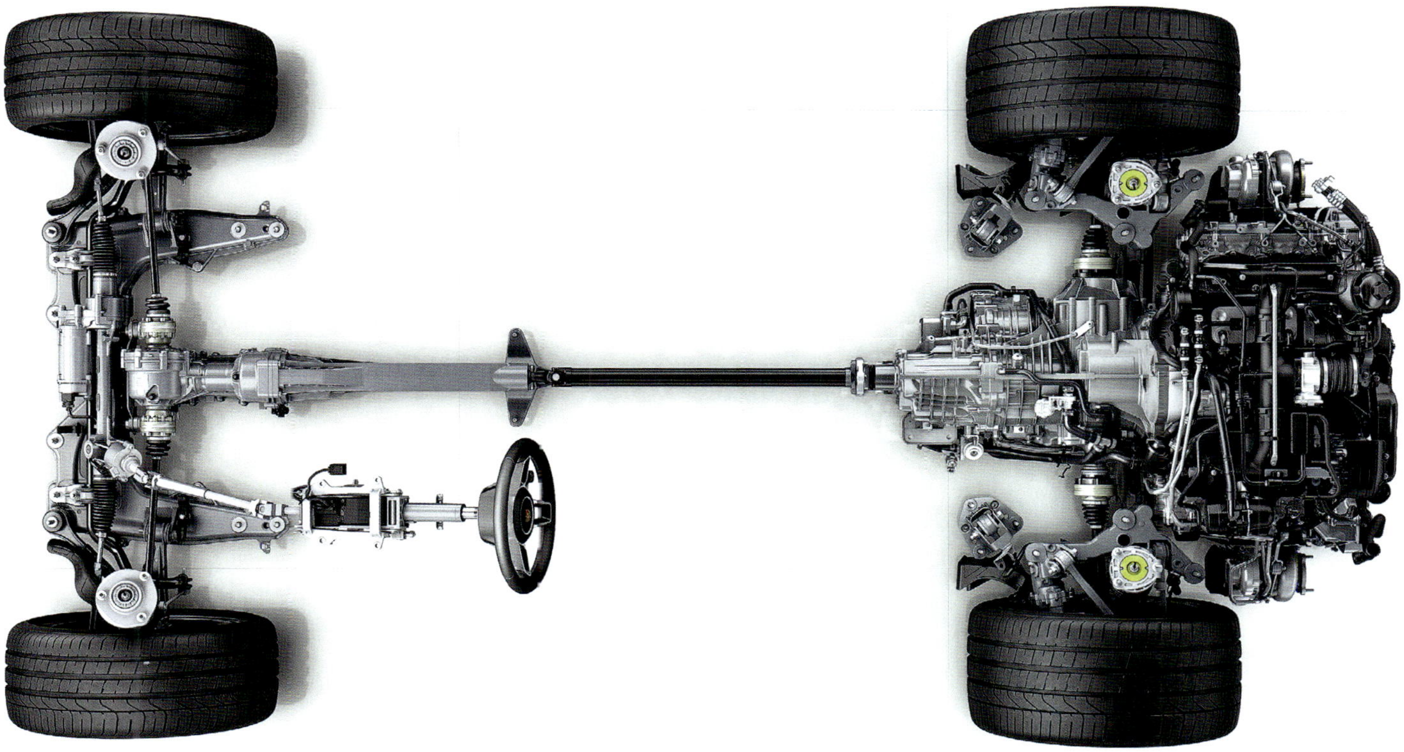

991 Turbo: gegenüber der 997-Generation 100 Millimeter mehr Achsabstand und um 51 mm (vorn) bzw. 42 mm (hinten) vergrößerten Spurweiten.

zwischen 3,5 und 4,5 bar variiert. Ölpumpen mit vier Absaugstufen in den Zylinderköpfen und zwei Stufen in den Abgasturboladern besorgen die Ölzirkulation bedarfsgerecht. Der Ölfilter ist druckseitig nach der Ölpumpe vor der Einspeisung in den Motor positioniert. Den Kühlwasserkreislauf beaufsichtigt ein Kennfeld-gesteuerter und somit in die Motorsteuerung involvierter Thermostat, der auch für die Regelung des Heizungs-Kreislaufes zuständig ist.
Die Benzindirekteinspritzung (DFI) regelt Einspritzzeitpunkt und -menge individuell für jeden Brennraum. Zudem verfügt sie über in den Strahl- und Kegelwinkeln optimierte Mehrloch-Hochdruckinjektoren, denen eine 6-Kolben-Hochdruckpumpe den Treibstoff mit 140 bar Druck zuteilt. Die Benzinförderung vom 68 Liter-Bugtank zum Heckmotor leistet eine Tandem-Benzinpumpe mit zwei zusätzlichen Saugstrahlpumpen.
Feinarbeit also bei den ja erst für das Vormodell (997 Turbo zweiter Generation) völlig neu konstruierten Motoren und am bewährten Doppelkupplungs-Getriebe – nun waren für die 991-Generation die selbsttragenden Elfer-Karosserien und Radaufhängungen fällig, um zum zweiten Mal nach 1998 (Generation 996) völlig neu konzipiert zu werden – dies unter prinzipieller Beibehaltung der einst von Ferdinand Alexander »Butzi« Porsche geprägten Elfer-Linienführung. Als primäre Forderungen standen dabei Leichtbau und nochmals gesteigerte Fahrsicherheit im 991-Lastenheft.
Beim 991 Turbo besteht deshalb die Bodengruppe (analog zu den bereits ab Jahrgang 2012 gebauten Saugmotor-991ern) weitgehend aus Leichtmetall. Die vorderen Kotflügel, Hauben, Türen und das Coupé-Dach sind genauso aus Aluminium gefertigt, wie die Längs- und Querlenker der vorderen Radaufhängungen und der hintere Fahrschemel. Die komplette Neukonstruktion nutzte Porsche zugleich für die zweite Radstands-Verlänge-

Die 991 Turbo-Hinterachslenkung durch elektromechanische Aktuatoren erhöht je nach Fahrsituation die Agilität oder Stabilität des Fahrzeugs.

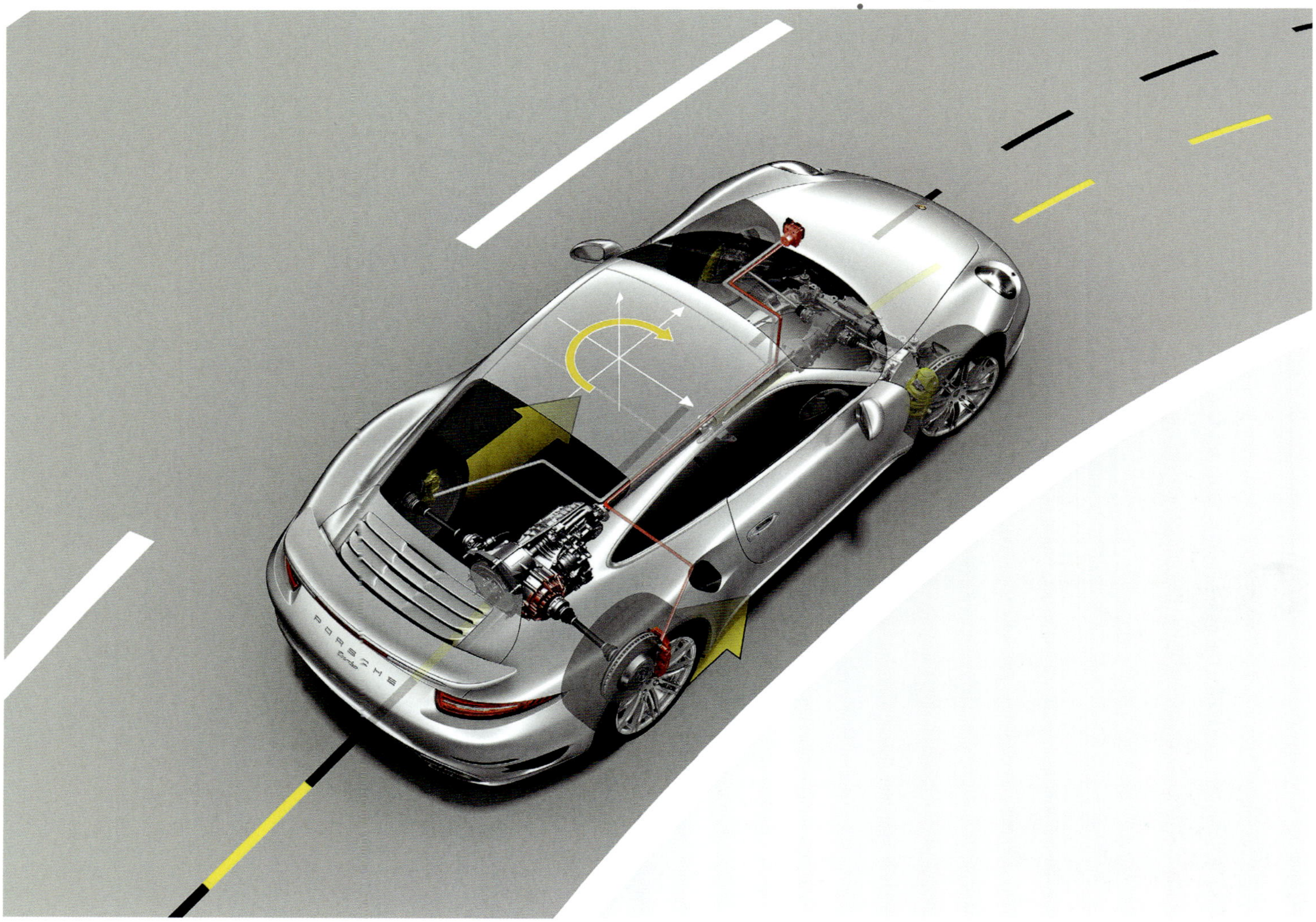

rung in der 911 Turbo-Geschichte. Nach 2272 mm (930, 964 und 993) und 2350 mm (996 und 997) rückten die Achsen beim 991 um weitere 100 auf nun 2450 Millimeter auseinander. Auch die Spurweiten wurden deutlich vergrößert: vorn (im Vergleich zum Vorgänger-997) um 51 Millimeter, hinten um 42 Millimeter.

Mehr noch als diese Maßänderungen veränderten jedoch intelligente, elektronisch gesteuerte Verstell-Möglichkeiten des Fahrwerks die Fahreigenschaften des Ende 2012 neuen Turbo-Elfers. Dazu zählt vor allem die neue Hinterachs-Lenkung durch elektromechanische Aktuatoren an Stelle konventioneller Hinterachs-Spurlenker. Bei Geschwindigkeiten bis 50 km/h lenken die Vorder- und Hinterräder um bis zu 2,8 Grad in entgegen gesetzter Richtung zu den eingelenkten Vorderrädern, was den Radstand virtuell um 250 Millimeter verkürzt – »*Agilisieren*« nennt diesen Vorgang die Porsche Techniker, weil er die Handlichkeit und Wendigkeit verbessert. »*Rangieren und Einparken*«, versprach Porsche, »*sind spürbar erleichtert.* « Ab 80 km/h lenken die Hinterräder um bis zu 1,5 Grad parallel zu den Vorderrädern, was sich wie eine virtuelle Radstands-Verlängerung um 500 Millimeter auswirkt. Dieses »*Stabilisieren*« erhöht deutlich die Richtungsstabilität des Fahrzeugs – Porsche-O-Ton: »*Das verleiht dem Sportwagen insbesondere bei hohen Geschwindigkeiten eine enorme Stabilität.*« Außerdem: »*Gleichzeitig erfolgt der durch den Lenkimpuls des Fahrers ausgelöste Seitenkraftaufbau an der Hinterachse deutlich schneller, was zu einem spontaneren und harmonischeren Einleiten der Richtungsänderung führt.*« Zwischen 50 und 80 km/h erfolgt je nach Fahrsituation ein kontinuierlicher Übergang zwischen gegensinnigem und gleichsinnigem Lenkeinschlag.

Neu in der Porsche-Terminologie sind die vier Buchstaben »PDCC«. Sie stehen für »Porsche Dynamic Chassis Control« und bedeuten – im Turbo optional gegen 3213 € Aufpreis, im Turbo S serienmäßig – eine automatische Wankstabilisierung des Fahrzeugs. Das System besteht aus vier, zwischen Radträgern und Stabilisatoren montierten Hydraulikzylindern, die über eine vom Motor angetriebene Pumpe und elektronisch aktivierte

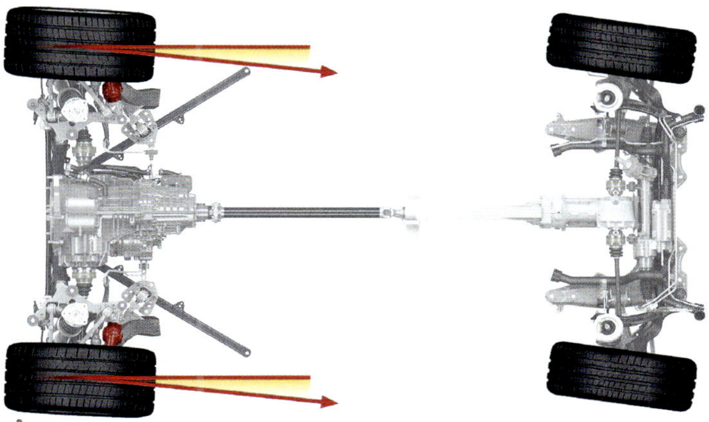

Hinterachslenkung ab 80 km/h: zu den Vorderräder paralleler Einschlag erhöht die Richtungsstabilität des Fahrzeugs.

Hinterachslenkung bis 50 km/h: zu den Vorderräder entgegen gesetzter Einschlag erhöht die Agilität des Fahrzeugs.

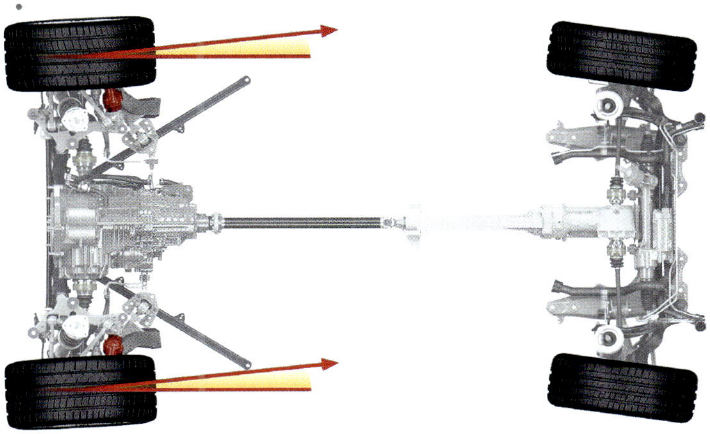

991 Turbo-Hinterachslenkung mittels elektromechanischer Aktuatoren an Stelle herkömmlicher Hinterachs-Spurlenker.

Steuerventile je nach Kompensationsbedarf mit Öl gefüllt oder entleert werden. Mit diesem Wechselspiel spannen sie den Stabilisator vor und heben das Fahrzeug an der Kurvenaußenseite um bis zu 70 Millimeter an. In Kurven minimiert PDCC dadurch die Seitenneigung, was neben mehr Fahrstabilität auch eine Traktionsverbesserung bewirkt. Denn bei weniger Seitenneigung rotieren alle vier Räder auch in Kurven im vorgegebenen idealen Winkel zur Fahrbahn. Auf welliger Fahrbahn vermindert PDCC zudem ein seitliches Aufschaukeln des Fahrzeugs.

Ergänzt werden Allrad-Lenkung und Wankstabilisierung im 991 Turbo durch diese bereits in Vormodellen bewährten Assistenzsysteme:

- PASM (elektronische Verstellung des Stoßdämpfersystem, das abhängig vom gewählten Modus, von der Fahrweise und dem Fahrbahnzustand automatisch die optimale Dämpferhärte einstellt),
- PSM (automatisches Regelsystem mit den Funktionen automatisches Bremsendifferential und Antriebsschlupfregelung zur Stabilisierung im Grenzbereich)
- PTV (automatisches Regelsystem, das den Hinterrädern im Sinne gesteigerter Fahrdynamik und -stabilität variabel Drehmoment zuteilt und zudem mit einer elektronisch geregelten Hinterachs-Quersperre kombiniert ist).

Hinzu kam im 991 Turbo/Turbo S ein neu entwickelter Allradantrieb mit elektrohydraulischer Steuerung (PTM), das die Kraftverteilung auf die beiden Achsen mit einer elektronisch gesteuerten und betätigten Lamellen-Kupplung abwickelt. Das an der Vorderachse installierte System ist mit Wasserkühlung ausgestattet, so dass dank niedrigerer Kupplungs-Temperaturen bei Bedarf noch mehr Antriebskraft zur Vorderachse geleitet werden kann.

Völlig neu ist in der 991-Generation auch die elektromechanische statt hydraulische Servolenkung, deren vom Konstrukteur geschätzten Qualitäten ein geringerer Energiebedarf, ein niedrigeres Gewicht und die Integrierbarkeit in das sensorische Fahrwerkssystem sind. Da dieses Lenksystem nur beim tatsächlichen Betätigen durch den Fahrer, also bei Kurvenfahrt, Energie verbraucht, bei Geradeausfahrt jedoch energieneutral funktioniert, schreibt ihr Porsche eine Treibstoffersparnis von einem Zehntel Liter pro 100 Kilometer zu. Ein weiterer Vorteil der in Flugzeugen schon lange bewährten »Steer-by-wire«-Methode ist die Möglichkeit zur Unterdrückung von durch die Fahrbahn verursachten Stör-Impulsen, zur Variation des Lenkverhaltens abhängig von der Fahrsituation, oder zum automatischen Lenkeingriff bei Seitenwind oder Bremsmanövern.

Von »gusseisernen« Elfer-Freunden, die gerade den innigen Fahrbahnkontakt schätzten, den einst die klassischen 911-Lenkung vermittelte, wird eine elektromechanische Lenkung naturgemäß misstrauisch beäugt. Wenn statt einer mechanischen Verbindung zwischen Lenkrad und Vorderrädern lediglich ein Kabel elektrische Impulse über ein Steuergerät zu einem Aktor führt, der den Steuerbefehl ausführt, fürchten sie um die Porsche-typische, außerordentliche Präzision, rechnen stattdessen mit einem eher

Für den 991 Turbo neu entwickelt: die sogenannte adaptive Aerodynamik, die für die meisten Fahrsituationen passende Spoiler-Einstellungen regelt.

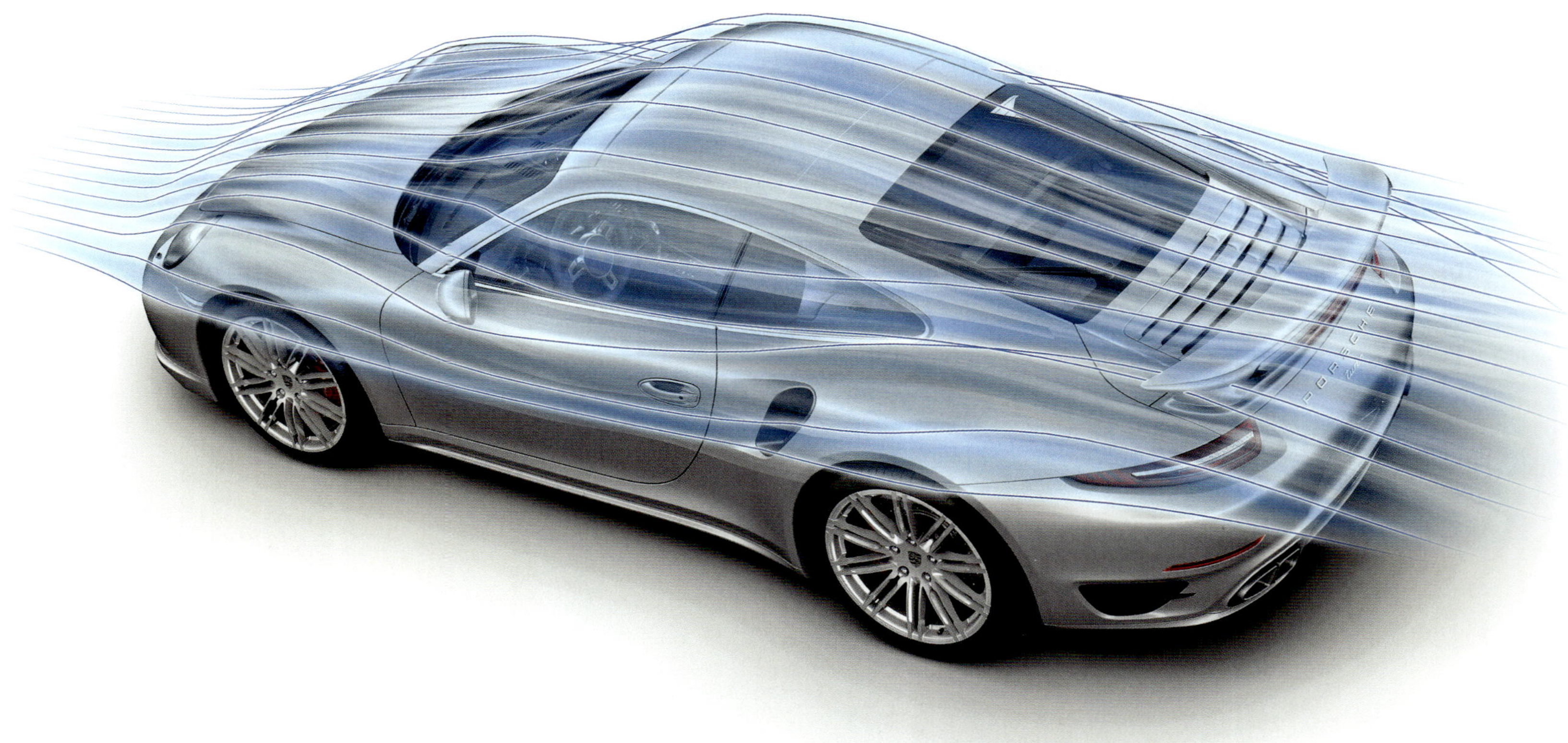

synthetischen Lenkgefühl. Doch diese Reserve ist offensichtlich unbegründet. Als die sportlich orientierte Fachzeitschrift »sport auto« in Ausgabe 2/2014 den 991 Turbo S einem sogenannten »Supertest« unterzog, da schrieb sich Tester Horst von Saurma die Lust von der Seele – auch und gerade bei der Beurteilung der neuen Lenkung: »*Einen wesentlichen Beitrag zum herausragenden Handling liefert auch die Lenkcharakteristik, die auf wundersame Weise begeisternde Agilität generiert und zugleich beruhigende Sicherheit auch bei hohem Tempo vermittelt. Durch ihre gelassenere, um nicht zu sagen: weniger spitze, Umsetzung der Lenkbefehle kommt es fast einem Kinderspiel gleich, die anvisierten Fahrbahnpunkte exakt und ohne Nachkorrektur zu treffen. Hinzu kommt ein Eigenlenkverhalten, wie es nachvollziehbarer und verlässlicher nicht sein kann – besser geht´s nicht.*«

991 Turbo-Novität: die adaptive Aerodynamik

Spoiler prägten seit dem Beginn der Porsche Turbo-Geschichte in signifikanter Weise jede 911 Turbo-Generation. Ihre individuelle Formgebung und ihre Dimension charakterisieren jedes 911 Turbo-Heck bis heute. Dabei machten die Windleitwerke eine bemerkenswerte Entwicklung durch. Anfangs fest und in Tablett-Form, bei den ersten wassergekühlten Varianten eher zierlich, dafür bereits in der Höhe variabel und bei den GT2-Boliden an Flugzeug-Leitwerke gemahnend, begann mit Einführung des 991 Turbo eine völlig neue Flügel-Epoche.

Vorangegangen war eine Frage, die sich die Porsche-Aerodynamiker um Dr. Thomas Wiegand und Michael Pfadenhauer gestellt hatten: »*Wie gelingt es, ein Fahrzeug zu bauen, das die Ansprüche an Alltagstauglichkeit, Effizienz und Rundstreckenleistung miteinander vereint? Oder anders ausgedrückt: Wie ist es möglich, mit einem parkhaustauglichen Böschungswinkel genügend Abtrieb auf der Vorderachse zu generieren?*« Die Antwort hieß »Porsche Active Aerodynamics« (PAA), ein System, das die Wirkung aerodynamischer Karosserieelemente auf Knopfdruck variieren kann – und damit die Anpassung an Stadtfahrten genauso ermöglicht, wie an Renneinsätze.

Und so funktioniert PAA: Sie basiert auf der Kombination eines mehrstufig verstellbaren Bugspoilers und eines ausfahrbaren, sowie im Winkel anstellbaren Heckspoilers. Drei Betriebszustände, die teilweise sowohl automatisch, als auch manuell angesteuert werden können, sind mit diesem variablen Aerodynamik-System möglich, nämlich:

- Stellung Start – Bug- und Heckspoiler sind komplett eingefahren, was die Gefahr, auf Rampen oder Bordsteinkanten aufzusetzen, reduziert, der c_w-Wert beträgt in dieser Stellung 0,31.
- Stellung Speed – Bug- und Heckspoiler werden im Automatik-Modus beim Überschreiten von 120 km/h synchron teilweise ausgefahren, um unter 80 km/h wieder in die Start-Stellung zurück zu kehren. Beide Spoiler sind in dieser Stellung auf geringen Luftwiderstand und hohe Fahrstabilität ausgelegt, c_w-Wert = 0,31,
- Stellung Performance – Bug- und Heckspoiler sind nach Betätigen der Spoiler-Taste in der Mittelkonsole komplett synchron ausgefahren, Letzterer mit 120 Millimeter Ausfahrhöhe und einem Flügel-Anstellwinkel von 15 Grad, Deaktivierung durch erneutes Drücken der Spoiler-Taste (nur möglich bei Geschwindigkeiten unter 270 km/h); c_w=0,34, jedoch Fahrzeug-Abtrieb bei 300 km/h im Vergleich zum Speed-Modus von 9 auf 132 Kilogramm erhöht, gleichbedeutend mit einem Rundenzeiten-Potential auf der Nürburgring-Nordschleife von zwei Sekunden.

Frontspoiler-Stellung »Start«: völlig eingefahren und somit geringe Gefährdung durch Rampen und Bordsteine.

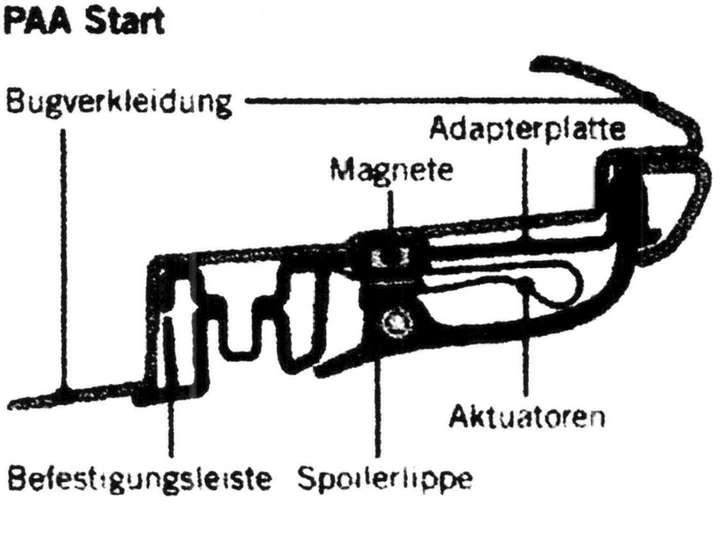

Frontspoiler-Stellung »Performance«: völlig abgesenkt und dadurch erhöhter Abtrieb für Renneinsätze.

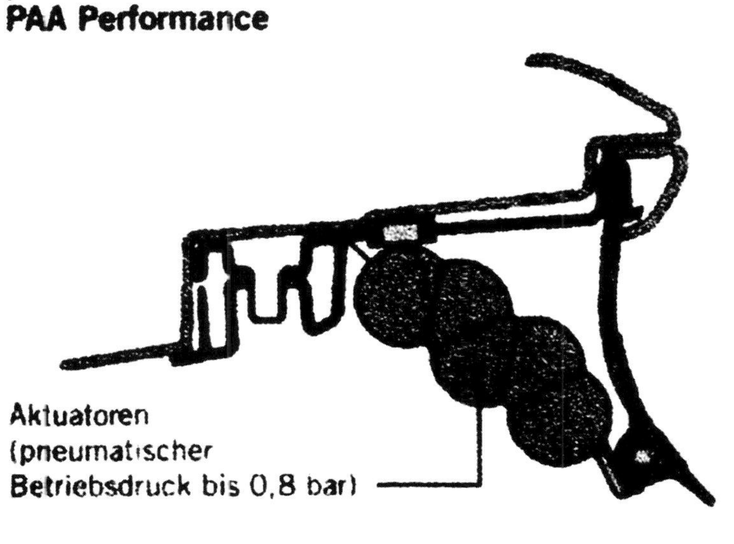

PORSCHE

PORSCHE

PORSCHE

Alle drei Spoiler-Stellungen verändern im Übrigen die aerodynamische Auftriebs-Balance von Vorder- zu Hinterachse nur minimal, so dass der Fahrer unabhängig von der Spoiler-Position mit einem gleichartigen Fahrverhalten rechnen kann.
Der aktive Bugspoiler aus flexiblem Kunststoff wird pneumatisch mit einem Druck von bis zu 0,8 bar ausgefahren. Er besteht aus einer Spoilerlippe und drei hinter dieser angeordneten Aktuatoren. Jeder Aktuator besteht aus einem aufblasbaren Fünf-Kammer-System, das durch die Pneumatik-Steuerung je nach Spoiler-Positionierung befüllt und entleert wird. Das seitlich im Kofferraum angeordnete Pneumatik-Management besteht aus einem elektrisch angetriebenen Kompressor, einem Luftspeicher und einem Steuergerät.
Der aktive Spaltflügel am 991-Heck wurde gegenüber dem 997-Spoiler komplett neu entwickelt. Sorgt bei diesem ein hydraulisches System mit einem festen Endanschlag für die Ausfahrhöhe, so arbeiten im 991-Flügel zwei getrennt steuerbare Elektromotoren zur stufenlosen Einstellung von Ausfahrhöhe und Anstellwinkel.
Zwar ist die adaptive Aerodynamik das innovativste (und spektakulärste) Merkmal der 991 Turbo-Karosserie, doch im Zuge der Modellüberarbeitung sorgte insbesondere der um 100 Millimeter gestreckte Radstand bei nur um 56 Millimeter gewachsener Gesamtlänge für harmonischere Proportionen des Fahrzeugs – die beim Vormodell überproportionierten Überhänge vorn und hinten schrumpften dadurch ein wenig. Der Bug und damit die Kühleröffnungen wurden unter Verwendung schwarzer Kunststoff-Blenden neu gestaltet. LED-Hauptscheinwerfer mit Vierpunkt-Tagfahrlicht und dynamischer, kamerabasierter Fernlichtsteuerung waren Bestandteile der Turbo S-Serienausstattung, optional jedoch für den Turbo lieferbar. Von vorn betrachtet erscheint der 991 Turbo eleganter und zierlicher als sein Vorgänger. Von weitem betrachtet erinnert sein »Gesicht« gar ein wenig an den Dino 246 GT – was ästhetisch nun wirklich nicht von Nachteil ist.

Spoiler-Varianten (von oben nach unten): Stellung »Start« für Stadtfahrten, Stellung »Speed« für hohe Geschwindigkeiten bei hoher Fahrstabilität und Stellung »Performance« für maximalen Abtrieb auf der Rennstrecke.

Attraktive und dank verlängertem Radstand wieder wohl proportionierte Erscheinung: Porsche 991 Turbo.

Zu neuer Form fanden die eng anliegenden Türgriffe, die Außenrückspiegel sind wieder wie einst im Porsche-Mai zugunsten einer besseren Aerodynamik oben an den Türen statt an den A-Säulen montiert. Die hinteren Kotflügel mit ihren vorn angebrachten, schwarz verblendeten Lufteinlässen wurden noch etwas verbreitert, so dass die Coupe-Dachpartie, von hinten betrachtet, sehr schmal und filigran wirkt. Als Sonderausstattung können Coupé-Freunde mit Frischluft-Ambitionen ein Schiebedach – alternativ aus Stahl (1690 Euro) oder Glas (2249 Euro) – ordern, das sich beim Öffnen außen über das Dach (statt unter die Dachaußenhaut) schiebt. Dadurch beansprucht es weniger Bauhöhe und ermöglicht zudem eine um 30 Prozent größere Öffnung als bei einer konventionellen Schiebedach-Konstruktion. Einmal mehr rüstete Porsche das Turbo-Laufwerk auf: Die Räder haben in der 991-Generation 20 statt zuvor 19 Zoll Durchmesser. Vorn messen sie in der Breite 8,5 Zoll (Turbo) bzw. 9 Zoll, hinten bei beiden Versionen

991 Turbo-Merkmal: Außenrückspiegel-Position auf den Türen statt an den A-Säulen montiert.

991 Turbo: wegen der abermals verbreiterten Kotflügelpartie wirkt die Dachpartie bemerkenswert schmal.

11 Zoll. Optisch unterscheiden sich die geschmiedeten Turbo- und Turbo S-Räder nicht nur durch die Art der Befestigung am Radträger (Turbo mit fünf Schrauben, Turbo S mit Zentralverschluss), sondern auch durch die Art der Zweifarblackierung: titanfarben/glanzgedreht beim Turbo, schwarz/glanzgedreht beim Turbo S. Beiden Varianten gemein sind die Reifenformate: vorn 245/35 ZR 20, hinten 305/30 ZR 20. Wie schon in der 997-Generation kommen bei Turbo und Turbo S serienmäßig verschiedene Bremsanlagen zum Einsatz: Stahlscheiben beim Turbo, die Keramikscheiben des Turbo S ließen sich gegen mittlerweile 9187 Euro Aufpreis auch für den Turbo ordern. Beide Bremsanlagen erhielten im Umfang und in der Stärke vergrößerte Bremsscheiben. So wuchsen die Stahlscheiben des Turbo vorn vom 997-Millimetermaß 350x34 (Umfang x Stärke) auf 380x34, hinten von 350x28 auf 380x30. Bei den Keramik-Pendants lauten die Relationen 380x34 zu 410x36 vorn bzw. 350x28 zu 390x32 hinten.

991 Turbo S-Rad: mit Zentralverschluss und zweifarbig schwarz lackiert/hochglanzgedreht.

991 Turbo-Cockpit: rundum erneuert, mit erhabener, nach vorn ansteigender sowie Fahrer und Passagier deutlich trennender Mittelkonsole.

Die Porsche-Innenarchitekten wiederum hielten eine Rundum-Erneuerung im Turbo-Cockpit für geboten, wobei insbesondere die nach vorn ansteigende Mittelkonsole mit höher gesetztem Schalthebel auffällig ist. Wie schon bei den Vorgänger-Generationen besticht speziell der Turbo S mit serienmäßigen Luxus-Accessoires: Adaptive Sportsitze mit 18-Wege-Verstellung, Memory und Lederbezügen in zweifarbiger Ausführung sowie diverse Carbon-Applikationen sind beim Top-Modell aufpreisfrei.
Wer in Flensburg bereits gut bekannt ist der kann im Bestellformular für beide Varianten als Turbo-Premiere einen radargesteuerten Abstandsregel-Tempostat sowie kamerabasierte Verkehrszeichen- und Tempolimit-Erkennung ankreuzen. Womöglich im Gedenken an den in der 997-Generation für Käufer sehr vorteilhaft kalkulierten Turbo S (siehe Seite 174) sorgten die Porsche-Buchhalter in der 991-Generation für einen deutlich größeren Preisabstand zwischen Turbo und Turbo S: Die beiden Coupé-Modelle trennten 2013 stattliche 33201 Euro – womit der Turbo S in Grundausstattung fast 200000 Euro kostete.
Das Turbo S Cabrio überschritt diese Schwelle hingegen mit 207989 Euro ziemlich deutlich (Turbo Cabriolet 174431 Euro), wartet dafür jedoch – wie auch das Turbo Cabrio – mit einem völlig neue konstruierten, in der Linienführung dem Coupé-Dach angenäherten und sehr schnellen Faltdach auf. Ein Magnesium-Leichtbaurahmen bietet zusammen mit Flächenspriegeln den gleichermaßen leichtgewichtigen, wie formstabilen Unterbau der Verdeck-Konstruktion, wobei die Flächenspriegel eine Dachwölbung des geschlossenen Verdecks ermöglichen, die in der Eleganz dem Coupé-Dach nicht nachsteht und auch aerodynamisch gleichzieht: Ob Coupé oder Cabrio, beiden Karosserie-Varianten attestiert Porsche einen c_w-Wert von 0,31 (das 997 Cabrio büßte gegenüber dem Coupé mit c_w=0,32 noch 0,01 ein).
Ein integriertes, elektrisch zu betätigendes Windschott schützt empfindliche Naturen vor Zugluft im Nackenbereich, der wie bei den 996- und 997-Cabrios automatisch ausfahrende Überrollschutz (hoffentlich) vor Unbill in Rückenlage. Noch deutlich schneller als in der 997-Version lässt sich das Textildach öffnen und schließen: Innerhalb von nur 13 Sekunden – somit in einer um sieben Sekunden verkürzten Zeit im Vergleich zur 996/997-Konstruktion – ist entweder die Sonne drin im Cockpit, oder aber der Regen draußen. Das Öffnungs- oder Schließungs-Procedere lässt sich im Übrigen wie bei den Cabrios der 996- und 997-Generationen bei Geschwindigkeiten bis zu 50 km/h erledigen.

Februar 2015: Aerokit Turbo für noch mehr Abtrieb

Obwohl die in den 991 Turbo-Modellen serienmäßige adaptive Aerodynamik (PAA) mit in drei Stellungen variierbaren Spoiler-Positionen bereits exzellente Abtriebs-Werte ermöglicht, bot die Abteilung Porsche Exclusive ab Anfang 2015 eine Spezialversion der Spoiler-Ausrüstung an, die gegen 5355 Euro ab Werk beim Kauf eines Neuwagens bestellt, oder aber nach-

träglich beim Porsche-Händler umgerüstet werden konnte. Die Nachrüstung belastete das Budget mit 4879 Euro plus (Werkstatt-individuellen) Kosten für die Montage und Lackierung.
Der Aerokit Turbo umfasste eine neue eigenständige Frontspoiler-Blende und eine völlig neue Heckdeckel-Konstruktion mit fest stehendem Bürzel, seitlichen Winglets und wie in der serienmäßigen Version ausfahrbarem sowie im Anstellwinkel verstellbarem Heckflügel. Getestet worden war der Aerokit im Weissacher Windkanal und auf der Rundstrecke, wobei die Entwicklungsziele eine weitere Verbesserung der Fahrdynamik durch eine nochmalige Steigerung des Abtriebs bei unveränderter Windschlüpfigkeit (c_w-Wert = 0,31) waren. Tatsächlich erhöht der in zwei Varianten – in Exterieurfarbe oder hochglänzend schwarz lackiert – bestellbare Aerokit das ohnehin schon hohe Abtriebs-Niveau der 991 Turbo-Karosserie um ein Weiteres. So wuchs der Gesamtabtrieb bei 300 km/h um 17 auf 26 Kilogramm, in Performance-Stellung gar um 18 auf 150 Kilogramm.
Die herausragenden Werte bei den Fahrleistungen und beim Treibstoff-Konsum der 991 Turbo-Generation bleiben freilich vom Aerokit unbeeinflusst. Nach Werksangaben beschleunigt das Turbo Coupé in nur 3,4 Sekunden bis 100 km/h und rennt nur 7,7 Sekunden später – also nach insgesamt 11,1 Sekunden – bereits 200 km/h schnell. Noch zügiger nimmt der 520 PS-Sportwagen Fahrt auf, wenn im Cockpit die Sport Plus-Taste gedrückt wird und die Overboost-Funktion kurzfristig 50 Nm extra von der Kette lässt. Dann lauten die Werte 3,2 bzw. 10,8 Sekunden. Naturgemäß kann das der 40 PS stärkere Turbo S noch ein wenig besser: 3,1 bzw. 10,3 Sekunden stoppt die Uhr bei Tempo 100 bzw. 200 km/h. Und mit 315 km/h (Turbo) bzw. 318 km/h (Turbo S) bedarf es schon eines Bugatti Veyron, um diesen beiden Supersportwagen merklich davon ziehen zu können.
Während derartige Zahlen den mittlerweile an 911 Turbo-Werte gewöhnten Leser womöglich nicht euphorisieren, sind die Verbrauchswerte der beiden 991 Turbo-Varianten geradezu Aha-Erlebnisse. So begnügen sich Turbo und Turbo S im – zugegebenermaßen Alltags-unrealistischen – Drittelmix unisono mit nur 9,7 Liter Super Plus/100 km…

991 Turbo Cabriolet-Produktion im Zuffenhausener Porsche-Werk 2.

991 Turbo Cabriolet: sauschnell unterwegs und sauschnell geöffnet.

Fortgeschrittene 991-Fertigung im Porsche-Werk 2 in Zuffenhausen.

Turbo-Jahrgang ´16:

PLUS 20 PS ZWECKS DISTANZ ZUM (TURBO-)CARRERA

Nachdem im Elfer-Modelljahr 2016 der Carrera sozusagen zum »Turbo Light« mutierte und künftig gleichfalls mit Biturbo- statt Saug-Motoren Elfer-Geschichte schreiben wird, schien es der Weissacher Porsche-Truppe angeraten, das Feuer im echten Turbo noch ein wenig anzuheizen. Ergebnisse: 540 PS (397 kW) bei 6400/min im Turbo, 580 PS (427 kW) im Turbo S, was die Distanz zu den 370 und 420 PS starken Turbo-Carrera ein wenig vergrößert. Die Fahrleistungen verbesserten sich damit ein weiteres Mal, wenn auch nur ein wenig: 3,0 und 2,9 Sekunden lauten nun für den Turbo und Turbo S die Werte für die Standard-Beschleunigung von Null bis 100 km/h, 10,4 bzw. 9,9 Sekunden für den Spurt bis 200 km/h; 320 und 330 km/h lauten die Werte für die Vmax.

Erzielt wurden die jeweils 20 zusätzlichen PS bei beiden Varianten durch geänderte Einlasskanäle, eine Erhöhung des Einspritzdrucks von 140 auf 200 bar und Anpassungen in der Digitalen Motor-Elektronik SDI 9. Der Turbo S-Motor wurde zudem mit etwas größeren Verdichter-Gehäusen aufgewertet. Natürlich verfügen beide Turbos weiterhin über Turbolader mit verstellbarer Geometrie (VTG) – in den Carrera-Modellen kommen hingegen konventionelle Turbinen zum Einsatz. Eine weitere Verbesserung des Turbo-Ansprechverhaltens wurde durch die sogenannte Dynamic Boost-Funktion erzielt, die bewirkt, dass der Ladedruck beim Lastwechsel – also bei kurzem Gaspedal-Lupfen – erhalten bleibt. Der Trick: So wird in diesem Moment lediglich die Kraftstoffeinspritzung unterbrochen, während die Drosselklappe offen bleibt. Auf diese Weise reagiert der Motor auf erneutes Gasgeben annähernd verzögerungsfrei.

Das im Turbo serienmäßige Doppelkupplungsgetriebe wird am neu gestalteten, vom 918 Spyder-Volant abgeleiteten und im Umfang um zehn auf 360 Millimeter verkleinerten Dreispeichen-Lenkrad über Paddles mit modifizierten Funktionen betätigt: Zum Runterschalten müssen diese jetzt nach vorn gedrückt werden, zum Hochschalten nach hinten. Der vom 918 Spyder abgeleitete, runde MODE-Schalter am elektrisch höhen- und längsverstellbaren Lenkrad erlaubt die Wahl unter vier Fahrzeug-Abstimmungen: Normal, Sport, Sport Plus sowie Individual. So erhöht sich im Sport-Modus beim Beschleunigen mit Vollgas der maximale Ladedruck im unteren und mittleren Drehzahlbereich, wovon das Drehmoment mit 50 zusätzlichen Newtonmetern profitiert (Overboost-Funktion). Im Sport Plus-Modus spricht der Motor noch direkter an, das PDK ist auf noch kürzere Schaltzeiten sowie optimale Schaltpunkte für maximale Beschleunigung ausgelegt. Auch das Porsche Active Suspension Management (PASM), die Hinterachs-Lenkung und die Porsche Dynamic Chassis Control (PDCC) sorgen für noch sportlichere Dämpfung und direkteres Kurven-Einlenken. Die Front- und Heckspoiler gehen beim Sport Plus Modus automatisch in die Performance-Stellung für maximalen Abtrieb. Sport- und Sport Plus-Modi verstärken zudem den durch die zuvor beschriebene Dynamic Boost-Funktion ausgelöste Spontanität der Gasannahme nach kurzem Gaslupfen.

991 Biturbo-Boxer von hinten betrachtet: Statt eines klassischen Schaltgetriebes dockt hier bei beiden Motorvarianten generell ein Direktschaltgetriebe (PDK) an.

991 Turbo-Cocpit des Modelljahrs 2016: elektrisch höhen- und längsverstellbares Lenkrad im 918 Spyder-Stil, PDK-Paddles mit modifizierten Funktionen. Der Bildschirm verfügt über einen Näherungssensor.

Biturbo jetzt auch im Carrera (Abb. Carrera 4S) – dem Spitzenmodell Turbo bleiben die Mehrleistung, alternativ 540 oder 580 PS, in der Auslegung vierfach variables Hightech-Fahrwerk mit Allradlenkung und Wankstabilisierung.

Vom 918 Spyder abgeleitet: Mode-Schalter zur Feinabstimmung von Motor-, Fahrwerks- und Getriebeeigenschaften sowie Stellung der Spoiler vorn/hinten.

991 Turbo-Heckspoiler maximal ausgefahren: Performance-Position. Die Lüftungsgitter erinnern in der Positionierung und Zweiteilung ein wenig an die Hauben-Gitter des Porsche-Klassikers 356 T6. Heckleuchten im dreidimensionalen Design.

Der MODE-Schalter am Lenkrad aktiviert über den Button im Schalterzentrum außerdem die sogenannte Sport Response Funktion. Diese Funktion veranlasst, dass Motor und Getriebe auf eine schnellstmögliche Leistungsentfaltung vorbereitet werden. Für 20 Sekunden steht dann maximales Ansprechverhalten zur Verfügung – eine nette Spielerei, deren Ablauf ein graphischer Timer im Kombiinstrument kommuniziert. Er zeigt an, wie lange die Power-Funktion noch verfügbar ist.
Obwohl mit Einführung der adaptiven Aerodynamik mit einem verstellbaren und zudem flexiblen Frontspoiler bereits einige Vorsorge getroffen wurde, um einen Turbo ohne Angst vor Beschädigungen über Bordsteine bewegen zu können, legte Porsche in der zweiten 991-Generation in dieser Hinsicht noch nach: und zwar mit einem optionalen Liftsystem für die Vorderachse. Das 2261 teure Accessoire hebt das Fahrzeug bis zu einer Geschwindigkeit von 35 km/h vorn um 40 Millimeter an – was Bordsteinen und Parkhaus-Rampen den Schrecken nehmen dürfte.
Neuigkeiten für das Modelljahr 2016 auch im Interieur: Das serienmäßige Infotainement wurde durch einen neuen Bildschirm mit Näherungssensor, Apple CarPlay, Online-Navigation und Rückfahrkamera (Parkassistent) aufgewertet. Kleine, aber feine Modifikationen prägen auch das Äußere des 2016er Turbo-Jahrgangs – etwa dreidimensionale Heckleuchten, auffälligere schwarze Kunststoff-Blenden für die Kühllufteinlässe vorn und an den Flanken, schwarz chromatierte Endrohrblenden am Turbo S-Auspuff oder Zentralverschlussräder mit sieben statt zuvor zehn Doppelspeichen in der Turbo S-Version.
Sogar nostalgisch orientierte Turbo-Käufer werden befriedigt: Die beiden Lüftungsgitter erinnern in der Form an die T 6-Karosserie des Porsche 356. Und zudem liefert Porsche für den Turbo optional, für den Turbo S ohne Aufpreis Classic Räder mit 20 Zoll Umfang, die im Design ein wenig an die klassischen, 1966 mit dem ersten 911 S eingeführten und später auch die ersten Turbo-Modelle zierenden Kleeblatt-Schmiederäder von Fuchs erinnern.
Damit schließt sich nach über 40 Jahren Turbo-Geschichte der Kreis.

991 Turbo S-Laufwerk: 20 Zoll Räder mit extrem filigranen Speichen und Zentralverschluss, serienmäßig Keramik-Bremsanlage.

Juni 2017: Turbo S „Exclusive Series“ als Luxus-Festival

Dass im Porsche-Designstudio der Blick nicht nur nach vorn gerichtet wird, sondern gelegentlich auch zurück – dafür ist womöglich auch die Turbo S „Exclusive Series“ Beleg, die Porsche im Sommer 2017 als Sondermodell für den Turbo-Modelljahrgang 2018 lancierte. Deren doppelter, über Fronthaube und Dach geführter Rallyestreifen erinnert ein wenig an Gepflogenheiten der Motorsport-Welt vor plus/minus 60 Jahren.
So hätte es sicher gut gepasst, diesen ganz speziellen Turbo S als Resultat des „Sonderwunsch-Programms“ zu kommunizieren – dies als Rückgriff auf die einstige Bezeichnung jener so legendären, wie elitären „Wünsch-Dir-was“-Abteilung bei Porsche. Hier wurden schon in den 1970er Jahren die ersten Dreiliter-Turbo für besonders ambitionierte (und besonders wohlhabende) Porsche-Kunden modifiziert – siehe auch die Seiten 46ff. Porsche-Urgesteine wie Elmar Willrett und Rolf Sprenger sorgten damals für noch mehr Leistung im 930-Boxer und zur 3,3 Liter-Zeit zudem mit ihren „Flachschnauzer“-Umbauten für eine optische

Turbo S Exclusive Series: mehr Leistung, mehr Ausstattung, exklusive Lacke, etwas Nostalgie.

Verwandtschaft mit den damaligen Renn-Turbos vom Typ 935 für die einstige Motorsport-Gruppe 5[1].

1986 opferte das Porsche-Marketing die eher pragmatische Sonderabteilungs-Bezeichnung dem Zeitgeist. Seitdem gibt es in Zuffenhausen keine „Sonderwünsche" mehr, man hat sich als betuchter Porsche-Liebhaber vielmehr an die „Porsche Exclusive Manufaktur" zu wenden, zuständig für alles, was einen Porsche noch edler macht, noch individueller – und noch teurer. So fühlt sich die „Exclusive Manufaktur" bis heute der für Porsche lukrativen Sonderwunsch-Tradition verpflichtet, „die Gusseisernen"[2] (einstiger O-Ton Sprenger) nicht nur mit „mehr Leistung" (damaliger O-Ton Willrett) zu beglücken, sondern mit Allem, was in individueller Fertigung abseits des Zuffenhausener Fließbandes und ohne Herstellkostendruck realisiert werden kann.

1) Gruppe 5: Rennfahrzeuge zwar ohne vorgeschriebene Mindeststückzahl mit weitgehender technologischer Freizügigkeit, jedoch auf Serienfahrzeugen basierend.
2) von Dr. Ernst Fuhrmann, Porsche-Vorstandsvorsitzender von 1972 bis 1980) geprägte, etwas spöttische Bezeichnung für die Traditionalisten unter den Porsche-Käufern.

Spezialität der Porsche Exclusive Manufaktur: individuell gefertigte Cockpitausstattung in aufwändiger Handfertigung.

Der im Juni 2017 vorgestellte Turbo S „Exclusive Series" ist dafür ein faszinierender Beleg, der zudem ein wenig Nostalgie mit gehöriger Progressivität verknüpft. Die erwähnten Rallyestreifen entpuppen sich nämlich bei genauerem Hinsehen als unverhüllte Kohlefaser (Carbon)-Partien in den Dach- und Frontdeckel-Flächen, die statt aus Stahlblech aus dem deutlich leichteren, kohlefaserverstärkten Kunststoff (CfK) bestehen.
Der wegen seiner unvergleichlichen Kombination von Festigkeit und geringem Gewicht im Rennsport übliche Werkstoff Carbon schmückt auf unverhüllte Weise auch die seitlichen Lufteinlässe des Exclusive-Turbo S, seine Außenrückspiegelgehäuse, das Heckunterteil, die Seitenschwellen, die Dreiecksfensterrahmen und den ausfahrbaren Heckflügel des bei diesem Sondermodell serienmäßigen Aerokits (siehe auch Seiten 190f). Ohnehin ist die serienmäßig goldgelb lackierte Exclusive-Variante des Turbo S auf eine Art und Weise üppig ausstaffiert, die im Porsche-Programm des Modelljahres 2018 einzigartig war – und deren komplette Auflistung diesen Rahmen sprengen würde. Folglich sollen hier nur einige herausragende Kostproben gelistet werden.

Exclusive Series-Design: Carbon für Außenrückspiegel, Lufteinlässe, Dach, Frontdeckel und Heckspoiler.

Exclusive Series-Abgasanlage: vierflutig mit speziellen mattschwarz eloxierten Endrohrblenden aus Edelstahl.

So tönt das Sondermodell serienmäßig aus einer speziellen vierflutigen Abgasanlage, deren Endrohrblenden aus mattschwarz eloxiertem Edelstahl hergestellt wurden – damaliger Aufpreis abseits des Exclusive-Modells: rund 3000 Euro. Der Exclusive-serienmäßige Aerokit mit ausfahrbarem Carbon-Heckflügel erhöhte bei den „gewöhnlichen" Turbo-Modellen den Endpreis um über 5300 Euro. Das Carbon-Leichtbaudach und die Carbon-Schalen für die Außenrückspiegel des Sondermodells sollten bei der Folgegeneration 992 Turbo in die Aufpreisliste rücken, versehen mit einem 3558- bzw. 1487 Euro-Etikett. Die Exclusive-Carbonblenden im Interieur entsprechen einem Gegenwert von rund 3000 Euro. Und knapp 4000 Euro sind die erweiterten Lederpartien des Exclusive-Interieurs wert, zieht man die Aufpreisliste eines 991 Turbo S heran.

Gleichwohl pflegte Porsche selbst bei diesem opulent ausgestatteten Spitzenmodell die Zuffenhausener Tradition episch langer Listen kostspieliger Extras. Einige dieser Optionen seien hier ohne Anspruch auf Vollständigkeit aufgeführt, nämlich:

- Liftsystem für die Vorderachse zur hydraulischen Anhebung der vorderen Karosserie um 40 Millimeter zwecks Bewältigung schlechter Wege und Vorsorge gegenüber hohen Bordsteinkanten (2261 Euro);
- Heckscheibenwischer (345,10 Euro);
- Diebstahl-Vorsorge mittels eines Vehicle Tracking Systems (416,59 Euro);
- Feuerlöscher mit 1 kg Volumen (148,75 Euro);
- Abstandsregeltempostat zur Abstandsüberwachung mittels Radarsensorik und ggf. selbständigem Abbremsen (1880,20 Euro);
- Spurwechselassistent (690,20 Euro);
- Fahrzeug-Ent- und Verriegelung ohne aktive Schlüsselnutzung (1094,80 Euro);
- Garagentoröffner (285,60 Euro);
- Tempolimitanzeige (416,50 Euro);
- fünfteiliges Leder-Gepäckset (5474 Euro);
- Carbon-Fußmatten (850,85 Euro);
- Burmester Surround Sound-System (2975 Euro);
- Digitalradio (476 Euro);
- geflochtene Carbon-Zentralverschlussräder in den Formaten 9J x 20 (vorn) und 11,5J x 20 (15232 Euro);
- Sonderfarben Schwarz, Indischrot oder Graphitblaumetallic (2653,70 Euro).

Ohne Aufpreis ließen sich alternativ zur Goldgelbmetallic-Lackierung Achatgraumetallic und Carreraweißmetallic bestellen. Exclusive-serienmäßig waren auch Aluminium-Räder im speziellen Design und spezieller Lackierung. So wurden sie zunächst goldgelb grundiert, um anschließend hochglänzend schwarz überlackiert zu werden. Im letzten Arbeitsgang arbeitete ein Laser feine Linien in den schwarzen Lack, wodurch in diesen Bereichen wiederum der goldgelbe Basislack zutage trat.

Die Carbon-Räder blieben zunächst der Exclusive Serie vorbehalten. Sie reduzieren die ungefederten Massen im Vergleich zu den Aluminium-Varianten pro Rad um 8,5 Kilogramm, dies bei einer um 20 Prozent erhöhten Festigkeit. Im Wesentlichen, so informierte Porsche am 18. August 2017 die Journaille, setze sich das Carbon-Rad aus zwei Bauteilen zusammen, dem Radstern und dem Felgenbett. Ersterer werde aus Carbonfaser-Matten gefertigt: *„Dabei werden über 200 Einzelkomponenten zugeschnitten und zusammengefügt."* Das Felgenbett wiederum entstünde aus geflochtenen Carbonfasern *„auf der aktuell weltgrößten Carbonfaser-Flechtmaschine"*. Anschließend werde der Radstern in das Felgenbett eingeflochten. Weiter heißt es in der Porsche-Pressemitteilung: *„Das zusammengefügte Rad wird mit Harz imprägniert und unter hohem Druck und hohen Temperaturen vorgehärtet."* Danach werde der Zentralverschluss in das fertige Rad eingesetzt und das Rad mit Klarlack geschützt.

Exclusive Series-Räder: spezielles Design, hochglänzender schwarzer Lack und goldgelbe Zierlinien.

Top-Exklusivität für die Turbo S Exclusive Series: ultraleichte, hochfeste Carbon-Räder als Option.

Carbonrad-Fertigung teils in Handarbeit aus über 200 Einzelteilen, Carbonfaser-Matten dienen als Rohmaterial.

Es gab also auch bei diesem ganz besonderen Porsche Turbo eine Menge Möglichkeiten, ihn noch kompetitiver, noch exklusiver und sogar noch innovativer zu gestalten. Allerdings motivierte die Gusseisernen unter den Turbo-Käufern womöglich vor allem das Exclusive-serienmäßige, laut Exclusive-Chef Boris Apenbrink dem güldenen Sondermodell vorbehaltene Werksleistungs-Paket zum Kauf. Mit ihm erfuhr der 2010 im 997 Turbo 3.8 mit 500 PS/368 kW eingeführte 3,8 Liter-Boxer (siehe Seiten 164ff) bereits seine fünfte Leistungs-Stimulanz – nach 530 PS/390 kW im 997 Turbo S von 2010, 560 PS/412 kW im 991 Turbo S von 2013 (siehe Seiten 176 ff) und 580 PS/427 kW im 991 Turbo S zweiter Generation von 2016 (siehe Seiten 192 ff).
Erstmals riss der intern MA 171S genannte Hochleistungs-Motor Mitte 2017 für das Modelljahr 2018 des 911 Turbo die 600 PS-Barriere:

607 PS/446 kW nennte das Exclusive-Datenblatt. Turbo-historisch Interessierten kommt angesichts dieser Leistungszahl womöglich das Jahr 1977 in den Sinn, als der Turbo-Jahrgang 1978 Premiere feierte: Damals stellte Porsche den Turbo 3.3 vor, und der sorgte für einen viel beachteten 300 PS-Paukenschlag…
Erzielt wurde die abermalige Leistungserhöhung in erster Linie durch einen erhöhten Ladedruck der beiden Abgasturbolader mit variabler Turbinengeometrie (siehe auch Seite 180 ff), der mit 1,32 bar annähernd den Overboost-Druck des serienmäßigen Turbo S-Triebwerkes erreicht. Während es beim „gewöhnlichen" Turbo S der Betätigung des Overboost-Knopfes bedarf, um etwa bei Überholmanövern das Drehmoment-Maximum von 750 Nm von der Kette zu lassen, liegt diese martialische Kraft im Exclusive-Modell permanent im Drehzahlbereich von 2250 bis 4000/min an.

Hochleistungs-Abzeichen: Unter dieser „Powerkit"-Plakette lauert der erste 911 Turbo mit über 600 PS.

Turbo-Jahrgang ´20: 992 mit Carrera-Genen

911 (992) TURBO/TURBO S – NOCH STATTLICHER, NOCH POTENTER, NOCH FAHRSICHERER

Walter Röhrl über den...
... 992 Turbo

*»Der 992 Turbo bewegt sich auf Supersportwagenniveau, und doch kannst Du jeden ans Lenkrad setzen, ohne Angst zu haben. Es gibt weder Übersteuern noch Untersteuern. Du bist einfach nur unfassbar schnell. Ich ziehe meinen Hut vor der Porsche-Entwicklungsabteilung, denn die Talente, die das neue Auto vereint, waren noch vor ein paar Jahren schlicht unvorstellbar. Auch für mich. Damit sprengt der 992 Turbo das in dieser Turbo-Chronik vorgesehene Bewertungs-System. >**10 von 10 Punkten** gebe ich dem 992 Turbo.«*

911 (992) Turbo/Turbo S: Das ist neu*

- verbreiterte Karosserie (vorn plus 45 mm, hinten plus 20 mm)
- neu gestaltete Front- und Heckspoiler für um 15 Prozent gesteigerten Abtrieb und Airbrake-Funktion bei Vollbremsungen
- breitere Spurweiten (vorn plus 42 mm, hinten plus 10 mm)
- vergrößerte Rad/Reifen-Formate mit erstmals ungleichen Raddurchmessern vorn (20 Zoll) und hinten (21 Zoll)
- vergrößerte vordere Bremsanlage
- neuer Sechszylinder-Boxer MA203 auf Basis des 2015 im Carrera 991.2 eingeführten Dreiliter-Motors EA9A2 evo
- neues Turbo-System mit gegenläufigen und größeren Abgas-Turbinen, elektrisch gesteuerten Wastegates und neu abgestimmter Ladeluftkühlung
- trotz niedrigerer Verdichtung (8,7:1 statt 9,8:1) höhere Motorleistungen sowohl im Modell Turbo (plus 40 PS), als auch im Turbo S (plus 70 PS) sowie jeweils höheres Drehmoment
- neues Doppelkupplungsgetriebe mit acht statt sieben Gängen
- modifizierte Drehmomentverteilung auf Vorder- und Hinterachse
- erweiterte Fahrsicherheitssysteme, darunter ein auf feuchte Fahrbahnen angepasster Nass-Modus (wet mode) und eine mit der Reifendruck-Anzeige kombinierte Reifentemperatur-Anzeige
- direkter übersetzte Lenkung in Kombination mit aktiver Hinterachslenkung
- weiter entwickeltes Porsche Active Suspension Management (PASM) für wahlweise mehr Komfort
- optionales um zehn Millimeter tiefer gelegtes Sportfahrwerk
- optionale Leichtbau-Verglasung
- optionale Leichtbau- und Sport-Pakete für das Modell Turbo S
- optimierte und optionale Geschwindigkeits-Regelung, basierend auf Navigator-Daten sowie einer Radar- und Video-Sensorik (Porsche InnoDrive)
- optionale Ionisierung der dem Innenraum zugeführten Luft zu deren Qualitätsverbesserung und Reduzierung von Schadstoffen und Keimen

*im Vergleich zum 911 (991.2) Turbo

Das Optimum, nämlich zehn von zehn Punkten, gab Walter Röhrl, Rallye-Weltmeister der Jahre 1980 und 1982, Testfahrer und Repräsentant des Hauses Porsche, bereits dem Turbo-Jahrgang 2013 mit der internen Typ-Bezeichnung 991 – siehe Seite 177. Diese Einschätzung erfolgte im Jahr 2016 für die damals erste Auflage dieser Porsche Turbo-Chronik. Fünf Jahre später gestand Röhrl: *»»...ganz ehrlich: Ich konnte mir einfach nicht vorstellen, wie man das 991 Turbo-Erlebnis noch steigern wollte. Der 992 Turbo hat noch einmal in so vielen Dimensionen zugelegt, dass es mich fast sprachlos macht.«*

Mit der Einschätzung des Meisters sprengt der Turbo-Modelljahrgang 2020 das auf diesen Seiten vorgesehene Bewertungs-System. Zugleich entfernt sich die Turbo-Generation 992 mit ihrem nochmals angewachsenen Karosserieformat einmal mehr vom Ideal eines möglichst kompakten Hochleistungs-Sportwagens. Dieses Größen-Wachstum rechtfertigt bei allem Enthusiasmus für die Marke Porsche und deren Spitzenprodukt Turbo eine durchaus kritische Betrachtung. Schließlich war es das Haus Porsche, das Anfang der 1960er Jahre in Gestalt des ersten Elfers besagtes Idealformat definierte. Zum Vorbild wurde der 911 damit nicht nur in dynamischer Hinsicht. Noch 1975 argumentierte der damalige Porsche-Sprecher Manfred Jantke mit 911-Vorzügen, die *»für die Vernünftigkeit dieses Autos sprechen«*. Dazu gehöre, so Jantke, unter anderem auch *»die rohstoffsparende kompakte Baugröße«**.

**Quelle: auto motor und sport-Ausgabe 9/1975, Seite 13.*

Neben dem Turbo der 992-Generation wirkt der Ur-Turbo trotz dicker „Backen" zierlich.

War den „gusseisernen“ Porsche-Fans der 1970er Jahre zu ausladend dimensioniert: Typ 928.

Nannte mit mildem Spott 911-Enthusiasten „Gusseiserne“ : Ex-Porschechef Dr. Fuhrmann.

Der aus heutiger Sicht ungemein zierliche Ur-911 gab anno 1963 mit den Maßen 416 bzw. 161 Zentimeter für Länge und Breite sein Debüt. 1975 wuchs der erste 911 Turbo in der Länge auf nach wie vor entspannte 429 Zentimeter, in der Breite mit seinen dicken »Backen« freilich bereits auf 177,5 Zentimeter (siehe die Seiten 26 und 296). Doch damit zog der Turbo-Debütant noch keineswegs die Kritiker, überwältigt von dessen Urgewalt, auf den Plan. Die arbeiteten sich erst zwei Jahre später am damals designierten 911-Nachfolger mit der Kennziffer 928 ab. Dessen Verkehrsfläche, nämlich 444,5 mal 183,5 Zentimeter, wurde von Elfer-Enthusiasten als weitaus zu ausladend empfunden – und damit als nicht Porsche-adäquat. »Gusseiserne« nannte einst der damalige Porsche-Chef und 928-Förderer Dr. Ernst Fuhrmann diese Traditionalisten, und er meinte dies weniger hochachtungsvoll, als vielmehr verschmitzt-ironisch.

992 Turbo/Turbo S: »*Gardemaß*« statt Kompaktmaß

Was würden wohl die Gusseisernen von damals angesichts des Turbo-Jahrgangs 2020 denken?
Dieser 992 Turbo wuchs nämlich erneut in die Breite, und er wuchs einmal mehr in die Länge. Den bereits keineswegs als kompakt geltenden 991 Turbo übertrifft er von Bug bis Heck mit 453,5 Zentimeter um knapp drei Zentimeter. Das macht die 992-Generation des Porsche Turbo zum längsten Serien-Elfer in 67 Jahren 911-Geschichte. Zugleich profilierte sich der 2020er Turbo zum bis dahin breitesten Serien-Elfer, in zeitgenössischen Pressetexten deshalb stolz als *»Gardemaß«* gefeiert: 190 Zentimeter Breite (Zuwachs im Vergleich zum 991 Turbo: zwei Zentimeter) misst dessen Karosserie an den hinteren Kotflügeln, bei ausgeklappten Rückspiegeln sind es im A-Säulen-Bereich sogar üppige 202,4 Zentimeter (plus 4,6 Zentimeter).

Mit diesem Breitenmaß übertrifft der 992 Turbo selbst die einstige Staatskarosse Mercedes-Benz 600 (W 100), der es auf 195 Zentimeter Breite bringt. Auch Luxuslimousinen der 1990er Jahre, etwa der Rolls-Royce Silver Spirit oder der damals wegen seiner Opulenz von deutschen Tugendwächtern geächtete Mercedes S-Klasse W 140 (Breite jeweils 188,5 Zentimeter) gerieten den Formgestaltern zierlicher. Man muss schon amerikanische Straßenkreuzer der 1970er Jahre auffahren, etwa den Chevrolet Impala von 1974 (201,9 Zentimeter), um ein dem Super-Porsche des 2020er Jahrgangs vergleichbares Breiten-Format ausfindig zu machen. Dem Impala attestierte der damalige *auto motor und sport*-Chefredakteur Reinhard Seiffert übrigens im Test[1], dass hiesige Verhältnisse ihn nicht reibungslos integrieren ließen – *»auch wegen der Parkplätze, die auf Impala-Dimensionen nicht zugeschnitten sind und somit das Parken oft zum Problem machen«*. Nebenbei soll nicht unerwähnt bleiben, dass sich gesetzestreue 992 Turbo-Piloten in den meisten Autobahn-Baustellen hinter die Lkw einreihen müssen, besteht doch hier für sie gemäß Verkehrszeichen 264[2] fast durchweg ein Überholverbot… Doch auch auf engen Landstraßen ist das 911-Breitenwachstum der Fahrdynamik abträglich – und damit der Fahrfreude. Verwunderlich, dass dieser Rückschritt in Sachen Kompaktheit den Weissacher Technikern und Fahrversuchs-Ingenieuren offensichtlich verborgen blieb. Schließlich sind die Pfade rund um das Porsche-Entwicklungszentrum – etwa Richtung Eberdingen, Vaihingen/Enz – derart bescheiden dimensioniert, dass Gegenverkehr vielfach zur Herausforderung gerät…

1) Quelle: auto motor und sport-Ausgabe 1/1974.
2) Überholverbot für Fahrzeuge mit in der auf dem Schild angegebenen Mindestbreite (incl. Außenspiegeln) und darüber. In Autobahn-Baustellen beträgt diese Mindestbreiten-Angabe überwiegend zwei Meter.

In ähnlichem Maße wie das Karosserieformat wuchs über die Turbo-Jahre und -Generationen auch das Gewicht des Spitzensportlers aus Zuffenhausen. Brachte der erste Turbo Mitte der 1970er Jahre mit 1120 Kilogramm noch das Leergewicht eines heutigen Opel Corsa auf die Waage, so sind es bei der Generation 992 üppige 1640 Kilogramm – so viel wog im Debütjahr des ersten 911 Turbo übrigens das Grundmodell der S-Klasse W 116 (280 S) von Mercedes.

Nun ist das Größen- und Gewichtswachstum heutiger Automobile im Vergleich zu ihren Vorgänger-Generationen keineswegs ein Porsche-exklusives Übel. Schließlich legten selbst Kleinwagen (VW Polo 1975 zu Polo 2017: plus 19 Zentimeter Breite, plus 345 Kilogramm Gewicht) oder Mittelklasse-Limousinen (VW Passat 1973 zu Passat 2019: plus 21,2 Zentimeter, plus 352 Kilogramm) in geradezu adipöser Weise zu. Doch zugleich profitierten aktuelle Modellgenerationen, ganz besonders die von Porsche, auch technologisch in einem Umfang, wie es sich die 1970er Jahre-Enthusiasten der Zuffenhausener Marke nicht im Traum hätten vorstellen können – und das gilt nicht allein für das Leistungsvermögen, auf das natürlich im Detail ab Seite 215 noch separat einzugehen ist.

Waren die »gusseisernen« Porsche Turbo-Piloten insbesondere der luftgekühlten Generationen bis Ende der 1990er Jahre noch ausschließlich auf ihr Fahrkönnen und ihre Vernunftbegabung angewiesen, wollten sie dramatische Ausflüge ins unbefestigte Gelände vermeiden, so steht dem 992 Turbo-Fahrer ein generöses Instrumentarium elektronischer Helfer zwecks Katastrophen-Vermeidung zur Verfügung. Gerierte sich zum Beispiel ein Turbo 3.3 Ende der 1970er Jahre bei unbedachter Betätigung des Gaspedals insbesondere auf feuchter Piste als Schocktherapeut, so gibt sich der 2020er-Turbojahrgang unter solchen Umständen geradezu fürsorglich. Dank akustischer Sensoren in den vorderen Radhäusern erkennt nämlich dessen Nässe-Fahrprogramm aufgewirbeltes Spritzwasser und analysiert dadurch den wahrscheinlichen Schlüpfrigkeits-Grad der Fahrbahnbeschaffenheit. Automatisch passt das System nun vorbeugend sowohl das elektronisch gesteuerte Fahrwerksstabilitäts-Programm (Porsche-Kürzel: PSM), als auch das Traktions-Programm des Allradantriebs (PTM) den widrigen Umständen an. Zugleich wird dem Fahrer durch eine Anzeige im Kombiinstrument empfohlen, am Fahrmodus-Schalter des Lenkrads den Nässe-Modus zu aktivieren, was wiederum eine ganze Reihe weiterer Reaktionen der Fahrzeug-Elektronik im Sinne einer optimierten Nässe-Fahrsicherheit bewirkt:

Turbo-Designskizze für die 992-Generation von 2020: in wesentlichen Details bereits final.

Turbo-Generation 992: verlor Dank speziellem Fahrprogramm bei Nässe ihre Schrecken - falls der Fahrer auf sein Auto hört.

992 Turbo-Armaturen: Fahrprogramm-Anzeige zur Rechten des zentralen Drehzahlmessers.

992 Turbo-Infotainment im Zentral-Display: Chassis- und Fahrprogramm-Einstellungen.

- Zugunsten einer besseren Traktion an den Vorderrädern und dadurch erhöhter Fahrstabilität wird diesen von der variablen Allrad-Drehmomentverteilung mehr Drehmoment zugeteilt. Das können bis zu 500 der maximal 800 verfügbaren Newtonmeter der Turbo S-Version sein. Zur Bewältigung dieser zeitweiligen, extrem hohen Beanspruchung erhielt das Vorderachsgetriebe deshalb eine zusätzliche Wasserkühlung und verstärkte Stahllamellen (siehe auch Seite 221);
- das elektronisch geregelte Hinterachs-Sperrdifferential mit variabler Momentenverteilung wird entsprechend blitzartig den wechselnden Traktionsbedingungen angepasst;
- der in der Stellung variable Heckflügel fährt in eine spezielle Nässe-Position, zugleich wird der Bugspoiler eingefahren;
- die Gaspedal-Kennlinie wird zugunsten einer bei Nässe empfehlenswerten sanfteren Reaktion auf Gaspedalbefehle flacher;
- und sollte der Fahrer vor dem Regenguss im fahrdynamisch besonders aggressiven Sport-Modus des Porsche Stability-Programms unterwegs gewesen sein, so wird dieses genauso deaktiviert, wie der eventuelle Off-Modus des gesamten Regelsystems.

Probleme bereiten superschnellen Hochleistungs-Sportwagen freilich nicht nur nasse Pisten. Auch bei Trockenheit ist es für deren Fahrer ratsam, extreme Fahrmanöver erst dann zu wagen, wenn sich das auf Hochgeschwindigkeiten ausgelegte Reifengummi ausreichend erwärmt hat. Nur so bieten diese den dann erforderlichen optimalen Grip. Motorsport-Fans wird diese Notwendigkeit stets in der Einlaufrunde etwa von Formel 1-Läufen demonstriert: Mit wilden Zickzack-Manövern und durchdrehenden Antriebsrädern versuchen die Profis, ihre Reifen in das optimale »Temperaturfenster« zu bringen, um beim Start und in der ersten Kurve nicht unfreiwillige Pirouetten zu drehen.
Was die Reifentemperatur anbelangt, informieren die Porsche-Entwickler ihre Kunden in der 992-Turbogeneration erstmals über den jeweiligen Status. Eine mit der Reifendruck-Anzeige kombinierte Reifentemperatur-Anzeige signalisiert mit einer farbigen Balkengrafik über den gerade gegebenen Sommerreifen-Zustand*: Blauer Balken warnt dabei vor unzureichender Temperatur und somit vor reduzierter Haftung, die Blau/Weiß-Anzeige signalisiert angewärmte Pneus, weißer Balken wiederum bedeutet optimale Betriebstemperatur.

** System ist beim Gebrauch von Winterreifen inaktiv.*

Multifunktional: Die Fahrprogramm-Anzeige dient alternativ zur Reifen-Überwachung.

Turbo-Premiere bei der 992-Generation: unterschiedliche Radumfänge vorn und hinten.

992 Turbo/Turbo S: Kraftpaket im Heck in bewährter 911-Tradition, sicherheitshalber um den Allradantrieb ergänzt.

Doch damit nicht genug der Fahrwerks-Neuerungen und -Premieren für die 2020er Turbo-Generation von Porsche. So rollen sowohl der 992 Turbo, als auch der Turbo S vorn und hinten auf Rädern unterschiedlicher Durchmesser, dies nach dem Vorbild des bereits 2017 eingeführten Extremsportlers 991 GT2 RS (siehe Seiten 264 ff). Vorn kommen wie schon beim 991.2-Vorgänger neun Zoll breite 20 Zoll Räder zum Einsatz, gegenüber der 991-Variante mit zehn Millimeter geringerer Einpresstiefe für eine verbreiterte Spurweite versehen. Optional sind überdies Felgen des Formates 9 ½ x 20 Zoll. In der Breite wuchsen die vorderen Pneus um zehn Millimeter von 245 auf 255 Millimeter, wobei das Breiten/Höhen-Verhältnis der Vorgängerversion, nämlich /35, beibehalten wurde. In der Kombination von geringerer Räder-Einpresstiefe und modifizierten Vorderradaufhängungen wuchs die Spurweite der Vorderachse zugunsten höherer Seitenführung und eines besseren Geradeauslaufs um 42 Millimeter.
An der 992 Turbo/Turbo S-Hinterhand kommen serienmäßig erstmals 11 ½ Zoll breite Räder mit 21 Zoll Durchmesser zur Verwendung, dies in Kombination mit 315/30-Gummis (991 Turbo: 305/30). Als Option können Turbo-Käufer auch hier Zugaben einfordern, nämlich 12 Zoll breite Hinterräder. Die Spurverbreiterung an der Hinterachse entspricht mit zehn Millimetern dem Maß der Radeinpresstiefen-Reduzierung. In der Radbefestigungs-Methodik entsprechen die beiden 992 Turbos der 991-Vorgeneration: Turbo konventionell mit fünf Schrauben, Turbo S mit Zentralverschlussmutter.

Der Mischbereifung in Sachen Radumfang schrieben die Porsche-Techniker beim Turbo S-Debüt* diese von der Zuffenhausener Presseabteilung eifrig kommunizierten Vorteile zu: *»Durch die größere Reifengürtelmasse und den größeren Abrollumfang erhöhen sich die Temperaturstabilität und die Traglast.«* Weiter heißt es da: *»Reduzierte lokale Verformungen des Reifengürtels in der Reifenaufstandsfläche ergeben eine homogenere Druckverteilung.«* Außerdem käme die Mischbereifung *»den fahrdynamischen Anforderungen«* der neuen Turbo-Generation entgegen. Und: *»Dadurch konnten die Anforderungen von Antriebs- und Lenkachse noch präziser optimiert werden.«*
Nicht verschwiegen werden soll in diesem Zusammenhang freilich die Tatsache, dass die größere Reifengürtelmasse auch mehr Zeit benötigt, um die für einen optimalen Grip benötigte Gummitemperatur zu erreichen – sicher ein wichtiger Grund für die Einführung der zuvor erwähnten, innovativen Reifentemperaturanzeige. Die macht durchaus auch Sinn im Zusammenhang mit der neu abgestimmten, um sechs Prozent direkteren Lenkung, die in Kooperation mit der aktiven Hinterachslenkung einerseits zwar die Lenkpräzision und Agilität des Fahrzeugs steigert, zugleich jedoch auch nervöser bei noch unzureichend erwärmtem Reifengummi reagiert. Die variable Lenkübersetzung reicht in der Mittellage von 14,1:1 (991 Turbo: 15,02:1) bis 12,5:1 (991 Turbo: 12,25:1), der Lenkrad-Durchmesser wurde um zehn auf 360 Millimeter reduziert.

** Bei der 992-Turbogeneration lancierte Porsche im März 2020 zunächst die Version Turbo S und reichte die Version Turbo erst vier Monate später nach.*

992 Turbo-Fahrwerk: mehr Komfort – sofern man Wert darauf legt

Es wurde also in der Weissacher Entwicklungsabteilung vieles und viel Neues erdacht, um den über 300 km/h schnellen Spitzenmodellen von Porsche jenes Handling und die Fahrsicherheit zu verleihen, die das Gros heutiger Sportfahrer fordert – und das gilt gleichermaßen für deren Komfort-Ansprüche, wie natürlich auch für das Bremsvermögen der 992-Turbogeneration.

Doch der Reihe nach: Um das Stoßdämpferverhalten noch schneller und exakter auf die jeweilige Fahrsituation reagieren zu lassen, überarbeiteten die Weissacher Fahrwerks-Magier tiefgreifend das bereits in der 991-Generation eingeführte variable Dämpfungssystem, Porsche Active Suspension Management (PASM) genannt. PASM verfügt über ein hochpräzises, durch Magnetkraft stufenlos verstellbares Steuerventil, mit dem das Hauptstufenventil der Dämpfer sowie die Druckkammern für die Zug- und Druckstufe innerhalb weniger Millisekunden exakt an die aktuellen Bedingungen von Fahrbahn und Fahrstil angepasst werden. Das System berechnet und verstellt, gesteuert von einer eigens entwickelten Software, fahrsituationsabhängig und radselektiv mehrere hundert Male pro Sekunde die Dämpfung. Auch spezielle Fahrsituationen bei Antriebs- und Bremseinflüssen (beispielsweise beim sogenannten »Launch Control«-Start – siehe auch Seite 228) finden dabei eine penibel abgestimmte Berücksichtigung.

Und was hat das mit dem Komfortbedürfnis mancher Turbo-Besitzer zu tun? Ein wichtiger Vorteil des 992 Turbo-PASM ist dessen erweitertes Wirkungsspektrum: Sowohl in der Druckstufe, als auch in der Zugstufe ermöglicht es im Vergleich zur Vorgänger-Version alternativ eine deutlich weichere Dämpfung, oder aber eine noch straffere Einstellung. Das bedeutet einerseits auf Wunsch deutlich mehr Fahrkomfort auf vernachlässigten Pisten, oder aber noch mehr Fahrdynamik, bewirkt durch eine noch höhere Wankstabilität des Aufbaus, noch besseren Fahrbahnkontakt, noch spontaneres Einlenkverhalten mit dem Resultat noch höherer Kurvengeschwindigkeiten.

Doch damit nicht genug: Wer es in Sachen Fahrdynamik noch ernster meint, dem bietet Porsche erstmals optional ein PASM-Sportfahrwerk. Es umfasst kürzere Federn mit sportlicheren Federraten, eine neue Abstimmung des serienmäßigen aktiven Wankausgleichs namens Porsche Dynamic Chassis Control (PDCC), sowie zusätzliche Hilfsfedern an der Hinterhand zwecks ausreichender Federvorspannung der Hauptfedern bei vollem Ausfedern. Zehn Millimeter tiefer liegt so ein Porsche Turbo S, sofern sein stolzer Besitzer 1487,50 Euro* in das Sportfahrwerk investiert hat – und eventuelle Beschädigungen des Fahrzeug-Unterbodens bei nur knapp zehn Zentimeter Bodenfreiheit nicht scheut.

** Alle Aufpreis- und Preisangaben wurden für dieses 992-Kapitel im Juli 2021 erfasst.*

992 Turbo: Anpassung an Fahrbahn und Fahrstil Dank variablem Dämpfungssystem und aktivem Wankausgleich.

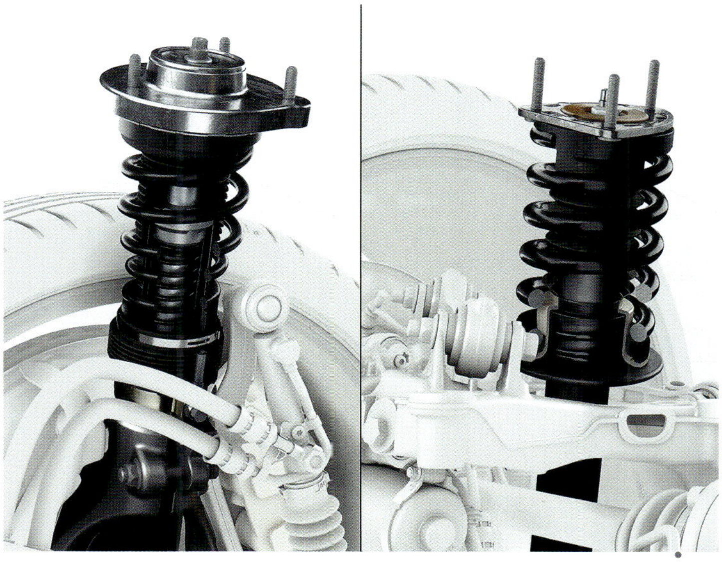

992 Turbo S-Option: Sportfahrwerk mit kürzeren Federn und zusätzlichen Hilfsfedern hinten.

Wer allerdings um die unteren Regionen seines Sportwagens besorgt ist, dem bietet Porsche wie schon beim Vorgänger-Turbo optional und gegen 2415,70 Euro Aufpreis ein elektrohydraulisches Liftsystem an der Vorderachse, welches auf Wunsch des Fahrers hin und bei Geschwindigkeiten bis 35 km/h die Bodenfreiheit unter der Bugverkleidung um rund 40 Millimeter vergrößert (siehe auch Seite 197). Als Novum erweiterte Porsche 2021 diese Funktion um ein sogenanntes »Smart Lift«-System. Auf Knopfdruck speichert dieses System die GPS-Koordinaten der aktuellen Lift-Location. Steuert der Fahrer später dieselbe Fahrbahnstelle aus derselben Richtung erneut an, hebt sich der Vorderwagen automatisch ohne Zutun des Fahrers (sofern er zuvor auf maximal 35 km/h abgebremst hat).

Keine zusätzlichen Gebühren verlangt Porsche zumindest von 992 Turbo S-Käufern für die bei dieser Version serienmäßige, gegenüber der 991.2-Version weiterentwickelte Keramikbremsanlage. Käufer der Turbo-Basisversion bremsen hingegen weiterhin mit herkömmlichen Stahlscheiben und müssen für die Keramik-Alternative immerhin den Preis eines neuen Kleinwagens entrichten, nämlich 9615,20 Euro. Doch ob Stahl, oder Keramik – beide Bremsanlagen erfuhren gegenüber den Vorgänger-Versionen Verbesserungen. So wuchs der Durchmesser der vorderen gelochten und innenbelüfteten Grauguss-Scheiben des Turbo von 380 auf 408 Millimeter, deren Dicke um zwei auf 36 Millimeter. An den beim Bremsen weniger geforderten Hinterrädern blieb es bei 380 Millimeter Scheiben von 30 Millimeter Dicke.

Umfassendere Änderungen erfuhr die Keramikbremsanlage, dies sowohl, was die vorderen Scheiben-Formate anbelangt, als auch die Ausführung der vorderen Bremssättel. Als erste 911 profitieren Keramik-gebremste 992-Versionen von Bremssätteln mit zehn (statt zuvor sechs) Kolben. Die vorderen Bremsscheiben wuchsen im Durchmesser um zehn auf 420 Millimeter, ihre Dicke um vier auf 40 Millimeter. Wie bei der Stahlversion blieb es auch bei der Keramikbremsanlage an der Hinterhand beim 991-Status, also bei 390 Millimeter-Scheiben von 32 Millimeter Dicke, die bei Bedarf von Vierkolben-Aluminium-Monobloc-Festsätteln in die Zange genommen werden.

Im Notfall gebremst wird bei den 992 Turbos jedoch nicht allein mittels Reibung an gusseisernen oder keramischen Scheiben. Bei Vollbremsungen dient zudem eine Luftwiderstands-Erhöhung zur Verzögerungs-Unterstützung, dies offensichtlich im Gedenken an den legendären Le Mans-Mercedes 300 SLR der 1950er Jahre. Während sich bei dem Rennwagen-Klassiker von Mercedes bei scharfem Abbremsen hinter dem Fahrer eine im Heck angelenkte Klappe aufrichtet und damit für eine drastisch vergrößerte Stirnfläche und einen erhöhten c_w-Wert des Fahrzeugs sorgt, bewirkt bei Porsche die automatische Verstellung der Bug- und Heckspoiler in die sogenannte Performance-Position eine ähnliche Veränderung der Aerodynamik. Denn diese Spoiler-Einstellung erhöht den Luftwiderstand und verstärkt den Anpressdruck mit der Folge eines verkürzten Bremsweges und einer verbesserten Richtungsstabilität während des Bremsvorgangs.

Serienmäßig im 992 Turbo S: Keramik-Bremsanlage, vorn in Zehnkolben-Ausführung.

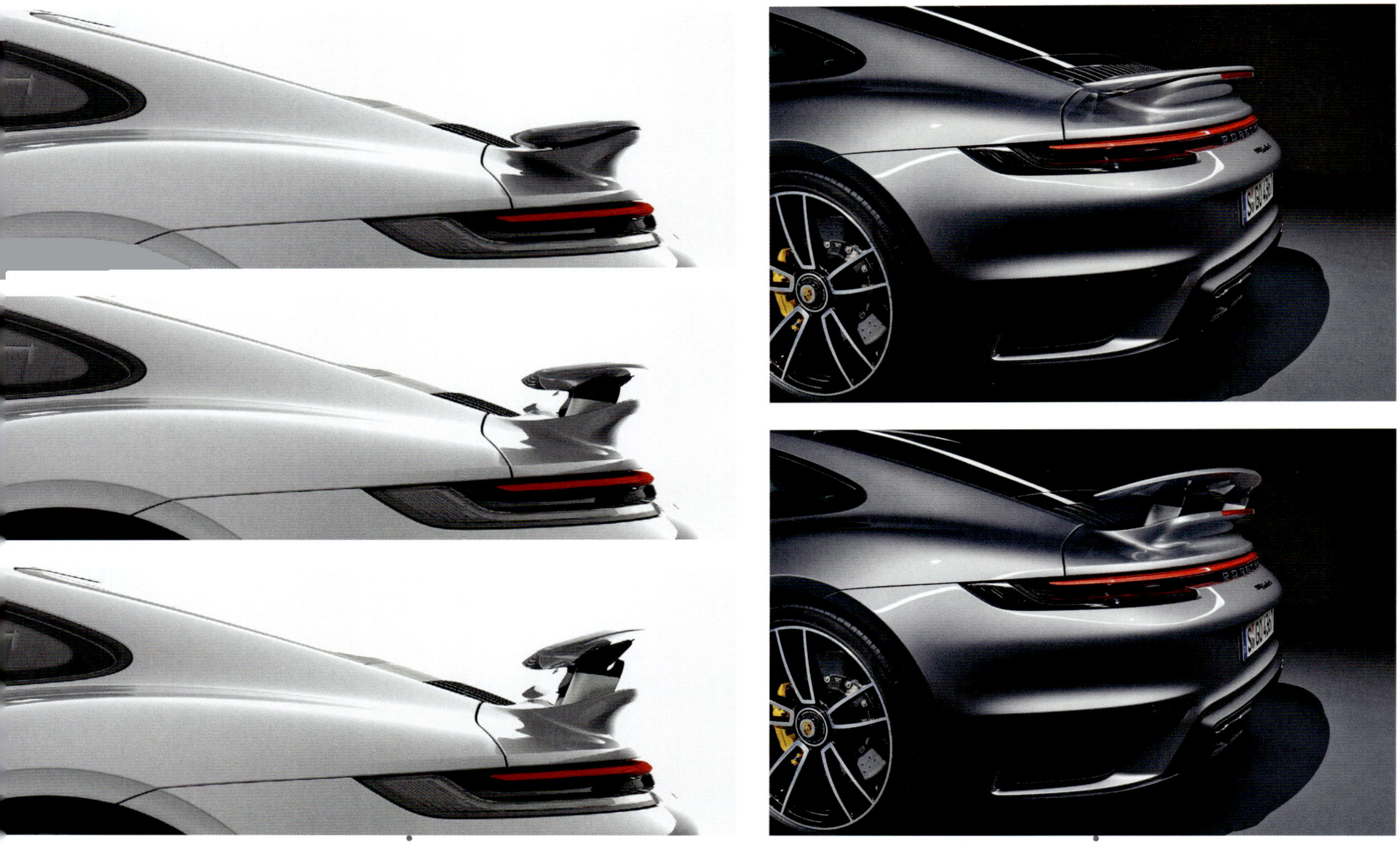

992 Turbo mit Heckflügel-Akrobatik: eingefahren (oben links und rechts), in Speed-Position (Mitte links) und in Performance-Stellung (unten links und rechts).

Die Luftbrems-Funktion des 992 Turbo/Turbo S-Geflügels ist jedoch nicht die einzige aerodynamische Modifikation gegenüber den beiden 991-Varianten. Neugestaltungen sowohl des Front-, als auch des Heckspoilers sorgen für ein um 15 Prozent erhöhtes Abtriebsniveau, von Vorteil sowohl für die Fahrstabilität, als auch für die Fahrdynamik. Wird der Sport Plus-Modus und damit die sogenannte Performance-Stellung der Luftleitwerke mit voll ausgefahrenem und um elf Grad gekipptem Heckspoiler aktiviert, generieren diese einen Abtrieb von rund 170 Kilogramm. Da sich der höhere Abtrieb naturgemäß auf die Reifenbelastung insbesondere der Hinterräder auswirkt, wird der Heckflügel in der Performance-Stellung bei Überschreiten von 260 km/h zwecks Abtriebs-Minderung und damit geringerem Druck auf das Geläuf etwas flacher gestellt.

Doch damit nicht genug der erweiterten Qualitäten des seit Beginn der Porsche Turbogeschichte signifikanten und optisch typischen, wenn auch immer wieder weiter entwickelten Heckleitwerks. So fährt der 992-Turbospoiler um zehn Millimeter weiter aus, als noch beim Vorgänger 991.2 Turbo. Zudem wiegt der Heckspoiler des 992 Turbo trotz einer um acht Prozent vergrößerten wirksamen Fläche 440 Gramm weniger als die Vorgänger-Version – und damit nurmehr rund fünf Kilogramm. Komplex sein Material-Aufbau: Zwei Lagen kohlefaserverstärkter Kunststoff (sogenanntes »Biaxial-CFK-Gelege«) kleiden den Spoiler-Schaumkern mit integrierten Schmiede-Inserts an der Oberseite, eine Lage glasfaserverstärkter Kunststoff (»Triaxial-GFK-Gelege« genannt) erfüllt diese Aufgabe an der Unterseite.

992 Turbo-Luftnummern im Frontbereich: Kühlluftklappen geschlossen (oben links) und geöffnet (oben rechts), Bugspoilerlippe ausgefahren, Luftklappen offen (links). Die Tabelle unten listet Aerodynamik-Details von Fahrmodus, Frontlippe und Heckspoiler.

Porsche Active Aerodynamics (PAA)			**Bugspoilerlippe**		**Heckflügel**	
Position/ Funktion	**Fahrmodus**	**Geschwin-digkeit**	**Äußere Segmente**	**Mittleres Segment**	**Ausfahrhöhe**	**Neigung**
Grundstellung/Eco			eingefahren		eingefahren	0
Speed	Normal	ab 180 km/h	ausgefahren	eingefahren	mittelhoch	0
	Sport	ab 120 km/h				
Performance	Sport Plus	ab 15 km/h	ausgefahren		hoch	stark
Performance	Sport Plus	ab 260 km/h	ausgefahren		hoch	mittelstark
Wet	Wet	ab 15 km/h	eingefahren		hoch	0
Airbrake			ausgefahren		hoch	stark

Aerodynamisches Feintuning beanspruchte die Turbo-Designer und -Entwickler nicht minder bei der Neugestaltung von Bug- und Heckteil der 992-Turbogeneration – dies nicht zuletzt im Bemühen um einen reduzierten Treibstoffverbrauch. Zwecks Minderung der Fahrwiderstände schließen die neu konzipierten Kühlluft-Klappen in den gegenüber der 991-Generation verbreiterten Bugeinlässen im Geschwindigkeitsbereich von 70 bis 150 km/h vollständig, woraus bei diesen mittleren Tempi ein im Vergleich zu geöffneten Klappen geringerer Verbrauch resultiert. Ab 150 km/h öffnen die Klappen kontinuierlich, um bei 170 km/h dem kühlenden Fahrtwind wieder vollständig Zutritt zu verschaffen, dies naturgemäß einher gehend mit einem erhöhten Luftwiderstand.

Bemerkenswert ist die Spannbreite der Luftwiderstands-Beiwerte (c_w-Werte) bei den beiden Einstellungs-Polen der Turbo-Spoilergemeinschaft: Im sogenannten Eco-Modus lautet der neben der Fahrzeug-Stirnfläche für die Windschlüpfigkeit eines Automobils relevante Kennwert 0,33, in der Performance-Stellung hingegen 0,38. Beides sind im Übrigen gute, wenn auch nicht sensationelle Werte. Der Porsche Cayman beispielsweise wartet wie das allererste Porsche-Coupé, der 356 Gmünd von 1948, mit einem c_w-Wert von nur 0,29 auf, beim ersten 911 Turbo (930) von 1975 waren es c_w=0,39, bei den Turbos der Generationen 996, 997 und 991 jeweils 0,31...

992 Turbo: Luftströme aktiv beeinflusst mittels Porsche Active Aerodynamics (PAA).

Während der leichtere Heckspoiler des 992 Turbo die typische Hecklastigkeit eines Heckmotor-Porsche (marginal) reduziert, konnten ambitionierte Porsche-Kunden der »Gusseisen«-Fraktion ab Frühjahr 2021 eine Leichtbau-Option für ihren Turbo S ordern. Darin enthalten:

- eine neuartige, im Vergleich zur Serienverglasung rund vier Kilogramm leichtere Leichtbau- und Geräuschschutzverglasung, bestehend aus im Vergleich zur Serienverglasung dünneren Außenscheiben und chemisch vorgespannten Innenscheiben. Sie senkt das Karosserie-Gewicht im fahrdynamisch relevanten Bereich oberhalb der Schulterlinie der Karosserie und damit (marginal) zugleich den Fahrzeug-Schwerpunkt;
- eine reduzierte Verwendung von (üblicherweise gewichtigem) Dämmmaterial;
- Vollschalensitze (oder alternativ vielfach verstellbare, aber gewichtigere Komfortsitze);
- das um zehn Millimeter tiefer gelegte PASM-Fahrwerk (siehe Seite 210);
- und die Sportauspuffanlage mit zwei ovalen Endrohren.

Attribut der Turbo S-Leichtbauoption: Sportauspuffanlage mit ovalen Endrohren.

Dazu kommt der Entfall der klappbaren Rücksitze, was in Summe eine Gewichtsersparnis durch das Leichtbau-Paket von gut 30 Kilogramm (bzw. rund 1,8 Prozent des Leergewichtes) ergibt. 9627,10 Euro sind für das Leichtbau-Paket zusätzlich zum Grundpreis eines Turbo S von 221782 Euro zu entrichten.
Serienmäßig ist hingegen ein weiteres Erkennungsmerkmal der 2020er Turbo-Generation: die LED-Matrixscheinwerfer (Turbo S) mit dunklen Innenblenden. 300 Lux Leuchtstärke bieten diese »Lichtkanonen« und überdies eine individuell und dynamisch geregelte Leuchtweite sowie Kurvenausleuchtung. Dazu kommen unterschiedliche Fahrbahnausleuchtungen, angepasst an die durcheilte Umgebung und die aktuelle Fahrbedingung (Autobahnfahrt, Landstraße, Stadt, Nebel, schlechtes Wetter). Außerdem verringert ein gezieltes Lichtstärke-Dimmen beim Auftreffen des Scheinwerfer-Kegels auf Verkehrsschilder Blendungen durch die üblicherweise rückstrahlenden Verkehrszeichen. Auch von hinten lässt sich die 992-Turbogeneration von ihrem Vorgänger-Paar nicht nur durch den modifizierten Heckspoiler identifizieren. Vielmehr gibt auch die für die jüngeren Porsche-Generationen typische, durchgehende Leuchten-Einheit mit dreidimensional ausgeformten Heckleuchten in LED-Technik Auskunft über den Modell-Jahrgang mit der Typnummer 992.

300 Lux-"Lichtkanone" mit dynamisch und individuell geregelter Leuchtweite.

Neuerdings typisch Porsche: durchgehende Heckleuchten-einheit in LED-Technik.

992 Turbo-Leistungsvermögen: 580 PS im Turbo, 650 PS im Turbo S

Wie aber ist es um das Leistungsvermögen der Turbo-Generation 992 bestellt?
Dafür scheint eigens der Terminus »phänomenal« geschaffen. Tatsächlich legte der 2020er Jahrgang des Porsche Turbo leistungsmäßig in einer Art und Weise zu, wie dies in der Turbo-Chronologie seit 1975 dem Basis-Turbo und dem Turbo S jeweils nur ein einziges weiteres Mal gelang. So legte der 992 Turbo im Vergleich zum 991.2 Turbo um 40 PS zu – so, wie einst der turbo 3.3 von 1978 gegenüber seinem Dreiliter-Vorgänger (siehe Seiten 50ff). Für die S-Version des 992 Turbo gibt es in Sachen Leistungs-Eskalation nur einen überlegenen Vorgänger den PS-Zuwachs betreffend: nämlich den 997 S 3.8 von 2010, der die 996 S-Variante um 80 PS übertraf (siehe Seiten 174 ff). Plus 70 PS sind es beim 992 Turbo S im Vergleich zum Vorgänger 991.2 Turbo S.
Diese Leistungs-Zugaben ergeben eindrucksvolle Zahlen. Mit 580 PS (427 kW) übertrifft bereits der 992 Turbo alle Turbo-Vorgänger – inclusive der jeweiligen S-Varianten. Selbst den stets leistungsstärksten Turbo-Modellen ihrer jeweiligen Epoche, den GT2-Typen (siehe Seiten 234 ff) der Generationen 993 (von 1995) bis 997 (von 2008) zeigt sich der 992 Turbo sowohl in der Nennleistung, als auch im maximalen Drehmoment überlegen. Einzig die Extremsportler 997 GT2 RS (2010/2011) und 991 GT2 RS (siehe Seiten 257 ff) vermögen den 992 Turbo des Jahrgangs 2020 um 40 PS bzw. 120 PS zu übertrumpfen, ohne jedoch mehr Drehmoment auf ihre Kurbelwellen zu wuchten. So muss sich der 997 GT2 RS bei diesem Wert dem 992 Turbo um 50 Newtonmeter (Nm) geschlagen geben, der 991 GT2 RS hingegen entspricht mit 750 Nm im Drehzahlbereich 2500 bis 4500/min exakt der Turbo-Basisversion der 992-Generation.
Noch mehr Kraft »untenrum« offeriert der 992 Turbo S: Bei ihm stehen 800 Nm im Datenblatt, verfügbar im Drehzahlbereich 2500 bis 4000/min – und das (wie auch beim Turbo) ohne zeitlich begrenzte Overboost-Funktion wie noch beim Vorgänger (siehe Seite 180). Die Turbo S-Nennleistung geht mit 650 PS (478 kW) auf Tuchfühlung mit dem Spitzenwert des 911-Leistungskönigs mit der Typbezeichnung 991 GT2 RS (siehe Seiten 266 ff), dessen Datenblatt 700 PS (515 kW) ausweist. Entsprechend den hohen Nennleistungen der beiden Turbo-Varianten erreichen auch die Literleistungen von Turbo und Turbo S exorbitante Höhen: 154,9 PS/L sind es beim 580 PS-Turbo, gar 173,6 PS/L beim 650 PS-Turbo S. Zum Vergleich: Bei der ersten Turbo-Generation, Typ 930 von 1975, waren es noch relativ bescheidene 86,7 PS/L. In diesem Zusammenhang gleichfalls interessant: Der Weissacher »Turbo-Urknall« im 911-Gewandt und sozusagen 930-Initiator, der von Porsche 1974 für die damalige Motorsport-Gruppe 5 lancierte 911 Carrera RSR 2.1 Turbo, brachte es mit nur 2142 cm^3 Hubraum auf 219 PS/L und 490 Nm Drehmoment. Ladedruck? 1,4 bis 1,6 bar und somit gleichauf mit dem Ladedruck des 2020er Turbo S (siehe auch Seite 218)...
Die beiden 992 Turbo-Varianten des Jahrgangs 2020 verdanken ihr eindrucksvolles Leistungsvermögen ihren komplett neu entwickelten Triebwerken MA203 auf Basis der 2015 eingeführten 991.2 Carrera-Motorengeneration EA9A2 evo. Nach dem noch luftgekühlten Ur-Turbo 930/50

der 1970er Jahre, dem erstmals wassergekühlten M96/70-Boxer des anno 2000 vorgestellten 996 Turbo und dem MA 1.70-Triebwerk des 2010 lancierten 997 Turbo 3.8 offerierte Porsche in der 992 Turbo-Generation nun bereits die vierte grundlegend neue Motorenkonstruktion für das 911-Spitzenmodell, das nach wie vor und im Heckmotor-Programm exklusiv den legendären Namenszusatz »Turbo« trägt. Einst Auszeichnung für und Hinweis auf das hochinnovative Motorenkonzept der Aufladung mittels der eigenen Abgase, verdankt heute sogar der Basis-911 Carrera seine Potenz Turbomotoren – der adelnde Schriftzug »Turbo« blieb diesem Modell dennoch verwehrt.

Porsche komplettierte mit dem 992-Turboduo im Jahr 2020 die neue, 2015 gegründete Boxermotoren-Familie, die aus Vier- und Sechszylinder-Triebwerken besteht. Diese Motoren setzen sich teilweise aus konstruktiv ähnlichen, insbesondere für die Leistungskrönung in Gestalt der beiden Turbo-Modelle jedoch auch aus individuellen Teilen zusammen. Die Weissacher Techniker schufen damit einen Motoren-Baukasten, der, so der Porsche O-Ton vom 6. April 2020[1)], »*gemeinsam eine erprobte Basis*« bilde und zugleich Raum schaffe »*für ein Höchstmaß unterschiedlicher Charakterausprägungen*«. Das zeige schon »*der Blick auf die Bandbreite der Möglichkeiten: vier oder sechs Zylinder, Saugmotor oder Turbo, zwischen zwei und vier Liter Hubraum, von 250 bis zu 650 PS... Leistung bei Drehmomenten von 310 bis 800 Nm*«. Weiter heißt es im Porsche-Text: »*Durch einen gewissen Pool an Gleichteilen, die in allen Baureihen unverändert Verwendung finden, und Komponenten mit ähnlichen Konstruktionsprinzipien ergibt sich ein hoher Synergieeinsatz im Grundmotorbaukasten.*« Im Klartext: Der Motoren-Baukasten von Porsche spart dem Unternehmen genauso Geld, wie das parallel eingeführte, sogenannte »Modulare Plattformkonzept« für die Modelle 911 (Carrera/Turbo) und 718 (Boxster/Cayman) – siehe Folge-Absätze.

Identisch ist bei allen EA9A2-Motoren der Zylinderabstand von 118 Millimeter, Bohrungs- und Hub-Maße variieren hingegen je nach Einsatz: 91 oder 102 Millimeter Bohrung, 76,4 oder 81,5 Millimeter Hub. In den beiden 992 Turbo-Varianten kommt – übrigens wie im Vierzylinder-Motor der Typen 718 GTS (Boxster/Cayman mit 2,5 Liter-Motoren) – das große Bohrungs-Maß zur Verwendung, kombiniert mit der 76,4 mm-Kurbelwelle, woraus ein Hubraum von 3.785 cm^3 resultiert.[2)]

1) Quelle: Porsche Newsroom, Text »Herz und Seele« vom 6.April 2020;
2) Weitere Bohrungs/Hub-Varianten der 9A2-Familie: 91 x 76,4 mm für zwei Liter Hubraum im vierzylindrigen Basis-718 und für drei Liter Hubraum im sechszylindrigen 911 Carrera, 102 x 81,5 mm für vier Liter Hubraum im 911 GT3.

Komplettierte 2020 die 2015 gegründete Boxermotoren-Familie 9A2 von Porsche: Sechszylinder-Biturbo für das Duo 992 Turbo und Turbo S.

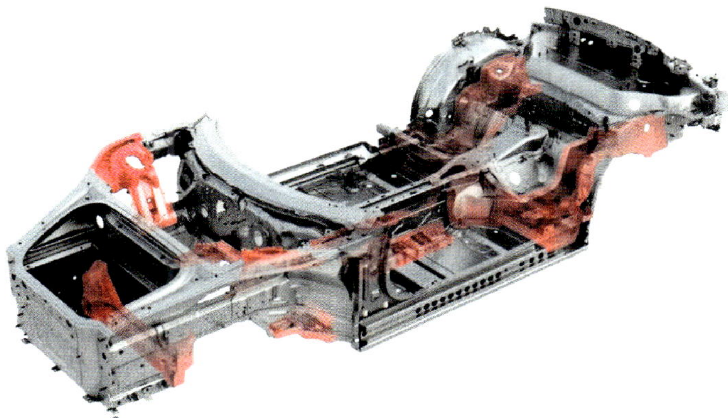

Seit 2015 allen 911- und 718-Typen gemein: gleichartige Bodengruppen-Komponenten.

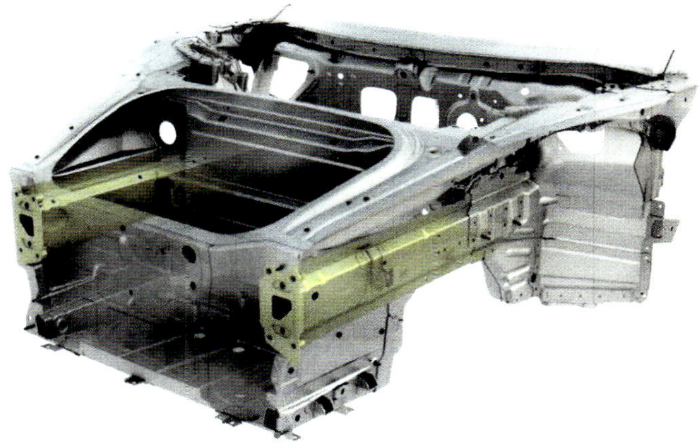

Gewichtsanpassung durch Wandstärken-Dimensionierung: vordere Strangpressprofile.

Und was hat es mit dem »Modularen Plattformkonzept« auf sich? Auch dabei handelt es sich um eine Art Baukasten, in diesem Fall von weitgehend gleichartigen Bodengruppen-Komponenten (Bugteil, Mittelteil, Heckteil) für die Heck- und Mittelmotor-Typen 911 und 718, anno 2015 eingeführt mit Vorstellung der 992-Generation des Carrera. So kommen beispielsweise für die Vorderwagen der verschiedenen Heck- und Mittelmotor-Modelle lediglich zwei alternative Träger-Varianten zum Einsatz: die eine für die vergleichsweise leichtgewichtigeren Coupés, die zweite für schwerere Turbo-, Cabriolet- und Targa-Modelle. Die beiden Träger-Varianten unterscheiden sich lediglich durch die unterschiedlichen Wandstärken der Strangpressprofile, gleichen sich jedoch in den Anbindungspunkten zur restlichen Bodengruppe und der dabei angewandten Fügetechnik. Als Ergebnis dieses Systems ergeben sich laut Porsche eine »*Gewichts- und Funktions-optimierte Struktur… unter Beibehaltung der Bauraumgrenzen*« – und wie im Fall des Motoren-Baukastens dank einer höheren Zahl an weitgehend gleichen Teilen auch geringere Bauteilstückkosten.
Zwar gibt Porsche den Herstellkosten-Vorteil an Carrera-, Turbo- und Boxster/Cayman-Käufer nicht in barer Münze weiter, doch in jedem dieser Fälle profitiert der Porsche-Kunde indirekt: nämlich von noch höherer technologischer Finesse – und von Investitionen der Porsche-Ingenieure in Mittel und Methoden zugunsten noch höherer Motorleistung und noch höherer Fahrsicherheit. Insbesondere im Falle des Motoren-Baukastens führt Porsche einen gewichtigen Vorteil ins Feld: Er ermögliche nämlich den Entwicklern, »*sich auf die erforderliche Individualität der Motorenperipherie zu konzentrieren*«. Als Beispiele werden genannt: der Ansaugtrakt, das Abgassystem.
Tatsächlich leisteten die Weissacher Entwickler auf diesen Randgebieten im Falle des Turbo-Duos ganze Arbeit und ließen dabei kein einziges die Leistung förderndes, zugleich aber auch die Abgase minderndes Element unangetastet. Besondere Aufmerksamkeit wurde dabei der Gemischversorgung und der Aufladung gewidmet. Statt der noch im 991.2 Turbo verwendeten Lader-Gleichteile mit identischer Laufrichtung kommen in der 992 Turbo-Generation sowohl im Turbo, als auch im Turbo S spiegelbildlich aufgebaute Turbolader von Borg-Warner zur Verwendung.

Marschbläser: Borg-Warner-Turbolader mit variabler Turbinengeometrie (VTG).

Kein Objekt für Heimwerker: 3,8 Liter-Biturbo-Sechszy-linderboxer im 992 Turbo S.

Deren Lader-Wellen rotieren somit rechts und links gegenläufig. Ergänzend dazu erfuhren sowohl das Turbinenrad, als auch das Verdichterrad der Turbinen Durchmesser-Vergrößerungen, Ersteres sowohl beim Turbo als auch beim Turbo S um fünf auf 55 Millimeter, Zweiteres beim Turbo um drei auf 59 Millimeter, beim Turbo S um drei auf 61 Millimeter. Ergebnis: ein zugunsten von Drehmoment und Leistung höherer Luftdurchsatz sowohl auf der Frischluftseite, als auch Abgas-seitig. Vom GT2 RS abgeleitete Abgaskrümmer verbessern überdies durch optimierte Strömungsverhältnisse das Ansprechverhalten der beiden Motor-Varianten und deren Effizienz.

Selbstverständlich genoss die 2007 in der 997 Turbo-Generation eingeführte variable Turbinengeometrie (VTG) Bestandsschutz, auf deren Vorgeschichte, Entwicklungsproblematik und Funktion im 997-Kapitel auf Seite 154 detailliert eingegangen wurde. Die Einhaltung des maximalen Ladedrucks von stattlichen 1,55 bar (Turbo S) bzw. 1,38 bar (Turbo) garantieren elektrisch über Schrittmotoren gesteuerte Wastegate-Klappen. Diese werden übrigens nach dem Kaltstart für einige Zeit vollständig geöffnet. So werden die Katalysatoren schon bei Fahrtbeginn mit einer maximalen Menge heißer Abgase durchströmt, wodurch sie, auf zügige Erwärmung angewiesen, frühestmöglich ihre Wirkung entfalten können. Zugleich wird dadurch verhindert, dass dem Motor in der Kaltlaufphase ein zu hoher, womöglich schädlicher Ladedruck zugemutet wird.

Bemerkenswert: Die stattliche 70 PS-Mehrleistung des Turbo S gegenüber der Turbo-Basisversion erzielten die Porsche-Techniker, dazu für diese Chronik befragt, einzig *»über den angepassten Abgasturbolader mit von 59 mm auf 61 mm Durchmesser angepasstem Verdichterrad...«*.

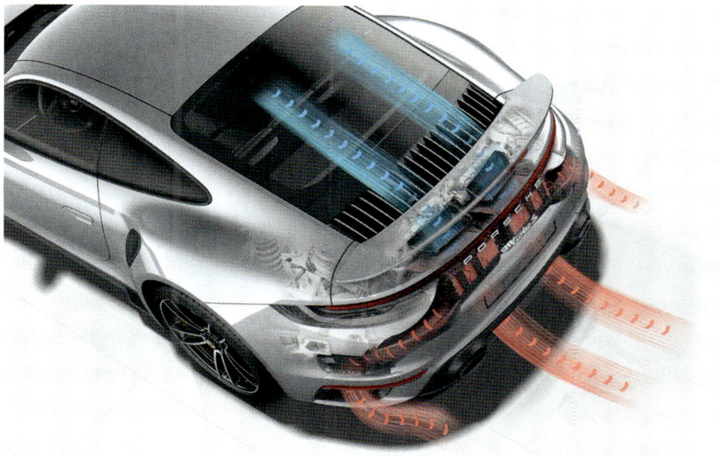

Luftzufuhr für die dem Motor aufgesattelten Ladeluftkühler (blau), erhitzte Abluft (rot).

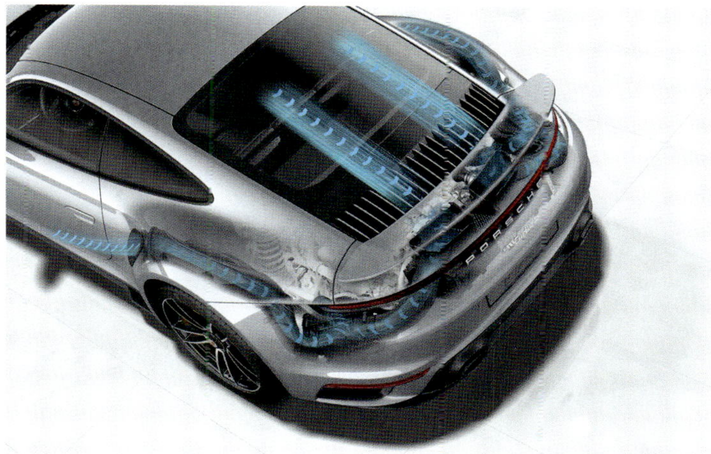

Zufuhr der Verbrennungsluft auf mehreren Wegen: durch die Kotflügel und die Motorhaube.

Außer der neuen Turbolader-Bestückung erfuhren für die 992-Generation auch die Ladeluftkühlung, die Prozessluft-Zufuhr und das Einspritzsystem tiefgreifende und prinzipielle Modifikationen. So wurden die beiden Ladeluftkühler im Format um 14 Prozent vergrößert und mittig zentral über dem Motor (statt zuvor links/rechts daneben) positioniert, was ihren Wirkungsgrad Dank verbesserter Zu- und Abströmung der Kühlluft erhöht. Die Luftfilter wiederum tauschten mit den Ladeluftkühlern die Position und sitzen jetzt in den hinteren Kotflügeln. Die sogenannte Prozessluft* wird den Luftfiltern nun nicht mehr allein über Schlitze in der Motorhaube zugeführt, sondern zum Teil auch über die Turbo-typischen Nüstern in den Fondseitenteilen hinter den Türausschnitten. Somit verfügen Turbo und Turbo S insgesamt jeweils vier Karosserie-Ansaugöffnungen für Verbrennungsluft, gleichbedeutend mit einem größeren Gesamtquerschnitt und mit geringerem Widerstand zum Wohle eines noch besseren Wirkungsgrades des Boxer-Sechszylinders.

** Prozessluft = Ansaugluft zur Aufbereitung des Treibstoff/Luft-Gemisches. Diese Prozessluft wird in den Turboladern komprimiert und anschließend beim Durchströmen der Ladeluftkühler gekühlt.*

Neu positionierte Ladeluftkühler in der 992-Generation des Porsche Turbo: oberhalb des Motors statt daneben.

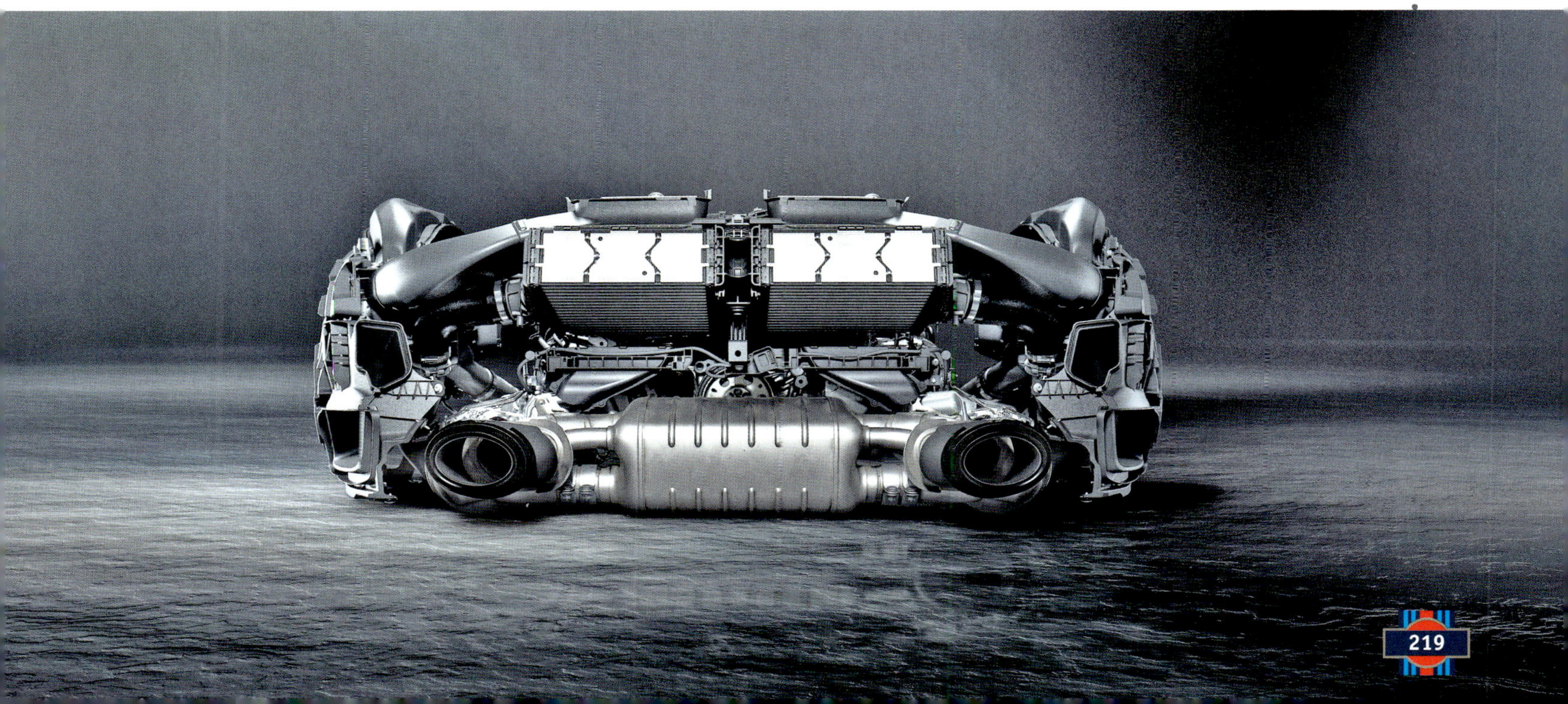

Serienmäßige Turbo-Auspuffanlage - Kennzeichen: rechteckige, schwarze Doppelendrohre.

Eher der Tonalität des Porsche Turbo dienen elektrisch kontinuierlich verstellbare Auspuffklappen, dies sowohl in der serienmäßigen Auspuffanlage – optisches Erkennungsmerkmal: zwei mal zwei rechteckige Doppelendrohre im schwarzen Hochglanzlack – als auch bei der für beide 992 Turbo-Varianten neuen, optionalen und deshalb 3379,60 Euro teuren Sportauspuffanlage (siehe Seiten 214 und 219). Bei dieser an zwei ovalen, schwarz oder silbern lackierten Endrohren identifizierbaren Abgas-Entsorgung sorgt eine speziell entwickelte innere Strömungsführung für einen Sound, den die Porsche-Lyriker als »*besonders sportlich-markant und turbotypisch*« charakterisieren.

992 Turbo/Turbo S: mit Piezo-Einspritztechnologie leistungsstärker und sparsamer

Während die beiden Auspuff-Varianten Motorentechnik für jedermann sicht- und hörbar machen, verrichten die in der 992-Generation des Turbo neuen Piezo-Direkteinspritzventile ihr Werk im Verborgenen der Brennraum-Peripherie. Wie schon die variable Turbinengeometrie (VTG) kommt auch die Piezo[1]-Einspritzmimik aus der Dieselmotoren-Technologie, von Bosch und Siemens ab Mitte der 1990er Jahre auf Basis italienischer, nämlich Fiat-Forschungen für das Direkteinspritzverfahren entwickelt. Sie erlaubt gegenüber der elektromagnetischen Einspritzventil-Betätigung deutlich kürzere Ansprechzeiten von weniger als 0,1 Millisekunden. Bosch zählt diese Vorteile von sogenannten Piezo-Injektoren für das Common-Rail-Einspritzsystem auf[2]:

- extrem kompakte, modular aufgebaute Injektoren, deren Piezo-Aktor in das Gehäuse integriert ist, wodurch diese Injektoren deutlich schlanker sind als Magnetventil-Injektoren, und deshalb deutlich weniger Bauraum beanspruchen;
- hochpräzise Kraftstoffeinspritzung mit bis zu 2700 bar Druck für sehr hohe Motorleistungen bei geringem Verbrauch;
- sehr kurze Einspritzabstände ermöglichen bis zu zehn Einzeleinspritzungen pro Einspritzzyklus und einen sehr flexibel gestaltbaren Einspritzverlauf für eine leise und sehr effiziente Verbrennung;
- durch die Mehrfacheinspritzungen pro Zyklus können der Kraftstoffverbrauch, die CO_2-Emissionen sowie die Schadstoff- und Geräuschemissionen des Triebwerks reduziert werden.

Dass im Falle Porsche Turbo/Turbo S die Werksangaben für die Verbrauchsangaben der 992-Generation im Vergleich zur 991.2-Vorgängergeneration dem Bosch-Versprechen eines Dank Piezo niedrigeren Treibstoffverbrau-

1) «Piezo« ist vom griechischen Wort für Druck (πίεση) abgeleitet. Ende des 19. Jahrhunderts entdeckten Jacques und Pierre Curie, dass Druck in diversen Kristallen – etwa Quarz oder Turmalin – elektrische Ladungen erzeugt. Sie nannten diesen Effekt »Piezoeffekt«. Industriell nutzbar wurde der Effekt mit der Entdeckung, dass Bariumtitanat-Keramik piezoelektrische Eigenschaften in nutzbaren Größenordnungen annimmt. (Quelle: www.piceramic.de).
2) Quelle: www.bosch-mobility-solutions.com

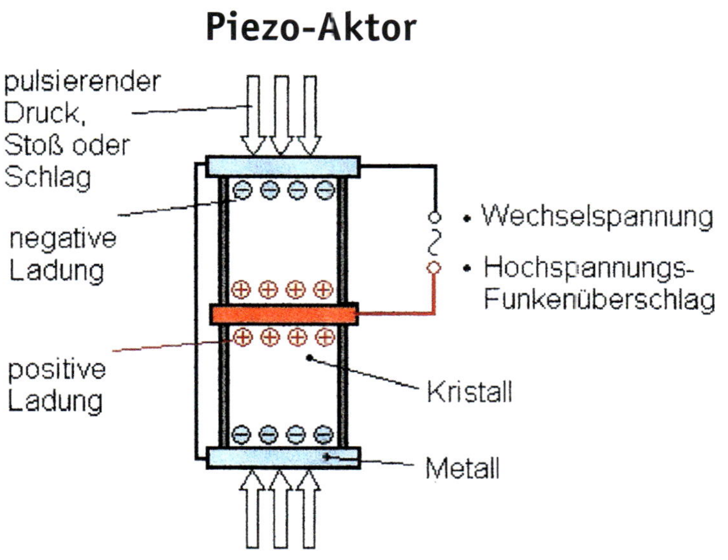

ches scheinbar widersprechen (siehe die Angaben im Daten-Anhang, Seiten 312/313), hängt mit geänderten Messverfahren zusammen. So wurden noch die 991.2-Angaben gemäß der unrealistischen EU-Verordnung 715/2007 ermittelt. Die weit eher der Wirklichkeit entsprechenden 992-Werte hingegen entstanden nach dem neuen europäischen Fahrzyklus-Verfahren (NEFZ).
Zurück zu Piezo: Die Ansteuerung dieses innovativen Einspritzsystems erfolgt über einen sogenannten Piezo-Aktor (siehe Skizze oben), der aus mehreren 100 Schichten einer speziellen Piezo-Keramik besteht. Diese dehnt sich um wenige Tausendstel Millimeter aus, sobald, gesteuert durch die Motor-Elektronik, eine Spannung angelegt wird. Derart wird die Düsennadel des Injektors in Bewegung gesetzt – die Düse öffnet. Entfällt die Spannung, ziehen sich die Piezos wieder zusammen – die Düse schließt. O-Ton Bosch: *»Diese Koppelung von Aktor und Düsennadel ermöglicht die sehr kurzen Reaktionszeiten und sehr kleine Voreinspritzmengen.«* Durch die Voreinspritzung kann ein möglichst weicher Einspritzdruckanstieg realisiert werden – und somit eine leisere Verbrennung. Nach dem Kaltstart dient sie überdies der Schadstoffminderung, und demselben Zweck dient die Nacheinspritzung, bewirkt diese doch eine bessere Verbrennung und damit weniger Abgase und weniger Ruß. Restpartikeln im Abgas begegnet Porsche überdies mit zwei Ottopartikelfiltern (OPF). Nicht zuletzt der Kraftstoffverbrauchs- und damit Abgas-Reduzierung dient auch eine wesentliche Batterie-Neuerung für die 992 Turbo-Generation: die Lithium-Eisenphosphat-Batterie (LiFePO4) mit im Vergleich zur herkömmlichen Bleibatterie höherer Spannungsstabilität und geringerem Innenwiderstand.
Diese Akku-Innovation sorgt für eine kürzere Reaktionszeit und damit für verlängerte Stopp-Zeiten der Start-Stopp-Funktion vor Ampelanlagen und in Staus, gleichbedeutend mit längeren Phasen im Nullemissions-Betrieb.

Die weiteren Vorteile der LiFePO4-Batterie: eine gegenüber einer vergleichbaren Bleibatterie bis zur 2,5fache Lebensdauer, eine bis zu siebenfach höhere Zyklenfestigkeit – und bei alledem ein um über 20 Prozent geringeres Batterie-Format sowie eine Batteriegewichts-Reduzierung von 27 Blei-Kilogramm auf nur noch 12,75 LiFe-Kilogramm. Musik-Liebhaber werden an der neuartigen und extrem leistungsfähigen Batterie zudem schätzen, dass sie bei Garagen-Konzerten das im Turbo serienmäßige Bose Surround-Soundsystem trotz ausgeschaltetem Motor und dadurch gestoppter Lichtmaschinen-Funktion deutlich länger genießen können (siehe auch das Thema Porsche Communication Management ab Seite 225)...

Doppelkupplungs-Getriebe: im 992 Turbo/Turbo S mit acht statt sieben Gängen

Es kommt also einiges zusammen, was einerseits die auf Seite 215 bereits gelisteten, herausragenden Nennleistungs- und Drehmoment-Werte der 992-Turbogeneration erzeugt – und was andererseits für ein reduziertes Abgas-Niveau verantwortlich ist. Porsche-typisch beließen es die Weissacher Techniker freilich nicht bei motorkonstruktiven Maßnahmen zur Leistungssteigerung. Vielmehr passten sie außer der Bremsanlage auch die komplette Kraftübertragung der deutlich erhöhten auf sie einwirkenden Gewalt an. Bis zu 800 Newtonmeter Drehmoment im Turbo S erforderten Stärkungsmaßnahmen sowohl des Doppelkupplungsgetriebes (PDK), als auch des in der 992-Generation sicherheitshalber wassergekühlten Vorderachsgetriebes mit verstärkten Stahllamellen, dem je nach Fahrsituation – beispielsweise im Wet-Modus (siehe Seite 206 ff) – bis zu 500 Newtonmeter zugeteilt werden. Die Kraftübertragung nach vorn übernimmt zudem eine im Vergleich zur Vorgänger-Version stabilere Gelenkwelle mit nur noch einem Kreuzgelenk statt deren zwei.

Schaltzentrale PDK: acht Gänge. Wechsel je nach Wunsch automatisch oder manuell.

In Sachen PDK nutzten die Porsche-Entwickler einmal mehr hausinterne Synergien, diente doch das Achtgang-Getriebe der zum Jahreswechsel 2018/19 vorgestellten 992 Carrera-Generation als Basis des neuen Räderwerks für die beiden Turbo-Modelle. Allerdings erfuhr der Radsatz für den Turbo-Einsatz eine Verstärkung, die Stahllamellen der Doppelkupplung wurden gewellt, ihre Zahl von sechs auf acht erhöht. Analog zum 992 Carrera verfügt auch das neue Turbo-PDK über acht Gänge statt der sieben Gänge wie noch in der 991.2-Generation. Dabei wurden die beiden unteren Gänge mit 4,89 bzw. 3,17 im Vergleich zur Siebengang-Version deutlich kürzer übersetzt (Siebengang-PDK: 3,909:1 bzw. 2,286). Aus dem Stand beschleunigen die beiden 992 Modelle, ob Turbo oder Turbo S, deshalb nochmals explosiver als zuvor. Eine zusätzliche Übersetzung in Gestalt des dritten, 2,15:1 übersetzten Ganges sorgt beim Hochschalten für einen perfekten Übergang Richtung Fahrstufe vier ohne allzu großen Drehzahlabfall. Die Gänge vier bis acht des Achtgang-PDK wiederum entsprechen in der jeweiligen Übersetzung nahezu den Gängen drei bis sieben der Siebengang-PDK.
Im Zusammenspiel mit der verlängerten Achsübersetzung – 3,02 statt zuvor 3,444 – und dem vergrößerten Abrollumfang der Reifen (siehe Seite 208) ergeben sich in den oberen Geschwindigkeitsbereichen niedrigere Motordrehzahlen, gleichbedeutend mit schonenderen Kolbengeschwindigkeiten, mit niedrigeren Treibstoff-Verbrauchswerten – und mit verbessertem Motorgeräusch-Komfort. Dem gesteigerten Fahrvergnügen wiederum dienen bei höheren Drehzahlen und Lasten nochmals verkürzte Schaltzeiten des PDK, dies sowohl bei manuell über die Schaltwippen hinter dem Lenkrad eingeleiteten Gangwechseln, als auch im Automatik-Betrieb, sofern der Sport Plus-Modus aktiviert ist.
Die tiefgreifenden Motor-/Getriebe-Änderungen ergeben ein geradezu explosives Temperament der 2020er Turbogeneration. Dabei spiegelt der bloße Vergleich der theoretischen 992-Beschleunigungs-Zeiten mit denen des abgelösten 991.2-Turboduos nicht annähernd den praktischen und auch gefühlten Zuwachs an Beschleunigungsvermögen wider. So übertrifft bereits der 992 Turbo die Werte des 991.2 Turbo S. Gerade mal 2,8 Sekunden vergehen (991.2 Turbo S: 2,9 Sekunden), um aus dem Stand bis Tempo 100 km/h zu sprinten – das ist der Zeitraum, den der Tagesschau-Sprecher benötigen würde, um »Porsche 992 Turbo« zu sagen. Nebenbei: Der im Spurtvermögen einst als »brachial« beurteilte allererste Turbo, der 930 Turbo von 1975, benötigte für dieselbe Standard-Übung rund die doppelte Zeit…
Noch um einen Wimpernschlag zügiger bewältigt der Turbo S mit 2,7 Sekunden diesen Norm-Sprint. Deutlich weniger als zehn Sekunden vergehen, um einen 992 Turbo auf Tempo 200 zu beschleunigen – für diesen Test misst die Stoppuhr 9,7 Sekunden, zwei Zehntel weniger, als für den 0-200 km/h-Spurt eines 991.2 Turbo S.
Und wie lautet der 200er-Wert für den 992 Turbo S? 8,9 Sekunden – gleichbedeutend mit einer kompletten Sekunde Minus im Vergleich zu S-Vorgänger. Nicht minder atemraubend wirken die beiden 992 Turboversionen auf Fahrer und Beifahrer beim (automatischen) Spurt von 100 auf 200 km/h. Beim 580 PS-Turbo wird diese Übung in nur 6,9 bzw. 7,2 Sekunden bewältigt, je nachdem, ob dabei die Coupé- oder Cabrio-Version Verwendung findet. Der 650 PS-Turbo S erledigt diesen Zwischen-Sprint gar in nur 6,2 bzw. 6,5 Sekunden.
Mögen diese akademischen Zahlenspiele in den Augen weniger ambitionierten Automobilisten auch etwas albern erscheinen, so bedeuten jedoch speziell die 0-200- und 100-200 km/h-Werte dem Kenner der Materie, welchen enormen Kraftzuwachs die Weissacher Techniker für ihre 2020er Turbogeneration generiert haben müssen. Schließlich wächst der Luftwiderstand eines Automobils im Quadrat zu dessen Geschwindigkeit. Und da Porsche zudem zugunsten eines optimierten Abtriebs eine Verschlechterung der Windschlüpfigkeit von c_w 0,31 (991.2 Turbo) auf 0,33 sowie zugunsten einer erweiterten Ausstattung ein Leergewichts-Plus von 45 Kilogramm in Kauf nahm, verdienen die aufgeführten Werte umso mehr Respekt.

Turbo Cabriolet: deutlich luftiger, geringfügig schlapper als das Turbo Coupé.

Chefdynamiker Porsche Turbo: deutlich über 300 km/h Höchstgeschwindigkeit, ob als Cabrio…

…oder in der beim Beschleunigen nochmals etwas schärferen Festdach-Variante.

Wie sehr der Luftwiderstand eines Automobils, resultierend aus Luftwiderstands-Beiwert c_w und Stirnfläche, die Talente im obersten Geschwindigkeitsbereich beeinflusst, dafür sind die beiden 992 Turbos beredte Beispiele: Die Höchstgeschwindigkeits-Werte der 992-Varianten entsprechen nämlich mit 320 km/h (Turbo) und 330 km/h (Turbo S) exakt denen der immerhin 40 (Turbo) bzw. 70 PS (Turbo S) schwächeren, aber aerodynamisch etwas günstigeren und mit kleinerer Stirnfläche (2,07 m^2 statt 2,12 m^2) aufwartenden Vorgänger-Generation.
Und wie steht es bei den 2020er Turbos von Porsche um das berüchtigte »Turbo-Loch«, also um jene Beschleunigungsschwäche klassischer Turbo-Modelle in der Phase niedriger Anfangs-Drehzahlen, wenn die Kompressoren noch entsprechend geringen Abgasdrücken ausgesetzt sind? Dieses Loch konnten die Porsche-Techniker offensichtlich zuschütten, der sogenannte »Turbo-Bums« erfolgt nicht erst nach einer Gedenksekunde, sondern sofort beim Druck auf das rechte Pedal. Bemerkenswerterweise sieht das Dr. Frank Walliser, bei Porsche zuständig für die 911- und 718-Reihen, offensichtlich etwas anders, als der vom Ansprechverhalten seines Boliden überwältigte 911 Turbo-Kunde. Im Interview mit Jens Meiners von der journalistischen Plattform »Car-Editors.net« konnte er sich im September 2021 eine Hybrid-Version des 911 durchaus vorstellen – und das mit dieser bemerkenswerten Begründung: »*Vielleicht lässt sich die Linearität des Ansprechverhaltens, die mit der Turbo-Aufladung ein wenig verlorengegangen ist, mit einer Hybridisierung wieder zurückholen…*«

Dr. Frank Walliser: sieht in der Linearität des Turbo-Ansprechverhaltens noch Verbesserungs-Potential.

Qual der Wahl: Der Turbo-Konfigurator listet Sonderwünsche zu Preisen von knapp 50 bis zu über 10000 Euro.

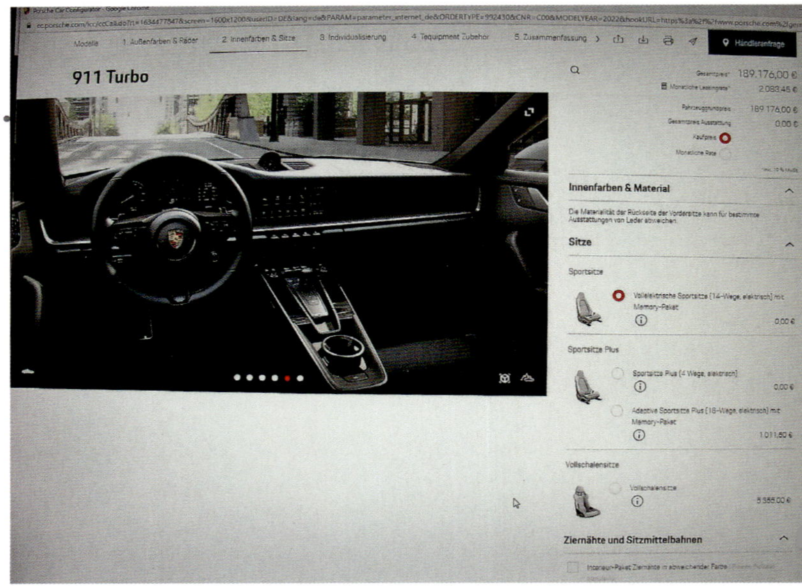

War das womöglich ein Hinweis auf kommende Turbo-Generationen von Porsche, die trotz des Elektro-Hypes weiterhin von Verbrennungsmotoren profitieren? Dr. Walliser gegenüber Jens Meiners: »...*es gibt derzeit kein Alternativszenario, in dem der 911 elektrisch wird.*« Aber: »*Wenn der 911 als Hybrid kommt, dann darf es kein `Mild-Hybrid´ sein, sondern es müsste ein `Wild-Hybrid´ werden.* ...«
Da braucht es keiner Seher-Gabe, die technologische Zukunft auch des 911 Turbo zu prognostizieren – zumal Porsche auch und speziell auf künftige synthetische Kraftstoffe setzt und diese seit 2021 auch bei Renneinsätzen verwendet...

Porsche Turbo-Generation 992: noch luxuriöser und... »Hey Porsche!«

Von Anbeginn der Porsche-Turbogeschichte bestach das 911-Spitzenmodell nicht nur mit Spitzenleistung, sondern auch mit einer vergleichsweise üppigen Serienausstattung. Den Wandel vom reinen Leichtbau-Instrument für den Motorsport zum Luxussportwagen für betuchte Porsche-Kunden hatte einst die Fédération Internationale de l`Automobile (FIA) mit der überraschenden Einführung von Gewichts-Klassen in der damaligen Gruppe 4 erzwungen – Details dazu siehe Seite 16. Die eher zufällige Modellpolitik wurde zum Erfolgsgaranten, erschloss sich doch Porsche mit den diversen 911 Turbogenerationen eine treue Klientel, der weniger am Driftpotential eines Elfers gelegen war, als vielmehr am Status des luxuriösesten, schnellsten – und teuersten – 911 aus Zuffenhausen. Kein Wunder, dass sich nach Schätzung eines Porsche-Insiders und mit Blick auf die Produktionsstatistik (siehe Seite 319) bis zu drei Viertel der aktuellen Turbo-Käufer für die gut 32000 Euro teurere Turbo S-Version entscheiden...
Tatsächlich entwickelte sich der 911 Turbo für Porsche zur Gelddruck-Maschine, kam es doch Turbo-Kunden um ein paar 1000 DM- oder später Euro-Scheine hin oder her nicht an. Bereits ab Ende der 1970er Jahre wurden viele »Ur-Turbos« im Rahmen eines Zuffenhausener Sonderwunsch-Programms auf- und nachgerüstet – in Sachen Motorleistung, Accessoires oder Karosseriegestaltung. (siehe auch die Seiten 46ff).
Obwohl so ein 992 Turbo und mehr noch der Turbo S bezüglich seines serienmäßigen Ausstattungsumfangs eigentlich keine Wünsche offen lässt, ist es ein Leichtes, deren plus/minus-Kaufpreis von 200000 Euro in die 250000- bis 300000 Euro-Region entrücken zu lassen.
So zählte der Autor dieser Chronik im Juli 2021 für den Turbo S im »Porsche Car Configurator« nicht weniger als 187 (teils natürlich alternative) Aufpreis-Extras – dies ohne Anspruch auf Vollständigkeit. Heraus gehoben seien in diesem Zusammenhang vier Preis-Extremitäten, nämlich einerseits die Reifenventil-Zierkappen mit Porsche Wappen für 49,98 Euro und das Raucherpaket für 53,55 Euro, andererseits das Leichtbau-Paket für 9627,10 Euro und der Winterkomplettradsatz mit in der Farbe Seidenglanz-Platinum lackierten Felgen für 10055,50 Euro.

Im Turbo serienmäßig: vielfach vollelektrisch verstellbare Sportsitze mit Lederbezügen.

Unter anderem serienmäßig sind hingegen:

- die Lederausstattung (im Turbo mit farblich kontrastierenden Ziernähten, Bicolor im Turbo S),
- die vollelektrischen 14 Wege-Sportsitze (im Turbo) bzw. adaptiven, 18fach verstellbaren Sportsitze Plus (im Turbo S)
- das Porsche Communication Management (PCM) mit Online-Navigation und BOSE Surround-Sound-System (570 Watt-Verstärker, zwölf Lautsprecher)
- der Tempostat und der kameragestützte Warn- und Bremsassistent,
- Einparkhilfen vorn und hinten, kameragestützt,
- LED-Hauptscheinwerfer (Turbo) bzw. LED Matrix-Hauptscheinwerfer (Turbo S),

Kommandozentrale: Vor der Turbo-Fahrt ist ein Studium des Handbuchs unumgänglich.

Aus der Sicht des beifahrenden Bordmechanikers: Cockpit des Porsche-Traumes Turbo.

Porsche Communication Management: Mehrgänge-Menü für Navigation und Unterhaltung.

Accessoire für Ausflüge auf die Rennstrecke: Stoppuhr des Sport Chrono Pakets.

Zwölfsekunden-Choreographie:
Das Turbo-Cabrioverdeck
ist schneller als der Regen…

- das sogenannte Sport Chrono-Paket mit diversen Funktionen (siehe Seite 227)
- die Klimaautomatik, deren Funktion im Cabriolet noch verbessert wurde: Hier wird die Funktion nach dem Öffnen des Verdecks automatisch unter Berücksichtigung von Außentemperatur, Sonneneinstrahlung und weiteren Parametern angepasst,
- das elektrische betätige Windschott des Cabrios, das innerhalb von nur zwei Sekunden in seine Endposition rückt (während das Cabrioverdeck nur zwölf Sekunden benötigt, um zu schließen, eine Prozedur, die bis zu einer Fahrgeschwindigkeit von 50 km/h möglich ist).

Im Juni 2021 erhielt das PCM in seiner sechsten Generation eine tiefgreifende Überarbeitung. So wurden die Streamingdienste Apple Music und Apple Podcasts tiefenintegriert und zudem Android Auto eingebunden, Letzteres als Ergänzung zur Nutzung von Apple-iPhones fortan auch von Smartphones mit dem Google-Betriebssystem Android via PCM. Der Navi-Rechner wurde beschleunigt, Software-Updates können nun drahtlos mittels Over-the-air-Technologie vorgenommen werden.

Musikalische Turbo-Besitzer werden an ihrem 580 PS- oder 650 PS-Fahrzeug schätzen, dass sie Dank der jüngsten PCM-Version ein gerade im Radio gespieltes Lied einer Apple-Playlist hinzufügen können oder gar, so Martin Bayer, Teamleiter Navigation und Infotainement bei Porsche, nicht ohne Stolz, *»auf eine Apple-Station umschalten können, die nur Lieder genau dieses favorisierten Künstlers abspielt«*. Und natürlich dürfen sich Porsche-Freunde nun auch in die Schar derer einreihen, die ihr Automobil ganz cool mit »Hey« anreden. So reagiert der Turbo nach der Aufforderung »Hey Porsche« und anschließendem »Mir ist kalt!«-Genöle mit der automatischen Erhöhung der Innenraumtemperatur.

Was hätten wohl die einstigen Gusseisernen der Porsche-Fraktion dazu gesagt…?

Immerhin findet das neue PCM auf den »Ich brauche Benzin«-Hilferuf des vergesslichen Turbo-Piloten selbständig die nächste Tankstelle. Tanken muss der Fahrer jedoch noch selber. Und seiner Konzentration bedarf es auch beim Kauf, wenn es um die Bestelllistung von durchaus sinnvollen, jedoch aufpreispflichtigen Assistenten geht. Dazu gehören beispielsweise der einfache Park-Assistent für 1035,30 Euro oder der Remote Park Assistent für 3230,85 Euro, der fernbedientes Einparken des Fahrzeugs über das Smartphone regeln kann. Der Nachtsicht-Assistent warnt den Fahrer durch ein Infrarot-Wärmedifferenzbild im Kombiinstrument vor Fußgängern oder Tiere, die sich jenseits der Scheinwerferreichweite aufhalten – Aufpreis für diese wertvolle Fahrsicherheits-Innovation: 2332,40 Euro. Auch der Spurwechsel-Assistent kostet extra, nämlich 1059,10 Euro, schließt allerdings zugleich die Verkehrszeichen-Erkennung ein. 1701,70 Euro stehen auf dem Preisschild für den optionalen Abstandsregel-Assistenten, 2570,40 Euro werden in Zuffenhausen für das System Porsche InnoDrive aufgerufen.

Porsche InnoDrive?

Dabei handelt es sich um eine optimierte Geschwindigkeits-Regelung, basierend auf Navigator-Daten sowie einer Radar- und Videosensorik. Gesteuert werden hier automatisch die Geschwindigkeit, Beschleunigung, Verzögerung, Gangwahl und gegebenenfalls auch das sogenannte

Schätzt am typischen Porsche die „Driver Experience“ Entwicklungschef Michael Steiner.

»Segeln«[1]) je nach Geschwindigkeits-Begrenzung oder Straßen-Typus, dies vorausschauend von bis zu drei Strecken-Kilometern. Mittels Gas- und Bremspedal kann InnoDrive allerdings jederzeit überstimmt werden. Immerhin bleibt das Lenken dem Fahrer überlassen – ganz im Sinne des Porsche-Entwicklungsvorstandes Michael Steiner. Der beteuerte Ende 2020 im Interview für das Porsche-Hausmagazin *Christophorus*[2]): »*Der Gegentrend zum Gefahrenwerden ist sicherlich ein Porsche. Das ursprüngliche Erleben und Erfahren, die Driver Experience, kann einen Kontrapunkt bilden zu Fahrzeugen, die nicht mehr zum Selbsterleben taugen…*« – worauf wohl der Schluss gezogen werden kann, dass der Weissacher Cheftechniker lieber ohne InnoDrive unterwegs ist …

1) mit «Segeln« bezeichnen die Motoren-Techniker Fahrphasen, in denen zugunsten eines möglichst niedrigen Durchschnittsverbrauchs der Antriebsstrang abgekoppelt wird. In dieser Phase wird somit die zuvor im Motorbetrieb aufgebaute Bewegungsenergie genutzt.
2) Ausgabe 397 (4/2020)

Statt asketischem Techno-Minimalismus wie noch im ersten 911 Turbo der 1970er Jahre herrscht im Turbo-Cockpit der 2020er Jahre also opulente Hochtechnologie. Während ein klassischer Turbo intuitiv, wenn auch sicherheitshalber nicht blind bedienbar ist, so empfiehlt sich dem 992 Turbo-Piloten vor dem Start ein eingehendes Studium der monumentalen, 353 Seiten starken Bedienungsanleitung – oder die Mitnahme eines Bordingenieurs, der über die vielfältigen Funktionen den Überblick hat. Einzig der für Vollblut-Fahrer priorisierte, bis 8000/min anzeigende und wie im Ur-Elfer direkt vor dem Fahrer zentral angeordnete Drehzahlmesser ist von klassischer, weil analoger Natur. Im Übrigen sorgen zwei hochauflösende 7 Zoll-Displays links und rechts des Tourenzählers sowie ein in der Mitte des Armaturenbretts positionierter 10,9 Zoll-Touchdisplay für eine Flut von mehr oder weniger wichtigen Informationen, erlauben zudem durch berühren oder wischen die Aktivierung beispielsweise des Navigators, der Radioanlage, der Klimatisierung oder der Heizung. Genügte dem Urturbo-Besitzer der reine Genuss des temperamentvollen Fahrens, so befriedigt der 992 Turbo zugleich das Kind im Manne (oder der Frau) – und nebenbei auch die Computer-Nerds unter den Porsche-Kunden. Dafür sorgt das serienmäßige Sport Chrono Paket inclusive Mode-Schalter, Porsche Track Precision App und der bereits erwähnten Reifentemperaturanzeige. Mittels des Mode-Drehschalters am Lenkrad lassen sich fünf Fahrmodi unterschiedlicher Fahrwerks-Charakteristika wählen: Normal, Sport, Sport Plus, Individual und Wet Modus. Je nach Einstellung wird aus dem Turbo-Dynamiker (Stellung Normal) ein Super-Dynamiker (Stellung Sport Plus) oder Nässespezialist (Wet Modus).

Analog und zentral angeordnet wie in Turbo-Klassikern 992 Turbo-Drehzahlmesser.

Turbo mit Sport Chrono-Paket, Indiz: die zentrale Stoppuhr, Zubehör für rasante Rennstarts und verkürzte Schaltzeiten.

Weitere Funktionen des Sport Chrono-Pakets, dessen sichtbares Indiz die zentral der Schalttafel aufgesattelte Stoppuhr ist:

- Launch Control für (im Sport Plus-Modus) bestmögliche Anfahrbeschleunigung (nebenbei beruhen die atemraubenden Beschleunigungs-Werksangaben für solche Launch Control-Starts),
- Schaltstrategie Rennstrecke für möglichst kurze Rundstrecken-Zeiten durch extrem kurze Schaltzeiten und optimale Schaltpunkte,

Porsche Track Precision App mit 300 hinterlegten internationalen Rennstrecken zwecks automatischer Erfassung von Rundenzeiten über ein GPS-Signal. O-Ton Porsche in der entsprechenden Pressetext-Huldigung der Funktionen: »*Die App erlaubt eine detaillierte Aufzeichnung, Anzeige und Analyse von Fahrdaten auf dem Smartphone. Für weitere Perspektiven lassen sich zudem GoPro-Kameras direkt über Bluetooth steuern. Die Videos können anschließend mit den Aufzeichnungen synchronisiert werden.*« Wichtig dürfte dabei für mitteilungsbedürftige Turbo-Fahrer der Facebook-Generation sein, dass sich die Videos exportieren und über das Smartphone mit Freunden teilen lassen..

- Sport Response Druckknopf (in der Mitte des Mode-Schalters) zwecks Vorbereitung von Motor und Getriebe auf eine schnellstmögliche Leistungsentfaltung durch ein maximal 20 Sekunden währendes maximales Ansprechverhalten.

Es scheint so, dass bei Porsche im Zuge der 992 Turbo-Entwicklung sämtliche Ideen-Schleusen geöffnet wurden, um den Gebrauch der beiden Super-Sportwagen noch explosiver, noch sicherer, für eine gewisse Klientel noch spannender – aber auch noch komplexer zu gestalten.

Während viele Sicherheits-Accessoires, sei es die Nachtsichtfunktion, die Reifentemperatur-Anzeige oder das Nässeprogramm, zweifellos von großem Nutzen sind, so bedeuten doch viele Technik-Gimmicks der 992-Generation ein paar entscheidende Schritte weg von der ursprünglichen reinen, nicht zuletzt von Porsche-Entwicklungsvorstand Michael Steiner proklamierten Lehre des »***Fahrens*** *in seiner schönsten Form*«.

Sport Response Drucknopf: Vorbereitung auf schnellstmögliche Leistungsentfaltung.

Sieht im GT3 Touring mit manuellem Schaltgetriebe das „perfekte Auto für Fahrspaß“: Walter Röhrl (am GT3-Steuer).

Das war, die Älteren unter den Chronik-Lesern erinnern sich womöglich, in der 356-Ära der Porsche-Slogan und tatsächlich stets auch die hervorstechende Qualität eines Sportwagens aus Zuffenhausen. *»Fahren in seiner schönsten Form«* – dazu gehört zweifellos auch die Kunst des Beherrschens eines auf Höchstleistung getrimmten Sportwagens durch den Könner am Volant. *»Die wahre Freude«*, philosophierte bereits Mitte der 1970er Jahre der legendäre Automobil-Literat Fritz B. Busch in *auto motor und sport*[1], *»machen nur Dinge, die man können muss.«* Und so beklagte schon damals der weise, am 5. August 2010 verstorbene Mann: *»Heute laufen die meisten Autos von selbst überall hin. Ob ihnen das so viel Abbruch tut?«*...

Busch wusste damals noch nicht um die später rasante Verbreitung des Doppelkupplungsgetriebes – auch und besonders bei Porsche. Diese im Grunde geniale Technologie befreit den Fahrer von der Verantwortung für den Schaltzeitpunkt und die Schaltdrehzahl – im Busch´schen Sinne läuft das Auto fast »von selbst«. Das dadurch ein gehöriges Maß an Fahrspaß verloren ging, leuchtete offensichtlich mittlerweile auch den PDK-Erfindern von Porsche ein, obwohl auf High Tech gedrillt: Der 2021 lancierte 911 GT3 mit Touring-Paket verfügt nicht nur über Zweirad-, statt Vierrad-Antrieb, sondern zudem über ein konventionelles, manuelles Sechsgang-Getriebe statt des PDK – und erntete damit prompt das Lob des *auto motor und sport*-Redakteurs Sebastian Renz. *»Der Touring«*, jubelte dieser in seiner Eloge auf den renaturalisierten Elfer[2], *»ist ein Schaltwagen, was allein ein Grund sein kann, ihn zu nehmen – ein sehr guter.«* Und weiter im Renz-Text heißt es da – ganz gemäß der Busch´schen Philosophie: *»Das Getriebe optimiert nicht die Fahrleistungen, sondern dein Gefühl deiner fahrerischen Leistung. Oder so: Du bist langsamer, das aber fröhlicher.«* Walter Röhrl, eigentlich auf Maximal-Dynamik bedacht, teilt diese Auffassung in seiner GT3 Touring-Einschätzung: *»Er ist das perfekte Auto für Fahrspaß auf normalen Straßen.«* Ergänzende Anmerkung des Chronik-Autors: Sie dürfen wegen des 992 Turbo-Breitenmaßes freilich nicht allzu schmal sein...

1) auto motor und sport 20/1974 vom11. Mai 1974, Seite 86.
2) auto motor und sport 17/2021 vom 29.Juli 2021, Seiten 143 bzw. 144.

Porsche-Chef Oliver Blume: Verantwortung für klassische Benzin-Sportler - und für sportliche Elektro-Modelle.

Sonder-Turbos für den wichtigen China-Markt: Turbo S 20th Anniversary Edition.

Turbo-Sondermodelle: zur Freude der Chinesen, zu Ehren von Pedro Rodríguez

Gleich zwei Spezial-Turbos lancierte Porsche im Jahr 2021. Anlässlich »*20 Jahre Porsche-Präsenz in China*« begeisterten die Zuffenhausener im Rahmen der Auto-Messe Shanghai im April 2021 chinesische Porsche-Freunde mit dem Sondermodell 911 Turbo S 20th Anniversary Edition. Basis des exklusiv dem China-Markt vorbehaltenen Jubiläums-Modells bildete der Turbo S der Generation 992, dem die Porsche Exclusive Manufaktur ein sehr auffälliges Outfit verpasste. So entschieden sich die Zuffenhausener Lack-Spezialisten für fünf unübersehbare Basislackfarben-Alternativen, gekrönt mit silbernen Rallyestreifen und großen, im Stil von Startnummern gestalteten »20«-Ziffern auf den Türen.
An den fünf zur Wahl stehenden Sondermodell-Lackfarben hätten Barbie und Ken die helle Freude gehabt: ein helles »Oslo Blue«, wie es 1962/63, identisch bezeichnet, Porsche 356B-Käufern zur Wahl stand; »Gulf Orange« im Farb-Stil des von 1968 bis 1973 gebauten Gulf-917; »Star Ruby Red« als weitere Reminiszenz an eine einst beliebte 356-Lackierung; und »Mint Green« sowie »Viola Purple« als Erinnerung an die 1980er Jahre, als der damalige Porsche-Designchef Anatole Lapine die braven Deutschen mit extremen Lackfarben-Experimenten erschreckte. Auch in den Innenräumen der zahlungskräftigen Chinesen für umgerechnet knapp 400000 Euro pro Exemplar offerierten Exklusiv-Turbos fanden die mutigen Exterieur-Farben Verwendung – etwa am vorderen Ende der Mittelkonsole oder dem unteren Bereich des Armaturenbretts. Editions-Plaketten durften da nicht fehlen: Sie sind an den B-Säulen angebracht und bestehen aus echtem Weißgold…

Während Porsche der Auflage des »China-Turbo S« kein Stückzahl-Limit setzte, handelt es sich bei dem Ende Juli 2021 anlässlich des »Sportcar Together Day« im Centro de Alto Rendimiento Pegaso in Mexiko enthüllten Sonder-Turbo S um ein Einzelstück. Geehrt wird mit ihm der legendäre mexikanische Rennfahrer Pedro Rodríguez, am 18. Januar 1940 in Mexiko Stadt geboren und am 11. Juni 1971 auf dem Norisring, Nürnberg, mit einem Ferrari 512M tödlich verunglückt.
Die Initiative für die Ehrung des mexikanischen Motorsport-Helden ging von Porsche Latin America und Porsche México aus. Sie beauftragten die Porsche Exclusive Manufaktur mit der Schaffung eines einzigartigen Turbo S mit unverwechselbaren Design-Merkmalen. Camilo San Martin, Geschäftsführer von Porsche México: »*Die Konfiguration mit diesem Design und den Ausstattungsmerkmalen wurde sowohl im Porsche-Konfigurator, als auch im Produktionssystem gesperrt.*« Damit, so Porsche, ist sichergestellt, dass es einen solchen 911 Turbo S nur ein einziges Mal geben kann.
Und welche Exklusiv-Details zeichnen Pedro Rodríguez´ Ehren-Turbo S aus? Oliver Hilger, Porsche-Pressesprecher für die Baureihen 911 und 718: »*Die Karosserie ist in Gulf-Blau mit orangefarbenen Streifen lackiert – den gleichen Farben, in denen der 917 geschmückt war, mit dem Rodríguez Porsche 1970 und 1971 zum Weltmeistertitel verhalf. Die speziell für dieses Einzelstück entworfenen Räder zeichnen sich durch ihre Lackierung in Hochglanz-Schwarz und eine Aluminium-Kappe aus. Auf den Türen befindet sich die charakteristische schwarze Nummer 2 in einem weißen Kreis, genau wie beim 917 Kurzheck, mit dem der Mexikaner 1970 und 1971 das 24 Stunden-Rennen von Daytona sowie 1971 das 1000 km-Rennen von Monza gewann.*«

Plaketten-Schmuck an der B-Säule: mit Rodriguez-Signatur, 917 und Mexiko-Flagge.

Des weiteren verweist Oliver Hilger auf eine »*Plakette auf der B-Säule, die den 917 Kurzheck in den Farben der mexikanischen Flagge umreißt sowie den Namen und die Signatur von Pedro Rodríguez enthält. … Weiterhin wurden die Namen der acht Rennen, die Pedro Rodríguez mit dem 917 Kurzheck gewann, unterhalb des Heckspoilers eingraviert.*« Graphitgraues Leder mit orangefarbenen Ziernähten, der gravierte Umriss des 917 auf den Kopfstützen und ein Rodríguez-Autogramm auf der Mittelarmlehne und am Armaturenbrett sorgen im Interieur für eine eindeutige Zuordnung zum geehrten Motorsport-Idol.

Diesen einmaliger Porsche Turbo gedachten dessen Initiatoren zugunsten wohltätiger Organisationen zu versteigern – bei Redaktionsschluss dieser Turbo-Chronik konnte freilich Oliver Hilger, für die Modellreihen 911 und 718 zuständiger Öffentlichkeitsarbeiter, den genauen Auktions-Termin noch nicht nennen…

Mexikanischer Nationalheld und Porsche-Fahrerlegende: Pedro Rodriguez (1940-71).

Rodriguez-Turbo mit einmaligem Interieur: graphitgraues Leder, orangefarbene Nähte.

Turbo-Einzelstück: Sondermodell in den 917 Gulf-Farben zur Erinnerung an das einstige 917-Idol Pedro Rodriguez.

PORSCHE
PORSCHE
911 Turbo
S GO 4306

Porsche-Enthusiast und -Botschafter Walter Röhrl, Turbo-Generationen der 1970er bis 2020er Jahre.

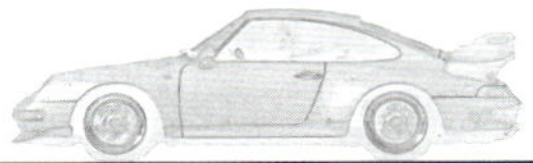

DIE 911 TURBO-GENERATIONEN FÜR GUSSEISERNE: GT2 STEHT FÜR HECKANTRIEB UND FÜR LEICHTBAU

Modelljahr 1995: der 993 Turbo für den Motorsportler

GT2-START
ALS HOMOLOGATIONSMODELL

911 (993) GT2: Das ist anders*

- verbreiterte Karosserie durch aufgeschraubte Kotflügelverbreiterungen aus Kunststoff
- fest stehender Heckflügel mit einstellbarem Anstellwinkel
- modifizierter Frontspoiler
- leistungsgesteigerter Motor (M 64/60R mit 430 PS, optional M64/60S mit 450 PS im Modelljahr 1997)
- Hinterradantrieb
- breitere Rad/Reifen-Kombination mit Magnesium-Radschüsseln
- modifiziertes, in Höhe, Spur, Sturz und Stabilisator einstellbares Fahrwerk mit Unibal-Gelenken, gegenüber dem 911 Turbo in Grundabstimmung um 20 Millimeter tiefer gelegt
- 210 Kilogramm Mindergewicht durch diverse Gewichtseinsparungen (z.Bsp. Entfall der Rücksitze, Aluminium-Türen und -Fronthaube)
- 92 Liter-Tank

*im Vergleich zum 911 (993) Turbo

Walter Röhrl über den...
... 993 GT2

»...Heckantrieb, niedriges Gewicht und noch mehr Leistung als im Turbo – da ist klar, dass so ein Auto wahnsinnig viel Spaß macht...wenn man damit umgehen kann. Das ist zweifellos ein Auto für Männer, nicht eines für Bübchen!
***9 von 10 Punkten** gebe ich dem 993 GT2.«*

Mitte der 1990er Jahre nutzte Porsche auch beim Turbo-Modell die mit den Saugmotor-Elfern seit dem 911 RS 2.7 von 1973 gemachten Erfahrungen, nach denen an Rennsport-Modelle angelehnte Straßenvarianten auf Enthusiasten besonderen (Kauf-)Reiz ausüben. So offerierte Porsche im Frühjahr 1995 einen Super-Turbo für den Straßengebrauch, der als Homologationsmodell zugleich Rennambitionierten eine Basis für Renneinsätze (etwa in der 1994 gegründeten GT-Weltserie BPR*) bot. Dieser auf die Gusseisernen unter den Porsche-Käufern zielende, einmal mehr unter der Leitung von Roland Kußmaul entwickelte 911 GT2 wartet einerseits mit einem Mehr auf, andererseits mit einem Weniger – beides bei Porsche traditionell Voraussetzungen für Fahrleistungs-Bestwerte.

Zunächst sei auf das »Weniger« eingegangen: Schon der Rohbau des Turbo GT2 getauften Modells bringt allein wegen des Verzichtes auf

- Dämmmaterial,
- Rücksitze,
- E-Motoren für die Rückspiegel und Türscheiben,
- Klimaanlage und
- Airbags,

sowie den Gebrauch von

- Aluminium für den Frontdeckel und die Türen,
- Dünnglas für die Seiten- und Heckscheiben sowie
- den Einbau einer 36 Ah-Batterie (statt 75 Ah)

rund 100 Kilogramm weniger auf die Waage, als der Basis-Turbo. Eine weitere Gewichtsersparnis bringt der Verzicht auf den mit dem Modell 993 Turbo gerade erst eingeführten Allradantrieb. So wiegt der nach alter Elfer-Sitte lediglich über die Hinterräder beschleunigte Super-Turbo lediglich 1290 Kilogramm – 210 kg weniger als der 4WD-Turbo, übrigens auch zehn Kilogramm weniger als der 300 PS starke Ur-Turbo 3.3 aus den späten 1970er Jahren...

Dazu gesellt sich das »Mehr« an Motorleistung: Dank höherem Ladedruck (0,9 statt 0,8 bar) und Modifikationen an der Motorelektronik leistet das intern M64/60 R genannte GT2-Triebwerk 430 PS (316 kW) bei (unverändert) 5750/min, was im Zusammenspiel mit dem Mindergewicht das Leistungsgewicht des Sport-Turbo auf 3 kg/PS reduziert (Basis-Turbo: 3,7 kg/PS). Nachschlag gab es Mitte 1997 gegen 8625 DM Extrahonorar, als weitere 21 GT2 mit 450 PS/331 kW und noch mehr Drehmoment (585 statt 540 Nm) entstanden, motorisch identisch mit dem Biturbo-Motor M64/60 S des allradangetriebenen 993 Turbo S. Das 20 PS-Plus kam unter Beibehaltung von Verdichtung (8:1) und Ladedruck (0,9 bar) durch weitere Feinarbeiten an der Motronic zustande.

BPR = Initialen der Rennserien-Initiatoren Jürgen Barth, Patrick Peter und Stéphane Ratel. Die Serie wurde 1997 durch die FIA GT-Serie ersetzt.

993 GT2 von vorn: bullige Erscheinung dank angesetzter Kotflügel-Verbreiterungen vorn und hinten.

993 GT2 von innen: rustikale Erscheinung mit Beschränkung auf für schnelles Fahren Notwendiges.

993 GT2 von hinten: martialische Erscheinung dank ausladendem Heckflügel und breiter Bereifung.

Auch äußerlich gibt sich der GT2 alles andere als dezent. Sichtbar vorn und hinten aufgeschraubte Kotflügelverbreiterungen aus Kunststoff lassen die Karosserie in der Maximalbreite (im Bereich der Hinterachse) gegenüber dem Allrad-Turbo um sechs Zentimeter auf 185,5 cm, die Stirnfläche um 0,11 m^2 auf 2,04 m^2 anwachsen. Neun und elf Zoll breite 18 Zoll-Felgen in Gemischtbauweise (Kranz aus Aluminium, Radschüssel aus Magnesium) verbreitern die Spuren im Verbund mit vorderen 235/40er Reifen und hinteren 285/35er Reifen um 64 mm auf 1475 mm vorn, bzw. hinten um 46 mm auf 1550 mm.

Die Drehstab-Querstabilisatoren des um 20 Millimeter tiefer gelegten Fahrwerks lassen sich zur Manipulation des Eigenlenkverhaltens genauso verstellen, wie ein Teil des monumentalen GT2-Heckleitwerks. Bei diesem ist oberhalb des konventionellen Turbo-Hecktabletts zwischen zwei vertikalen Flossen ein weiteres Windleitwerk angebracht, das je nach Bedarf – optimaler Abtrieb oder bestmögliche Windschlüpfigkeit – in der Neigung variierbar ist. Zugleich versorgt der Heckflügel über zwei in dessen Basis eingelassene Löcher das Triebwerk mit Verbrennungsluft – oder besser gesagt: mit Druckluft.

Somit war der GT2 Mitte der 1990er Jahre der unumstrittene Herr im Elfer-Ring. Als »auto motor und sport« ihn in Ausgabe 1/1996 sowohl mit dem allradangetriebenen Turbo verglich, als auch mit den Saugmotor-Modellen 911 Carrera (285 PS, Hinterradantrieb), 911 Carrera 4S (285 PS, Allradantrieb) und 911 Carrera RS (300 PS, Hinterradantrieb), da sah die Rangfolge so aus:

- Beschleunigung 0-200 km/h – 1. GT2 mit 13,3 Sekunden, 2. Turbo mit 15,1 Sekunden, 3. Carrera RS mit 19,6 Sekunden, 4. Carrera mit 21,0 Sekunden und Letzter Carrera 4S mit 22,5 Sekunden;
- Höchstgeschwindigkeit – 1. GT2 mit 296 km/h, 2. Turbo mit 292 km/h, 3. Carrera RS mit 277 km/h, 4. Carrera mit 276 km/h und Letzter Carrera 4S mit 272 km/h;
- Rundenzeit auf dem 2,638 Kilometer langen Kleine Kurs im Hockenheimer Motordrom – 1. GT2 in 1.13,94 Minuten, 2. Turbo in 1.14,92, 3. Carrera RS in 1.15,52, 4. Carrera 4S in 1.17,83 und Letzter Carrera in 1.18,83.

Einmal in Fahrt, wenn also die bessere Traktion des über alle Viere angetriebenen Basis-Turbo eine geringere Rolle spielt, entwickelt sich das Temperament des GT2 wegen seiner im Vergleich zum Basis-Turbo geringeren Masse allerdings noch deutlich eindrucksvoller, als dies die trockenen Messwerte darstellen. So lag »ams«-Tester Götz Leyrer 1995 (Ausgabe 9/1995) mit seiner GT2-Einschätzung sicher richtig, dass dieser Porsche ein Auto sei für Leute, »die beim Studium der Fahrphysik nicht im ersten Semester steckengeblieben« seien. 243 Porsche-Kunden sahen sich hingegen als Abschluss-Absolventen und entschieden sich folglich von 1995 bis 1997 für einen neuen GT2 (darunter 49 GT2R) – und damit für die ultimative Fahrmaschine des ausgehenden 20. Jahrhunderts.

Einer von 49 gebauten 993 GT2R: wie geschaffen für Privatfahrer mit Motorsport-Ambition.

993 GT2-Heckleitwerk: verstellbar – Höchstgeschwindigkeit oder Maximalabtrieb.

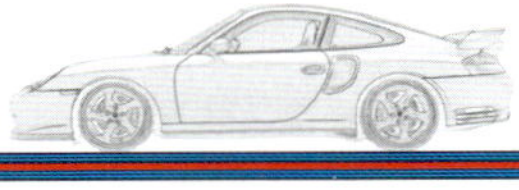

GT2-Jahrgang ´01: der Super-996 für Extremisten

MIT WASSERKÜHLUNG DEUTLICH SCHWERER, ETWAS STÄRKER

911 (996) GT2: Das ist anders*

- gegenüber dem 911 (996) Turbo modifizierte Bug-Partie
- fest stehender Heckflügel mit einstellbarem Anstellwinkel
- leistungsgesteigerter Motor M 96/70S mit 462 PS, ab Modelljahr 2004 M 96/70 SL mit 483 PS
- Hinterradantrieb
- modifiziertes, in Höhe, Spur, Sturz und Stabilisator einstellbares Fahrwerk mit Unibal-Gelenken, gegenüber dem 911 Turbo in Grundabstimmung um 20 Millimeter tiefer gelegt
- breitere Rad/Reifen-Kombination
- Keramik-Bremsanlage (PCCB) serienmäßig
- diverse Gewichtseinsparungen (z.Bsp. Entfall der Rücksitze)
- optionales Clubsport-Paket

**im Vergleich zum 911 (996) Turbo*

Was sich in der luftgekühlten 993-Generation bewährt hatte, das wurde bei den wassergekühlten Elfern weiterhin gepflegt. Dazu gehört auch die im Vergleich zum Basis-Turbo kompromisslosere Hochleistungs-Variante GT2, die allerdings im Gegensatz zum GT2 der 993-Reihe für den 996 nicht aus motorsportlichen Homologationsgründen entstand. Vielmehr mutierte der GT2 sozusagen zur »Marketing-Version« für den Straßengebrauch. Dies geschah ganz offensichtlich zwecks Berücksichtigung der Wünsche jener »Gusseisernen« unter den Porsche-Kunden, denen der normale allradangetriebene und mittlerweile doch sehr komfortorientierte Turbo zu soft erschien.

Gleichwohl ließen es sich die Porsche-Techniker nicht nehmen, für eventuelle GT2-Renneinsätze ihrer Kunden Vorsorge zu treffen: Langstrecken-Tests mit Höchstgeschwindigkeit im süditalienischen Nardo und auf der Nordschleife des Nürburgrings bildeten die Grundlage für die Gewährung einer Garantieleistung, die derjenigen minderer Porsche-Modelle nicht nachstand. Dass während der Eifel-Testfahrten mit 7:56 Minuten eine neue Nordschleifen-Bestzeit (im Vergleich zu anderen Elfer-Spezialmodellen) erzielt wurde, durfte als willkommene Begleiterscheinung in die Porsche-Annalen (und GT2-Pressemitteilung) übernommen werden...

GT2-Tradition: Auch die 996-Version des Extrem-Turbo verfügt über einen geweihartigen Heckspoiler.

GT2-Charakteristikum der 996-Version: Kühlluftaustritts-Schlitz zwischen den »Spiegeleiern« und tiefe Frontspoiler-Lippe.

996 GT2 mit Durchblick: leergeräumtes Cockpit, ausladende Schalensitze und gegenüber dem 996 Allrad-Turbo Technologie-Konzentration im Heck.

Noch mehr Leistung, Antrieb nach alter Elfer-Sitte lediglich über die Hinterräder, diverse Gewichtseinsparungen und eine knallharte Rennabstimmung des Fahrwerks sind traditionell probate Mittel, um kernige Porsche-Enthusiasten zu verführen. Der GT2 entspricht auch in 996-Version diesem Ideal der Treuesten unter den Zuffenhausener Getreuen: Er leistet zehn Prozent mehr als der Allrad-Turbo. Er bringt 100 Kilogramm weniger als dieser auf die Waage (allerdings 145 kg mehr als der 993 GT2). Und wer ihn fährt, der sollte sich besser eine Beißschiene zwischen die Zähne klemmen und sein Toupet mit Patex fixieren.

Doch der Reihe nach. Optisch unterscheidet sich der GT2 auch in der 996-Generation sehr deutlich vom äußerlich eher dezenten 996 Turbo – dies sowohl vorne, wie auch hinten. So prägen den Bug neu gestaltete und vergrößerte Lufteinlassöffnungen für die Wasserkühler und für die Vorderradbremsen. Eine schlitzartige Luftaustrittsöffnung zwischen Bugteil und Kofferraumdeckel ergänzt das Luftaustauschsystem im GT2-Vorderwagen – und das aus aerodynamischen Gründen. Da über diese Öffnung die Abluft des mittleren Wasserkühlers über das Fahrzeug, statt darunter geleitet wird, strömt beim GT2 im Vergleich zum 911 Turbo rund 60 Prozent weniger Luft zwischen Fahrzeugboden und Straße hindurch, gleichbedeutend mit weniger Auftrieb. Auch eine unter dem Bug angebrachte Kunststofflippe verringert den Luftstrom unterhalb des Fahrzeugs. Überdies ist der untere Rand der GT2-Bugverkleidung als Abtriebsfläche ausgelegt.

Ein fest stehender, jedoch in der Neigung manuell von einem bis zu sechs Grad verstellbarer Heckflügel signalisiert Überholten, dass sie es gerade nicht etwa mit einem gewöhnlichen Porsche zu tun hatten. Auch die Verringerung der Bodenfreiheit um 20 (auf lediglich 70) Millimeter und das im Vergleich zum 911 Turbo nochmals um ein halbes Zoll (vorn) bzw. um ein Zoll (hinten) verbreitertes 18 Zoll-Laufwerk sind Beiträge zur wuchtig dynamischen Erscheinung des GT2.

Außer der Verbreiterung der Reifen um zehn auf 235 mm vorn und sogar 20 auf 315 mm hinten und einer auf Zug 40prozentigen, auf Schub 60prozentigen Sperre sorgen weitere Fahrwerks-Modifikationen für noch besseren Grip, für noch höhere Belastbarkeit unter höchster Beanspruchung – und zudem mit Zutaten des Saugmotor-Sportmodells 911 GT3 für

Porsche-Selbstverständlichkeit: Die Erprobung und Optimierung der 996 GT2-Aerodynamik im Windkanal.

996 GT2-Kühlluftführung: durch die Frontkühler hindurch, dann mittig nach oben, an den Seiten in die Radhäuser.

996 GT2-Heckflügel: manuell in der Neigung zwischen einem und sechs Grad verstellbar.

individuelle Einstellmöglichkeiten auf die Bedingungen unterschiedlicher (Renn-)Pisten:

- vorderer Rohrstabilisator gegenüber 996 Turbo stärker dimensioniert,
- vierfach verstellbarer, gegenüber 996 Turbo schwächer dimensionierter Querstabilisator hinten,
- höhere Federraten,
- höhenverstellbare Federteller vorn,
- mit Rennfedern kompatible Fahrwerksabstimmung,
- Erweiterung des Verstellbereichs der Achsgeometrie (zum Beispiel den Radsturz betreffend) für den eventuellen Einsatz von Rennreifen.

Dazu gesellen sich Optimierungen der Radführungen zugunsten einer möglichst geringen Veränderung von Vorspur und Sturz sowie eines möglichst feinfühligen Ansprechverhaltens von Federn und Dämpfern:

- Unibal-Gelenke für die Stützlager der Stoßdämpfer,
- Metallbuchsen (statt Gummilager) der Hinterachs-Längslenker.

Ergänzt wird das kompromisslose Sport-Fahrwerk um die im GT2 serienmäßige Keramik-Bremsscheiben (PCCB), auf die an anderer Stelle detailliert eingegangen wird (siehe Seite 128). Neben weitest gehender Fading-Unempfindlichkeit bietet die PCCB-Anlage auch den Vorteil geringerer ungefederter Massen: Die Keramik-Bremsscheiben wiegen rund 50

996 GT2-Cockpit: mit Carbon-Blenden und auf Wunsch mit bequemen Komfort- statt Schalensitzen.

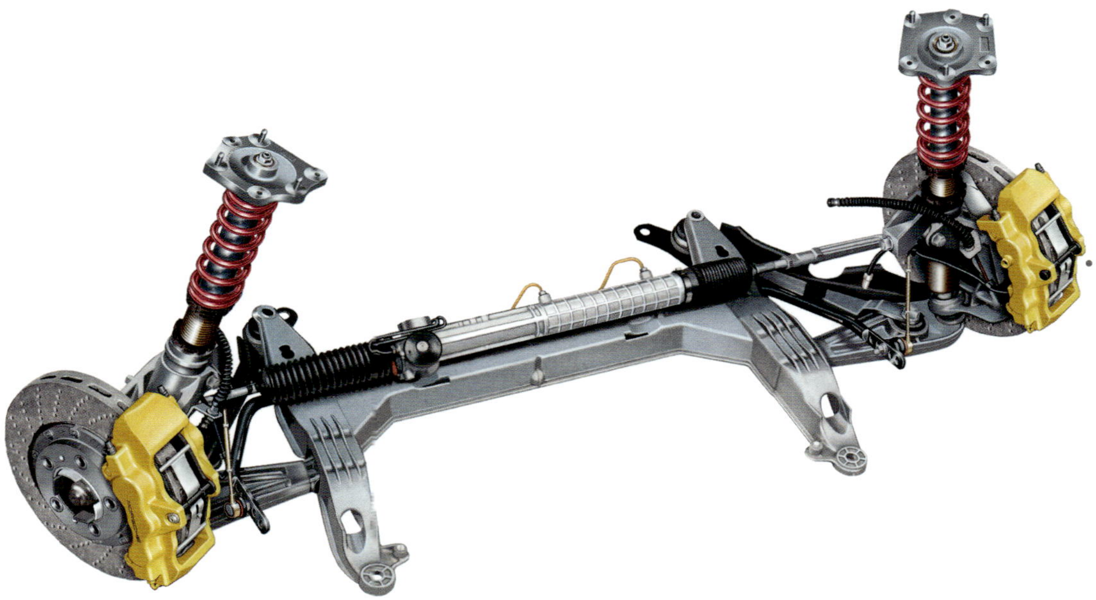

996 GT2-Radaufhängungen vorn: mit verstärktem Rohrstabi, höhenverstellbaren Federtellern und einstellbarer Geometrie.

Durch Schachtanlage gelenkte Kühlluftzuführung zu den vorderen 996 GT2-Bremsscheiben.

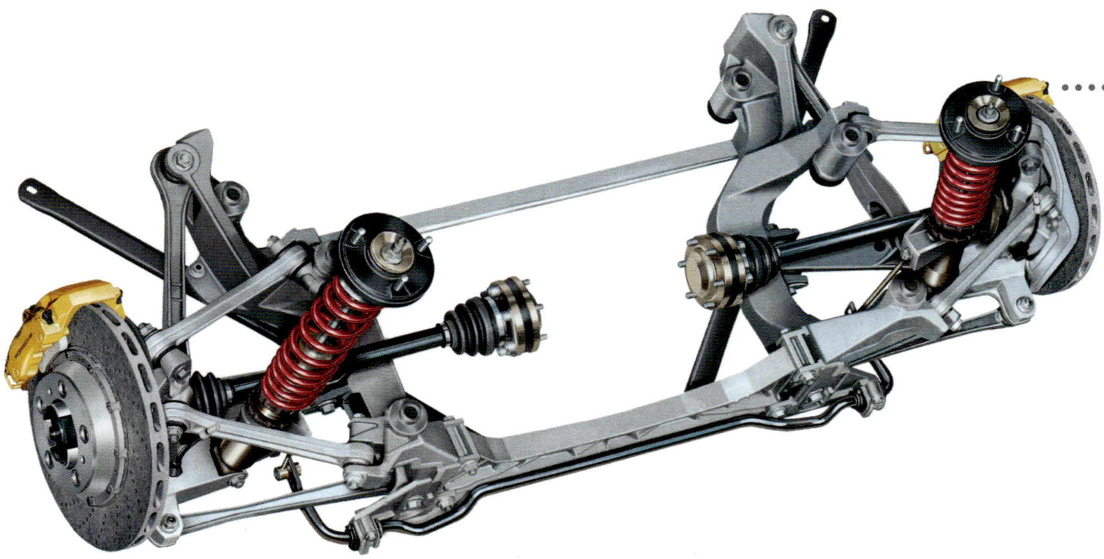

996 GT2-Radaufhängungen hinten: mit Metallbuchsen für die Längslenker und verstellbarem Querstabilisator.

996 GT2-Rad- und Bremsanlage: 18 Zoll-Räder und Keramik-Bremsscheiben.

Prozent weniger, als Stahlscheiben und entlasten die Radträger damit in Summe um 16,6 Kilogramm. GT2-Privileg: Dieses Modell ist der erste Porsche, der serienmäßig mit der extrem verschleißfesten Superbremsanlage ausgeliefert wurde, nachdem diese bereits seit dem Vorjahr für den 996 Turbo als Option angeboten wurde.

Dem Wunsch nach weniger Gewicht zugunsten höherer Agilität sowohl beim Beschleunigen, als auch in Kurven fielen in Weissach außerdem für unnötig erachtete Turbo-Accessoires zum Opfer:

- die Rücksitze (minus 8 kg),
- Reparaturschaum und Luftkompressor an Stelle des Faltnotrads (minus 13 kg),
- Kunststoff-Schalensitze an Stelle der elektrisch verstellbaren Turbo-Komfortsitze (minus 20 kg),
- Keramik-Bremsscheiben statt Stahl-Scheiben (minus 16,6 kg),
- Verzicht auf den Allradantrieb (minus 42,4 kg).

Auch das CD-Radio und die automatische Klimaanlage können auf Leichtbau erpichte GT2-Drifter nach Zuffenhausener Leichtbau-Philosophie entbehren – wenn aber doch nicht, dann liefert Porsche diese beiden Komfort-Attribute, gütiger Weise ohne dafür einen Extra-Obolus zu verlangen.

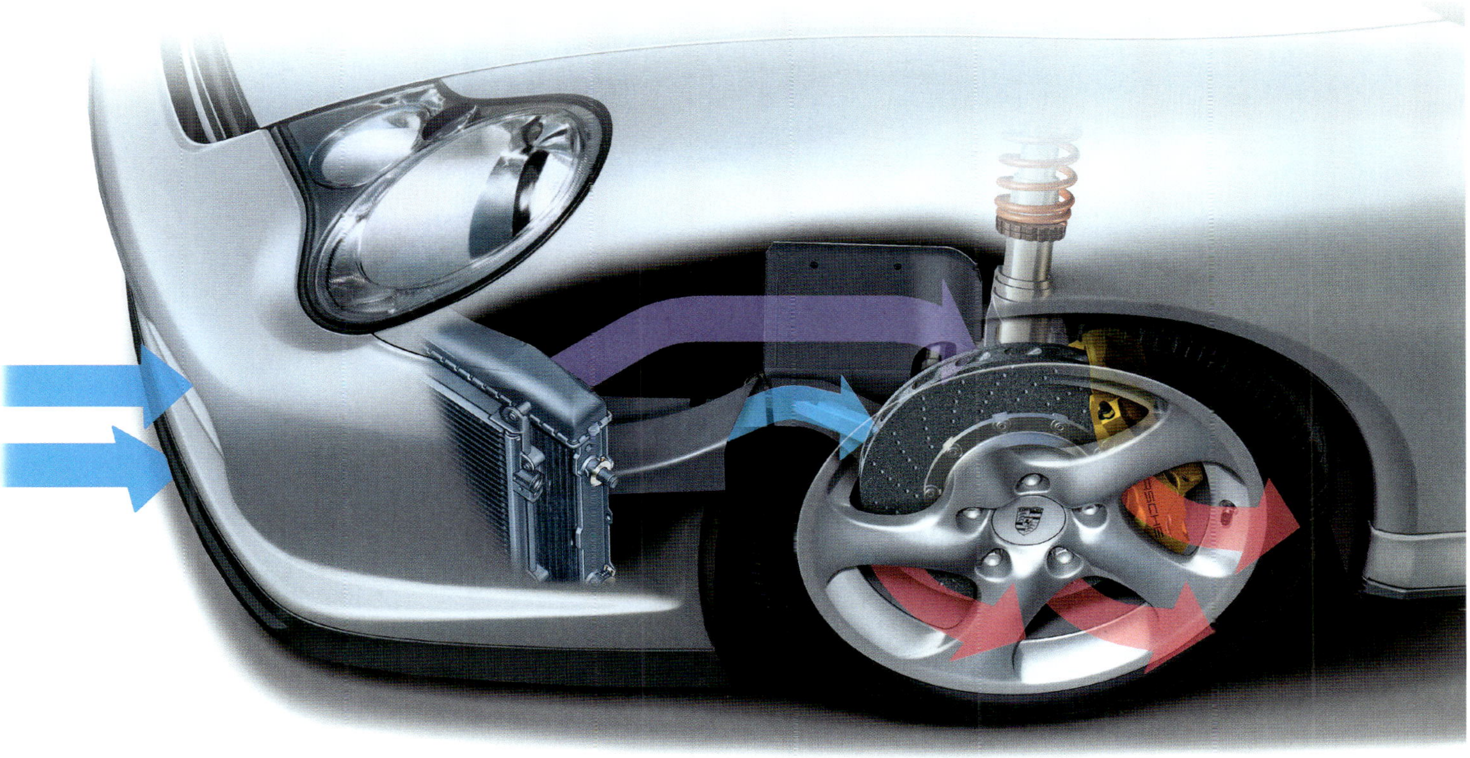

Das 996 GT2-Sechsganggetriebe (Straßenversion) entspricht in Aufbau und Abstufung der 996 Turbo-Version.

996 GT2-Biturbo: Die beiden schräg gestellten Ladeluftkühler haben einen im Vergleich zum 996 Turbo geringeren Gegendruck und dadurch höheren Wirkungsgrad.

996 GT2-Biturbo: größere Turbinenräder sowie widerstandsärmere Katalysatoren und Endschalldämpfer für im Vergleich zum 996 Turbo 42 PS mehr Leistung.

Selbstverständlich hebt sich der GT2 auch in der verfügbaren Motorleistung von der Basisversion 911 (996) Turbo ab. Diese Maßnahmen sorgten gegenüber dem 911 (996) Turbo für ein Leistungs-Plus von 42 PS (31 kW):

- Turbolader mit größerem Turbinenrad sorgen für einen höheren Luftdurchsatz und höheren Ladedruck (bei Volllast 1 bar gegenüber 0,8 bar beim 911 Turbo),
- neue Ladeluftkühler mit geringerem Gegendruck und höherem Wirkungsgrad,
- widerstandsärmere Katalysatoren und Endschalldämpfer mit gegenüber dem 911 Turbo geringerem Abgasgegendruck.

Damit stehen im 996 GT2 bei 5700/min 462 PS (340 kW) zur Verfügung – mehr als je zuvor in einem serienmäßig produzierten 911. Dazu kommt ein Drehmomentzuwachs von 60 auf 620 Nm, bereit gestellt im Drehzahlbereich zwischen 3500 und 4500/min.

Weniger Gewicht, mehr Leistung = geringeres Leistungsgewicht: Beim GT2 der 996-Generation muss ein PS gerade mal 3,1 Kilogramm beschleunigen (911 Turbo: 3,7 kg/PS) – und das zehrt an der Nackenmuskulatur, wenn 100 km/h aus dem Stand bereits nach 4,1 Sekunden, 200 km/h nach nur 12,9 Sekunden (Werksangaben) erreicht werden.

Zwei Varianten, wie einst beim 911 RS der frühen 1970er Jahre, stellte Porsche GT2-Käufern Ende 2000 zur Wahl: eine Straßenversion (sozusagen die Touring-Version der GT2-Ära) und ein Clubsport-Variante, beide ausschließlich mit Sechsgang-Schaltgetriebe zu haben. Während der Clubsport mit (demontierbarem) Überrollbügel, feuerfesten Stoffbezügen der Schalensitze, Sechspunkt-Sicherheitsgurten und Feuerlöscher ausliefert wurde, kamen Käufer der Alternativ-Version in den Genuss eines Leder-Komplettpaktes für Sitze und Verkleidungen, von Airbags, elektrischen Fensterhebern, Zentralverriegelung und Alarmanlage. Auf die Zahl auf der GT2-Rechnung hatte die Wahl der Variante keinen Einfluss: Für beide waren 339000 DM zu entrichten.

GT2-Jahrgang ´04: Genug ist nicht genug – plus 21 PS

Es scheint den Weissacher Entwicklern ein inniges Bedürfnis zu sein, ohnehin schon ultrastarken Modellen im Laufe ihrer Bauzeit noch ein wenig Würze zu geben – der GT2 der 996-Generation macht da keine Ausnahme. Mit Modelljahr 2004 erstarkte er durch Eingriffe in die Motronic um weitere 21 PS und etablierte sich damit im superexklusiven Kreis jener Sportwagen, die in weniger als vier Sekunden von Null bis 100 km/h beschleunigen und knapp 320 km/h schnell sind. Diese Werte jedenfalls attestierten dem 483 PS-GT2 im Frühjahr 2004 sowohl das Enthusiasten-Blatt »sport auto« (3,8 Sekunden/319 km/h in Ausgabe 5/2004), als auch »auto motor und sport« (3,9 Sekunden/319 km/h in Ausgabe14/2004).

Dass im GT2 ein elektronisches Stabilitätsprogramm (ESP) nicht nur nicht deaktivierbar ist, wie gemeinhin üblich, sondern gleich gar nicht erst präsent, sorgte bei der »auto motor und sport«-Testern sowohl für nostalgischen Genuss, als auch für politisch korrekte Kritik. Während unter den GT2-Minuspunkten auch »kein ESP« gelistet ist, freut sich Tester Götz Leyrer in seinem Text »*...Die Leistung erlaubt jederzeit übersteuernde Einlagen, und weil es kein ESP gibt, sind dann ebenso schnelle wie präzise Lenkkorrekturen gefragt. Ein Porsche also nicht nur für Menschen, die nie genug Kraft haben können. Sondern auch für die, die an alten Traditionen hängen.*«

996 GT2-Interieuralternative zur feuerfesten Ausführung für die Softies unter den GT2-Käufern: Leder-Komplettpaket, Airbags und elektrische Fensterheber.

GT2-Jahrgang ´08: der Super-997 für Hardliner

EIN ELFER **IN BESTER RS-TRADITION** – 997 GT2 AUS DER PORSCHE-RENNABTEILUNG

911 (997) GT2: Das ist anders*

- modifizierte Bug-Partie mit noch größeren Lufteinlässen und Luftschlitz vor der Fronthaube
- fest stehender Heckflügel mit einstellbarem Anstellwinkel und Staudrucksammler zur Motor-Luftversorgung
- leistungsgesteigerter Motor M 97/70S mit um 0,4 bar höherem Ladedruck, neuartiger Expansions-Sauganlage und 530 PS
- Hinterradantrieb
- verstärktes Sechsganggetriebe mit Ölkühlung
- Launch Assistant für optimales Beschleunigen
- abschaltbares Porsche Stability Management (PSM)
- modifiziertes, in Höhe, Spur, Sturz und Stabilisator einstellbares Fahrwerk mit Unibal-Gelenken, gegenüber dem 911 Turbo in Grundabstimmung um 15 Millimeter tiefer gelegt
- breitere Rad/Reifen-Kombination und verbreiterte Spur hinten
- spezielles Raddesign
- Keramik-Bremsanlage (PCCB) serienmäßig
- Befestigungs-Punkte für Überrollkäfig
- diverse Gewichtseinsparungen (z.Bsp. Leichtbau-Schalensitze, Entfall der Rücksitze, Titan-Endschalldämpfer)
- 90 Liter-Tank
- optionales Clubsport-Paket, u.a. mit feuerfesten Sitzbezügen und Überrollkäfig

im Vergleich zum 911 (997) Turbo

Es gab und gibt sie noch – auch im 21. Jahrhundert: die Gusseisernen unter den Porsche-Kunden. Obwohl mittlerweile mit SUV- und Viertürer-Modellen breit aufgestellt und damit auch auf bürgerlichem Audi-, BMW- und Mercedes-Terrain präsent, sorgten sich die Weissacher Hardliner auch in der 997-Ära noch um ihre ursprüngliche Stamm-Klientel. Diese fordert, wie einst zu 356 Carrera- und 911 RS-Zeiten, Sportwagen ohne Chichi, dafür mit Leistung im Überfluss und dem Potential, in Könner-Hand beste Rundenzeiten zu erzielen – zum Beispiel in der Eifelaner »Grünen Hölle«. Die Zuffenhausener Finanzbürokraten beobachteten das Treiben der Motorsport-Abteilung nach einer Lernphase stets mit Wohlwollen: Ob 2,7 RS in den 1970er Jahren, GT3 mit Saugmotor und Turbo-GT2 im 21. Jahrhundert – die kompromisslosen Heizapparate von Porsche fanden und finden stets genügend Interesse und solvente Käufer, um diese spezielle Art der Traditionspflege profitabel zu gestalten (siehe Stückzahlen-Übersicht ab Seite 317). So dauerte es nicht lange, bis auch die 997 Turbo-Generation um eine besonders leistungsstarke, besonders leichte, besonders kompromisslose GT2-Variante ergänzt wurde, die nach alter Elfer-Sitte lediglich über die Hinterräder beschleunigt wird.

Damit dies möglichst effizient geschieht, verfügt der 911 (997) GT2, mit Modelljahr 2008 eingeführt, erstmals über einen sogenannten Launch Assistenten. Dieser Starthelfer regelt automatisch, was Generationen von Renn- und Testfahrern in einer gefühlvollen, idealerweise perfekt abgestimmten Dramaturgie von Startdrehzahl, Kupplungs- und Reifenschlupf zu regeln hatten: nämlich ein möglichst optimales Beschleunigen aus dem Stand, sei es zum Rennbeginn, oder für das Testdaten-Blatt. Die aus dem Profirennsport übernommene Launch-Technologie wird bei stehendem Fahrzeug, eingelegtem ersten Gang und voll durchgetretener Kupplung per Knopfdruck aktiviert. Gibt der Fahrer nun Vollgas, öffnet die Motor-Elektronik die Drosselklappen vollständig, regelt jedoch über die Leitschaufeln der beiden VTG-Abgasturbolader* einen gegenüber dem Maximaldruck des GT2-Motor von 1,4 bar um 0,5 bar reduzierten Ladedruck ein. Zugleich reguliert die Zündanlage die Maximaldrehzahl auf 5000/min.

**zur VTG-Funktionsweise siehe Seiten 153 f im 911 (997) Turbo 3.6-Kapitel*

Gesichts-Pflege: Der 997 GT2 erfreut den Betrachter (wieder) mit ovalen Scheinwerfern. Scheinwerfern. Kühler-Abluftschlitz wie beim 996 GT2.

GT2-Abzeichen zum Abschluss: Der monumentale 997 GT2-Heckflügel verfügt über zwei nach vorn gerichtete Staudruck-Lufteinlässe an den Stegwurzeln.

Anno 2008 Traumwagen der Gusseisernen unter den Porsche-Enthusiasten: 997 GT2 mit 530 PS und Launch Control für perfektes Losbeschleunigen.

S GO 1320

GT 2
S GO 1320

Nimmt der Fahrer nun den Fuß abrupt vom Kupplungspedal, drehen die hinteren Antriebsräder wegen des plötzlichen Drehmomentaufbaus kurz durch, um sofort von der Schlupfregelung des bei diesem Vorgang kooperierenden Porsche Stability Managements (PSM) auf maximale Kraftübertragung geregelt zu werden. Von Vorteil ist neben einem perfekten Start, dass übermäßiger Kupplungs-Verschleiß bei dieser Methode vermieden wird, da der Kupplungsbelag durch das abrupte Einrücken im Gegensatz zu den beiden Antriebsrädern praktisch keinem Schlupf ausgesetzt ist.
Das serienmäßige ins GT2-Ausgleichsgetriebe integrierte Sperrdifferential sperrt die Hinterräder beim Start (also unter Zug) mit 28 Prozent, während der Sperrwert im Schub 40 Prozent beträgt, um das Fahrzeug in Kurven gegen ein Eindrehen zusätzlich zu stabilisieren.
Kein Frust also dank elektronisch gesteuerter Hilfestellung beim Rennstart – und viel Vergnügen während des Rennens (oder der ambitionierten Landstraßen-Tour) beim Betätigen des eigens für den Rundstrecken-Einsatz konzipierten GT2-Getriebes. Entwicklungsziel waren dabei zugunsten möglichst schneller Gangwechsel sehr kurze und hochpräzise Schaltwege, eine hohe Dauerhaltbarkeit unter Extrembelastung sowie die möglichst unkomplizierte Anpassung der Übersetzungen an unterschiedliche Rennstrecken. Um Letzteres zu erleichtern, sind die Zahnräder auf den Getriebewellen aufgesteckt statt aufgepresst. Die Synchronringe der im Rennbetrieb am meisten benutzten Gänge zwei bis sechs sind statt aus Buntmetall aus Stahl gefertigt. Zudem wird das Getriebeöl über einen in den Kühlwasserkreislauf integrierten Wärmetauscher gekühlt.
Um die Konzentration des Fahrers auf die Streckenführung zu erhöhen, signalisiert ihm eine in den Drehzahlmesser integrierte Hochschaltanzeige, wann es Zeit ist, den Gang zu wechseln – und das nicht etwa mit ökologischem Hintergrund. Porsche: *»Dadurch wird die Zeitspanne zur Vorbereitung des Schaltvorgangs verkürzt…«* und: *»Mit Rücksicht auf die Reaktionszeit des Fahrers leuchtet die Anzeige in den unteren Gängen etwas früher auf als in den oberen Übersetzungsstufen. Damit rückt der optische Hinweis noch näher an die Abregeldrehzahl. «*
Die ist bei knapp 7000/min gesetzt, kontrolliert durch E-Gas und Einspritzausblendung. Die Nenndrehzahl des Hochleistungs-Turbo gibt Porsche mit 6500/min an, bei der 530 PS (390 kW) anstehen – mehr als je zuvor bei einem (halbwegs) serienmäßigen Turbo-Elfer. Auch das maximale Drehmoment erreichte im 2008er GT2 einen neuen Höhepunkt im Dauerbetrieb, nämlich 680 Nm im Drehzahlbereich von 2200 bis 4500/min und damit exakt jenen Wert, den der Allrad-911 Turbo im sogenannten Overboost-Betrieb* maximal zehn Sekunden lang auf die Kurbelwelle wuchtet

Details dazu siehe Seite 157

In seinem Element: 997 GT2 auf der Nordschleife des Nürburgring, am Lenkrad sitzt Abstimmungs-Helfer Walter Röhrl.

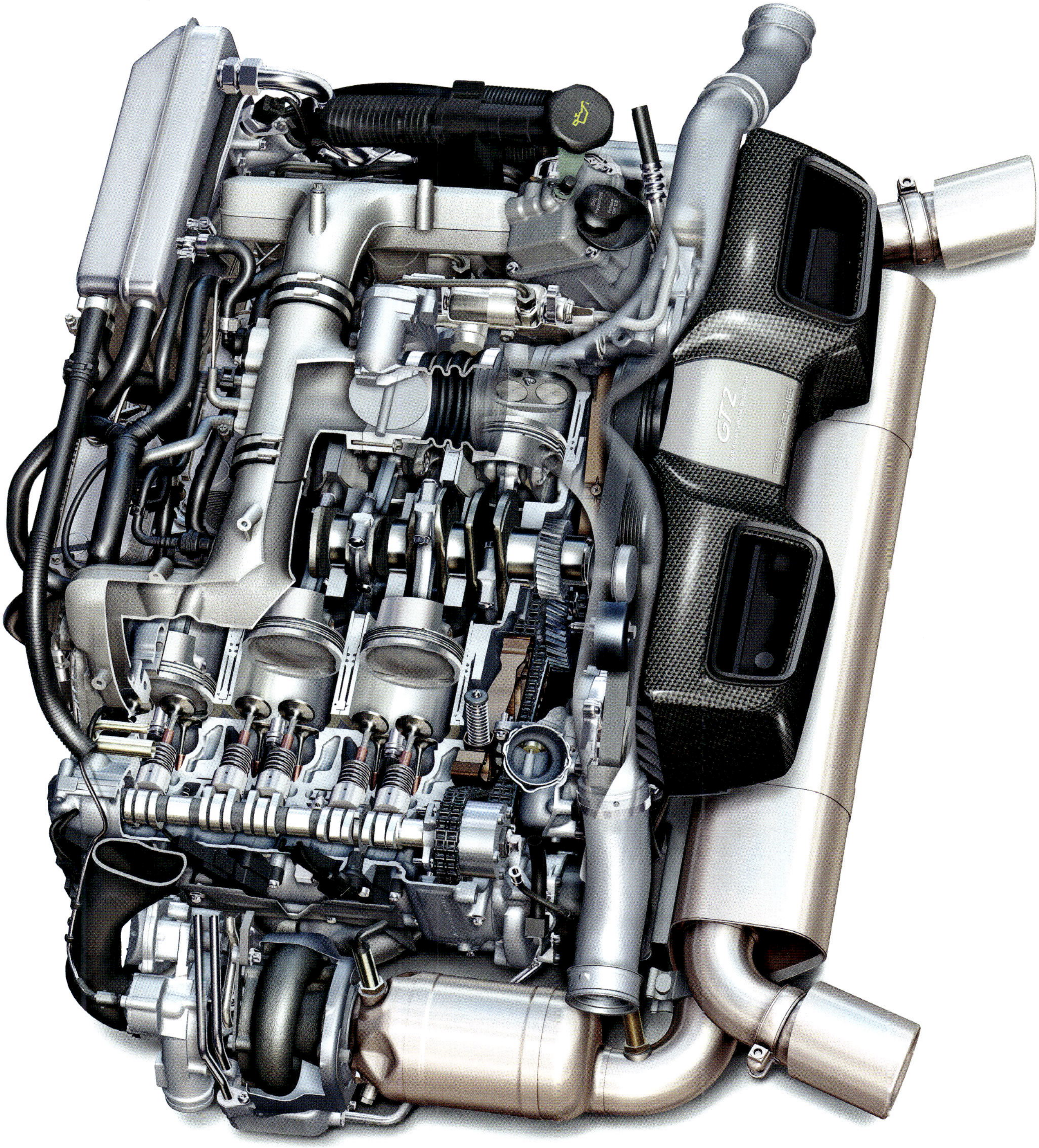

997 GT2-Biturbo: VTG-Abgasturbinen mit vergrößertem Verdichterrad und strömungsoptimierter Turbine für maximal 1,4 bar Ladedruck.

997 GT2-Biturbo: Titan-Endschall-
dämpfer mit vergleichsweise
geringem Abgasgegendruck.

Erzielt wurde diese Mehrleistung von 50 PS (37 kW) und das Drehmoment-Plus von 60 Nm gegenüber dem Allrad-997 Turbo durch mehrere Modifikationen am Basis-Turbomotor des 997:

- VTG-Abgasturbinen mit vergrößertem Verdichterrad und strömungsoptimierter Turbine, ausgelegt auf einen maximalen Ladedruck von 1,4 bar (plus 0,4 bar),
- unmittelbar im Fahrtluftstrom positionierte Staudruck-Lufteinlässe an den Wurzeln des Heckspoilers über die Luft vorverdichtet zum Luftfilter geführt wird,
- Titan-Endschalldämpfer mit geringerem Abgasgegendruck durch optimierte Strömungsverhältnisse,
- neuartige Expansions-Sauganlage mit verkürzten Saugrohren und verlängertem Verteilerrohr mit verringertem Querschnitt.

Speziell der innovativen, für Turbomotoren neuartigen Sauganlage schrieb Porsche sowohl ein deutliches Leistungs-Plus zu, als auch einen verringerten Kraftstoffverbrauch – O-Ton: »*Diese neue Ansaugtechnik sorgt bei Höchstdrehzahl für eine Gemischtemperatur, die unmittelbar vor dem Schließen des Einlassventils niedriger liegt als beim Motor des 911 Turbo. Dadurch verringert sich die Klopfempfindlichkeit und das Gemisch kann früher gezündet werden. Das bedeutet eine deutliche Effizienzsteigerung.*«

Wie aber unterscheidet sich die sogenannte Expansions-Sauganlage von herkömmlichen Anlagen, die nach dem Resonanz-Prinzip funktionieren? Im Ansaugbereich zwischen Drosselklappe und Einlassventilen wird die Luft während der Ladungswechsel des Motors abwechselnd komprimiert und expandiert. Das herkömmliche Resonanzsystem nutzt die Kompressionsphase, um mehr Luft in die Brennräume zu pressen und damit die Zylinderfüllung und Leistung zu erhöhen. Als Nachteil des Resonanz-Prinzips machten die Porsche Techniker jedoch den Umstand aus, dass die Luft beim Komprimieren erwärmt wird. Deshalb kann das Kraftstoff-Luft-Gemisch nicht leistungs- und verbrauchsoptimal gezündet werden.
In der Expansionsphase kühlt die Luft durch den Unterdruck hingegen ab, was die Expansions-Sauganlage ausnützt. Zwar erzeugt dieses System prinzipiell weniger Druck, als das Resonanzsystem, doch der im GT2 deutlich erhöhte Ladedruck der Turbolader und die kühlere Ladeluft überkompensieren diesen Nachteil zum Vorteil von Leistung und Verbrauch.

997 GT2-Fahrwerk: kompromisslos für Handling und Grip

Die Fahrwerks-Zutaten hatten sich bereits beim GT2 der 996-Generation bewährt. Und auch der Saugmotor-GT3 lieferte die Vorgaben für die betont straffe Fahrwerksabstimmung des 997 GT2 – mit einem bemerkenswerten Nebeneffekt. So sind die Nickschwingungen und das belastungsabhängige Einfedern bei diesem Sportmodell derart reduziert, dass auf die dynamische Leuchtweitenregulierung des 911 Turbo beim GT2 verzichtet

Im 997 GT2 neu: die Expansions-Sauganlage
mit verkürzten Saugrohren und verlängertem
Verteilerrohr mit verringertem Querschnitt.

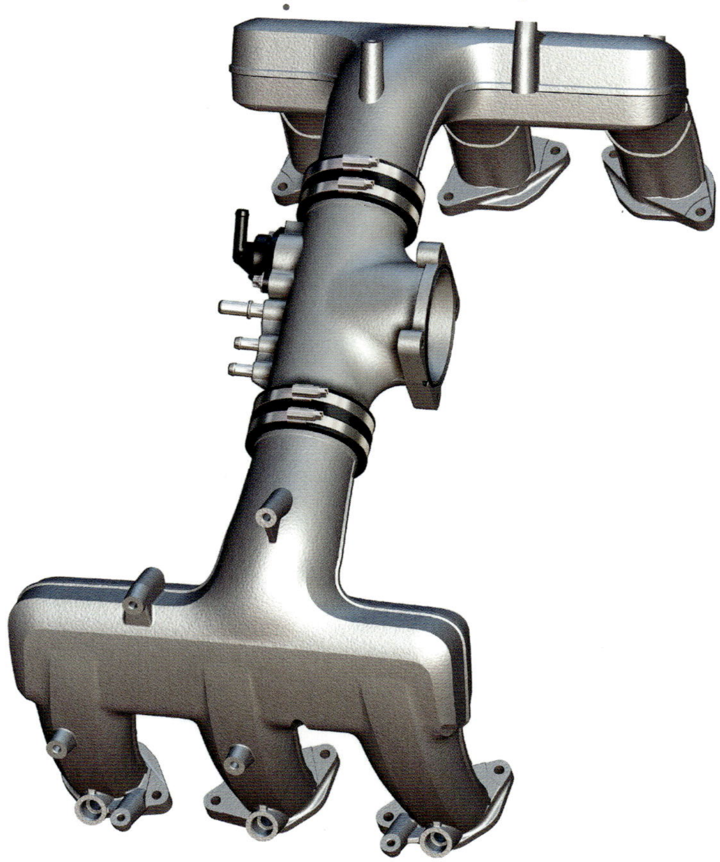

werden konnte. Die gesetzlich vorgeschriebenen Toleranzbereiche zur Veränderung der Scheinwerferkegel der Bi-Xenon-Anlage werden nämlich auch ohne Scheinwerfer-Verstellung eingehalten.

Unibal-Gelenke, härtere Federraten rundum und vorn in vier Stufen, hinten in drei Stufen einstellbare Stabilisatoren werden im GT2 den Anfordernissen eines gelegentlichen Renneinsatzes genauso gerecht, wie über zusätzliche Außengewinde an den Federbeinen in der Höhe verstellbare Federteller. Die Geometrie und Kinematik der Vorderachse erfuhren zur Eliminierung unerwünschten Untersteuerns eine Überarbeitung, ergänzt um die Möglichkeit, den Radsturz über Einstellplatten am unteren Querlenker fein zu justieren.

Auch den in der Spur etwas verbreiterten hinteren Radaufhängungen nahmen sich die Weissacher Motorsport-Experten an. Metallbuchsen statt der beim 997 Turbo verwendeten Gummilager zwischen Hinterachs-Längsträger und Karosserie sorgen für eine steifere Verbindung, gleichbedeutend mit einer Verbesserung der Lenkpräzision und der Fahrstabilität – natürlich auf Kosten des Fahrkomforts. Der Hinterachs-Querträger besteht im GT2 statt aus Stahl aus Aluminium, was die Gewichtsverteilung optimiert und das Gesamtgewicht reduziert. Die hinteren, gegenüber dem 997 Turbo um ein Zoll auf 12 Zoll verbreiterten 19 Zoll-Räder und deren um 20 Millimeter auf das Format 325/30er verbreiterten Gummis berücksichtiger, dass die Kraft im GT2 statt auf alle Viere nur auf das hintere Räderpaar einwirkt. Zudem waren die ab Werk aufgezogenen Pirelli P-Zero Corsa eine auf den GT2 (und den Saugmotor-GT3) abgestimmte Spezialanfertigung mit spezieller Gummimischung und Karkasse sowie relativ geringer Profiltiefe (Semislicks) zugunsten möglichst geringer Elastizität der Profilblöcke.

Zum Luftschnappen: Die beiden Staudruck-Luftöffnungen an den Wurzeln des Heckspoilers führen die Kühlluft vorverdichtet zu den Luftfiltern.

Serienmäßig ist im GT2 das aktive Dämpfungssystem PASM verbaut, das freilich auf die Erfordernisse gelegentlicher Renneinsätze abgestimmt wurde. Es erlaubt wie im 997 Turbo die Wahl zwischen einem Normal-Modus für den Straßenbetrieb und einem Sport-Modus, bei dem die Dämpfer spürbar härter ausgelegt sind – Vorteil für die Agilität und Lenkpräzision, Nachteil für das Wohlbefinden eines eventuellen Passagiers im Beifahrer-Schalensitz... Dessen Leidensfähigkeit wird auch einer harten Prüfung unterzogen, wenn der Fahrer in die Eisen steigt. Die im GT2 serienmäßige Keramik-Bremsanlage sorgt für Verzögerungswerte auf dem hohem Niveau reinrassiger Rennwagen.

Auch im 997 GT2 serienmäßig: die Keramik-Bremsanlage für Maximal-Verzögerung und Minimal-Verschleiss.

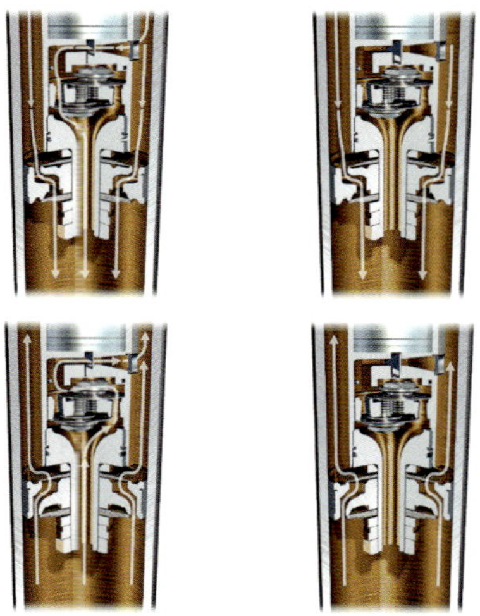

Aktives Dämpfungssystem (PASM): Die Druck- und Zugstufen des Dämpfers werden automatisch an die Fahrsituation angepasst. Aufbaubewegungen werden minimiert, der Fahrbahnkontakt optimiert.

Das in der 997-Generation erstmals im GT2 serienmäßige Fahrstabilisierungssystem PSM (Porsche Stability Management) wurde von der Motorsportabteilung für die Hardcore-Variante abgestimmt, um auch den Ansprüchen extrem sportlicher Fahrer zu genügen. So kann der Fahrer das PSM über Tasten am vorderen Bereich der Mittelkonsole in drei Varianten vorwählen:

- Im Basismodus sind alle PSM-Funktionen aktiv: die Querdynamikregelung mit gezielten Bremseneingriffen zur Stabilisierung des Fahrzeugs um die Hochachse (SC), die Traktionskontrolle (TC) zur Regelung der antriebsseitigen Kräfte bei durchdrehenden Rädern durch automatische Gaswegnahme und eine Zündwinkelreduktion sowie das Antiblockiersystem ABS,
- die Schaltstufe »SC OFF« deaktiviert die Querdynamikregelung, was dem Fahrer die Herrschaft über das Eigenlenkverhalten des Fahrzeugs überlässt,

Neu für den 997 GT2 entwickelt: Schalensitze, deren Lehnen-Drehpunkte im oberen Beckenbereich, statt an der Hinterkante des Sitzkissens angeordnet sind.

- die Schaltstufe »SC+TC OFF« deaktiviert auch die Traktionskontrolle; der Fahrer verzichtet nun auch auf eine elektronische Regelung der Antriebskräfte.

GT2-exklusiv werden die einmal abgeschalteten Funktionen auch in extremen Fahrsituationen nicht automatisch reaktiviert – will der Pilot wieder auf der sicheren Seite fahren, muss er aktiv die entsprechenden Tasten drücken.

Halt geben den Passagieren bei allen Fahrmodi neu entwickelte Sportschalensitze, gefertigt aus einer Kombination von glas- und kohlefaserverstärktem Kunststoff mit einer Oberfläche aus Sichtcarbon. Kombinierte Leder/Alcantara-Sitzbezüge fanden in der GT2-Basisversion Verwendung, schwer entflammbarer Stoff im GT2 Clubsport, der außerdem mit einem hinteren Überrollkäfig und Feuerlöscher für ernste Eventualitäten des harten Renneinsatzes gerüstet ist.

Die Lehnen der Schalensitze lassen sich KBA-konform nach vorne klappen – obwohl im Fond allenfalls Gepäck verstaut werden kann: Die Rücksitze fielen dem Leichtbau-Prinzip zum Opfer. Für die Lehnen-Verstellung ließen sich die Porsche-Praktiker eine Neuerung einfallen: Statt wie üblich im hinteren Bereich des Sitzkissens sind die Lehnendrehpunkte im oberen Beckenbereich in die Seitenwangen integriert. Davon profitiert die Seitenführung im gesamten Lehnenbereich.

Wer es komfortabler mag oder aber befürchtet, die ziemlich engen Schalensitze mit seiner außerordentlicher Leibesfülle zu sprengen, dem lieferte Porsche alternativ auch die adaptiven Sportsitze des 911 Turbo mit elektrischen Motoren für die diversen Verstell-Möglichkeiten, Seitenwanger-Verstellung, Lordosenstütze und Memory-Funktion. Serienmäßig sind im Übrigen neben einer umfangreichen Alcantara-Ausstattung (Lenkradkranz, Schalt- und Handbremshebel, Dachhimmel) Accessoires, die GT2-Fahrer wohl nur auf dem Weg zur Rennstrecke von Nutzen sind: Dazu zählt das Porsche Communication Management (PCM) mit 5,8 Zoll großem Farbbildschirm, Doppeltuner, Endverstärker und vier Lautsprechern. Wer seinen GT2 vorzugsweise vor Diskotheken parkt, der kann diese Anlage noch mit einem Bose Surround Sound-System aufrüsten.

Eindruck wird der GT2-Fahrer indessen auch mit dem Äußeren seines Super-Turbo schinden. So sind die Lufteinlässe im Bug gegenüber dem 911 Turbo auf Kosten der Nebelscheinwerfer deutlich größer, ergänzt um den schon vom 996 GT2 her bekannten Luftauslass-Schlitz vor dem Frontdeckel. Als besonders eindrucksvolles GT2-Merkmal sticht naturgemäß der geradezu monumentale Heckflügel mit seinen seitlichen Lufteinlässen hervor. In der Seitenansicht unterscheidet sich der GT2 vom 911 Turbo des Weiteren durch spezielle Schwellenblenden in den Steinschlagbereichen, typspezifisch gestaltete Öffnungen für die Ladeluftkühler-Auslass-

997 GT2-Cockpit: Alcantara-Ausstattung und Porsche Communication Management (PCM) mit 5,8 Zoll-großem Farbbildschirm.

kanäle hinter den hinteren Radausschnitten und GT2-exklusiven Rädern mit jeweils zehn sehr filigranen Speichen. Kiemenförmig wie die seitlichen Ladeluftkühler-Öffnungen sind auch die Luftauslassöffnungen in den Bereichen der Auspuffendrohre gestaltet.
Trotz des gegenüber dem 996 GT2 gesteigerten Abtriebs vorn und hinten dank der Front- und Heckspoiler sowie des aerodynamisch ausgeklügelten Unterbodenverkleidung konnte der c_w-Wert des 997 GT2 im Vergleich zum Vorgänger von 0,34 auf 0,32 gedrückt werden – womit der GT2 in dieser Hinsicht nur unwesentlich schlechter abschneidet, als der weniger auf Abtrieb optimierte 911 (997) Turbo mit 0,31.
Und wie ist es um die Gewichtsreduzierung gegenüber dem komfortableren 911 Turbo bestellt?
1440 Kilogramm bringt der 997 GT2 auf die Waage, 145 Kilogramm weniger als sein allradgetriebenes Turbo-Pendant. Diese Maßnahmen sind Elemente der Abmagerungskur:

- Heck- statt Allradantrieb,
- Leichtbau-Schalensitze und Entfall der Rücksitze,
- Keramik/carbon-Bremsanlage (statt Stahlscheiben-Bremsanlage),
- Endschalldämpfer und Endrohre aus Titan (statt aus Stahlblech bzw. Aluminium),
- Hinterachs-Querträger aus Aluminium (statt Stahl).

Mit einem Leistungsgewicht von nur 2,7 kg/PS setzte der 997 GT2 im Porsche-Modelljahr 2008 neue Maßstäbe in der Geschichte serienmäßig gebauter Elfer – und das selbe gilt für dessen Fahrleistungen. 329 km/h Höchstgeschwindigkeit und eine Beschleunigungs-Zeiten von null bis 100 km/h bzw. 200 km/h in nur 3,7 bzw. 11,2 Sekunden sind Werte, die selbst den einstigen Super-Porsche 959 aus den späten 1980er Jahren in den Schatten stellen: Dessen Zahlen lauten (nach Werksangaben) 315 km/h, 3,9 und 14,3 Sekunden.
Auch in Sachen Kraftstoffverbrauch setzte der 997 GT2 die Messlatte höher – oder besser gesagt: tiefer. Im Drittelmix nach damaliger EU-Norm sind es (nach Werksangaben) lediglich 12,5 Liter Super Plus/100 km, etwas weniger noch als beim 997 Turbo (12,8 l/100 km). Dass im GT2 serienmäßig ein 90 Liter-Tank* statt des 67 Liter-Behälters im 997 Turbo verbaut wurde, fördert dessen Langstreckentauglichkeit nochmals deutlich…
Top-Fahrleistungen, geringer Verbrauch – dazu kam zum Debüt des 997 GT2 auch noch eine neue Elfer-Fabelzeit auf der Nordschleife des Nürburgrings: 7:32 Minuten.
Kein Wunder: Am Lenkrad drehte kein Geringerer als Walter Röhrl…

**Version »Rest der Welt« (RdW), Tankvolumen US-Version 67 Liter, Rechtslenker 66 Liter.*

997 GT2-typisch: kiemenförmige Luftauslass-Öffnungen neben den Titan-Auspuffendrohren.

Bemerkenswert und Resultat vieler Stunden im Windkanal: Trotz großer Luftöffnungen an den Flanken…

…und an der Front des 997 GT2 erzielte Porsche bei dieser Sport-Variante einen Luftwiderstandsbeiwert von c_w 0,32.

184496 Euro kostete dieses begehrenswerte Technik-Paket Ende 2008. Damit war der 997 GT2 um 41488 Euro teurer, als der 997 Turbo.

997 GT2-Jahrgang ´10: als RS noch stärker, noch schneller

NUN AUCH DEM NAMEN NACH **EIN 911 RS** – ZUDEM MIT LIMITIERTER STÜCKZAHL **WIE DAMALS**

Walter Röhrl über den...
... 997 GT2 RS

*»...wenn´s um Fahrspaß geht, ist der RS nicht zu toppen. Aber: Man muss ihn beherrschen. Einige Journalisten waren mit ihm zum Leidwesen der Porsche-Presseabteilung überfordert – vor allem, wenn sie glaubten, die Traktionskontrolle ausschalten zu müssen. Das wurde dann immer sehr teuer. Auch einige Käufer kamen damit nur bis nach Ulm oder Heilbronn, nachdem sie ihren RS in Stuttgart abgeholt hatten... **10 von 10 Punkten** gebe ich dem 997 GT2 RS«*

911 (997) GT2 RS: Das ist anders*

- geänderte Front- und Heckspoiler zugunsten noch mehr Abtriebs
- leistungsgesteigerter Motor M 97/70R mit um 0,2 bar höherem Ladedruck, Expansions-Sauganlage aus Kunststoff, Einmassen-Schwungrad und 620 PS
- Radaufhängungs-Teile aus Aluminium
- breitere Rad/Reifen-Kombination vorn und geringere Einpresstiefen rundum
- verbreiterte Radhäuser vorn
- Zentralverschluss-Räder
- diverse Sichtcarbon-Karosserieteile
- serienmäßiges Clubsport-Paket, u.a. mit feuerfesten Sitzbezügen und Überrollkäfig

*im Vergleich zum 911 (997) GT2 Modelljahr 2008

Wer geglaubt hatte, mit dem 2008er GT2 sei bereits das Elfer-Nonplusultra geschaffen, der sah sich mit Erscheinen des 2010 neuen 911 GT2 RS eines noch Besseren, noch Stärkeren, noch Leichteren, noch Schnelleren belehrt. Im Vergleich zum ersten GT2 der 997-Generation wuchsen im RS die Nennleistung um 90 auf 620 PS und das maximale Drehmoment um 20 auf 700 Nm in einem noch breiteren Drehzahlbereich von 2250-5500/min (Vormodell 680 Nm von 2200-4500/min). Außerdem sank das Leergewicht um 70 auf 1370 Kilogramm, resultierend in ein um 500 Gramm auf 2,2 kg/PS verbessertes Leistungsgewicht.

Eine dadurch erzielte Zeitersparnis von 1,4 Sekunden für den Sprint aus dem Stand bis 200 km/h erscheint auf den ersten Blick zwar ein nur geringer Fortschritt, doch es sind sozusagen Lichtjahre, wenn sich die verglichenen Sprintzeiten im Bereich plus/minus zehn Sekunden abspielen: Der GT2 RS ist der ersten Serien-Turbo von Porsche, der weniger als zehn Sekunden (genau: 9,8 Sekunden) benötigt, um 200 km/h schnell zu sein – das bedeutet im Vergleich zum Vorgänger eine Verbesserung um 12,5 Prozent…

Dennoch gelang es den Porsche-Technikern, dieses Leistungsvermögen mit einer nochmaligen Verbrauchsreduzierung zu verknüpfen: Fünf Prozent weniger bedeuten 11,9 l/100 km im Drittelmix nach Werksangabe, ein Laborverbrauch zwar, der im Alltag nicht zu realisieren ist, der jedoch wegen des absolut identischen Fahrzyklus die Vergleichbarkeit unter verschiedenen Modellen ermöglicht. Den Alltag dieses hochkarätigen Super-Sportwagens demonstrierte einmal mehr Walter Röhrl, der mit dem RS seine einstige GT2-Fabelzeit von 2008 um nicht weniger als 14 Sekunden unterbot: 7:18 Minuten stehen für den GT2 RS des Modelljahrs 2010 in den Rundenzeiten-Annalen der Nürburgring-Nordschleife.

Da interessiert natürlich, wie in Weissach derartige Fortschritte erzielt wurden.

997 GT2 RS-Triebwerk: gegenüber dem GT2 gewaltiger Leistungssprung um 90 PS auf 620 PS.

Obwohl im Basis-Turbo bereits Ende 2009 (Modelljahr 2010) die Neuentwicklung MA 1.70 mit 3,8 Liter Hubraum und Direkteinspritzung Dienst tat (siehe Seiten 164 ff), basiert der Motor des Ende August 2010 präsentierten GT2 RS noch auf dem »alten« M97/70-Motor mit 3,6 Liter Hubraum, wie er auch im ersten GT2 der 997-Reihe zum Einsatz kam. Das Leistungs-Plus gegenüber dem ersten 997 GT2 erzielten die Porsche-Techniker durch diese Maßnahmen:

- Abgas-Turbolader für einen Ladedruck von 1,6 bar – 0,2 bar mehr, als im Vormodell GT2, 0,8 bar mehr als im Allrad-Turbo von 2010 (MA 1.70),
- um rund 15 Prozent verbesserte Ladeluftkühlung durch optimierte Kühler mit neuem Kühlernetz größerer Blocktiefe und Verbesserung der Anströmung,
- Anpassung der Motorsteuerung.

Um noch mehr Agilität und Drehfreude zu erreichen, wurde das Zweimassen-Schwungrad des ersten 997 GT2 durch ein Einmassen-Schwungrad ersetzt. Es trägt zudem einen Teil zur Gewichtseinsparung bei, bietet es doch einen Gewichtsvorteil von über acht Kilogramm. Zehn Kilogramm ließen sich einsparen, wenn vom RS-Käufer statt der schweren Serien-Bleibatterie eine Lithium-Ionen-Batterie geordert wurde – was den RS-Preis allerdings um 190,40 Euro pro eingespartem Kilogramm erhöhte. Wie schon der Vorgänger verfügt auch der RS über eine Expansions-Sauganlage, doch wich deren Aluminium-Gehäuse einer drei Kilogramm leichteren Kunststoff-Version. Auch die Radaufhängungen wurden im Zuge weiterer Verfeinerungen dank der Verwendung von Aluminium- statt Stahlbauteilen auch leichtgewichtiger. So specken beispielsweise die Hinterachs-Diagonalstreben dank Aluminium um etwa 1,4 Kilogramm ab. Neue, leichtere Vorderachsfedern liefern drei Kilogramm Ersparnis, der Einsatz von Zusatzfedern (»Helper-Federn«) ermöglicht hinten die Verwendung kürzerer und leichterer Hauptfedern.

Die vorderen RS-Kotflügel wurden gegenüber der GT2-Version um weitere 13 Millimeter verbreitert, RS-Räder mit Zentralverschlüssen.

997 GT2 RS: auf der Norschleife des Nürburgrings 14 Sekunden schneller als der 997 GT2 – sofern Walter Röhrl am Lenkrad dreht.

PORSCHE
Racing
Shell
DUNLOP
D. BELL
S. BELLOF
PORSCHE
2
SCHMITTHELM

Zwei Motorsport-Klassiker von Porsche, zwei Motorsport-Epochen: 997 GT2 RS von 2010 und Gruppe C-956 von 1982.

Die Generalkonzeption und damit auch die Einstell-Variabilität des RS-Fahrwerks entspricht im Übrigen dem GT2-Vormodell. Allerdings sorgen Räder mit geringeren Einpresstiefen (vorn 47 statt 53 mm, hinten 48 statt 51 mm) für verbreiterte Spurweiten, vorn kommen beim RS um ein halbes Zoll breitere Felgen und um zehn Millimeter breitere Reifen zum Einsatz. Deshalb mussten die vorderen Radhäuser mittels in Wagenfarbe lackierten Kunststoffverbreiterungen um jeweils 13 Millimeter erweitert werden. Statt mit fünf Radschrauben wie noch beim ersten 997 GT2 sind die im Design unveränderten RS-Räder mit Zentralverschlüssen versehen, damit pro Exemplar um etwa 500 Gramm leichter und im Rennbetrieb zügiger auszuwechseln..
Leichtbau-Elemente und zugunsten von noch mehr Abtrieb modifizierte Spoiler prägen die Karosserie und deren Anmutung. Der Kofferraumdeckel besteht statt aus Aluminium aus schwarzem Sichtcarbon, was sich auf die Gewichtsbilanz mit minus 2,5 Kilogramm auswirkt. Einige Gramm wurden überdies durch den Verzicht auf die der Fronthaube in anderen Elfer-Modellen angeheftete Porsche-Plakette eingespart – an ihre Stelle rückte ein Wappen-Aufkleber aus Kunststoff-Folie. Sichtcarbon ist auch das Material für das RS-Heckmittelteil, die unteren Blenden in den Bereichen der Auspuffendrohre und Ladeluft-Ausgangsöffnungen und die Rückspiegel-Gehäuse. Heckscheiben und hintere Seitenscheiben aus Kunststoff (Polycarbonat) statt Glas reduzieren das RS-Gewicht um weitere vier Kilogramm. Doch damit nicht genug. Optional lieferte Porsche Leichtbau-Extremisten unter den RS-Käufern auch die vorderen (in Wagenfarbe lackierten) Kotflügel aus kohlefaserverstärktem Kunststoff, was zu weiteren fünf Kilogramm Gewichtsverlust führte – und die Gesamt-Gewichtseinsparung durch Carbon-Karosserieteile auf 10,5 Kilogramm erhöhte.
Abtriebs-Vorteile gegenüber dem 997 GT2 erster Serie brachte an der Vorderachse eine breitere, in den seitlichen Bereichen schaufelförmig stärker konturierte Bugspoiler-Lippe. Auch der feststehende Heckspoiler erfuhr Modifikationen, die den durch ihn erzeugten Abtrieb intensivieren. So wurde die Form und Oberfläche der in das Flügelprofil integrierten CfK-Spoilerlippe verändert und ihr hinterer Abschluss um zehn Millimeter erhöht. Bei 200 km/h erzeugt das RS-Geflügel in Kooperation mit der Karosserie- und Unterboden-Gestaltung vorn eine Achslast von 14 kg, hinten sind es 35 kg. Bei Höchstgeschwindigkeit sind es gar 26 bzw. 142 kg. Allerdings geht die Abtriebs-Verbesserung mit einer Verschlechterung der Windschlüpfigkeit einher: Gegenüber dem 997 GT2 erster Serie erhöhte sich der c_w-Wert um 0,02 Punkte auf 0,34, was einen Teil der Mehrleistung im höchsten Geschwindigkeitsbereich aufzehrt. Porsche versprach folglich für den RS »nur« 330 km/h, weist diese Angabe jedoch als »*abgeregelt*« aus. Die entsprechende V_{max} des GT2 lautete nach Werksangabe 329 km/h...
Auch im RS-Cockpit wird das Bemühen um ein möglichst niedriges Gewicht sichtbar, spürbar und hörbar. Die RS-Schalensitze in Leichtbauweise sind ohne verstellbare Rückenlehnen ausgeführt – wer auf die Verstell-Möglichkeit nicht verzichten wollte, der konnte jene Schalensitzversion ordern, die bereits im ersten 997 GT2 Fahrer und Copilot in die Zange nahmen. Um 700 Gramm pro Stück leichtere Türtafeln mit roten Öffner-Schlaufen, der Entfall des Dämm-Materials im Fondbereich und Leichtbau-Teppichmaterial bildeten eine Reminiszenz an die ersten 911 RS in Sport-Version von 1972/73 – und drücken das Leergewicht des RS um weitere vier Kilogramm. Wie einst beim 911 RS erhöht die fehlende Körperschalldämmung den Geräusch-Pegel im Innenraum – woraus RS-Fahrer jedoch

GT2 RS-Spezialitäten: zweifarbiges Lenkrad mit Geradeausstellungs-Markierung und leergeräumte Mittelkonsole zur Gewichtsreduzierung.

GT2 RS-Spezialitäten: besonders leichte, einteilige Rennschalensitze mit nicht verstellbarer Rückenlehne, Leichtbau-Türtafeln mit Türöffner-Schlaufen.

genauso wieder im 2010er RS Lustgewinn beziehen. Auch den im RS entsorgten, immerhin 1,5 Kilogramm schweren Cupholder, werden Freunde zügiger Fahrweise nicht vermissen.
Dass sogar die Einstiegsblenden und eine Armaturentafel-Zierblende aus Sichtcarbon besteht, darf eher als Leichtbau-Symbolik verstanden werden, denn als ernst gemeinte Attribute modernen Leichtbaus. Sie sind genauso Gratis-Zugaben für den ursprünglich auf 500 Exemplare limitierten (letztlich jedoch 510 Mal gebauten) GT2 RS, wie auch das im ersten 996 GT2 noch extra berechnete Clubsport-Paket. Es umfasst einen geschraubtem, kreuzweise angeordneten Überrollkäfig, Feuerlöscher, beigelegte (nicht montierte) Sechspunktgurte für den Fahrer und die Vorrüstung für einen Batteriehauptschalter. Eine Plakette am Handschuhfach-Deckel belegt im Übrigen die Nummer in der Reihenfolge der RS-Auslieferungen. Klimaanlage und Audiosystem konnten in der Bestellung angekreuzt werden, ohne dass dies Einfluss auf die Endabrechnung hatte.
Welch grandiosen Sportwagen Porsche mit dem 997 GT2 RS auf die Räder gestellt hatte, dokumentierte das Fachmagazin »sport auto« 2010 in der Ausgabe 11. Bei der Beschleunigungs-Bremsprüfung, wenn also von Null bis 200 km/h beschleunigt und dann sofort zum Stillstand abgebremst wird, erreichte der GT2 RS mit einer Gesamtzeit von nur 14,4 Sekunden einen damals neuen Rekordwert. Mit 15,1 Sekunden, 15,4 Sekunden, 16,1 Sekunden und 16,3 Sekunden deutlich abgeschlagen: die Konkurrenz von Lamborghini (Murciélago LP 670-4SV), Ferrari (458 Italia), Chevrolet (Corvette ZR1) und Mercedes-Benz (SLS AMG). Und als »auto motor und sport« im selben Jahre (Ausgabe 21/2010) im süditalienischen Nardo sechs Supersportwagen von BMW Alpina (B5 Biturbo), Bentley (Continental Supersports), Ferrari (458 Italia), Porsche (GT2 RS), Mercedes-Benz (SLS AMG) und Lamborghini (Gallardo LP 570-4) zum Duell forderte, da ging der GT2 RS in allen Disziplinen als Sieger hervor: Er war mit 330,0 km/h der Schnellste, mit 31,3 Sekunden für die Beschleunigung von Null bis 300 km/h der Spurtstärkste und mit 1:11,5 Minuten auf dem Nardo-Handlingkurs der Agilste. Zur besseren Einschätzung dieser Zahlen seien noch die Spannweiten dieser Messwerte aufgeführt: 312,6 km/h lief der Langsamste im Vergleichsfeld (BMW Alpina), 55,9 Sekunden benötigte das Beschleunigungs-Schlusslicht (BMW Alpina) und 1:18,8 Minuten benötigte der im Handling Schlechteste (Bentley)...

Evolutions-Höhepunkt in der Porsche-Geschichte heckangetriebener Turbo-Modelle: der 997 GT2 RS von 2010.

991 GT2 RS-Jahrgang ´17: der bislang stärkste 911 mit Straßenzulassung

EIN ELFER MIT MOTORSPORTLICHER WIDMUNG: **ABTRIEB GEHT VOR** LUFTWIDERSTAND, KURVEN-SPEED VOR ENDGESCHWINDIGKEIT

Walter Röhrl über den…
… 991 GT2 RS

»In Sachen Fahrbarkeit ist der 991 GT2 RS ein weiterer Fortschritt gegenüber dem 997er GT2 RS. Auf trockener Straße hat das Fahrzeug eine beeindruckende Traktion, trotz der Beschränkung auf den Hinterradantrieb. Bei feuchter Fahrbahn sollte es jedoch jedem Piloten klar sein, dass wie schon beim 997 GT2 RS eine gewisse sittliche Reife vorhanden sein muss. Wie schon der 992 Turbo sprengt auch der 991 GT2 RS den ursprünglichen Bewertungsrahmen dieser Chronik, deshalb gebe ich… ***>10 von 10 Punkten*** *dem 991 GT2 RS«*

911 (991.2) GT2 RS: Das ist anders*

- leistungsgesteigerter 3,8 Liter-Motor (MA 171R) mit 1,55 bar Ladedruck und 700 PS auf Basis des 991 Turbo S-Motors MA 171S
- Ladeluftkühler mit Wasserzusatzkühlung bei Belastungsspitzen
- Siebengang-Doppelkupplungsgetriebe (PDK) mit Sonderfunktion »Paddle-Neutral« für die Möglichkeit des Aus/Einkuppelns zwecks Manipulation des Fahrzeug-Eigenlenkverhaltens und des Erzielens optimaler Anfahrbeschleunigung
- Radaufhängungen mit Kugelgelenken und dynamische Motorlager
- Ceramic Composite-Bremsanlage mit in Durchmesser und Dicke vergrößerten Scheiben
- breitere Rad-/Reifen-Dimensionen unterschiedlicher Durchmesser vorn und hinten sowie größerer Einpresstiefe vorn
- geschwindigkeitsabhängig agierende Hinterachslenkung
- elektronisch geregelte, vollvariable Hinterachs-Quersperre
- verbreiterte Spurweiten vorn und hinten
- vergrößerter Radstand, geringfügig breitere, höhere und längere Karosserie mit etwas verschlechtertem c_w-Wert (0,35) und größerer Stirnfläche (2,14 m^2)
- verbesserter Abtrieb durch vergrößerte Unterbodenfläche und diverse Karosserie-Modifikationen
- erweiterter Umfang an Leichtbaumaterialien wie Magnesium, Carbonfaser-verstärkter Kunststoff und Leichtbau-Polyurethan
- serienmäßiges Clubsport-Paket mit Überrollbügel, beigelegtem Sechspunktgurt und Feuerlöscher
- Weissach-Paket mit weiteren Leichtbau-Teilen als Option gegen Aufpreis
- Chrono-Paket zur Speicherung und Auswertung von Rundenzeiten, mit einer Stoppuhr auf dem Armaturenbrett und einem Laptrigger zur Messung von Rundenzeiten als Option
- hydraulisches Vorderachs-Liftsystem als Option

im Vergleich zum 911 (997) GT2 RS Modelljahr 2010

Er ist der Porsche-traditionelle Gegenentwurf zur fast schon dekadenten Opulenz der ab Seite 176 dieser Chronik beschriebenen Turbo/Turbo S-Varianten der 991- und 992-Generationen. Der 991.2 GT2 RS besitzt in rund sieben Jahrzehnten von Porsche-Generation zu -Generation weiter gereichte Motorsport-Gene. Politisch herrlich unkorrekt gebührt ihm deshalb der leicht abgewandelte Slogan-Klassiker aus der Porsche 356-Ära: *»Rasen in seiner schönsten Form«*. Dafür wurde er in der Porsche-Rennabteilung kompromisslos auf schnelle Rundenzeiten getrimmt – und damit auf Fahrspaß pur. Statt über Luxus im Überfluss und Allradantrieb wie seine domestizierten Turbo-Geschwister definiert sich dieser Weissacher Spitzensportler mit Heckantrieb ausschließlich über phänomenale Quer- und Längsbeschleunigungen. Für Letztere gilt das sowohl positiv, also beim Gas geben, als auch im negativen Sinn, dann nämlich, wenn der rechte Fuß das mittlere Pedal betätigt. Um derartige Spitzenleistungen nicht nur fühlbar, sondern auch ablesbar zu präsentieren, rüsteten die Porsche-Sportler ihren 911-Spitzenturbo mit einer Multifunktionsanzeige rechterhand des Drehzahlmessers aus, die nicht nur über den Ladedruck und die gerade eingesetzte Motorleistung informiert, sondern auch über die aktuelle Längs- und Querbeschleunigung (»G-force«)…
Kein Wunder deshalb, dass Porsche-Enthusiasten den neuen GT2 RS feierten, als der anlässlich des Goodwood Festival of Speed im Juni 2017 sein Debüt gab – als bis dahin stärkster und schnellster 911 mit Straßenzulassung. 700 PS (515 kW) und 340 km/h lauten die entsprechenden Kennzahlen – Plus im Vergleich zum 997 GT2 RS (siehe Seiten 258 ff): 80 PS, zehn km/h. Ein Vierteljahr nach seiner Premiere in England trat der neue Hochleistungs-Sportwagen den Porsche-typischen Beweis für sein enormes Potential an, und zwar auf der Nürburgring-Nordschleife – wo auch sonst! Den gut 20,8 Kilometer langen Eifel-Kurs bewältigte er, gelenkt von Porsche-Testfahrer Lars Kern, in nur 6:47,3 Minuten, gleichbedeutend mit einem (damals) neuen Rundenrekord für straßenzugelassene Sportwagen. Den vorherigen Rekord, erzielt mit einem 640 PS (470 kW) starken Lamborghini Huracán Performante, unterbot Kern um fünf Sekunden. Durchschnittsgeschwindigkeit des Porsche/Kern-Duetts? Rund 184 km/h. Da hätte selbst Walter Röhrl im Vorgänger des 991 GT2 RS, also dem 620 PS/456 kW starken 997 GT2 RS, keine Chance gehabt: An dessen Lenkrad trug sich die Regensburger Rallye-Legende anno 2010 mit einer 7:18er-Zeit in die Rekordannalen der Eifelaner Nordschleife ein (siehe auch Seite 260).
Die Zutaten für ein derartiges Leistungsvermögen sind – ungeachtet der von Porsche angestrebten Straßenzulassung für der GT2 RS – klassische Motorsport-Folklore: nämlich kompromissloses Fahrwerks-Feilen, extremes Motoren-Tuning, konsequenter Leichtbau. Diese drei Maßnahmen verwandelten den eher luxuriösen Supersportler 991 Turbo S in eine wettbewerbstaugliche Fahrmaschine vom Feinsten – dies jedoch, ohne ihr die Tauglichkeit selbst für den innerstädtischen Stop-and-go-Verkehr zu nehmen… zumindest, wenn der Fahrer neben sportlicher Hingabe auch ein wenig Leidensfähigkeit beweist.

Informationen für Racer: Längs- und Querbeschleunigungs-Anzeige zur Rechten des zentral positionierten Drehzahlmessers.

991 GT2 RS-Fahrwerk: stählerne Uniball-Gelenke, verstellbar in den Sturz- und Spur-Werten.

Verweis auf das Porsche-Entwicklungszentrum: Weissach-Schriftzug am Schalensitz.

GT2 RS-Fahrwerk: Uniball-Kugelgelenke für optimale Ansprechpräzision

Vor allem das von Porsche als *»reinrassiges Rennsport-Chassis«* beschriebene GT2 RS-Fahrwerk erfordert mit gesunder Härte speziell von untätigen und deshalb leidenden Beifahrern Nehmerqualitäten. Wie schon beim 997 RS-Vorgänger verzichteten die Fahrwerks-Entwickler in den Rad-Aufhängungen zugunsten einer optimalen Ansprechpräzision auf elastische Gelenk-Elemente. An deren Stellen rückten an den unteren Querlenkern, den Spurstangen, den Anbindungen der Zugstrebe an die Karosserie und der Federbeine an den Radträgern besonders leichtgängige, stählerne Uniball-Kugelgelenke. Wie bei Rennwagen üblich, lässt sich das GT2 RS-Fahrwerk unterschiedlichen Pisten-Anforderungen anpassen: Die Vorderachs-Domlager und Aluminium-Leichtbaustoßdämpfer mit Helperfedern sind verstellbar, so dass in Höhe, Radsturz und -spur variiert werden kann. Sofern das optionale »Weissach«-Paket geordert wurde, bestehen die Koppelstangen der vorderen Radaufhängung und die Querstabilisatoren statt aus Stahl aus insgesamt 5,4 Kilogramm leichterem Carbonfaser-Material.

Bestandteile des optionalen „Weissach"-Pakets: Carbon-Koppelstangen und -Stabi.

Auch bei der Motor/Getriebe-Lagerung kommen keine Vibrations- und Geräusch-dämpfenden Gummi-Aufhängungen zum Einsatz, die Lastwechsel-Bewegungen des Motors unerwünschterweise auf das Chassis übertragen könnten. Vielmehr verbinden hier dynamische Motorlager mit Fahrsituations-geregelter Härte das Antriebs-Paket mit der Bodengruppe. Die Weissacher Sportwarte schreiben dieser speziellen Lagerung ein im Vergleich zu Gummielementen stabileres Fahrverhalten bei Lastwechseln und in schnellen Kurven zu. Als weiteren Vorteil der dynamischen Lagerungen nennen die Porsche-Fahrwerkstechniker eine Reduzierung der vertikalen Schwingungen des Motors, wenn unter Volllast beschleunigt wird. Dies führe zu einer gleichmäßigeren und höheren Antriebskraft an der Hinterachse, einher gehend mit einer besseren Traktion der Antriebsräder. Weniger Schlupf der angetriebenen Räder wiederum ist gleichbedeutend mit Zeitgewinn beim Beschleunigen des Fahrzeugs aus dem Stand. Im für den GT2 RS-Betrieb eher unwahrscheinlichen Fall einer gemäßigten Fahrweise fördern die dynamischen Motorlager übrigens mit einer unter diesen Umständen weicheren Einstellung auch den Fahrkomfort ... zumindest ein wenig. Erstmals bei einem Straßen-Sportwagen von Porsche kommen im GT2 RS vorn und hinten Räder unterschiedlichen Umfangs, nämlich 20 Zoll vorn, 21 Zoll hinten, zum Einsatz, ein Umfangs-Plus im Vergleich zur 997 GT2 RS-Generation von einem Zoll vorn bzw. sogar zwei Zoll hinten. Mit 9 ½ Zoll vorn und 12 ½ Zoll hinten übertreffen die in Weißgoldmetallic lackierten Leichtmetall-Schmiederäder mit Zentralverschluss zudem das Geläuf gegenüber dem 997 RS-Vorgänger um jeweils ein halbes Zoll in der Breite. Sofern bei der GT2 RS-Bestellung das »Weissach«-Paket angekreuzt wurde, bestehen die RS-Räder statt aus Aluminium aus noch leichterem Magnesium – Gewichtsvorteil: 11,5 Kilogramm. Ob mit oder ohne »Weissach«-Optimierung – die Breite der vorderen Reifen nahm so oder so ein wenig zu: Das Format 265/35 ZR 20 löste die 997 RS-Dimension 245/35 ZR 19 ab, während an der Hinterhand die 325 Millimeter-Breite des 30er-Verhältnisses beibehalten wurde. Das seit 2014 laut ECE-R 64* vorgeschriebene Reifendruck-Kontrollsystem verfügt zusätzlich über einen Rundstreckenmodus. Der berücksichtigt zu Beginn eines »heißen Reifens« auf der Rennpiste den niedrigeren Luftdruck in den noch kalten Reifen.

** ECE-R 64: EU-Verordnung nach der für neu homologierte Fahrzeuge seit November 2012 ein Reifendruck-Kontrollsystem vorgeschrieben wurde. Ab November 2014 mussten alle neuen PKW/Wohnmobile mit einer solchen Vorrichtung ausgestattet sein.*

991 GT2 RS-Geläuf: alternativ aus Aluminium oder, als „Weissach"-Extra, Magnesium.

Anpassung an Pisten-Verhältnisse: PASM mit zwei anwählbaren Dämpfer-Kennfeldern.

Optimieren die Kühlung der Vorderradbremsen: NACA-Öffnungen im Frontdeckel.

Von im Vergleich zum Vorgänger größerem Format sind auch die gelochten und innenbelüfteten Scheiben der serienmäßigen Keramik-Bremsanlage, ergänzt um eine optimierte Vorderrad-Bremsenkühlung über sogenannte NACA*-Luftöffnungen in der Fronthaube. 410 Millimeter Durchmesser vorn und 390 Millimeter hinten bedeuten im Vergleich zum RS-Vorgänger Zugaben von 30 bzw. 40 Millimeter. Mit 36 bzw. 32 Millimeter Dicke sind die 991 RS-Scheiben überdies zwei bzw. vier Millimeter dicker als die Varianten des 997 GT2 RS. Beibehalten wurden hingegen die Sechskolben-Festsättel vorn, bzw. Vierkolben-Festsättel hinten, wie bei der 997-Version gelb lackiert. Auch die Aluminium-Bremstöpfe, im Vergleich zu solchen aus Edelstahl um 4,8 Kilogramm leichter, hatten für den 991.2 GT2 RS genauso eine Bestandsgarantie, wie das sogenannte Porsche Active Suspension Management (PASM) mit individuell an jedem Rad geregelter Dämpferwirkung. Nach wie vor stehen dem Piloten zwei manuell anwählbare Kennfelder für die Dämpferwirkung zur Auswahl: ein Normal-Modus für öffentliche Straßen und die speziellen Gegebenheiten des recht welligen Nürburgrings sowie für nasse Rennstrecken-Pisten, außerdem ein Sport-Modus für moderne Rennstrecken mit überwiegend ebener Fahrbahn, um auf derartigem Terrain maximale Querbeschleunigungen und eine bestmögliche Traktion zu erzielen.

* **NACA**-*Luftöffnungen* = **N**ational **A**dvisory **C**ommittee for **A**eronautics: *derartige Luftöffnungen wurden ursprünglich für die Ansaugluft von Strahltriebwerken entwickelt. Durch ihre spezielle Form beschleunigen sie die Luftzufuhr, dies laut Porsche ohne Einbußen beim Luftwiderstands-Beiwert* (c_w*-Wert*).

Hinterachslenkung: leichteres Einparken und erhöhte Fahrstabilität

Im Unterschied zum 997 RS-Vorgänger verfügt die 991 RS-Generation zudem über eine geschwindigkeitsabhängige Hinterachslenkung. Zur Erhöhung der Agilität bei niedrigen Geschwindigkeiten und zum Erleichtern des Einparkens lenken die Hinterräder unter diesen Gegebenheiten entgegen den eingeschlagenen Vorderrädern. Der Wendekreis wird dadurch kleiner, in engen Kurven agiert das Fahrzeug handlicher und dynamischer. Bei höheren Geschwindigkeiten lenken die Hinterräder hingegen in die gleiche Richtung wie die Vorderräder, wenn auch mit kleinerem Schräglaufwinkel. Diese Eigenschaft wiederum erhöht die Fahrstabilität – zum Beispiel bei schnellen Spurwechseln oder Überholmanövern im Renntempo. Während die Hinterachslenkung ihren Beitrag zur Fahrsicherheit automatisch und somit ohne Zutun des Piloten leistet, kann dieser die Funktion des Porsche Stability Managements (PSM) wie schon bei der 997-Vorgängergeneration beeinflussen – je nach Lust, Mut und vor allem Fahrkönnen. So lässt sich auf Tastendruck das Sicherheitsnetz der Querdynamik-Regelung ausschalten, was zu deutlich größeren Gierbewegungen um die Hochachse und höherem Schlupf an den Antriebsrädern führt, zugleich dem Piloten aber auch einen größeren Einfluss auf das Eigenlenkverhalten des Fahrzeugs gewährt. Starkes Bremsen im Regelbereich des Antiblockiersystems (ABS) aktiviert hingegen sicherheitshalber die stabilisierende PSM-Unterstützung wieder in vollem Umfang – zumindest so lange, wie das Bremspedal gedrückt bleibt. In einer zweiten PSM-Deaktivierungsstufe kann der Fahrer außer der Querdynamik-Regelung auch die Längsdynamik-Regelung abschalten. Er verzichtet damit auf das komplette PSM-Sicherheitsnetz, kann jedoch klassisches Fahrvergnügen unter Akzeptanz erhöhter Risiken voll auskosten – fast wie zu Zeiten, als elektronisch befehligte Fahrhilfen noch Science Fiction waren.

Völlig ohne Elektronik kommt jedoch so ein 991 GT2 RS auch bei deaktiviertem PSM nicht aus. Verfügt noch die 991 RS-Vorgängergeneration 997 GT2 RS über eine mechanische Hinterachs-Quersperre, die unter Zug mit 28 Prozent, unter Schub mit 40 Prozent Sperrwirkung eingreift, so hielten in der 991 GT2 RS-Generation auch auf diesem Gebiet Chips und die Vorgaben von Parametern Einzug. Das sogenannte Porsche Torque Vectoring Plus (PTV Plus) arbeitet nämlich mit einer elektronisch geregelten, vollvariablen Hinterachs-Quersperre. Sie berücksichtigt bei ihren Eingriffen alle querdynamisch relevanten Fahrparameter mit dem Ergebnis einer gesteigerten Traktion, einer verbesserten Querdynamik sowie einer höheren Fahrstabilität bei Lastwechseln in Kurven. Zudem nimmt das System gezielte Bremseneingriffe am kurveninneren Rad vor, was dem kurvenäußeren Antriebsrad ein höheres Antriebsmoment verleiht. Folge: verbessertes Einlenkverhalten, gesteigerte Agilität.

Hinterachse: lenkt bei höherer Geschwindigkeit für erhöhte Stabilität analog zu den Vorderrädern.

991 GT2 RS-Kraftpaket, um 120 PS/88 kW stärker als die Ausgangsbasis 991 Turbo S: 700 PS/515 kW.

Hinterachse: lenkt bei niedriger Geschwindigkeit für erhöhte Agilität entgegen des Vorderrad-Einschlags.

RS-Leistungskur: größere Turbolader, vergrößerte Luftführung, Hochleistungs-Kühlsystem

Über mangelnde Agilität ihrer Fahrmaschine können sich 991 GT2 RS-Besitzer wahrlich nicht beschweren, verfügen sie doch über 700 PS/515 kW, gleichbedeutend mit einem Leistungs-Plus im Vergleich zur motorischen Ausgangs-Basis, dem 2016 eingeführten 991.2 Turbo S, von 120 PS/88 kW. Erzielt wurde dieser dramatische Potenzsprung außer durch Feinbearbeitungen von Kurbelgehäuse und oszillierenden Massen sowie durch geschmiedete Hochleistungs-Kolben von Mahle (für eine um 0,8 auf 9,0:1 reduzierte Verdichtung) durch diese Veränderungen an der Motoren-Peripherie:

- VTG-Turbolader mit im Vergleich zum 991.2 Turbo S mit um neun auf 67 Millimeter vergrößerten Verdichtergehäusen und mit um sieben auf 55 Millimeter vergrößerten Turbinengehäusen, die mit 1,55 bar Ladedruck deutlich mehr Prozessluft in die Brennräume pressen und dadurch speziell im Hochdrehzahlbereich den Energieumsatz steigern.

Versuchsweise an Stelle der geschmiedeten GT2 RS-Serienkolben: hoch belastbare Mahle-Kolben aus dem 3D-Drucker.

Phantomblick in ein Sportwagen-Phantom: Sechspunktgurte und Überrollbügel zur Sicherheit, Technik-Konzentration im Heck.

- In der Luftführung optimierte Expansions-Sauganlage mit verkleinertem Luftfilter für erhöhten Luftdurchsatz, außerdem mit einerseits kürzeren Saugrohren, andererseits verlängertem Verteilerrohr verkleinerten Durchmessers, wodurch Dank veränderter Luftschwingungen das Gemisch in den Brennräumen kühler und leistungsoptimierter zündbar ist.
- Leistungsstärkere Ladeluftkühlung mit optimiertem, im Luftdurchsatz um 27 Prozent erhöhtem Strömungskanal zu den um 15 Prozent vergrößerten Ladeluftkühlern. Deren Positionen im Motorraum wurde zugunsten einer Entdrosselung und Luftstromoptimierung geändert. Zugleich kommt ein neuartiges Wasserkühlsystem zum Einsatz, das die Wärmetauscher bei Belastungsspitzen* mit destilliertem Wasser besprüht. Dadurch wird der Wirkungsgrad der Ladeluftkühler um 20 Prozent erhöht, da die Gastemperatur im Überdruckbereich um bis zu 21 Grad Celsius mehr abgesenkt wird, als dies allein durch den Fahrtwind möglich wäre.
- Sport-Abgasanlage mit strömungsoptimierten, im Querschnitt um 25 Prozent vergrößerten Auspuffkrümmern, integrierten Katalysatoren, automatisch gesteuertem Klappensystem und Titan-Schalldämpfer. Der Schalldämpfer ist im Vergleich zur 991 2 Turbo S-Variante um 7,5 Kilogramm leichter. Das Klappensystem wiederum verringert bei hoher Lastanforderung den Gegendruck zwecks Steigerung der Leistungsausbeute (und Erzeugung eines nochmals gesteigerten Auspuffsounds...).

** Die Wasserkühlung tritt in Aktion, wenn die Prozessluft im Saugrohr über 50 Grad Celsius misst, der Fahrer das Gaspedal zu mehr als 90 Prozent durchtritt und die Motordrehzahl 3000/min übersteigt. Gespeist wird das insbesondere für schnelle Rennstrecken-Runden mit maximaler Leistungsausbeute vorgesehene System aus einem im Fahrzeug-Bug positionierten Fünfliter-Tank. Die zugehörigen Wasserleitungen führen durch die beiden Schwellen nach hinten und vor den hinteren Radhäusern nach oben zu den beiden Ladeluftkühlern.*

Schöner Rücken: hochgesetzter Heckflügel auf filigranen Stützen, Abgasanlage mit Klappensystem für Kraft und Sound.

Porsche 918 Spyder von 2013: Teilelieferant für das Siebengang-PDK des 991 GT2 RS.

Nicht weniger beeindruckend als die Nennleistung von 700 PS/515 kW bei 7000/min und die spezifische Leistung von 184,2 PS pro Liter Hubraum: der Verlauf der Drehmoment-Kurve des 3,8 Liter-Boxermotors. So erreicht dieser sein Drehmoment-Maximum von 750 Newtonmeter bereits bei 2500/min, um bei weiter steigender Drehzahl bis 4500/min ein breites 750 Nm-Plateau zu bilden. Danach sinkt das Drehmoment nur wenig ab: knapp 740 Nm bei 5000/min, 710 Nm bei 6000/min, rund 700 Nm bei der Nenndrehzahl von 7000/min. Als Maximal-Drehzahl nennt Porsche 7200/min, wobei auch bei dieser Spitze noch rund 680 PS/500 kW sowie rund 660 Nm zur Verfügung stehen.

Derartige Kräfte stellen extreme Anforderungen an die Kraftübertragung, die Porsche mit einem eigens für den GT2 RS entwickelten Doppelkupplungs-Getriebe (PDK) zu erfüllen trachtet. Hilfreich waren dabei Erfahrungen mit dem nochmals höheren Kräften ausgesetzten PDK des von Porsche in den Jahren 2013 bis 2015 gebauten Hybrid-Supersportwagen 918 Spyder. Dessen 4,6 Liter großer und 608 PS starker Saug-V 8 bringt es in Kombination mit zwei 129 bzw. 156 PS starken Elektromotoren auf nicht weniger als 1280 Newtonmeter, übertragen durch ein spezielles Siebengang-PDK. Komponenten dieses Getriebes stärken auch das gleichfalls mit sieben Gängen aufwartende PDK des erstmals mit einem derartigen Getriebe gerüsteten GT-Modells der Generation 991.2. Entsprechend den vorbestimmten Einsatzbedingungen des Extrem-Elfers wurde das GT2 RS-PDK speziell abgestimmt: Seine Schaltstrategie sorgt im Vergleich zu den zivileren Turbo-PDK für noch spontanere und schnellere Hochschaltungen unter Zug, aber auch, begleitet von automatisch initiierten Zwischengasstößen, für besonders dynamische Rückschaltungen unter Schub.

Sofern der Fahrer den Getriebe-Modus »PDK Sport« aktiviert hat, verlagern sich die Schaltpunkte bis hin zur Maximal-Drehzahl, während die Rückschaltungen beim Abbremsen noch aggressiver eingeleitet werden. In diesem Sport-Modus wird PDK-typisch ohne Zugkraftunterbrechung und ohne Zutun des Fahrers bei etwa 62 km/h in den zweiten Gang geschaltet, Gang drei folgt bei 108 km/h, Gang vier bei 155 km/h, Gang fünf bei 208 km/h, Gang sechs bei 260 km/h und Gang sieben bei 311 km/h. Bei der Höchstgeschwindigkeit von 340 km/h dreht der 3,8-Liter mit 6700/min. PDK-typisch kann die Schaltautomatik die Gänge selbsttätig wechseln, aber sie muss es nicht unbedingt. Schließlich bietet sich dem Fahrer die Möglichkeit, Gangwechsel mit Hilfe zweier sogenannter »Paddles« hinter dem Lenkrad oder alternativ mit einem Hebel auf der Mittelkonsole nach eigenem Gusto einzuleiten – dies sowohl aufwärts, als auch abwärts. PDK überstimmt den Fahrer bei diesem Tun materialschützend nur dann, wenn der meint, mutwillig die gegebenen Drehzahlgrenzen sprengen zu müssen oder aber sich verschaltet...

GT2 RS-Getriebespezialität für Profis: »Paddle Neutral« trennt Motor und Antrieb

GT2 RS-exklusiv bietet das PDK zudem eine Sonderfunktion namens »Paddle-Neutral«. Zieht der Fahrer dafür beide Schaltpaddles gleichzeitig Richtung Volant, öffnen die Kupplungen des PDK, woraufhin der Kraftfluss zwischen Motor und Antrieb unterbrochen wird. Sinn der Übung: Werden beide Paddles wieder gelöst, schließt die Kupplung sehr schnell oder gar blitzartig, je nachdem, ob das Porsche Stability Management (PSM) aktiviert oder aber deaktiviert ist. Auf diese Weise kann ein talentierter Fahrer das Fahrzeug-Heck gezielt destabilisieren, um beispielsweise in Kurven ein unerwünschtes Schieben über die Vorderräder (Untersteuern) zu kompensieren – oder aber, um einen gepflegten Drift einzuleiten, was bekanntermaßen Könnern am Volant besonderes Vergnügen bereitet. Nützlich ist »Paddle-Neutral« auch beim Beschleunigen aus dem Stand, hat dabei doch der Fahrer die Möglichkeit, wie bei einem konventionellen Schaltgetriebe via Kupplung und Gaspedal den Verlauf und die Qualität des Beschleunigens zu beeinflussen.

Gangwechsel automatisch oder manuell, mittels Paddles am Lenkrad oder Konsolen-Hebel.

Leichtbau zur Anschauung: CfK an den Rückspiegeln,...

...an den Lufteinlässen und Karosserie-Blenden,...

Motorsport- und Supersportwagen-Standards bietet der 991 GT2 RS also in Sachen Fahrwerk und Antrieb, doch wie ist es um den Leichtbau bestellt? Immerhin zählen die GT2 RS-Basis, der 991 Turbo S, aber auch die Turbo-Folgegeneration mit der Typnummer 992 mit 1595 bzw. sogar 1640 Kilogramm keineswegs zu den Leichtgewichten des Supersportwagen-Reigens. Abspecken ist somit oberste Maxime, schließlich muss jedes nicht vorhandene Kilogramm weder beschleunigt, noch abgebremst werden. Der 991.2 GT2 RS ist ein beredtes Beispiel dafür, an wie vielen Stellschrauben gedreht werden muss, um das Leergewicht zu reduzieren und damit das Leistungsgewicht zu verbessern. Teile der GT2 RS-Karosserie bestehen folglich aus Carbonfaser-verstärktem Kunststoff (CfK), teils in Wagenfarbe lackiert (vordere Kotflügel, Heckdeckel), teils in Sicht-Carbon ausgeführt (Frontdeckel, diverse Blenden an Karosserieöffnungen und an den Außenrückspiegeln, Heckflügel).

...sowie an Lufthutzen und Blenden der Motorhaube.

991 GT2 RS Kohlefaser-Vollschalensitze: 14 kg leichter als die Sessel des 991 Turbo.

Am meisten Ballast konnte bei diesem Tun allerdings dadurch vermieden werden, indem der grundsätzlich vorteilhafte Allradantrieb des Turbo-Modells entsorgt wurde. Reiner Heckantrieb in klassischer Elfer-Manier drückte das Gewicht Dank des Verzichtes auf Übertragungselemente zur Vorderachse und ein Vorderachs-Differential um nicht weniger als 50 Kilogramm. An zweiter Stelle der Gewichtsreduktion folgen der (allerdings optionale) Verzicht auf zwei Luxus-Accessoires der Turbo-Geschwister, nämlich die Klimaanlage[1)] und das Porsche Communication Management*) (PCM, siehe auch Seite 225). Minus 19 Kilogramm konnten hier auf der Gewichts-Streichliste abgehakt werden, dicht gefolgt von den gegenüber den superkomfortablen, vielfach verstellbaren Turbo-Fauteuils um immerhin 14 Kilogramm leichteren Kohlefaser-Vollschalensitzen*). Der Entfall der bei reinrassigen Sportwagen ohnehin obsoleten Fond-Sitzanlage brachte 9,6 Kilogramm Ersparnis , der superleichte Titan-Schalldämpfer sorgte für minus 7,5 Kilogramm. Leichtbau-Glas für die Heck- und Fondseitenscheiben (minus 3,5 Kilogramm) und Leichtbau-Teppich sowie Leichtbau-Kabelstrang (minus 3,3 Kilogramm) stehen als weitere Abmagerungs-Maßnahmen im GT2-Leichtbaukatalog.

Minus 2,2 Kilogramm brachten vordere CfK-Kotflügel, minus zwei Kilogramm der CfK-Frontdeckel, gleichauf mit ebenfalls zwei Kilogramm, die Leichtbau-Polyurethan mit Glashohlkugeln und Kohlefaserelementen für die Bug- und Heckteile einsparte. CfK sorgte überdies bei den Konsolen und Luftzuführungen der beiden Ladeluftkühler für etwas Erleichterung – hier sind es minus 1,4 Kilogramm (davon 1,2 Kilogramm auf das Konto der beiden Konsolen). Ein Kilogramm erspart das aus Magnesium statt aus Aluminium gefertigte GT2 RS-Dach, 0,9 Kilogramm und 0,8 Kilogramm

** Klimaanlage, PCM und das Turbo-Gestühl konnten eher komfortorientierte GT2 RS-Käufer alternativ und ohne Aufpreis ordern.*

GT2 RS-Auslegeware: im Vergleich zur Turbo-Ausstattung gewichtssparende Ausführung.

listet das Gewichts-Protokoll als Minus-Posten für den CfK-Heckflügel und die CfK-Haubenscharniere. In der Summe kamen so rund 117 Kilogramm Mindergewicht zusammen, weiteres Feilen in Gramm-Bereichen, etwa durch Leichtbau-Türtafeln mit roten Öffner-Schleifen im Stil des ersten 911 RS von 1973, sorgten letztendlich für 125 Kilogramm Mindergewicht im Vergleich zum 991.2 Turbo S – 991.2 GT2 RS-Leergewicht nach DIN: 1470 Kilogramm.

Wer es darauf anlegte, auch diesen Wert noch zu unterbieten, der musste das mit 29750 Euro berechnete »Weissach RS«-Paket ordern, um weitere knapp 27 Kilogramm zu eliminieren – Preis pro eingespartem Kilogramm: 1101,85 Euro. Für diesen stattlichen Betrag gab es dann Magnesium-Schmiederäder (minus 11,5 Kilogramm), einen Überrollkäfig aus Titan (minus neun Kilogramm) statt des Stahl-Käfigs des im GT2 RS serienmäßigen Clubsport-Pakets, die bereits erwähnten CfK-Stabis und -Koppelstangen (minus 5,3 Kilogramm), eine Dachpartie aus CfK statt aus Magnesium (minus 500 Gramm), CfK-Schaltpaddles (minus 200 Gramm) und einen Superleichtbauteppich (minus 200 Gramm).

Um 900 Gramm leichter als beim Vorgänger: 991 GT2 RS-Heckflügel aus Sichtcarbon.

GT2 RS-Überrollkäfig: serienmäßig aus Stahl, in „Weissach"-Version aus leichterem Titan.

991 GT2 RS: schlechtere Aerodynamik, dafür mehr Abtrieb

»Der 911 GT2 RS gibt seine motosportliche Widmung uneingeschränkt zu erkennen« – mit diesem Kernsatz fassten im Juni 2017 die Texter der GT2 RS-Pressemappe die Philosophie des damals stärksten und kompromisslosesten Elfers zusammen – ungeachtet dessen Straßenzulassung. *»Abtrieb«*, heißt es da weiter, *»geht vor Luftwiderstand, Kurvengeschwindigkeit vor Endgeschwindigkeit.«* Ein Vergleich zweier Daten von 997 GT2 RS und 991 GT2 RS bestätigt die gewählte Schwerpunkt-Setzung der Porsche-Sportabteilung: Mit 700 PS/515 kW geriet der 991.2 RS zwar um 80 PS/59 kW stärker als sein Vorgänger, doch seine V_{max} nahm keineswegs derart zu, wie dies das Leistungs-Plus erwarten ließe. Sie übertrifft das Limit der 997 GT2 RS-Version mit 340 km/h um lediglich zehn km/h. Tatsächlich zogen die Weissacher Motorsport-Spezialisten bei ihrem Straßen-Rennwagen alle Register, um einen bestmöglichen Abtrieb zu gewährleisten, auf dass der Wagen selbst im 300 km/h-Plusbereich nicht zum Flugzeug mutiere und möglichst hohe Kurven-Tempi ermögliche. Dabei wurde akzeptiert, dass der für die Aerodynamik mitverantwortliche Luftwiderstands-Beiwert (c_w-Wert) mit 0,35 sogar einen Hauch schlechter ausfiel als bei der Messung des 997-Vorgängers, der mit 0,34 in der Datensammlung aufgeführt ist. Da auch dem sportlichsten Elfer das Schicksal zunehmender Außenmaße nicht erspart blieb (siehe dazu auch das 992 Turbo-Kapitel ab Seite 202), wuchs der Aufbau der 991.2 GT2 RS-Version im Vergleich zum Vorgänger um 28 Millimeter in die Breite und um zwölf Millimeter in die Höhe. Resultat: Mit 2,14 m^2 wartet die 991.2 GT2 RS-Generation mit einer um 0,09 m^2 größeren Stirnfläche auf, als der RS-Vorgänger. Und zusammen gerechnet wuchs der Luftwiderstand, Stirnfläche multipliziert mit dem Luftwiderstandsbeiwert c_w, um 0,049 auf 0,749.

Doch dieses Wachstum ist nicht die einzige Ursache der vergleichsweise marginalen Speed-Erhöhung. Vielmehr sorgen auch aerodynamische Finessen für ein hohes Abtriebs-Vermögen, förderlich zwar der Fahrbarkeit und der Bodenhaftung, nicht jedoch der Windschlüpfigkeit. So sorgt beispielsweise ein sicherheitshalber zusätzlich mit Verstärkungsseilen angekettetes und speziell geformtes Bugunterteil an der Front bei 200 km/h für zusätzlich 49 Kilogramm Abtrieb, bei Höchstgeschwindigkeit sind es gar 200 Kilogramm, die zusätzlich die Vorderräder belasten. Je nach Setup des feststehenden Heckflügels aus Sichtcarbon drücken bei V_{max} zusätzliche, weil aerodynamisch erzeugte 207 Kilogramm (Straßen-Einstellung) oder gar 271 Kilogramm (Rennstrecken-Einstellung) auf das Fahrzeug-Heck. Insgesamt, also unter Mitwirkung der Karosserie-Grundform, wirken bei 340 km/h, somit der GT2 RS-Höchstgeschwindigkeit, 340 Kilogramm aerodynamischen Abtriebs auf das Coupé, in Rennabstimmung des Heckflügels sind es in Summe gar 450 Kilogramm.
Auch der Fahrzeug-Unterbodenströmung wurde eine erhöhte Aufmerksamkeit der Entwickler zuteil. Breite Seitenschwellen vergrößerten den weitgehend glatten Unterboden, der so gestaltet ist, dass auch hier ein erhöhter Unterdruck als Ergänzung des an der Karosserie-Oberseite erzeugten Abtriebs erzeugt wird. Längsfinnen an der Unterseite der Heckpartie sorgen in der Art eines Diffusors für eine Optimierung der dortigen Luftströmung und zugleich für eine Luftführung in Richtung zweier Belüftungskanäle für die Auspuffkrümmer. Schließlich sorgen mit Carbon-Lamellen abgedeckte Karosserieöffnungen oberhalb der vorderen Radausschnitte für eine Entlüftung der vorderen Radhäuser. Dadurch wird der durch die rotierenden Räder erzeugte Überdruck reduziert, gleichbedeutend mit einer Minderung des Auftriebs.

Erhöht den Abtrieb am Vorderwagen bei Höchstgeschwindigkeit um 200 Kilogramm:...

...speziell geformtes und zur Sicherheit mit Stahlseilen angekettetes Bugunterteil.

Weniger Überdruck in den vorderen Radhäusern: Öffnungen mit Carbon-Lamellen.

Äußerlich hebt sich so ein 991.2 GT2 RS Dank seiner rustikalen, aerodynamischen Accessoires deutlich von seinen luxuriösen Turbo-Genossen ab – und auch im Cockpit gibt es keine Zweifel darüber, wofür der stärkste Elfer gedacht und gemacht ist: nämlich weniger für den Luxusgenuss, vielmehr für´s konzentrierte Fahren, und das idealerweise in Grenzbereichen. Dafür sorgen sowohl CfK-Vollschalensitze mit schwarzen Lederbezügen für die Flanken und alternativ roten oder schwarzen Alcantara-Bezügen für die Sitzmittelbahnen, als auch Zutaten des serienmäßigen Clubsport-Pakets: der offen sichtbare, stählerne Überrollbügel, die (beigelegten) Sechspunktgurte oder der Feuerlöscher. GT2 RS-Logos im Drehzahlmesser, an den CfK-Einstiegsleisten der Türausschnitte, an einer Carbon-Sichtblende des Armaturenbretts vor dem Beifahrer, an der Einfassung des PDK-Wählhebels und eingestickt in die Kopfstützen-Polster sowie in die Fondabdeckung sind weitere Hinweise auf die motorsportliche Bestimmung. Und wer das sogenannte »Weissach«-Paket geordert hatte, der bekommt dies im Interieur gleichfalls schriftlich garantiert, nämlich in Gestalt einer Plakette am Armaturenbrett und mittels roter »Weissach RS«-Schriftzügen an den Kopfstützen der Schalensitze.

GT2 RS-exklusiv: CfK-Schalensitze mit Leder-/Alcantara...

...in rot oder schwarz, passend zur Lenkradfarbe.

Aufklärung für den Copiloten: „Weissach"-Hinweis.

Porsche-typisch lässt sich freilich auch so ein 285220 Euro teurer GT2 RS noch zusätzlich »anfetten« – etwa mit einem Vorderachs-Liftsystem für 2975 Euro als Vorsorge für eventuelle Stadtfahrten auf dem Weg zur Rennstrecke. Mit dessen Hilfe lässt sich die empfindliche, durch hohe Bordsteine gefährdete Front bis Tempo 50 um 30 Millimeter anheben. Sonderlackfarben, etwa GT-silbermetallic, Kreide oder Lavaorange, kosten 3570 Euro extra, sollte das serienmäßige Lackspektrum (schwarz, weiß, rot oder racinggelb) nicht konvenieren. Rückfahr-Kamera gewünscht? Machbar für den, der innerstädtische Parkmanöver oder aber Dreher auf oder abseits der Rennstrecke nicht auszuschließen vermag. Der Preis? 654,50 Euro. Gegenüber dem GT2 RS-Standard aufwändigere Lederausstattung? 3034,50 Euro. Individueller beleuchteter Schriftzug (etwa des GT2-Besitzers) in den Türeinstiegsblenden? Auch das ist kein Problem – 1130,50 Euro. Für GT2 RS-Interessenten sehr wahrscheinlich interessanter als Luxus-Accessoires dürfte freilich der sogenannte »Manthey Performance Kit« sein…

Was zu beweisen war: GT2 RS von Manthey mit neuem Nürburgring-Rekord

Manthey?
Dabei handelt es sich um ein seit den 1990er Jahren eng mit Porsche Motorsport kooperierender Nordschleifen- und Porsche-Spezialist mit Sitz in Meuspath, Landkreis Ahrweiler, Rheinland-Pfalz. Meuspath gehört zur Verbandsgemeinde Adenau, deren Touristiker ihren Ort gerne stolz und *»mit Fug und Recht«* als *»die Wiege der weltbekannten Rennstrecke«* bezeichnen. Im Dezember 2013 übernahm die Porsche AG eine Mehrheitsbeteiligung von 51 Prozent an der Manthey Racing GmbH, die Olaf Manthey 1996 gegründet und dessen Mannschaft seit 1997 die Rennserie Porsche Supercup dominiert hatte.
6:43,300 Minuten – in dieser für Kenner der Nürburgring-Nordschleife unfassbar kurzen Zeit umrundete Porsche-Entwicklungsfahrer Lars Kern am 14 Juni 2021 die 20,832 Kilometer lange Berg-und-Talbahn in der Eifel. Durchschnittsgeschwindigkeit: 185,87 km/h. Wie das Fahrzeug, so die verwendete Bereifung, nämlich straßenzugelassen: Michelin Pilot Sport Cup 2R, also keine Slicks. Allerdings erzielte der eingesetzte Porsche GT2 RS diese Fabelzeit nicht im serienmäßigen Trimm…sofern man bei einem in kleiner Auflage gebauten Sportwagen der GT2 RS-Gattung von »Serienfertigung« sprechen kann. Dr. Frank-Steffen Walliser, Leiter der Baureihen 911 und 718, erläuterte: *»Gemeinsam haben die Ingenieure von Manthey und Porsche ein perfekt aufeinander abgestimmtes Paket entwickelt, das den 911 GT2 RS noch performanter macht.«*

Grund zur Freude: Porsche-Testpilot Lars Kern mit zwei Rundenzeiten für die Nürburgring-Annalen. Die Zeit oben wurde auf der vollen Runde erzielt, die Zeitangabe darunter entspricht der früher gebräuchlichen kurzen Ring-Variante.

Stationen einer Nürburgring-Rekordfahrt: Lars Kern im 991 GT2 RS.

Und was hat es mit dem von Dr. Frank-Steffen Walliser erwähnten Manthey Performance-Paket für den auf öffentlichen Straßen nutzbaren GT2 RS auf sich?
Dieser Kit besteht aus speziell für den GT2 RS entwickelten, aufeinander abgestimmten Fahrwerks-, Aerodynamik- und Brems-Komponenten. Zu den von der Zuffenhausener Hochleistungs-Abteilung Porsche Tequipment vertriebenen Doping-Zutaten zählen zudem die Leichtbau-Magnesiumräder des »Weissach«-Pakets (siehe auch Seite 279), vorn mit 20 Zoll Raddurchmesser, hinten mit 21 Zoll. Sichtbare Erkennungs-Merkmale der Manthey-Rüstung sind zusätzliche, sogenannte Flaps (siehe das Detail-Foto auf dieser Seite) an der Frontschürze, die in Kombination mit einem Carbon-Unterboden und zusätzlichen Luftleitelementen im Bereich der Vorderräder den Abtrieb erhöhen. Bei einer Geschwindigkeit von 200 km/h steigt dadurch der Anpressdruck vorn von 49 auf 70 Kilogramm. Ein gegenüber der GT2 RS-Basis geänderter Heckflügel erhöht den Abtrieb an der Hinterachse in Kooperation mit einem geänderten Diffusor und sogenannten Aerodiscs an den beiden Hinterrädern (siehe das Detail-Foto auf dieser Seite) sogar um mehr als das Doppelte, nämlich von 93 auf 200 Kilogramm.
Außer der Aerodynamik widmeten sich die Manthey-Spezialisten auch intensiv der GT2 RS-Fahrwerkstechnik. So können die Stoßdämpfer der Vorderachse ohne Werkszeug dreifach verstellt werden, an der Hinterhand parieren vierfach verstellbare Stoßdämpfer Fahrbahnstöße. Alle vier Räder rollen in Manthey-Konfiguration im 2,5 Grad Negativsturz an Stelle von minus 1° 51´ vorn bzw. minus 2° 15´ hinten. Rennbremsbeläge bescheren der Keramik-Bremsanlage ein nochmals verringertes Fading und eine verbesserte Dosierbarkeit. Bremsleitungen mit Stahlummantelung sorgen für eine noch direktere Pedalrückmeldung. 362464 Euro Euro sind der Einstandspreis, um einen Porsche GT2 RS mit Manthey Performance-Kit bei GT-Rennen einsetzen zu können, zusätzliche 17850 Euro waren fällig, sollte die Bestückung mit speziellen, gegenüber der Werksversion pro Exemplar um 375 Gramm leichteren Magnesiumrädern erwünscht sein...

Dr. Frank-Steffen Walliser: „Porsche/Manthey-Kooperation für noch höhere Performance..."

Bestandteile der Manthey-Rüstung: Flaps an der Frontschürze...

...und Aerodiscs an den Hinterrädern mit 21 Zoll Durchmesser.

Manthey-Heckdetails: geänderter Flügel und Diffusor für mehr Abtrieb an der Hinterhand.

Manthey-GT2 RS vor angemessener Kulisse: Die Rennplakate künden von Erfolgen der Ahnen.

Rückbesinnung auf die Turbo-Anfänge, Betonung der GT2 RS-Bestimmung

Dass und unter welchen Vorzeichen Porsche Mitte der 1970er Jahre einen Turbo-Rennwagen auf Elfer-Basis entwickelte und damit das erste Kapitel einer Sportwagen-Legende schrieb, wurde auf den Seiten 14 ff und im 934 Turbo RSR-Kapitel ab Seite 36 erzählt. Der Porsche Turbo für die damalige Gruppe 5 (Spezial-Produktionswagen) fand dort indessen keine Erwähnung, ist doch dieser Porsche 935 unter Nutzung des damaligen Reglements noch weiter entfernt vom Chronik-Thema „Serien-Turbo", als der einstige Gruppe 4-934, der immerhin als wichtigster Geburtshelfer für den Straßen-Elfer mit Aufladung diente.

Mit der 934-Abwandlung 935 holte sich Porsche in den Jahren 1976 bis 1979 vier Jahre hintereinander die Markenweltmeisterschaft, 1979 kreuzte ein von Kremer eingesetzter 935 als Erster das Ziel nach den 24 Stunden von Le Mans. Erfolgreich war der Super-Porsche mit der annähernden Silhouette eines Straßen-911 auch in der amerikanischen IMSA GT-Serie, wo er Porsche 1978 bis 1982 den Marken-Titel sicherte. Schließlich lieferten sich in der damaligen Deutschen Rennsport-Meisterschaft die Kölner Kremer- und Loos-Teams mit ihren 934- und 935-Geräten bis heute gern erzählte Fehden – dies sowohl auf, als auch neben der Rennstrecke.

An diese gloriose Porsche Turbo-Ära erinnerte Porsche im September 2018 im kalifornischen Laguna Seca anlässlich der *»Rennsport Reunion«* im Rahmen der dortigen prominenten Klassik-Rennveranstaltung. Dr. Frank-Steffen Walliser, Porsche-Vice President Motorsport und GT-Wagen, enthüllte aus diesem Anlass ein *»Geburtstags-Geschenk von Porsche Motorsport für die Fans überall auf der Welt«*.

Geburtstags-Geschenk?

Dr. Frank-Steffen Walliser: beschenkte 2018 Porsche- und Rennsport-Freunde.

Ansichten eines Traums: Der „New 935“ als Reminiszenz an den 1978er 935 „Moby Dick“.

In der Tat – diesen Porsche »New 935« auf Basis des 991.2 GT2 RS präsentierte Porsche den Enthusiasten aus einem triftigen Grund: 70 Jahre zuvor war der erste Porsche-Sportwagen, Typnummer 356, im österreichischen Gmünd entstanden. Dieses Jahr markiert somit den Beginn einer atemraubenden Geschichte des *»Fahrens in seiner schönsten Form«* – und es war das Startjahr einer viele Jahrzehnte währenden Erfolgsgeschichte im Motorsport. Gedacht lediglich für Clubsport-Veranstaltungen und Privat-Vergnügen auf abgeschlossenen Rennstrecken bedurfte es für den 2018er 935 keiner offiziellen Motorsport-Homologation – und keiner entsprechenden Entwicklungs-Zwänge. Dr. Walliser: *»Folglich mussten seine Designer und Entwickler nicht den üblichen Vorgaben der Sportgesetzgebung entsprechen. Sie hatten völlige Freiheit des Gestaltens.«*

Wie schon beim historischen Vorbild geschehen, wurden die meisten Karosserie-Anbaupartien des neuen 935 durch Carbon/Kunststoff-Teile ersetzt. Dabei orientierte sich Porsche-Designer Grant Larson am 935 Le Mans-Rennwagen von 1978 mit Chassis 935/78.006, den Fans bis heute als »Moby Dick« im Gedächtnis gespeichert haben. Wie dieser wartet auch die moderne Recreation mit einer besonders lang gezogenen Silhouette auf, die sich über 4,87 Meter streckt und damit die Ausgangsbasis 991 GT2 RS um rund 32 Zentimeter übertrifft. Mit 2,03 Meter wuchs der 935/2018 zudem um 56 Millimeter in die Breite. 935-exklusiv ist auch der monumentale, 1909 Millimeter breite und 400 Millimeter tiefe Heckflügel

Hatte beim „New 935“-Design freie Hand: Grant Larson mit Auspuff-Endrohr im 908-Stil.

Vorbild für den „New 935“ von 2018: Le Mans-Sieger 935 K3 1978 beim Boxenstopp.

„New 935"-Silhouette: übertrifft die GT2 RS-Basis mit 4,87 Meter um 32 Zentimeter.

Allerdings zitiert der neue 935 nicht allein seinen klassischen Namensgeber, diesen zum Beispiel auch mit den aerodynamischen Verkleidungen der Räder. Vielmehr wurden seine LED-Rücklichter vom Porsche 919 Hybrid LMP1 der Jahre 2013 bis 2017 übernommen, die Endrohre der Auspuffanlage erinnern an die Trompeten des 1968er Porsche 908. Auch das 935-Cockpit erlaubt Rückblicke in die Porsche-Motorsportgeschichte. So erinnert der hölzerne Schalthebelknopf an dessen aus gleichem Holz geschnitzten Vorfahren im Porsche 917, 909 Bergspyder oder 356 Carrera GT. Deutlich jüngeren Ursprungs ist hingegen das Carbon-Volant und das Farb-Display der Armaturen – Herkunft: der Motorsport-911 GT3 R aus dem „New 935"-Debütjahr.

Sollte die nur 77Mal gebaute Sammler-Pretiose trotz des hohen Kaufpreises von netto 701948 Euro* allen Ernstes zum Pisten-Einsatz kommen, dann ist immerhin ausreichend vorgesorgt, falls sich Fahrer-Talent und 935-Potential als unvereinbar erweisen: Der Notausstieg im Dach entspricht der FIA-Vorgabe nach Artikel 275a, der massive Überrollkäfig, Sechspunktgurt und Rennschalensitz garantieren dem Piloten passive Sicherheit. Das 935-Fahrvergnügen darf der Besitzer im Übrigen ohne Gesellschaft auskosten – zumindest dann, wenn er als bekennender Egoist das optionale Beifahrergestühl bei der Bestellung nicht ausdrücklich geordert hat. Die Klimaanlage ist zwecks Sicherstellung optimaler Betriebstemperaturen im Cockpit hingegen serienmäßig an Bord.

** plus Länder-spezifische Mehrwertsteuer.*

„New 935"-Cockpit: Carbon-Volant und Armaturen-Display aus dem 2018er GT3 R.

Die komplette „New 935"-Technik entspricht, abgesehen von der Bremsanlage, dem Geläuf und dem Treibstoff-Reservoir, der 991 GT2 RS-Basis. Verzögert wird der im Vergleich zum GT2 RS um 90 auf 1380 Kilogramm abgespeckte 935 statt mit großformatigen Keramik-Scheiben mit im Umfang etwas kleineren aus Stahl (Umfänge vorn/hinten: 380/355 mm). Und statt auf den GT2 RS-Rädern mit 20/21 Zoll-Umfängen rollt der 935 vorn und hinten auf 18 Zoll-Rädern mit den Felgenbreiten 11 ½ J (vorn) bzw. 13 J (hinten). Ein 115 Liter-Sicherheitstank an Stelle des GT2 RS-Tanks (64 Liter, 90 Liter optional) sichert ein deutlich ausgedehnteres Fahrvergnügen.

In der Nennleistung ist der »New« 935 gleichauf mit seinem Technik-Spender 991 GT2 RS: 700 PS/515 kW sind wahrhaft ausreichend, wenn auch nicht auf dem Niveau des 1970er Jahre-Vorbilds 935 „Moby Dick". Der brachte es auf 845 PS/620 kW bei 8200/min. Gleichstand von GT2 RS und „New 935" wiederum in Sachen Siebengang-PDK und Porsche Stability Management (PSM, siehe Seite 276) inclusive ABS – durchweg Fahrassistenten, deren Aufgaben die Piloten der klassischen 935 noch selbst zu übernehmen hatten. Immerhin: Wer glaubt, auf das PSM verzichten zu können, kann das Sicherheitsnetz zugunsten eigener Verantwortung deaktivieren.

Fuhr den „New 935" beim Pikes Peak-Bergrennen 2020 auf Platz 5 im Gesamtklassement: Jeff Zwart.

Nicht nur für Sonntagsfahrer und Spekulanten geeignet: Diesen „New 935" prügelte…

…Jeff Zwart nach 12,5 Pikes Peak-Meilen und 156 Kurven auf Platz 3 seiner Klasse.

2020 beim „Race to the Clouds" Gesamt-Dritter und Klassensieger: GT2 RS Clubsport mit David Donner (links) am Volant.

Dass der »New 935« mehr ist, als nur ein faszinierendes, nostalgisch eingefärbtes Showstück für die Garagen betuchter Sammler, bewies beim 89ten Pikes Peak International Hill Climb Ende August 2020 der US-Rennfahrer Jeff Zwart. Bei in jenem Jahr ausgesprochen widrigen Streckenverhältnissen konnte er mit der exklusiven Moby Dick-Recreation nach 12,5 Meilen und 156 Kurven Platz fünf im Gesamt-Klassement und Platz drei in der Klasse »Time Attack 1« belegen. Besser waren beim legendären »Race to the Clouds« in Colorado lediglich Pikes Peak-Specials – und »Time Attack 1«-Klassensieger, zugleich Dritter der Gesamtwertung David Donner. Der dreifache Pikes Peak-Sieger fuhr allerdings wie Zwart Porsche, und zwar einen 991.2 GT2 RS Clubsport, Thema der folgenden Zeilen.

GT2 RS Clubsport: Kampfansage aus dem Ort, wo Motorsport-Legenden entstehen

Die USA sind für Porsche seit 356-Zeiten der wichtigste Export-Markt, und diese Relevanz für die Zuffenhausener dokumentiert die zweite Motorsport-Premiere von Porsche des Jahres 2018: Wie schon der »New 935« feierte auch der GT2 RS Clubsport sein Debüt im November in den USA, dieses Mal jedoch in Los Angeles. Mit dem 935 hat der Clubsport vieles gemeinsam, doch im Gegensatz zur eher spielerischen 935-Fingerübung der Porsche-Entwickler dient der GT2 RS Clubsport Porsche-Kunden weniger als Sammel-Objekt, als vielmehr als Basis für ernsthafte Motorsport-Aktivitäten. Folglich entspricht er in FIA-relevanten Details den geltenden Vorschriften, wohingegen die Regeln einer Straßen-Zulassung keine Berücksichtigung finden mussten. Heraus kam dabei das laut damaliger Porsche-Ankündigung *»stärkste GT-Kundensportfahrzeug, das wir je gebaut haben«*.

GT2 RS Clubsport-Kennzeichen: extrem hoher, nach hinten ragender Heckflügel, flankiert von Seitenflossen.

„Siegertyp" und „Kampfansage" von Porsche: GT-Kundensport-fahrzeug GT2 RS Clubsport.

Weiter im Text der Broschüre mit dem Untertitel *»Siegertyp«* heißt es da in einer für Porsche-Verhältnisse eher unüblich unbescheidener Diktion: *»Für seine Gegner ist er eine echte Kampfansage... Und eines schon vorweg: Die Frage ist nicht, ob er gewinnen kann. Sondern nur, mit wie viel Abstand.«*
Was aber unterscheidet den Clubsport vom »gewöhnlichen« GT2 RS? Schon äußerlich stehen beim Clubsport noch mehr als beim GT2 RS die Zeichen auf Sturm: Zusätzliche Flics am Frontspoiler und ein noch mehr in die Höhe und nach hinten ragender, rohbaufester Heckflügel mit speziellen Trägern und Seitenflossen sorgen für noch mehr Abtrieb – und für veränderte Außenmaße des Boliden: Gegenüber dem straßenzugelassenen GT2 RS wuchs die Länge der Clubsport-Version um 194 auf 4743 Millimeter, die Höhe (über dem Heckflügel als höchstem Anbauteil) um 62 auf 1359 Millimeter. Die mit Schnellverschlüssen versehenen Leichtbau-Front- und Heckdeckel erlauben in den Boxen besonders fixen Zugang zur Technik. Auch die komplette Karosserie in Aluminium-Stahl-Verbundbauweise wurde gewichtsreduzierenden Maßnahmen unterworfen mit dem Resultat eines im Vergleich zur GT2 RS-Straßenversion um 80 auf rund 1390 Kilogramm reduzierten Leergewichtes.
Den aktuellen FIA-Anforderungen entsprechen diese Clubsport-Details:

- der eingeschweißte Überrollkäfig (gemäß FIA-Artikel 277),
- die Rettungsluke im CfK-Dach (zertifiziert nach FIA-Artikel 275a),
- der Recaro-Rennschalensitz mit Längsverstellung und Padding-System zur individuellen Anpassung an den Fahrer (gemäß FIA-Standard 8862/2009),
- der 115 Liter-FT3-Sicherheitstank,
- das um Regenlicht gemäß FIA-Vorschrift ergänzte Lichtsystem,
- die zentrale Feuerlöschanlage
- Abschleppschlaufen vorn und hinten.

Hoch die Flossen: Die Höhe über dem Clubsport-Heckflügel misst 1359 Millimeter.

Obwohl in den Papierdaten für die Nennleistung und das maximale Drehmoment mit 700 PS/515 kW bei 7000/min und 750 Nm zwischen 2500 und 4500/min gleichauf mit der GT2 RS-Straßenversion, beließen es die Weissacher-Motorsporttechniker auch auf diesem Gebiet nicht beim Serienstandard. Vielmehr wurden die Zu- und Abluftführungen der Ladeluftkühlung genauso rennoptimiert, wie das Wasser-Aufsprühsystem der Ladeluftkühler mit auf das Vierfache, nämlich 20 Liter vergrößertem Wassertank, der im Innenraum des Fahrzeugs positioniert und von außen befüllbar ist. Das Doppelkupplungs-Getriebe erfuhr zugunsten noch rasanterer Gangwechsel eine geänderte Schaltzeit-Programmierung. Die speziell für den Clubsport entwickelte Abgasanlage mit 100-Zellen-Metallkatalysator und Endschalldämpfer mit Doppelendrohr in mittiger Anordnung an Stelle der beim Straßen-GT2 RS links und rechts außen angeordneter Einzelrohre ergänzen das Fitnessprogramm für Renneinsätze antriebsseitig. Somit darf vermutet werden, dass die Werks-Leistungsangaben stark untertreibend ausgewiesen sind...

Auch das GT2 RS-Fahrwerk blieb bei der Vorbereitung auf Motorsport-Aktivitäten nicht ungeschoren, sichtbar durch die im Vergleich zur Straßenversion unterschiedliche Rad/Reifen-Kombination. Wie schon beim „New 935" kommen in der Clubsport-Version statt der vorn zu hinten unterschiedlichen Dimensionen des Straßen-GT2 RS rundum 18 Zoll-Räder zum Einsatz, vorn 10 ½ Zoll breit und mit nur 28 Millimeter Einpresstiefe (GT2 RS: 9 ½ Zoll, ET 50), hinten wie beim GT2 RS 12 ½ Zoll breit, jedoch mit um zwei auf 46 Millimeter reduzierter Einpresstiefe. Naturgemäß rollt der Rennsport-GT auch nicht wie die Straßenversion auf konventionellen ZR-Pneus, sondern auf Michelin-Slicks des Formats 27/65-18 vorn bzw. 31/71-18 hinten. Entsprechend des höheren Grips der Rennbereifung erfuhren die Schmiedelenker an den vorderen und hinteren Radaufhängungen Verstärkungen zugunsten höherer Steifigkeit und überdies Hochleistungs-Gelenklager.

Selbst die Bremsanlage des Clubsport unterscheidet sich deutlich von der hochkarätigen Version des straßentauglichen GT2 RS. An Stelle der Keramik-Bremsanlage kommt eine stählerne Rennbremsanlage zum Einsatz, mit vom Fahrer über ein Waagebalkensystem regulierbarer Bremskraftverteilung vorn zu hinten, mit Rennbremsbelägen und einer optimierten Bremsluftführung. Die Stahlscheiben, vorn mit 390 Millimeter, hinten mit 380 Millimeter Durchmesser, sind mehrteilig, innenbelüftet und geschlitzt. Rennbremssättel, vorn in Sechskolben-Aluminium-Monobloc-Ausführung, hinten mit vier Kolben, jeweils mit »Anti-Knock-Back«-Kolbenfedern, ergänzen das Clubsport-spezifische Bremssystem.

In Höhe, Sturz und Spur einstellbare vordere McPherson-Federbeine, separat zweifach in Zug- und Druckstufe verstellbare Dreiwege-Stoßdämpfer an Vorder- und Hinterachse sowie beidseitig verstellbare Schwertstabilisatoren erlauben es den Renningenieuren, sowohl das Eigenlenkverhalten, als auch das Einlenkverhalten und die Handling-Eigenschaften zu manipulieren. Dadurch lässt sich das Fahrverhalten an unterschiedliche Streckenprofile, aber auch an individuelle Fahrer-Präferenzen anpassen, je nachdem, ob die Rennstrecke eher niedrige oder hohe Tempi erlaubt. Zur Arbeitserleichterung in der Boxengasse verfügt die Clubsport-Version des GT2 RS über eine Dreistempel-Lufthebeanlage, die abnehmbaren Front- und Heckdeckel verfügen über Schnellverschlüsse zwecks flinken Zugangs zur Technik.

Deutlich sichtbare Modifikationen erfuhr auch das Clubsport-Cockpit, wo an Stelle der 911-typischen fünf Rundinstrumente ein rechteckiges Cosworth Kombiinstrument ICD mit integriertem Datenlogger für verschiedene, abrufbare Informationen sitzt. Die Mittelkonsole ist im Vergleich zur Straßenvariante in den Funktionen stark reduziert und auf Rennsport-spezifische Funktionen konzentriert: Mapschalter für die Einstellungen von ABS, die elektronische Stabilitäts-Kontrolle (ESC) und Traktions-Kontrolle (TC), sowie für den Wechsel von voreingestellten Reifen-Umfängen.

Clubsport-Cockpit: Cosworth-Kombiinstrument, Mittelkonsole mit ausschließlich Rennsport-spezifischen Aktoren.

Vogelperspektive: Die sichtbare Rettungsluke oberhalb des Fahrers verlangt die FIA.

Das Multifunktions-Lenkrad mit Pit Speed Limiter und Schnelltrennkupplung ist unten abgeflacht und um den oberen Teil des Kranzes amputiert, damit eher dem Steuerknüppel eines Flugzeugs gleichend. Lediglich die beiden Griffpartien des Lenkradkranzes sind, wie die Schalttafel, mit Alcantara bezogen.
Leichtbau wird auch im Innenraum allenthalben zur Schau gestellt, ganz besonders augenscheinlich an den schmucklosen, stark reduzierten Türtafeln mit sichtbarer Carbon-Gewebestruktur. Ein beidseitig verbaubarer Laptrigger zur automatisierten Messung von Rundenzeiten gehört zur Clubsport-Serienausstattung genauso, wie die im Beifahrerfußraum positionierte 60 Ah-Leichtbau-Lithium-Ionen-Batterie oder die Not-Aus-Schalter in der Mittelkonsole und am Scheibenrahmen außen links.
Optional offerierte Porsche im Übrigen ein sogenanntes SRO*-Paket, bestehend aus zusätzlichen Kotflügelverbreiterungen, einer Schnellbetankungs-Kupplung und Verkleidungen der Frontschürzen-Flics gemäß SRO-Vorschriften.

»Zweikampf? Gern, jederzeit. Zweiter? Niemals!« – was brauchte es noch, um gemäß dieser kompromisslos formulierten Porsche-Kampfansage für den GT2 RS Clubsport zu dominieren? Ein herausragendes Fahrtalent, selbstverständlich. Aber auch ein gut gefülltes Bankkonto … oder gewogene Sponsoren. 405000 Euro plus Länder-spezifische Mehrwertsteuer (somit in Deutschland brutto 481950 Euro) rief Porsche einst für das *»höchstperformante Turn-Key-Rennfahrzeug«* (O-Ton Porsche) auf. Dem ist nichts hinzu zu fügen – außer der begrenzten Stückzahl von nur 200 Exemplaren.

** SRO Motorsports Europe Ltd. = 1995 gegründete Motorsport-Organisation, damals zur Ausrichtung der Lamborghini Supertrophy. 1997 wurde die SRO Ausrichter der FIA GT Meisterschaft. Nach eigenem Selbstverständnis ist die SRO »Architect of Modern GT Racing« – siehe auch www.sro-motorsports.com*

Exklusiv, exklusiver, am exklusivsten: der Porsche GT2 RS Clubsport 25

Noch mehr verknappte Porsche eine ganz besonderes Clubsport-Variante: die im August 2021 präsentierte GT2 RS Clubsport-Sonderedition mit dem Titel-Zusatz »25«. Die Zahl steht für das 25jährige Firmenjubiläum der Firma Manthey, jenes Porsche-Motorsportspezialisten, dessen spezieller Performance-Kit im Juni 2021 zum neuen Nordschleifen-Rundenrekord für Porsche beigetragen hatte (siehe Seite 282). Nur 30 Exemplare entstanden von dem exklusiven Sondermodell als Zeichen der guten und erfolgreichen Verbindung der Häuser Porsche und Manthey. Ausgeliefert wurden die Elfer-Raritäten ab dem Januar 2022.
Äußerlich unterscheidet sich die von Porsche Exterieur-Designer Grant Larson nach Manthey-Ideen gestaltete Edition 25 von der Clubsport-Version durch Modifikationen an diversen Anbauteilen. So erhielt die neu entwickelte Frontschürze zugunsten einer optimalen Luftführung zum Mittenkühler (anstelle der beiden Seitenkühler der Clubsport-Basis und des GT2 RS) einen zentralen Einlass. Der Kohlefaser-Frontdeckel wurde gleichfalls komplett umgestaltet: Zwei große, durch einen Mittelsteg getrennte Auslässe lenken hier die heiße Kühler-Abluft über das Dach in Richtung Heckflügel. Eine zentrale NACA-Öffnung sorgt für Frischluft im Cockpit.

Typisch GT2 RS Clubsport 25: Heckflügel mit Schwanenhals-Halterungen und Sideplates,...

Vom Wegfall der Seitenkühler in den vorderen Radhäusern profitiert an deren Stelle die Kühlung der Vorderradbremsen, die dadurch ohne Umweg mit Kühlluft angeströmt werden können. Vertikale Öffnungen in den vorderen Kotflügeln hinter den Radausschnitten dienen der Entsorgung der Bremsen-Kühlluft. Rennsport-Scheinwerfer im Vierstreifendesign mit integrierten Blinkleuchten sorgen für eine besonders effiziente Streckenausleuchtung – und ergänzen das ganz spezielle Gesicht der Jubiläums-Edition.
Sichtbar modifiziert wurde auch die »25er«-Heckpartie mit überarbeitetem Heckflügel, dessen Schwanenhals-Flügelhalterungen und neuen Sideplates eine möglichst störungsfreie Anströmung ermöglichen sollen. Der besonders breite Heckflügel ragt zudem in die Karosserie hinein und fungiert wie beim »New 935« (siehe Seite 287) als Rundum-Abrisskante. Zusätzliche Entlüftungsschlitze im Heckdeckel unterhalb der Heckscheibe optimieren die Luftzirkulation im Motorraum, während der Diffusor unterhalb der Heckschürze ein geändertes, noch funktionaleres Design erhielt. Er bildet sozusagen den Rahmen für die Endrohre der speziell gestalteten Abgasanlage. Auffälliges Merkmal der »25«-Heckansicht ist zudem das spezielle Regenrücklicht zwecks Erfüllung des Reglements.
In Sachen Fahrwerk gleicht der Jubiläums-RS dem gleichfalls von Grant Larson gestalteten »New 935«. Die 18 Zoll-Räder verfügen wie bei dem nostalgischen Sondermodell über geringere Einpresstiefen und erweitern damit die Spurweiten vorn und hinten. Superexklusiv wie das mattgrau lackierte und mit auffälligen grünlichgelben Akzenten an Karosserie und Rädern versehene Sondermodell ist das zugehörige Preisschild betextet: Dort standen *»525000 Euro plus länderspezifische Mehrwertsteuer«* – in Deutschland betrug der Endpreis somit 624750 Euro.

...neues Design für den Diffusor und Regenlicht-Punkte oberhalb des Auspuff-Doppels.

Jubiläums-Geschenk: GT2 RS Clubsport-Sonderedition anlässlich 25 Jahre Zusammenarbeit von Porsche/Manthey.

TECHNISCHE DATEN

PORSCHE 911 (930) TURBO

(1975-1977, Euro-Version)

Motor-Bezeichnung: 930/50;
Basis-Motordaten: luftgekühlter Sechszylinder-Boxer, längs hinter der Hinterachse eingebaut; Bohrung x Hub 95 x 70,4 mm, Hubraum 2993 cm³, Verdichtungsverhältnis 6,5:1; Leistung 260 PS (191 kW) bei 5500/min, maximales Drehmoment 35 kpm (343 Nm) bei 4000/min, zulässige Höchstdrehzahl 6800/min, Abschaltdrehzahl des Drehzahlbegrenzers 7000/min ± 200/min, Literleistung 86,7 PS/l, mittlere Kolbengeschwindigkeit bei Nenndrehzahl 12,9 m/s, Kraftstoff-Oktanzahlbedarf 96;

Leistung- und Drehmoment-Vergleich 911 Turbo zu Sauger

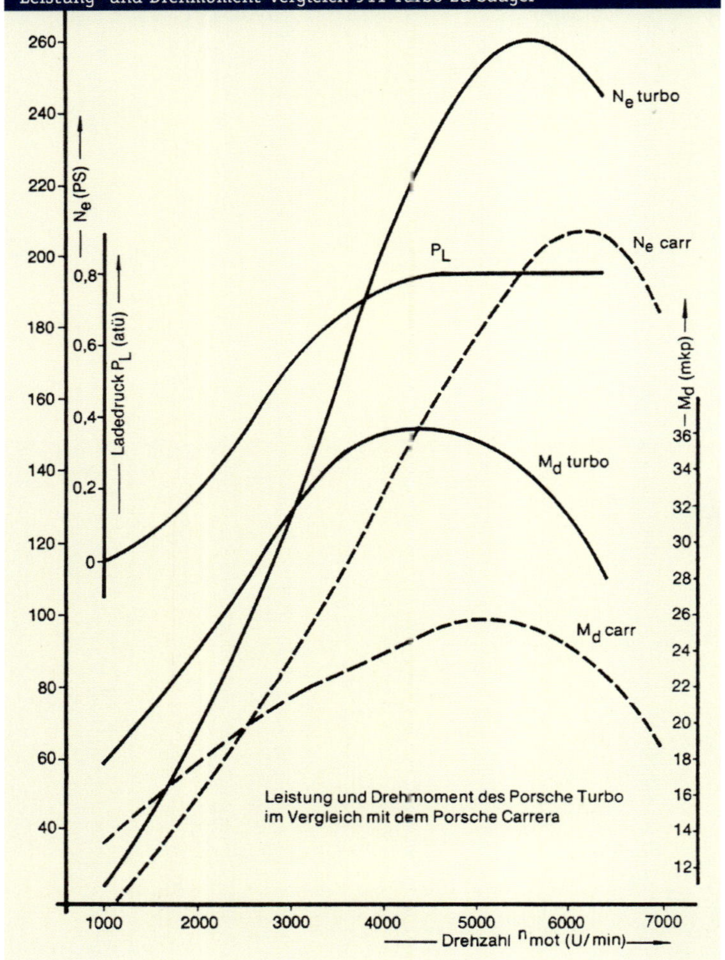

Motor-Konstruktion: zweiteiliges Kurbelgehäuse aus Al Si-Legierung, geschmiedete, achtfach gleitgelagerte Stahlkurbelwelle, geschmiedete Aluminium-Kolben, Leichtmetall-Nikasil-Zylinder, Leichtmetall-Zylinderköpfe mit jeweils einer obenliegenden, vierfach gleitgelagerten Nockenwelle, Nockenwellen-Antrieb durch Kette, Ventil-Steuerzeiten: Einlass öffnet 3 Grad nach OT, schließt 37 Grad nach UT, Auslass öffnet 29 Grad vor UT, schließt 3 Grad vor OT, jeweils ein Einlass- und ein Auslass-Ventil (V-förmig hängend) pro Brennraum, Ventilteller-Durchmesser Einlass 49 mm, Auslass 41,5 mm, Auslass-Ventile natriumgefüllt, pro Ventil zwei Schraubenfedern; Luftkühlung durch Axialgebläse auf der Lichtmaschine, Gebläse-Antrieb durch Keilriemen von der Kurbelwelle, Übersetzung Kurbelwelle/Gebläse 1:1,67; Trockensumpf-Schmierung, Thermostat-geregelte Ölkühlung durch Ölkühler am Kurbelgehäuse im Gebläse-Luftstrom und zusätzliche Kühlrohrschlange, Ölfilter im Hauptstrom, Öldruck bei 5500/min und 80 Grad Öltemperatur ca. 4 bar, Kraftstoffaufbereitung durch Bosch K-Jetronic, Abgasturbolader KKK Typ 3 LDZ, maximaler Ladedruck 0,8 bar;

Elektrik: kontaktlos gesteuerte Bosch BHKZ-Zündung, Batteriespannung 12 Volt, Batteriekapazität bei Präsentation 36 Ah, in Serie 66 Ah, Drehstromlichtmaschine 980 W, Zündkerzen Bosch W 280 P 21, Elektrodenabstand 0,7 mm, Zündfolge 1-6-2-4-3-5;

Füllmengen: Gesamtölmenge des Systems 13 Liter, Ölwechselmenge10 Liter; Kraftstoff-Förderung durch zwei elektrische Rollenzellenpumpen, Tankvolumen 80 Liter, davon 8 Liter Reserve (Tank im Bug angeordnet),

Kraftübertragung: Antrieb auf die Hinterräder, Einscheiben-Trockenkupplung, Durchmesser der Druckplatte 240 mm, Anpresskraft 887-979 kp;

930 Turbo 3.0, Übersetzung 9:38: 250 km/h mit 6000/min

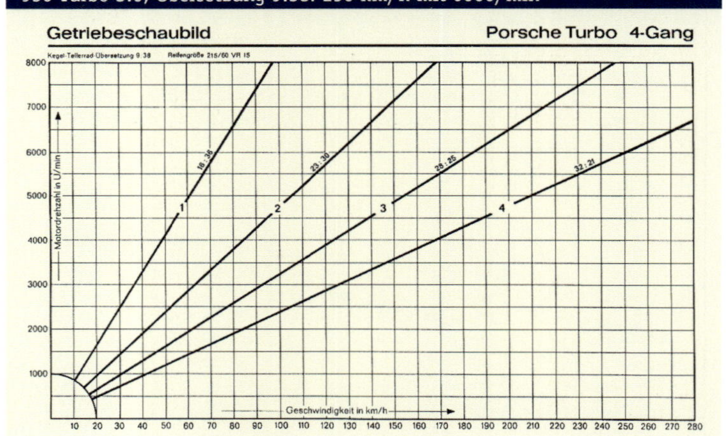

vollsynchronisiertes Vierganggetriebe mit Mittelschalthebel, interne Bezeichnung 930/30 (Achsübersetzung 9/38) bzw. 930/32 (Achsübersetzung 9/36), Übersetzungen 1. Gang 2,25:1, 2. Gang 1,3043:1, 3. Gang 0,8929:1, 4. Gang 0,6563:1, Rückwärtsgang 2,4375:1, Achsübersetzung 4,222:1 bei Serienbereifung (Serie 70/60), 4,000:1 bei Serie 50-Bereifung, auf Sonderwunsch Sperrdifferential mit 40% Sperrwirkung, Steigleistungen (errechnet bei DIN-Leergewicht) 1. Gang über 100%, 2. Gang 47%, 3. Gang 27%, 4. Gang 16%; Getriebe-Ölinhalt 3,7 Liter.

Fahrwerk: selbsttragende Stahlblech-Karosserie mit Luftwiderstandsbeiwert c_w = 0,41; vorn Einzelradaufhängung an Querlenkern und Dämpferbeinen, je Rad eine in Fahrtrichtung angeordnete Drehstabfeder mit rundem Querschnitt (Durchmesser 18 mm), querliegender Stabilisator (Durchmesser 18 mm), hinten Einzelradaufhängung an Schräglenkern, je Rad eine querliegende Drehstabfeder mit rundem Querschnitt (Durchmesser 26 mm), querliegender Stabilisator (Durchmesser 18 mm), Bilstein-Gasdruckstoßdämpfer rundum, Radsturz vorn 0° ± 10', hinten -50' ± 10', Vorspur vorn 0° (gedrückt mit 15 kp), hinten 20'-20', Nachlauf 5 Grad 30'bis 6 Grad 30'; Nachlauf 5o 30' bis 6o 30'; ZF-Zahnstangenlenkung, Lenkübersetzung 17,78:1, Lenkradumdrehungen von Anschlag zu Anschlag ca. 3,1;

Bremsanlage: hydraulische Zweikreis-Bremsanlage, vorn und hinten innenbelüftete Bremsscheiben, Scheibendurchmesser vorn 282,5 mm, hinten 290 mm, Leichtmetall-Festsättel vorn (hinten Grauguss), mechanische Handbremse (Trommel) auf Hinterräder wirkend;

Räder/Reifen: geschmiedete Leichtmetallräder mit vorn und hinten 15 Zoll Durchmesser, Felgenbreite vorn 7 Zoll, hinten 8 Zoll, Serienbereifung vorn 185/70 VR 15, hinten 215/60 VR 15, auf Sonderwunsch vorn 205/50 VR 15, hinten 225/50 VR 15, Reserverad mit Faltreifen auf Felge 5 1/2J x 15.

Maße und Gewichte: Radstand 2272 mm, Länge 4291 mm, Breite 1775 mm, Höhe 1320 mm (mit Serie 50-Bereifung 1304 mm), Spur vorn/hinten 1438/1501 mm, Bodenfreiheit leer mit Serienbereifung 150 mm, mit Serie 50-Bereifung 134 mm, Bodenfreiheit mit Volllast 120 mm bzw. 104 mm, Innenbreite vorn 1330 mm, Innenhöhe über Sitz-Hinterkante vorn 925 mm, Sitztiefe vorn 530 mm; Leergewicht nach DIN 1140 kg, ab Modell ´76 1195 kg, Eigengewicht vollgetankt nach »auto motor und sport«-Wägung 1210 kg (davon Vorderachse 480 kg, Hinterachse 730 kg), zulässiges Gesamtgewicht 1470 kg, ab Modell ´76 1525 kg, zulässige Dachlast 35 kg; Motorgewicht (einbaufertig, ohne Öl) 207 kg, Getriebegewicht (ohne Anlasser, ohne Öl) 53 kg.

930 Turbo 3.0, Übersetzung 9:36: 250 km/h mit 5800/min

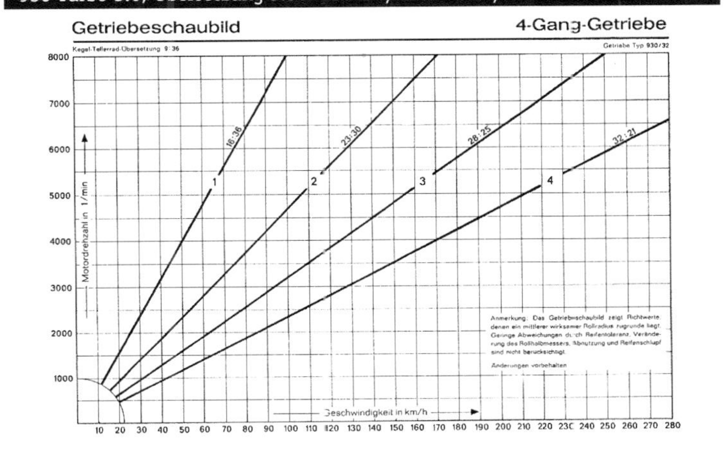

Fahrleistungen und Verbrauch (Werksangaben): Höchstgeschwindigkeit über 250 km/h, Beschleunigung 0-100 km/h in 5,2 Sekunden (Angabe in erster Pressenotiz) bzw. 5,5 Sekunden (Angabe in Betriebsanleitung), 1 Kilometer mit stehendem Start in 24,0 Sekunden; Kraftstoffverbrauch 14-18 l/100 km, Ölverbrauch 1,0-2,0 l/1000 km.

PORSCHE 911 (930) TURBO US-VERSION *

Motor-Bezeichnung: 930/51, ab Modell ´77 930/53; Leistung 245 PS (180 kW) bei 5500/min, maximales Drehmoment 343 Nm bei 4 000/min.

Gewichte: Leergewicht 1195 kg, zulässiges Gesamtgewicht 1400 kg.

Fahrleistungen (Werksangaben): Höchstgeschwindigkeit über 245 km/h, Beschleunigung 0-100 km/h in 5,7 Sekunden.

** Es sind nur solche Daten aufgeführt, die von denen der Euro-Version abweichen.*

PORSCHE 934 TURBO RSR

Motor-Bezeichnung: 930/75;
Basis-Motordaten: Sechszylinder-Boxer, längs vor der Hinterachse eingebaut; Bohrung x Hub 95 x 70,4 mm, Hubraum 2994 cm³, Hubraum für Motorsport-Homologation (Faktor 1,4) 4192 cm³, Verdichtungsverhältnis 6,5:1; Leistung 485 PS bei 7000/min, maximales Drehmoment 60 kpm (588,6 Nm) bei 5400/min, Leerlaufdrehzahl 1000/min, kurzzeitige Höchstdrehzahl 7000/min, Dauerdrehzahl maximal 6800/min, Abschaltdrehzahl des Begrenzers im Verteiler 7100/min, maximaler Ladedruck 1,35 bar;

Motor-Konstruktion: Basis wie Serien-Turbo, Horizontal-Kühlgebläse, Bosch K-Jetronic, Benzinförderung durch eine Kreiselpumpe und vier elektrische Rollenzellenpumpen, Aufladung durch 917-Abgasturbolader mit Schnellwechsel-Vorrichtung (Wechselzeit in Kombination mit Schnellwechsel-Vorrichtung an der Heckstoßstange: ca. 12 Minuten), Ladeluftkühlung mit zwei wasserumspülten Ladeluftkühlern (Füllmenge ca. 12 Liter), Trockensumpfschmierung (Gesamtölmenge des Motorschmiersystems ca. 20 Liter), Ölkühlung durch Bugölkühler, im Frontspoiler angeordnet und thermostatisch gesteuert, Öldruck bei 6000/min und 80° Celsius Öltemperatur ca, 7 bar (mindestens 6 bar); BHKZ-Zündung, Zündfolge 1-6-2-4-3-5; Kraftstoffbedarf Superbenzin 98 ROZ, Kraftstoffsystemdruck 7 bar, Normalwert des einstellbaren Steuerdrucks 4,3 bar.

Kraftübertragung: Fichtel & Sachs-Einscheibentrockenkupplung mit Federtorsionsdämpfung und Kerasinterbelag; Vierganggetriebe (interne Bezeichnung 930/25) mit Ölpumpe und Ölkühlung durch separaten Ölkühler; Gangräder wahlweise für 1. Gang 16/36, 18/33 oder 20/32, für 2. Gang 23/30, 24/21 oder 25/28, für 3. Gang 26/26,28/26 oder 28/25, für 4. Gang 30/22, 32/22 oder 32/21 (3. und 4. Gang untereinander austauschbar); Sperrdifferential mit 80% Sperrwirkung, Übersetzungen wahlweise 8/41 (5,125), 8/37 (4,625), 9/38 (4,222) oder 9/36 (4,000).

Karosserie: Turbo-Karosserie ohne Isolationsmaterial, Dämm-Matten und Unterbodenschutz, lieferbar in allen Serien- und Sonderfarben (außer Metallic-Lacke), Kotflügelverbreiterungen aus GfK, einfache Blenden von außen aufgesetzt, unterhalb der Radmitte liegender Bugspoiler aus GfK mit Kühleröffnung und Bremsbelüftung, Luftwiderstandsbeiwert c_w=0,441; Alu-Öltank im Frontkofferraum, 120 Liter Sicherheitstank (Goodyear) vorn; Innenausstattung in schwarzem Kunstleder, ohne Notsitzanlage, vereinfachtes Armaturenbrett (Transistordrehzahlmesser bis 8000/min, Anzeigen für Öldruck bis 10 bar und Öltemperatur bis 150° C, Ladedruck bis 2 bar, Kraftstoffsystemdruck und Steuerdruck); Überrollkäfig aus Alurohren mit Karosserie verschraubt, Rennsitz mit Durchbrüchen für Sicherheitsgurte auf Fahrerseite, Seriensitz auf Beifahrerseite, Sechspunkt-Sicherheitsgurt; Feuerlöschanlage mit 7,5 kp-Ringleitung im Fahrgast- und Motorraum.

Fahrwerk: Vorderachse wie Serien-Turbo, jedoch Lenkerlagerung in Kunststoffbuchsen; Hinterachse wie Serien-Turbo, jedoch Lenkerlagerung mit Gelenklagern; verstärkte Radnaben mit Zentralverschluss; Drehstabfederung vorn mit 19 mm-Drehstab, hinten mit 26 mm-Drehstab, zusätzlich Schraubenfedern am Dämpferbein bzw. Stoßdämpfer, vorn und hinten stufenlos einstellbare Querstabilisatoren (Durchmesser vorn 20 mm, hinten 18 mm, auf Sonderwunsch vorn 18, 22 oder 24 mm, hinten 18, 20 oder 22 mm), Bilstein-Gasdruckstoßdämpfer, Gehäuse mit Gewinde für Höheneinstellung der Schraubenfedern; 917-Rennbremsanlage mit innenbelüfteten und gelochten Scheiben, Vierkolbenbremszangen in Aluguss-Ausführung mit Längsrippen, zwei im Vorderwagen hinter dem Ladeluftwasserkühler links und rechts montierte Gebläse zur zusätzlichen Kühlung der Vorderradbremsen, Pedalerie mit Waagebalkenausgleich;

Räder/Reifen: dreiteilige BBS-Leichtmetalräder mit Zentralverschlüssen (je nach Streckenbeschaffenheit mit Flügelradaufsätzen an den Vorderrädern zur zusätzlichen Bremsbelüftung), vorn 10 ½ x 16, hinten 12 ½ x 16; Rennreifen vorn 275/600 x 16, hinten 325/625 x 16.

Abmessungen, Gewichte und Fahrleistungen nach Werksangaben): Radstand 2268 mm, Länge 4291 mm, Breite vorn 1800 mm, hinten 1875 mm, Höhe 1304 mm, Spurweite vorn (mit 10 ½ Zoll-Felge) 1481 mm / hinten (mit 12 ½ Zoll-Felge) 1506 mm; Leergewicht 1120 kg, Getriebegewicht 53 kg, Motorgewicht 186 kg; Höchstgeschwindigkeit bis zu 290 km/h.

PORSCHE 911 (930) TURBO 3,3

(1978-1982)

Motor-Bezeichnung: 930/60;
Basis-Motordaten: Sechszylinder-Boxer, längs hinter der Hinterachse eingebaut; Bohrung x Hub 97,0 x 74,7 mm, Hubraum 3299 cm³, Verdichtungsverhältnis 7,0:1; Leistung 300 PS (221 kW) bei 5500/min, maximales Drehmoment 42 kpm (412 Nm) bei 4000/min, zulässige Höchstdrehzahl 6700/min, höchstzulässige Dauerdrehzahl 6000/min, Abschaltdreh-

930 Turbo 3.3: Leistung, Drehmoment und spezifischer Verbrauch

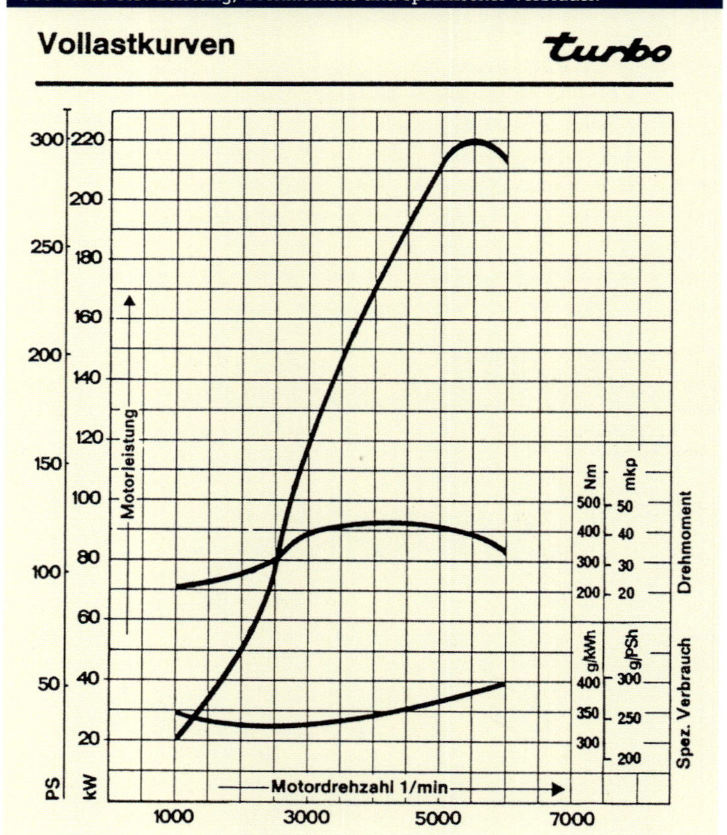

zahl des Drehzahlbegrenzers 7000/min ± 200/min, Literleistung 91 PS/l, Kraftstoffoktanzahlbedarf 98 ROZ;

Motor-Konstruktion: zweiteiliges Kurbelgehäuse aus Aluminium-Legierung, geschmiedete, achtfach gleitgelagerte Stahlkurbelwelle, geschmiedete Aluminium-Kolben, Leichtmetall-Nikasil-Zylinder, Leichtmetall-Zylinderköpfe mit jeweils einer oben liegenden, vierfach gleitgelagerten Nockenwelle, Nockenwellenantrieb durch Kette, Ventilsteuerzeiten: Einlass öffnet 3 Grad nach OT, schließt 37 Grad nach UT, Auslass öffnet 27 Grad vor UT, schließt 5 Grad vor OT, jeweils ein Einlass- und ein Auslassventil (V-förmig hängend) pro Brennraum, Ventiltellerdurchmesser Einlass 49 mm, Auslass 41,5 mm, Auslassventile natriumgefüllt, pro Ventil zwei Schraubenfedern; Luftkühlung durch Axialgebläse auf der Lichtmaschine, Gebläse-Antrieb durch Keilriemen von der Kurbelwelle, Übersetzung Kurbelwelle/Gebläse 1:1,68; Trockensumpfschmierung, Thermostat-geregelte Ölkühlung durch Ölkühler am Kurbelgehäuse im Gebläse-Luftstrom und zusätzliche Kühlrohrschlange, Ölfilter im Hauptstrom, Öldruck bei 5000/min und 90 Grad Öltemperatur ca. 5 bar, Gesamtölmenge des Systems 13 Liter, Ölwechselmenge 10 Liter; Kraftstoff-Förderung durch zwei elektrische Rollenzellenpumpen, Tankvolumen 80 Liter, davon 8 Liter Reserve (Tank im Bug), Kraftstoffaufbereitung durch Bosch K-Jetronic, Abgasturbolader KKK Typ 3 LDZ, maximaler Ladedruck 0,7-0,85 bar;

Elektrik: kontaktlos gesteuerte Bosch BHKZ-Zündung, Batteriespannung 12 Volt, Batteriekapazität 66 Ah, auf Sonderwunsch 88 Ah, Drehstromlichtmaschine 980 W, Zündkerzen Bosch W 280 P 21, Elektrodenabstand 0,6 mm, Zündfolge 1-6-2-4-3-5.

Kraftübertragung: Antrieb auf Hinterräder, Einscheiben-Trockenkupplung; vollsynchronisiertes Vierganggetriebe mit Mittelschalthebel, interne Bezeichnung 930.34, Übersetzungen 1. Gang 2,25:1, 2. Gang 1,3043:1, 3. Gang 0,8929:1, 4. Gang 0,6250:1, Rückwärtsgang 2,4375:1, Achsübersetzung 4,222:1; Getriebe-Ölinhalt 3,7 Liter.

930 Turbo 3.3, Übersetzung 9:38: 250 km/h mit 5500/min

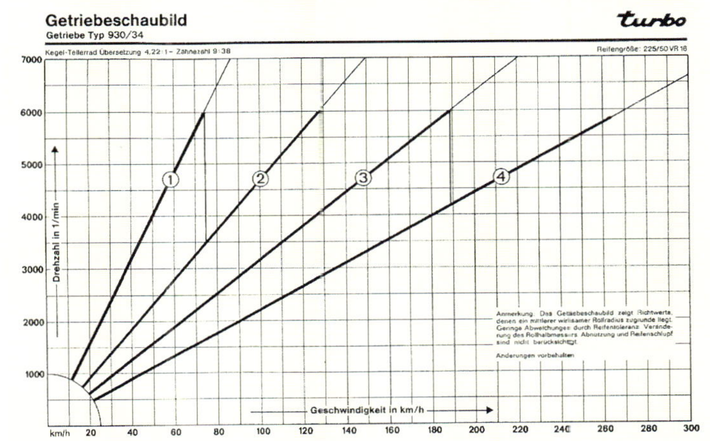

Fahrwerk: selbsttragende Stahlkarosserie (Luftwiderstands-Beiwert c_w= 0,41), vorn Einzelrad-Aufhängung an Querlenkern und Dämpferbeinen, je Rad eine in Fahrtrichtung angeordnete Drehstabfeder mit rundem Querschnitt (Durchmesser 18,8 mm), querliegender Stabilisator (Durchmesser 20 mm), hinten Einzelradaufhängung an Schräglenkern, je Rad eine querliegende Drehstabfeder mit rundem Querschnitt (Durchmesser 26 mm), querliegender Stabilisator (Durchmesser 18 mm), hydraulische Stoßdämpfer rundum; Radsturz vorn 0° ± 10′, hinten -30′ ± 10′, Vorspur vorn 0° (gedrückt mit 15 kp), hinten +10′ ± 10′, Nachlauf 6o 5′ ± 15′, ZF- Zahnstangenlenkung, Lenkübersetzung 1,778:1, Lenkradumdrehungen von Anschlag zu Anschlag ca. 3,0;

Bremsanlage: hydraulische Zweikreis-Bremsanlage, vorn und hinten innenbelüftete und gelochte Bremsscheiben, Scheibendurchmesser vorn 304 mm, hinten 309 mm, vorn und hinten Leichtmetall-Festsättel, mechanische Handbremse (Trommel) auf Hinterräder wirkend;

Räder/Reifen: geschmiedete Leichtmetallräder mit vorn und hinten 16 Zoll Durchmesser, Felgenbreite vorn 7 Zoll, hinten 8 Zoll, Bereifung vorn 205/55 VR 16, hinten 225/50 VR 16, Reserverad Faltreifen 165/15 auf Felge 5 ½ x 15.

Maße und Gewichte: Radstand 2272 mm, Länge 4291 mm, Breite 1775 mm, Höhe 1310 mm, Spur vorn / hinten 1432 / 1501 mm, Bodenfreiheit mit Volllast 120 mm; Leergewicht nach DIN 1300 kg, zulässiges Gesamtgewicht 1680 kg; Motorgewicht (einbaufertig, ohne Öl) 230 kg.

Fahrleistungen und Verbräuche (Werksangaben): Höchstgeschwindigkeit 260 km/h, Beschleunigung 0-100 km/h in 5,4 Sekunden, 1 km mit stehendem Start in 24.0 Sekunden; Kraftstoffverbrauch nach DIN bei 90 km/h 8,1 l/100 km, bei 120 km/h 15,3 l/100 km, Stadtzyklus 20,0 l/100 km, Ölverbrauch 1,0-2,0 l/1000 km.

PORSCHE 911 (930) TURBO 3.3

(1983-1989)

Motor-Bezeichnung: 930/66;
Basis-Motordaten*: maximales Drehmoment 43,8 mkp (430 Nm) bei 4000/min, zulässige Höchstdrehzahl 7200/min; Ölkühlung durch Ölkühler im Gebläse-Luftstrom und zusätzlichen Frontölkühler; Tankvolumen 85 Liter; Drehstromlichtmaschine 1260 W.

Kraftübertragung*: vollsynchronisiertes Fünfganggetriebe, interne Bezeichnung G 50/50, Übersetzungen 1. Gang 3,154: 1, 2. Gang 1,789:1, 3. Gang 1,269:1, 4. Gang 0,967:1, 5. Gang 0,756:1, Rückwärtsgang 2,857:1, Achsübersetzung 3,444:1.

930 Turbo 3.3: Leistungskurven der finalen Motorversion

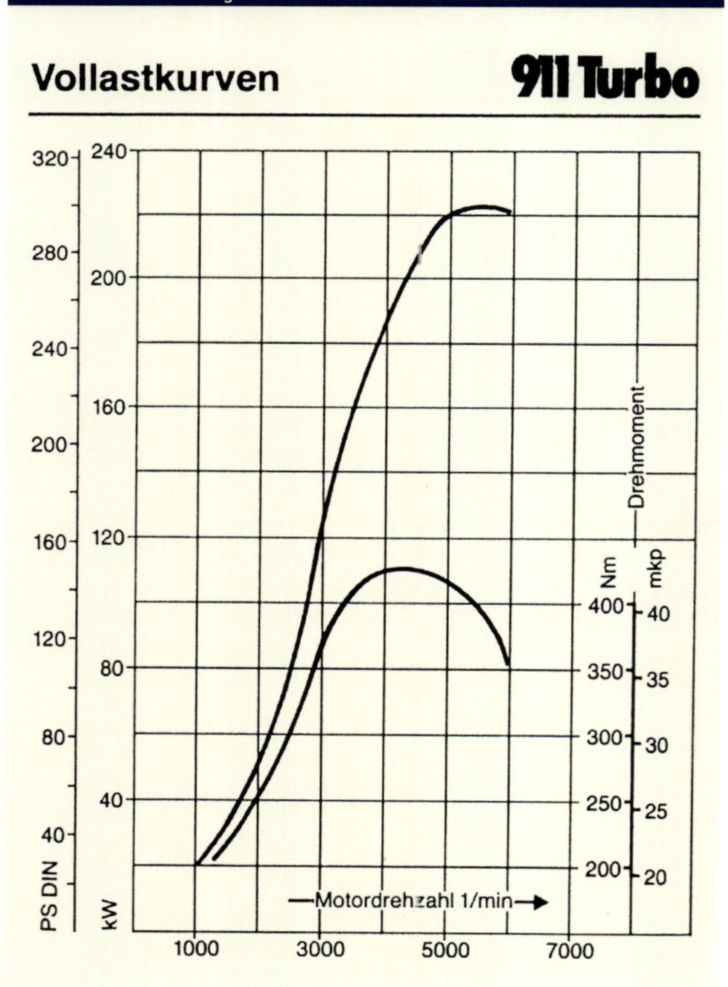

Fahrwerk*: Querstabilisator-Durchmesser vorn 22 mm, Drehstabfedern-Durchmesser hinten 27 mm; Bereifung hinten 245/45 ZR 16 auf 9 Zoll-Felgen.

Maße* und Gewichte*: Spurweite hinten 1492 mm; Leergewicht nach DIN 1335 kg, Motorgewicht (einbaufertig, ohne Öl) 269 kg.

Fahrleistungen* und Verbräuche* (Werksangaben): Beschleunigung 0-100 km/h in 5,2 Sekunden; Kraftstoffverbrauch nach DIN bei 90 km/h 10,7 l/100 km, bei 120 km/h 13,0 l/100 km, bei Stadtfahrt 12,7 l/100 km.

**sofern unterschiedlich zum 930 Turbo vorangegangener Modelljahre; der Typ 930/66 wurde mit Modell '83 eingeführt.*

PORSCHE 911 (930) TURBO 3.3

(US-Version)

Motor-Bezeichnung: 930/68;
Basis-Motordaten*: Leistung 282 PS (210 kW) bei 5500/min, maximales Drehmoment 390 Nm bei 4000/min; Abgasentgiftung durch Dreiwege-Katalysator mit beheizter Lambda-Sonde.

Gewichte*: Leergewicht 1350 kg, zulässiges Gesamtgewicht 1650 kg, Motorgewicht 279 kg.

Fahrleistungen*: Höchstgeschwindigkeit 253 km/h, Beschleunigung 0-96 km/h in 5,3 Sekunden.

**sofern unterschiedlich zum 930 Euro-Turbo*

930 Turbo 3.3 mit Fünfganggetriebe: 250 km/h mit 5700/min

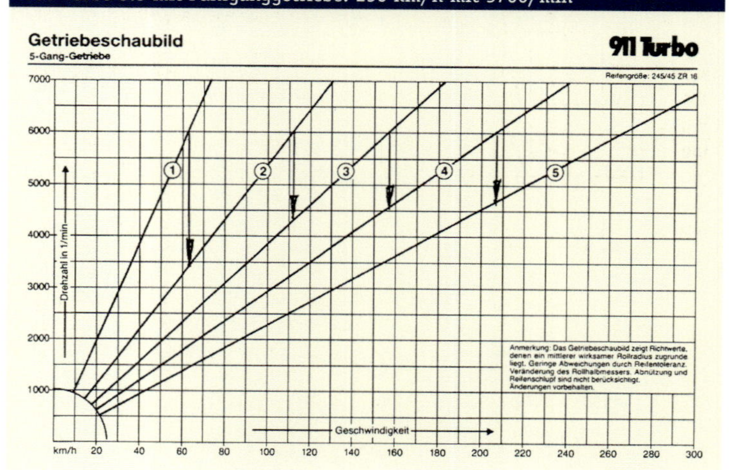

PORSCHE 911 (964) TURBO

(1990-1992)

Motor-Bezeichnung: M30/69;
Basis-Motordaten: Sechszylinder-Boxer, längs hinter der Hinterachse eingebaut; Bohrung x Hub 97,0 x 74,4 mm, Hubraum 3299 cm^3, Verdichtungsverhältnis 7,0:1; Leistung 320 PS (235 kW) bei 5750/min, maximales Drehmoment 450 Nm bei 4500/min, zulässige Höchstdrehzahl 6900/min, Abschaltdrehzahl des Drehzahlbegrenzers 6800/min ± 100/min, Literleistung 97,0 PS/l, Kraftstoffoktanzahlbedarf 95 ROZ;

Motor-Konstruktion: wie Motortyp 930/66 und 930/68; Ventilsteuerzeiten: Einlass öffnet 3 Grad nach OT, schließt 37 Grad nach UT, Auslass öffnet 27 Grad vor UT, schließt 5 Grad vor OT, Abgasturbolader KKK Typ K 27-7200, maximaler Ladedruck 0,8 bar Zusatzfrontölkühler mit zweistufigem Gebläse; Öldruck bei 5000/min und 80 Grad Öltemperatur ca. 4,5 bar; Tankvolumen 77 Liter; Dreiwege-Katalysator mit beheizter Lambdasonde;

Elektrik: druckgesteuerte Kennfeldzündung, Batteriekapazität 72 Ah, Drehstromlichtmaschine 1610 W, Zündkerzen Bosch WR 4 DPO, Elektrodenabstand 0,6 mm.

964 Turbo: Leistungs-, Drehmoment- und Verbrauchskurven

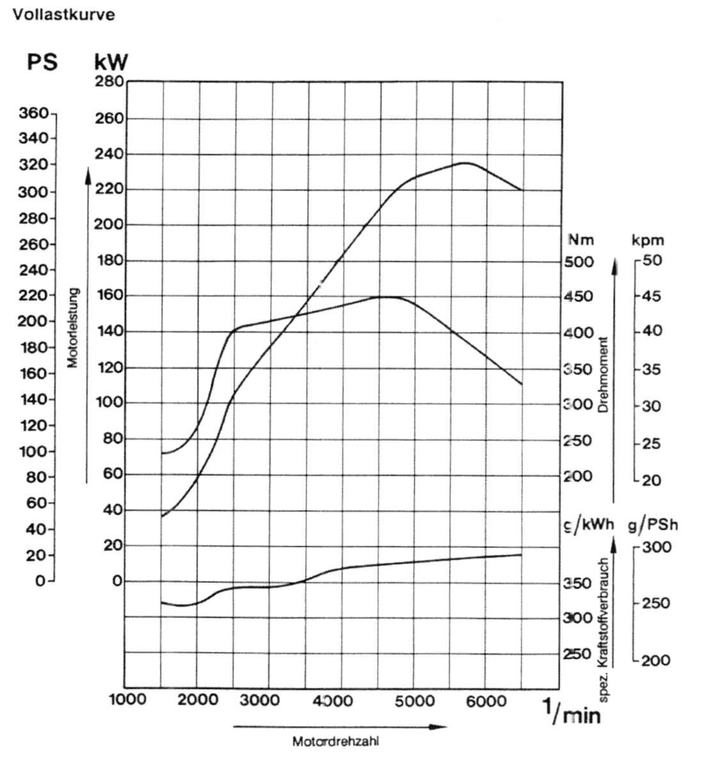

Kraftübertragung: Einscheiben-Trockenkupplung, Anpresskraft 12500-13400 N, Zweimassenschwungrad, vollsynchronisiertes Fünfganggetriebe, interne Bezeichnung G50/52, Übersetzungen 1. Gang 3,154:1, 2. Gang 1,789:1, 3. Gang 1,269:1, 4. Gang 0,967:1, 5. Gang 0,756:1, Rückwärtsgang 2,857:1, Achsübersetzung 3,444:1, serienmäßig ZF-Sperrdifferential mit 20% Sperrwirkung in Zugrichtung und 100% Sperrwirkung in Schubrichtung.

Fahrwerk: selbsttragende Stahlkarosserie (Luftwiderstands-Beiwert c_w= 0,365), vorn McPherson-Einzelradaufhängung an Querlenkern und Federbein, Federdrahtdurchmesser 11,4 mm, Wendeldurchmesser 102,7 mm, Querstabilisator-Durchmesser 21 mm, hinten Einzelradaufhängung an unterem Schräglenker und Federbein, Federdrahtdurchmesser 9,5-13,3 mm (progressiv), Wendeldurchmesser 90 mm, Querstabilisator-Durchmesser 22 mm; Gasdruck-Stoßdämpfer; Radsturz vorn 0o ± 10', hinten -45' ± 10', Vorspur vorn +25'+-5', hinten + 15' ± 5'; Zahnstangenlenkung mit Servo-Unterstützung, Lenkübersetzung 18,48:1 (Rechtslenker 17,87:1), Lenkradumdrehungen von Anschlag zu Anschlag 2,81 (Rechtslenker 2,72);

Bremsanlage: hydraulische Zweikreisbremsanlage mit achsweiser Aufteilung, Vakuum-Bremskraftverstärker, ABS, vorn und hinten innenbelüftete Bremsscheiben, Scheibendurchmesser vorn 322 mm, hinten 299 mm;

Räder/Reifen: Leichtmetallguss-Räder mit vorn und hinten 17 Zoll Durchmesser und jeweils 55 mm Einpresstiefe, Felgenbreite vorn 7 Zoll, hinten 9 Zoll, Serienbereifung vorn 205/55 ZR 17, hinten 255/40 ZR 17, Reserverad mit Faltreifen 165/70-16.

Maße und Gewichte: Radstand 2272 mm, Länge 4250 mm, Breite 1775 mm, Höhe 1310 mm, Spur vorn/hinten 1434/1493 mm, Bodenfreiheit bei zulässigem Gesamtgewicht 120 mm; Leergewicht nach DIN 1470 kg, zulässiges Gesamtgewicht 1810 kg; Motorgewicht (einbaufertig, ohne Öl) 275 kg, Getriebegewicht 71 kg.

Fahrleistungen und Verbräuche (Werksangaben): Höchstgeschwindigkeit 270 km/h, Beschleunigung 0-100 km/h in 5,0 Sekunden, 1 km mit stehendem Start in 24,3 Sekunden; Kraftstoffverbrauch bei konstant 90 km/h 8,5 l/100 km, bei 120 km/h 10,4 l/100 km, Stadtzyklus 21,0 l/100 km, Drittelmix 13,3 l/100 km.

PORSCHE 911 (964) TURBO LEISTUNGSGESTEIGERT

(Exclusiv-Abteilung) (1992/1993)

Motor-Bezeichnung: M30/69 S;
Basis-Motordaten*: wie 911 Turbo, abweichende Daten: Leistung 355 PS (261 kW) bei 5750/min, maximales Drehmoment 471 Nm bei 5000/min, zulässige Höchstdrehzahl 6900/min, Literleistung 107,6 PS/l, Kraftstoff-Oktanzahlbedarf 95 ROZ;

Motor-Konstruktion*: wie Motortyp M30/69; Abgasturbolader KKK Typ 3 LDZ, maximaler Ladedruck 0,85 bar; feinbearbeitete Zylinderköpfe, geglättete Ansaugkanäle.

Fahrleistungen* und Verbräuche* (Werksangaben): Höchstgeschwindigkeit 280 km/h, Beschleunigung 0-100 km/h in 4,8 Sekunden, 1 km mit stehendem Start in 23,8 Sekunden; Kraftstoffverbrauch bei konstant 90 km/h 10,2 l/100 km, bei 120 km/h 13,0 l/100 km, Stadtzyklus 22,5 l/100 km, Drittelmix 15,2 l/100 km.

PORSCHE 911 (964) TURBO S

(1992/1993)

Motor-Bezeichnung: M30/69 SL;
Basis-Motordaten*: wie 911 Turbo, abweichende Daten: Leistung 381 PS (280 kW) bei 6.000/min, maximales Drehmoment 490 Nm bei 4800/min, zulässige Höchstdrehzahl 6900/min, Literleistung 115,5 PS/l, Kraftstofoktanzahlbedarf 98 ROZ;

Motor-Konstruktion*: wie Motortyp M30/69; Abgasturbolader KKK Typ 3 LDZ, maximaler Ladedruck 0,9 bar; feinbearbeitete Zylinderköpfe, geglättete Ansaugkanäle, optimierte Einspritz- und Zündanlage.

Karosserie*: Turbo-Karosserie mit Lufteinlässen vor den Hinterrädern und vorn an Stelle der Nebellampen, Heckspoiler ohne schwarzem PU-Rahmen, Frontdeckel und Türen aus Kunststoff, Heck- und Seitenscheiben aus Dünnglas, Luftwiderstandsbeiwert c_w=0,35; gewichtsreduzierte Innenausstattung analog zum 911 Carrera RS.

Fahrwerk*: um 40 mm tiefer gelegt;

Bremsanlage*: hydraulische Zweikreisbremsanlage mit rot lackierten Vierkolben-Aluminiumbremssätteln;

Räder/Reifen*: dreiteilige Speedline-Räder mit 18 Zoll Durchmesser, Felgenbreite vorn 8 Zoll, hinten 10 Zoll, Serienbereifung vorn 225/40 ZR 18, hinten 265/35 ZR 18.

Maße* und Gewichte*: Länge 4275 mm, Höhe 1270 mm, Spur vorn/hinten 1440/1481 mm, Bodenfreiheit bei zulässigem Gesamtgewicht 80 mm; Leergewicht nach DIN 1290 kg, zulässiges Gesamtgewicht 1510 kg;

Fahrleistungen* und Verbräuche* (Werksangaben): Höchstgeschwindigkeit 290 km/h, Beschleunigung 0-100 km/h in 4,6 Sekunden, 0-200 km/h in 14,2 Sekunden, 1 km mit stehendem Start in 23,5 Sekunden; Kraftstoffverbrauch bei konstant 90 km/h 10,0 l/100 km, bei 120 km/h 12,8 l/100 km, Stadtzyklus 21,5 l/100 km, Drittelmix 14,8 l/100 km.

PORSCHE 911 (964) TURBO 3.6

(1993-1994)

Motor-Bezeichnung: M64/50;
Basis-Motordaten: Sechszylinder-Boxer, längs hinter der Hinterachse eingebaut; Bohrung x Hub 100 x 76,4 mm, Hubraum 3598 cm^3, Verdichtungsverhältnis 7,5:1; Leistung 360 PS (265 kW) bei 5500/min, maximales Drehmoment 53 kpm (520 Nm) bei 4200/min, zulässige Höchstdrehzahl 6600/min, Abschaltdrehzahl des Drehzahlbegrenzers 6600/min ± 50/min, Liter-

964 Turbo 3.6: Leistungs-, Drehmoment- und Verbrauchskurven

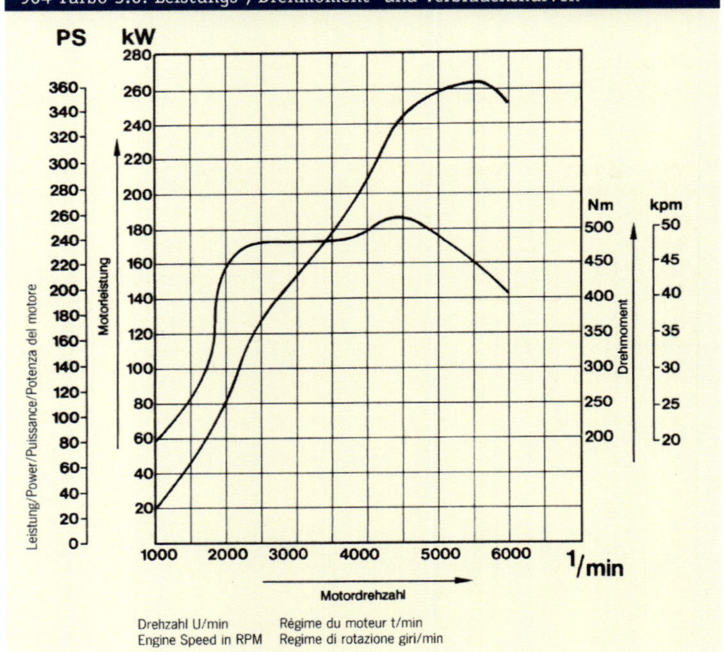

sofern unterschiedlich zum 964 Turbo

leistung 100 PS/l, mittlere Kolbengeschwindigkeit bei Nenndrehzahl 12,9 m/s, Kraftstoff-Oktanzahlbedarf 95 (Porsche-Empfehlung: 98 = Super Plus);

Motor-Konstruktion: zweiteiliges Kurbelgehäuse aus Al Si-Legierung, geschmiedete, achtfach gleitgelagerte Stahlkurbelwelle, geschmiedete Aluminium-Kolben, Leichtmetall-Nikasil-Zylinder von Mahle, Leichtmetall-Zylinderköpfe mit jeweils einer obenliegenden, vierfach gleitgelagerten Nockenwelle, Nockenwellen-Antrieb durch Kette, Ventil-Steuerzeiten: Einlass öffnet 2 Grad vor OT, schließt 54 Grad nach UT, Auslass öffnet 43 Grad vor UT, schließt 3 Grad nach OT, jeweils ein Einlass- und ein Auslass-Ventil (V-förmig hängend) pro Brennraum, Ventilteller-Durchmesser Einlass 49 mm, Auslass 42,5 mm, Auslass-Ventile ohne Natriumfüllung, pro Ventil zwei Schraubenfedern; Luftkühlung durch Axialgebläse auf der Lichtmaschine, Gebläse-Antrieb durch Keilriemen von der Kurbelwelle, Übersetzung Kurbelwelle/Gebläse 1:1,67, Luftfördermenge bei 6000/min 1500 l/sec.; Trockensumpf-Schmierung, Thermostat-geregelte Ölkühlung durch Ölkühler im Luftstrom und 2-stufiges elektrisches Gebläse, Ölfilter im Hauptstrom, Öldruck bei 5000/min und 90 Grad Öltemperatur 5 bar; Kraftstoff-Förderung durch zwei elektrische Pumpen EKP 4, Kraftstoffaufbereitung durch Bosch KE-Jetronic, Abgasreinigung durch Dreiwege-Katalysator mit beheizter Lambdasonde; Abgasturbolader KKK Typ 27.2, maximaler Ladedruck 0,9 bar;

Elektrik: druckgesteuerte Kennfeldzündung, Batteriespannung 12 Volt, Batteriekapazität 75 Ah, Drehstromlichtmaschine 1610 W, Zündkerzen Bosch FR 6 LDC, Elektrodenabstand 0,8 mm, Zündfolge 1-6-2-4-3-5;

Füllmengen: Gesamtölmenge des Systems 12 Liter; Tankvolumen 77 Liter, optional 92 Liter (Mehrausstattung M 545), Tank im Bug angeordnet.

Kraftübertragung: Antrieb auf die Hinterräder, Einscheiben-Trockenkupplung mit Druckplatte in gezogener Ausführung, Zweimassenschwungrad,

964 Turbo 3.6 mit Fünfgang-Getriebe: Drehzahl-Diagramm

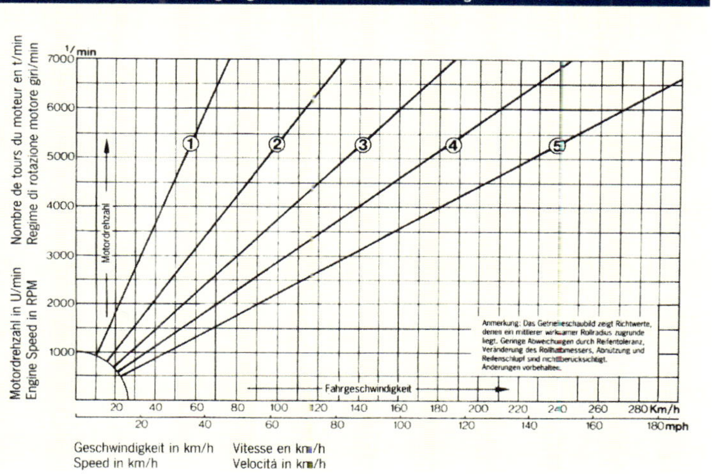

Durchmesser der Druckplatte 240 mm, Anpresskraft 1400-1500 N; vollsynchronisiertes Fünfganggetriebe mit Mittelschalthebel, interne Bezeichnung G50/52, Achsübersetzung 3,444, Übersetzungen 1. Gang 3,154:1, 2. Gang 1,789:1, 3. Gang 1,269:1, 4. Gang 0,967:1, 5.Gang 0,756, Rückwärtsgang 2,875:1, Sperrdifferential mit 20% Sperrwirkung unter Zug und 100 % Sperrwirkung unter Schub; Getriebe-Ölinhalt (incl. Achsantrieb) 3,9 Liter.

Fahrwerk: selbsttragende Stahl-Karosserie (Luftwiderstands-Beiwert c_w = 0,35), vorn Einzelradaufhängung an Querlenkern und Dämpferbeinen mit je einer Schraubenfeder (Wendeldurchmesser 102,9 mm), querliegender Stabilisator (Durchmesser 21 mm), hinten Einzelradaufhängung an Schräglenkern mit je einer progressiv wirkenden Schraubenfeder (Wendeldurchmesser 89,2 mm), querliegender Stabilisator (Durchmesser 22 mm), Zweirohr-Gasdruckstoßdämpfer rundum, Radsturz vorn – 15' ± 10', hinten -1° ± 10', Vorspur vorn +15' +/-5' (gedrückt mit 15 kp), hinten +15' +/-5'. Nachlauf 4°25' +15'/-30'; ZF-Zahnstangenlenkung, Lenkübersetzung 18,48:1, Lenkradumdrehungen von Anschlag zu Anschlag 2,81 (Rechtslenker 2,72);

Bremsanlage: hydraulische Zweikreis-Bremsanlage, vorn und hinten innenbelüftete Bremsscheiben, Scheibendurchmesser vorn 322 mm, hinten 299 mm, Leichtmetall-Festsättel, mechanische Handbremse (Trommel mit 180 mm Durchmesser) auf Hinterräder wirkend; Antiblockiersystem, hydraulische Bremskraftverstärkung (Übersetzung 4,8:1).

Räder/Reifen: dreiteilige Leichtmetallräder mit vorn und hinten 18 Zoll Durchmesser, Felgenbreite/Einpresstiefe vorn 8 Zoll/52 mm, hinten 10 Zoll/61 mm, Bereifung vorn 225/40 ZR 18, hinten 265/35 ZR 18, Faltersatzrad Felge 5 ½ x 16 mit Einpresstiefe 30 mm, Faltrad 165/70 – 16 92P.

Maße und Gewichte: Radstand 2272 mm, Länge 4275 mm, Breite 1775 mm, Höhe 1290 mm, Spur vorn/hinten 1442/1506 mm, Bodenfreiheit mit zulässigem Gesamtgewicht 112 mm; Leergewicht nach DIN 1470 kg, davon Vorderachse 560 kg, Hinterachse 910 kg, zulässiges Gesamtgewicht 1810 kg, zulässige Dachlast 35 kg, mit Porsche-Dachtransportsystem 75 kg; Motorgewicht (einbaufertig, ohne Öl) 276 kg, Getriebegewicht 71 kg.

Fahrleistungen und Verbrauch (Werksangaben):
Höchstgeschwindigkeit über 280 km/h, Beschleunigung 0-100 km/h in 4,8 Sekunden, 1 Kilometer mit stehendem Start in 23,3 Sekunden; Kraftstoffverbrauch bei konstant 90 km/h 8,3 l/100 km, bei konstant 120 km/h 10,3 l/100 km, bei EG-Stadtzyklus 21,3 l/100 km, Drittelmix 13,3 l/100 km (US-Version City 13 mpg, Highway 21 mpg, Combined 16 mpg), Ölverbrauch ca. 1,5 l/1000 km.

PORSCHE 911 (993) TURBO

(1995-1998)

Motor-Bezeichnung: M64/60;
Basis-Motordaten: Sechszylinder-Boxer, längs hinter der Hinterachse eingebaut; Bohrung x Hub 100x76,4 mm, Hubraum 3598 cm³, Verdichtungsverhältnis 8,0:1; Leistung 408 PS (300 kW) bei 5750/min, maximales Drehmoment 55 kpm (540 Nm) bei 4500/min, zulässige Höchstdrehzahl 6720/min, Abschaltdrehzahl des Drehzahlbegrenzers (durch Kraftstoffunterbrechung) 6720/min ± 20/min, Literleistung 113,3 PS/l, mittlere Kolbengeschwindigkeit bei Nenndrehzahl 13,5 m/s, Kraftstoff-Oktanzahlbedarf 98 (= Super Plus);

Motor-Konstruktion: zweiteiliges Kurbelgehäuse aus Al Si-Legierung, geschmiedete, achtfach gleitgelagerte Stahlkurbelwelle, gepresste Aluminium-Kolben, Leichtmetall-Einzelzylinderköpfe mit keramischen Auslassportlinern und jeweils einer obenliegenden, vierfach gleitgelagerten Nockenwelle, Nockenwellen-Antrieb durch Doppelkette, Ventil-Steuerzeiten: Einlass öffnet 12 Grad vor OT, schließt 117 Grad vor OT, Auslass öffnet 124 Grad nach OT, schließt 5 Grad nach OT, Sauganlage mit Resonanzvolumen, jeweils ein Einlass- und ein Auslass-Ventil (V-förmig hängend) pro Brennraum, Ventilteller-Durchmesser Einlass 49 mm, Auslass 42,5 mm, pro Ventil zwei Schraubenfedern; hydraulischer Ventilspielausgleich, Luftkühlung durch Axialgebläse auf der Lichtmaschine, Gebläse-Antrieb durch Keilriemen von der Kurbelwelle, Übersetzung Kurbelwelle/Gebläse 1:1,8, Luftfördermenge bei 5750/min 1210 l/sec.; Trockensumpf-Schmierung, Thermostat-geregelte Ölkühlung durch Frontölkühler im rechten Radhaus und 2-stufiges elektrisches Gebläse, Ölfilter im Rücklauf und Hauptstrom, Öldruck bei 5000/min und 90 Grad Öltemperatur 6,5 bar; Kraftstoff-Förderung durch eine elektrische Rollenzellenpumpe, Kraftstoffaufbereitung durch Bosch Motronic M5.2 (Digitale-Motor-Elektronik = DME), Ansteuerung der Einspritzventile sequentiell, Abgasreinigung durch für beide Zylinderbänke separate Dreiwege-Katalysatoren mit beheizter Lambdasonde; Biturbo-Anlage KKK Typ K16 mit zwei Ladeluftkühlern, maximaler Ladedruck 0,8 bar; Ladedruckregelung über HFM-Luftmassensignal und Gangerkennung.

Elektrik: Einfachzündung mit Klopfregelung (DME), Batteriespannung 12 Volt, Batteriekapazität 75 Ah, Drehstromlichtmaschine 1610 W, Zündkerzen Bosch FR 6 LDC oder Beru 14 FR6 LDU, Elektrodenabstand 0,8 mm, Zündfolge 1-6-2-4-3-5;

Füllmengen: Gesamtölmenge des Systems 11,5 Liter; Tankvolumen 73,5 Liter, optional 92 Liter, Tank im Bug angeordnet.

Kraftübertragung: Allradantrieb, Heckmotor und -getriebe sind mittels Verbindungsrohr zu starrer Antriebseinheit zwischen Hinterrad- und Vorderradantrieb verbunden (Transaxle), die drehelastische Antriebswelle zwischen Hinter- und Vorderachse ist im Transaxle-Rohr gelagert, Viscokupplung für variable Drehmomentverteilung, Einscheiben-Trockenkupplung mit Druckplatte, Zweimassenschwungrad, Durchmesser der Druckplatte 240 mm, Anpresskraft 1400-1500 N; vollsynchronisiertes Sechsganggetriebe mit Mittelschalthebel, interne Bezeichnung G64/51, Achsübersetzung 3,444, Übersetzungen 1. Gang 3,818:1, 2. Gang 2,150:1, 3. Gang 1,560:1, 4. Gang 1,212:1, 5.Gang 0,973, 6. Gang 0,750, Rückwärtsgang 2,875:1, Sperrdifferential mit lastabhängiger Sperrwirkung 25/40 %; Getriebe-Ölinhalt (incl. Achsantrieb) Vorderachse/Hinterachse 0,6/4,3 Liter.

993 Turbo: Leistungs- und Drehmomentkurven

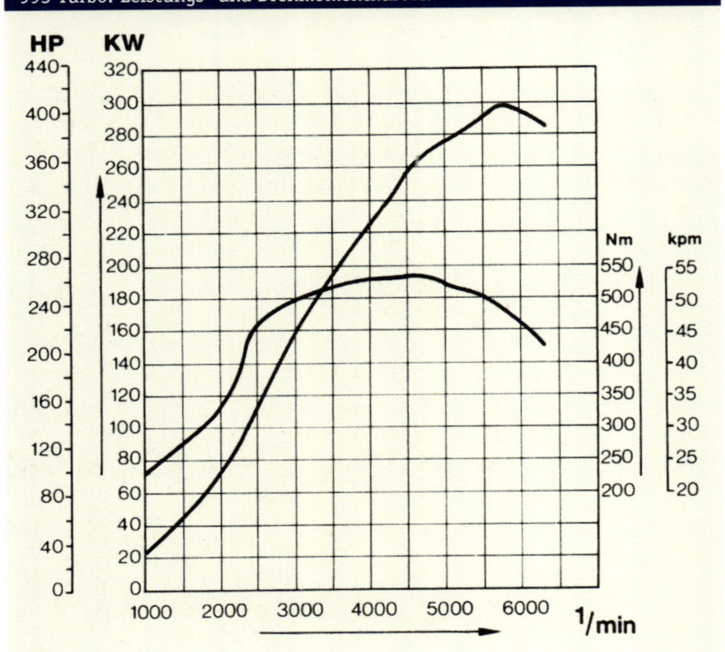

993 Turbo mit Sechsgang-Getriebe: Drehzahl-Diagramm

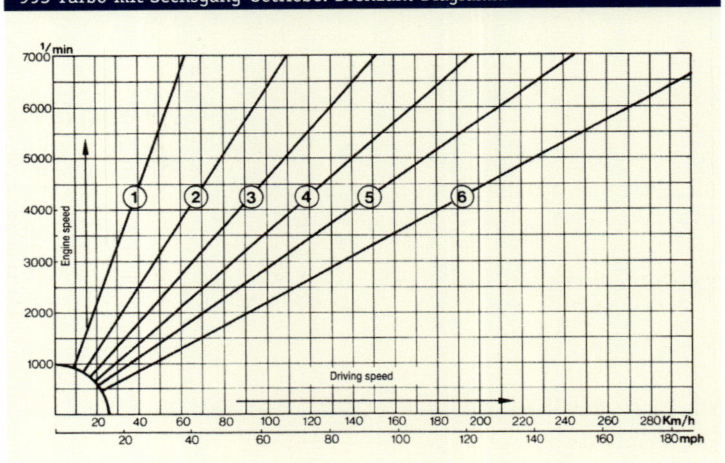

Fahrwerk: selbsttragende Stahl-Karosserie (Luftwiderstands-Beiwert c_w = 0,34), vorn Einzelradaufhängung an Querlenkern und Dämpferbeinen mit je einer Schraubenfeder (Wendeldurchmesser 103 mm), querliegender Stabilisator (Durchmesser 22 mm), hinten Einzelradaufhängung an doppelten Querlenkern mit je Rad eine Schraubenfeder mit innenliegendem Gasdruck-Zweirohrstoßdämpfer (Wendeldurchmesser 101,2 mm), querliegender Stabilisator (Durchmesser 21 mm), Radsturz vorn – 20' ± 10', hinten -1°10' ± 15', Vorspur vorn +5' +/-5', hinten +10'+/- 5', Nachlauf 5°20' +15'; ZF-Zahnstangenlenkung, Lenkübersetzung 16,51:1 (Linkslenker) bzw. 16,64 (Rechtslenker), Lenkradumdrehungen von Anschlag zu Anschlag 2,47 (Rechtslenker 2,49);

Bremsanlage: hydraulische Zweikreis-Bremsanlage, vorn und hinten gelochte, innenbelüftete Bremsscheiben, Scheibendurchmesser vorn 322 mm, hinten 322 mm, Leichtmetall-Festsättel, mechanische Handbremse (Trommel mit 180 mm Durchmesser) auf Hinterräder wirkend; Bosch-Antiblockiersystem, und automatisches Bremsdifferential als Anfahrhilfe, hydraulische Bremskraftverstärkung (Übersetzung 4,8:1).

Räder/Reifen: Leichtmetallräder mit vorn und hinten 18 Zoll Durchmesser, Felgenbreite/Einpresstiefe vorn 8 Zoll/52 mm, hinten 10 Zoll/40 mm, Bereifung vorn 225/40 ZR 18, hinten 285/30 ZR 18, Faltersatzrad Felge 5 ½ x 16 mit Einpresstiefe 30 mm, Faltrad 165/70 – 16 92P.

Maße und Gewichte: Radstand 2272 mm, Länge 4245 mm (US-Version 4260 mm), Breite 1795 mm, Höhe 1285 mm (US-Version 1315 mm), Spur vorn/hinten 1411/1504 mm, Bodenfreiheit mit zulässigem Gesamtgewicht 100 mm (US-Version 130 mm); Leergewicht nach DIN 1500 kg, davon Vorderachse 600 kg, Hinterachse 900 kg, zulässiges Gesamtgewicht 1840 kg, zulässige Dachlast 35 kg, mit Porsche-Dachtransportsystem 75 kg; Motorgewicht (einbaufertig, mit Unterbodenverkleidung, Kupplung und Klimakompressor) 268 kg, Getriebegewicht (nass und einbaufertig) 69 kg.

Fahrleistungen und Verbrauch (Werksangaben):
Höchstgeschwindigkeit über 290 km/h, Beschleunigung 0-100 km/h in 4,5 Sekunden, 1 Kilometer mit stehendem Start in 23,0 Sekunden; Kraftstoffverbrauch bei konstant 90 km/h 8,2 l/100 km, bei konstant 120 km/h 10,3 l/100 km, bei EG-Stadtzyklus 21,0 l/100 km, Drittelmix 13,2 l/100 km (US-Version City 13 mpg, Highway 19 mpg, Combined 15 mpg), Ölverbrauch ca. 1 l/1000 km.

PORSCHE 911 (993) TURBO S

(1995-1998)

Motor-Bezeichnung: M64/60 S;
Basis-Motordaten*: Leistung 450 PS (331 kW) bei 6000/min, maximales Drehmoment 585 Nm) bei 4500/min, zulässige Höchstdrehzahl 6900/min, Abschaltdrehzahl des Drehzahlbegrenzers (durch Kraftstoffunterbrechung) 6900/min ± 20/min, Literleistung 125,0 PS/l, mittlere Kolbengeschwindigkeit bei Nenndrehzahl 15,28 m/s, Kraftstoff-Oktanzahlbedarf 98 (= Super Plus);

Motor-Konstruktion*: Biturbo-Anlage KKK Typ K24 mit zwei Ladeluftkühlern, maximaler Ladedruck 0,9 bar;

Maße* und Gewichte*: Höhe 1270 mm Spur vorn/hinten 1411/1504 mm, Bodenfreiheit mit zulässigem Gesamtgewicht 85 mm.

Fahrleistungen* und Verbrauch* (Werksangaben):
Höchstgeschwindigkeit über 300 km/h, Beschleunigung 0-100 km/h in 4,1 Sekunden, 0-200 km/h in 13,7 Sekunden, 1 Kilometer mit stehendem Start in 22,0 Sekunden; Kraftstoffverbrauch bei konstant 90 km/h 8,5 l/100 km, bei konstant 120 km/h 10,8 l/100 km, bei EG-Stadtzyklus 21,2 l/100 km, Drittelmix 13,5 l/100 km.

**sofern unterschiedlich zum 993 Turbo*

PORSCHE 911 (996) TURBO COUPÉ/CABRIOLET

(2000-2005)

Motor-Bezeichnung: M96/70;
Basis-Motordaten: wassergekühlter Sechszylinder-Boxer, längs hinter der Hinterachse eingebaut; Bohrung x Hub 100 x 76,4 mm, Hubraum 3581,4 (aufgerundet 3600) cm³, Verdichtungsverhältnis 9,4:1; Leistung 420 PS (309 kW) bei 6000/min, maximales Drehmoment 560 Nm bei 2700-4600/min, zulässige Höchstdrehzahl 6750/min, Abschaltdrehzahl durch Drosselklappenverstellung und Kraftstoffunterbrechung bei 6750/min, Literleistung 116,6 PS/l, mittlere Kolbengeschwindigkeit bei Nenndrehzahl 15,3 m/s, Kraftstoff-Oktanzahlbedarf Super Plus unverbleit;

Motor-Konstruktion: vertikal geteiltes Kurbelgehäuse aus Leichtmetallguss, geschmiedete, achtfach gleitgelagerte Stahlkurbelwelle, gepresste Aluminium-Kolben, Leichtmetall-Zylindergehäuse mit eingesetzten, nassen Leichtmetallbuchsen mit Nikasil-Laufflächen, Leichtmetall-Zylinderköpfe mit jeweils zwei oben liegenden Nockenwellen und pro Brennraum zwei parallel V-förmig hängenden Einlass- und Auslassventilen mit hydraulischem Ventilspielausgleich (Ventilwinkel 27,4°), doppelte Ventilfedern, Kunststoff-Nockenwellengehäuse, Nockenwellen-Antrieb von der Kurbelwelle über Zahnrad auf die Zwischenwelle, von dort über je eine Doppelkette auf die Auslass- und Einlassnockenwellen, axiale Nockenwellenverstellung mit 30° Verstellung (VarioCam Plus) und zweifache Ventilhubschaltung, Ventil-Steuerzeiten (bei 1 mm Ventilhub und Nullspiel): Einlass öffnet 10 Grad nach OT, schließt 20 Grad nach UT, Auslass öffnet 41 Grad vor UT, schließt 9 Grad vor OT, Ventilteller-Durchmesser Einlass

41 mm, Auslass 35,5 mm, Auslass-Ventile natriumgefüllt, Wasserkühlung mit Pumpe über drei Kühler vor den Vorderrädern, zwei dreistufig geregelte Elektrolüfter; Trockensumpf-Schmierung mit separatem Öltank, Ölkühlung durch Öl/Wasser-Wärmetauscher, Ölfilter druckseitig nach der Ölpumpe, Öldruck bei 5000/min und 90 Grad Öltemperatur ca. 6,5 bar, sequentielle Multipoint-Saugrohreinspritzung durch Motor-Steuerung DME (digitale Motor-Elektronik ME 7.8 von Bosch), Klopfregelung; 2 Abgasturbolader Borg Warner Typ K16, maximaler Ladedruck 0,8 bar, zwei Ladeluftkühler; zweiflutige Abgasanlage mit Nachschalldämpfer, Stereo-Lambdaregelung, Dreiwege-Katalysatoranlage mit je einem zweistufigen Metall-Kat links und rechts, Sekundärluftsystem.

Elektrik: elektronische Zündung mit ruhender Zündverteilung (6 Zündspulen), Batteriespannung 12 Volt, Batteriekapazität 80 Ah, Drehstromlichtmaschine 1680 W, Zündkerzen Bosch FR 5 LOC oder Beru 14-FR 5 LDU, Elektrodenabstand 1,6 +/- 0,2 mm, Zündfolge 1-6-2-4-3-5;

Füllmengen: Gesamtölmenge des Systems 12,5 Liter, Ölwechselmenge 8,5 Liter; Kraftstoff-Förderung durch eine elektrische Innenzahnradpumpe und zwei zusätzliche Saugpumpen, Tankvolumen 64 Liter, davon 12 Liter Reserve (Tank im Bug angeordnet), Kühlwasser-Volumen 28 Liter.

Kraftübertragungen: Motor und Getriebe zu einer Antriebseinheit verschraubt, permanenter Allradantrieb mit angepasster Verteilung auf die vier Räder durch Viscolamellenkupplung, HA-Antrieb über Doppelgelenkwellen, VA-Antrieb über Kardanwelle, VA-Getriebe und Doppelgelenkwellen, hydraulisch betätigte Einscheiben-Trockenkupplung mit hydraulischer Unterstützung, Durchmesser der Druckplatte 240 mm, Zweimassenschwungrad, vollsynchronisiertes Sechsganggetriebe mit Mittelschalthebel, interne Bezeichnung G96.50, Übersetzungen 1. Gang 3,82:1, 2. Gang 2,05:1, 3. Gang 1,41:1, 4. Gang 1,12:1, 5. Gang 0,92:1, 6. Gang 0,75:1, Rückwärtsgang 2,86:1. Achsübersetzung 3,44, Getriebegewicht (einbaufertig) 72 kg, Getriebe-Ölinhalt 3,8 Liter; optional automatisches Fünfganggetriebe Tiptronic mit Wandler, interne Bezeichnung A96.50, Wandler-Durchmesser 270 mm, Anfahrwandlung 1,9:1, Festbremsdrehzahl 2600/min, Übersetzungen 1. Gang 3,59:1, 2. Gang 2,19:1, 3. Gang 1,41:1, 4. Gang 1,00:1, 5. Gang 0,83:1, Rückwärtsgang 1,93:1, Getriebegewicht (einbaufertig) 125,2 kg. Getriebe-Ölinhalt (incl. Wandler) 9 Liter.

Fahrwerk: selbsttragende, beidseitig verzinkte Leichtbau-Ganzstahlkarosserie, Luftwiderstandsbeiwert c_w = 0,31; vorn Federbein-Achse (Porsche-optimierte McPherson-Bauart) mit einzeln an Querstreben, Längslenkern und Federbeinen aufgehängten Rädern, Kegelstumpffedern mit innenliegenden Stoßdämpfern, Zweirohr-Gasdruckstoßdämpfer, Rohrstabilisator 23,6x3,5 mm; hinten Mehrlenker-Achse, einzeln an fünf Lenkern geführte Räder, zylindrische Schraubenfedern pro Rad mit koaxialem innenliegenden Einrohr-Gasdruckdämpfer, Rohrstabilisator 21,7x3,0, Radsturz vorn -30' ± 15', hinten -1°25' ± 15', Vorspur vorn 5' ± 5' (gesamt), hinten (pro Rad) 10'±5', Nachlauf 8° ± 30', Federrate vorn/hinten 33/60 N/mm; ZF-Servolenkung, Lenkübersetzung 16,9:1, Lenkradumdrehungen von Anschlag zu Anschlag 2,98, Lenkraddurchmesser 380 mm.

996 Turbo: Leistungs- und Drehmomentkurven

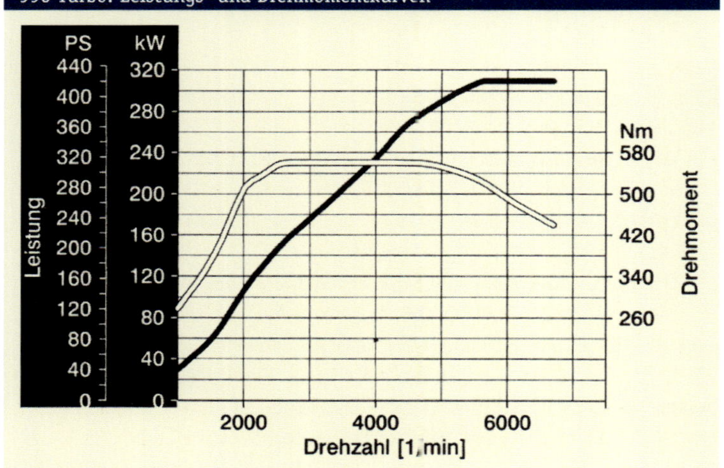

996 Turbo mit Sechsgang-Getriebe: Drehzahl-Diagramm

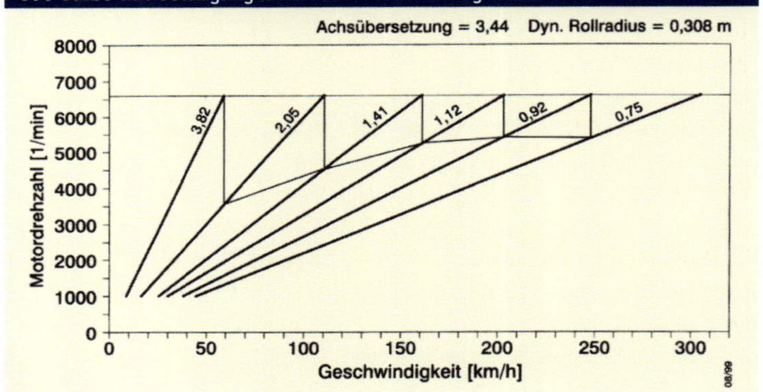

996 Turbo mit Automatik-Getriebe (Tiptronic S): Drehzahl-Diagramm

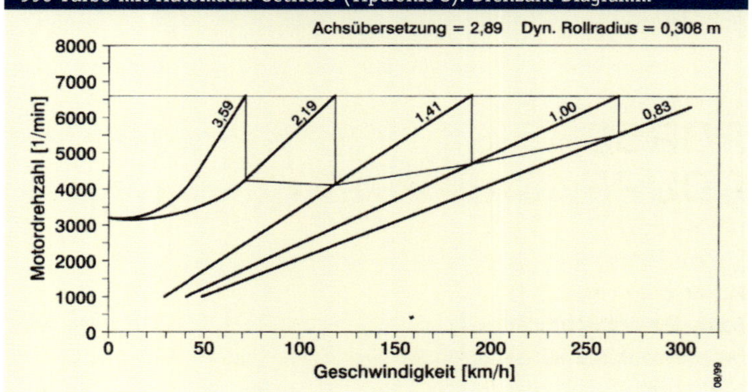

Bremsanlage: hydraulische Zweikreis-Bremsanlage (achsweise Aufteilung), vorn und hinten gelochte und innenbelüftete Bremsscheiben, Scheibendurchmesser/dicke vorn 330/34 mm, hinten 330/28 mm, 4-Kolben-Alu-Monobloc-Bremssättel vorn und hinten, mechanische Feststellbremse (Topfhandbremse) auf Hinterräder wirkend, Bosch ABS 5.7, elektronische Bremskraftverteilung, Vakuum-Bremskraftverstärker (Übersetzung 3,85:1); Traktionshilfe PSM mit Längs- und Querdynamikregelung durch automatische Eingriffe in das Motormanagement und das Bremssystem; optional (ab Modelljahr 2003) Keramik-Bremsanlage mit gelochten und innenbelüfteten Keramikfaser-Bremsscheiben, Scheibendurchmesser/dicke vorn 350/34 mm, hinten 350/28 mm, vorn 6-Kolben-Alu-Monobloc-Bremssättel, hinten 4-Kolben-Alu-Monobloc-Bremssättel;

Räder/Reifen: geschmiedete Leichtmetallräder jeweils 18 Zoll Durchmesser, Felgenbreite vorn 8 Zoll, hinten 11 Zoll, Serienbereifung vorn 225/40 ZR 18, hinten 295/30 ZR 18, Reserverad mit Faltreifen 165/70 R 16 auf Felge 5 1/2J x 16.

Maße und Gewichte: Radstand 2350 mm, Länge 4435 mm, Breite 1830 mm, Höhe 1295 mm, Spur vorn/hinten 1465/1522 mm, Bodenfreiheit Europa/USA 90/110 mm, bei zulässigem Gesamtgewicht 55 mm; Leergewicht nach DIN Coupé/Cabriolet 1540*/1660 kg** (davon Vorderachse 605/625 kg, Hinterachse 935/1035 kg), zulässiges Gesamtgewicht 1835/1980 kg, zulässige Dachlast (Coupé) 75 kg; Motorgewicht Schaltgetriebe/Tiptronic S (einbaufertig incl. Klimakompressor, Kraftstoffkühler, Lenkhilfepumpe, Ladeluftleitungen, Ladeluftkühler, Kühlgebläse, Anlasser, ohne Öl) 260/253 kg, Getriebegewicht Schaltgetriebe/Tiptronic S(ohne Öl) 68,5/116,5 kg.

**1590 kg ab 2003; **Coupé und Cabrio mit Tiptronic S + 40 kg.*

Fahrleistungen* und Verbrauch* (Werksangaben):
Höchstgeschwindigkeit 305/298/305/298 km/h, Beschleunigung 0-100 km/h in 4,2/4,9/4,3/4,9 Sekunden, 0-200 km/h in 14,2/16,7/14,8/16,6 Sekunden, 1 Kilometer mit stehendem Start in 22,4/23,9/22,7/23,5 Sekunden; Kraftstoffverbrauch (EG-Norm, ROZ 98 unverbleit) 12,9/13,9/12,9/13,9 l/100 km , Ölverbrauch 1,0 l/1000 km.

**alle Angaben für Coupé mit Schaltgetriebe/Coupé mit Tiptronic/Cabrio mit Schaltgetriebe/Cabrio mit Tiptronic.*

PORSCHE 911 (996) TURBO S COUPÉ/CABRIOLET*

(2004-2005)

Motor-Bezeichnung: M96/70 E;
Basis-Motordaten*: Leistung 450 PS (331 kW) bei 5700/min, maximales Drehmoment 620 Nm bei 3500-4500/min, zulässige Höchstdrehzahl 6750/min, Abschaltdrehzahl durch Drosselklappenverstellung und Kraftstoffunterbrechung bei 6750/min, Literleistung 124,95 PS/l, mittlere Kolbengeschwindigkeit bei Nenndrehzahl 14,52 m/s,

Motor-Konstruktion*: Ventil-Steuerzeiten (bei 1 mm Ventilhub und Nullspiel): Einlass öffnet 10 Grad nach OT, schließt 20 Grad nach UT, Auslass öffnet 41 Grad vor UT, schließt 9 Grad vor OT, Ventilteller-Durchmesser Einlass 41 mm, Auslass 35,5 mm, Auslass-Ventile natriumgefüllt, 2 Abgasturbolader Borg Warner K 24, maximaler Ladedruck 0,9 bar.

Bremsanlage*: hydraulische Zweikreis-Bremsanlage (achsweise Aufteilung), gelochte und innenbelüftete Keramikfaser-Bremsscheiben, Scheibendurchmesser/dicke vorn 350/34 mm, hinten 350/28 mm, vorn 6-Kolben-Alu-Monobloc-Bremssättel, hinten 4-Kolben-Alu-Monobloc-Bremssättel.

Maße* und Gewichte*: Leergewicht Coupé/Cabrio nach DIN 1590/1660 kg* (davon Vorderachse 615/630 kg, Hinterachse 975/1030 kg), zulässiges Gesamtgewicht 1935/1980 kg*, zulässige Dachlast 75 kg.

**mit Tiptronic S + 40 kg.*

Fahrleistungen* und Verbrauch* (Werksangaben):
Höchstgeschwindigkeit 307/300/307/300 km/h, Beschleunigung 0-100 km/h in 4,2/4,5/4,3/4,6 Sekunden, 0-200 km/h 13,6/15,1/13,9/15,5 Sekunden, 1 Kilometer mit stehendem Start in 21,8/22,7/22,0/22,9 Sekunden; Kraftstoffverbrauch (EG-Norm, ROZ 98 unverbleit) 13,3/14,2/13,3/14,2 l/100 km.
*alle Angaben für Coupé mit Schaltgetriebe/Coupé mit Tiptronic/Cabrio mit Schaltgetriebe/Cabrio mit Tiptronic.

**sofern unterschiedlich zum 996 Turbo*

PORSCHE 911 (997) TURBO 3.6 (3.8)*

(2007-2009/2010-2012)*

**Werte in Klammer für 997 Turbo 3.8 (ab Modelljahr 2010)*

Motor-Bezeichnung: M97/70 (MA 170);
Basis-Motordaten: wassergekühlter Sechszylinder-Boxer aus Aluminium, längs hinter der Hinterachse eingebaut; Bohrung x Hub 100,0 x 76,4 (102 x 77,5) mm, Hubraum 3.581,4 (aufgerundet 3600) bzw. 3775,1 (aufgerundet 3800) cm³, Verdichtungsverhältnis 9,0:1 (9,8:1); Leistung 480 PS/353 kW bei 6000/min (500 PS/368 kW bei 6000-6500/min), maximales Drehmoment 620 Nm bei 1950 bis 5000/min (650 Nm bei 1950-5000/min), mit Overboost 680 Nm bei 2100-4000/min (700 Nm bei 2100 bis 4000/min), zulässige Höchstdrehzahl 6750 (7000)/min, Drehzahlbegrenzung durch E-Gas und Einspritzausblendung, Literleistung 133,3 (131,6) PS/l, mittlere Kolbengeschwindigkeit bei Nenndrehzahl 15,28 (15,5-16,79) m/s, Kraftstoff-Oktanzahlbedarf 98 Super Plus unverbleit;

Motor-Konstruktion: vertikal geteiltes Leichtmetall-Kurbelgehäuse (einteiliges Kurbelgehäuse), geschmiedete, achtfach gleitgelagerte Stahlkurbelwelle, geschmiedete Aluminium-Kolben, Leichtmetall- Zylindergehäuse mit eingesetzten, nassen Leichtmetallbuchsen (in Closed-deck-Bauweise), Zylinder an den Laufflächen Nikasil-beschichtet, Leichtmetall-Zylinderköpfe mit jeweils zwei obenliegenden gleitgelagerten Nockenwellen, kontinuierliche Steuerzeitenverstellung der Einlassnockenwellen um 40°, Ventilhub-Umschaltsystem (VarioCam Plus) mit kleinem Hub 3,6 mm, großem Hub 10 mm, Auslasshub 10 mm, Nockenwellen-Antrieb von der Kurbelwelle über Zahnradpaar auf die Zwischenwelle, von dort über je eine Duplex-Rollenkette auf die Nockenwellen, Ventil-Steuerzeiten: Einlass öffnet mit kleinem Hub 30 Grad nach OT, mit großem Hub 20 Grad vor OT, Einlass schließt mit kleinem Hub 30 Grad vor UT, mit großem Hub 50 Grad nach UT, Auslass öffnet 40 Grad vor UT, schließt 9 Grad vor OT, jeweils zwei Einlass- und zwei Auslass-Ventile (V-förmig hängend) pro Brennraum, Ventilteller-Durchmesser Einlass 37 mm, Auslass 32 mm; Wasserkühlung durch Pumpe mit 3 vor den Vorderrädern angeordneten Kühlern; Trockensumpf-Schmierung mit getrenntem Behälter (integrierte Trockensumpfanlage), Ölkühlung über zwei Öl/Wasser-Wärmetauscher, Öldruck bei 5000/min und 90 Grad Öltemperatur 6,5 bar; Motorsteuerung durch ME 7.8.1 Digitale-Motor-Electronic (DME) für Zündung, Einspritzung und Nockenwellenverstellung, Kraftstoffaufbereitung durch sequentielle Multipoint-Einspritzung (Direkteinspritzung DFI), 2 Heißfilm-Luftmassenmesser, 2 Abgasturbolader mit variabler Turbinengeometrie (VTG) Borg Warner (KKK) 93049880060 + 0061 (53049880092 +0093), 2 Ladeluftkühler, maximaler Ladedruck 1,0 bar (0,8 bar), mit Overboost 1,2 bar (1,0 bar); zweiflutige 3-Wege-Katalysatoren.

997 Turbo 3.6: Leistungs- und Drehmomentkurven

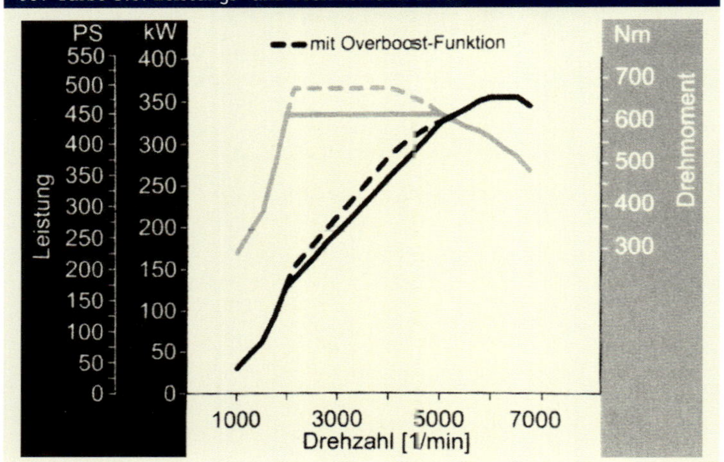

997 Turbo 3.8: Leistungskurve

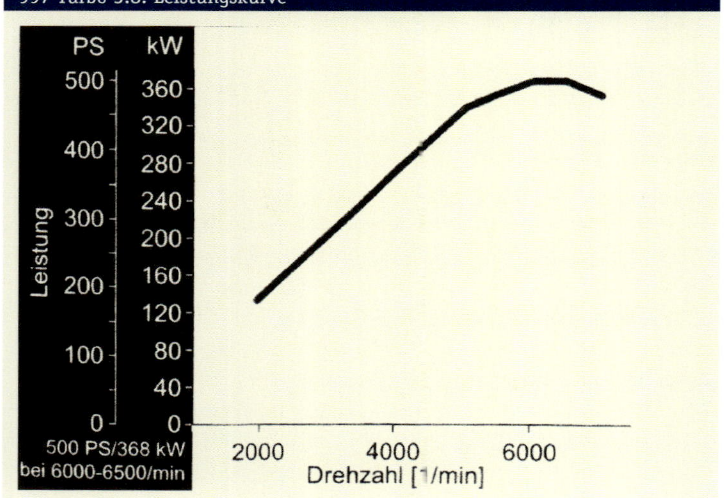

Elektrik: elektronische Zündung mit ruhender Zündverteilung (6 Zündspulen), Batteriespannung 12 Volt, Batteriekapazität 70 Ah, Drehstromlichtmaschine 2100 W, Zündkerzen Bosch FR6 DPP 332S, Elektrodenabstand 0,8 mm, Zündfolge 1-6-2-4-3-5;

Füllmengen: Gesamtölmenge des Systems 11 (10,4) Liter, Ölwechselmenge 7,8 Liter; Kraftstoff-Förderung durch zwei elektrische Rollenzellenpumpen, Tankvolumen 67 Liter (Tank im Bug angeordnet).

Kraftübertragung: Allradantrieb mit elektronisch gesteuerter, elektromagnetisch betätigter Lamellenkupplung (optional mit Porsche Torque Vectoring mit mechanischem Hinterachs-Sperrdifferential), hydraulisch betätigte Einscheiben-Trockenkupplung mit hydraulischer Betätigung und hydraulischer Unterstützung, Durchmesser der Druckplatte 240 mm, vollsynchronisiertes Sechsganggetriebe mit Mittelschalthebel (interne Bezeichnung G97/50) oder optionale Fünfgang-Tiptronic S mit der internen Bezeichnung A97/50 (oder optional Siebengang-Doppelkupplungsgetriebe PDK), optional mechanische Quersperre an der Hinterachse mit 22 % im Zug und 27 % im Schub, Achsübersetzung Hinterachse 3,444, VA-Getriebe 3,333, Schaltgetriebe-Übersetzungen 1. Gang 3,818:1, 2. Gang 2,136:1, 3. Gang 1,481:1, 4. Gang 1,182:1, 5. Gang 0,974:1, 6. Gang 0,791:1, Rückwärtsgang 2,667:1, Tiptronic S-Übersetzungen 1. Gang 3,595:1, 2. Gang 2,186:1, 3. Gang 1,405:1, 4. Gang 1,00:1, 5. Gang 0,831:1, Rückwärtsgang 3,167:1 (PDK-Übersetzungen 1. Gang 3,909:1, 2. Gang 2,286:1, 3. Gang 1,577:1, 4. Gang 1,182:1, 5.Gang 0,944:1, 6. Gang 0,786:1, 7.Gang 0,622:1, Rückwärtsgang 3,545:1); Schaltgetriebe-Ölinhalt 3,8 Liter (Tipronic S 9 Liter, Ölinhalt PDK-Getriebe mit Sperrdifferential 3,36 Liter, Kupplungs/Hydrauliköl 5,4 Liter, Vorderachs-Getriebe und Differenzial 0,7 Liter, Vorderachsgetriebe und Längskupplung 0,7 Liter).

Fahrwerk: selbsttragende, beidseitig verzinkte Leichtbau-Stahlblechkarosserie, Türen, Fronthaube und Heckmittelteil aus Aluminium, Luftwiderstandsbeiwert c_w = 0,31 (Cabriolet c_w=0,32); vorn Einzelradaufhängung an Querlenkern mit Längslenkern und Federbeinen (McPherson-Bauart, Porsche-optimiert), Kegelstumpffedern mit innen liegenden, geregelten

Zweirohr-Gasdruckdämpfern, querliegender Stabilisator 22,5x3,5, Federrate 36 N/mm, hinten Einzelradaufhängung an jeweils 5 Lenkern geführt, zylindrische Schraubenfedern mit koaxialen, innen liegenden, geregelten Einrohr-Gasdruckdämpfern, querliegender Stabilisator 21,7x3,0 bzw. 22,5x3,5 mit Quersperre, Radsturz vorn -40' ± 15', hinten -1° 40' ± 15', Vorspur vorn 5', hinten 10', Nachlauf +7° 55' mit Toleranz ± 30'; ZF-Zahnstangenlenkung mit Servounterstützung, variable Lenkübersetzung 17,11:1 (Mittellage) bis 13,76:1, Lenkradumdrehungen von Anschlag zu Anschlag 2,62, Lenkraddurchmesser 370 mm.

Bremsanlage: hydraulische Zweikreis-Bremsanlage mit achsweiser Aufteilung, vorn und hinten gelochte innenbelüftete Bremsscheiben, Scheibendurchmesser vorn/hinten 350/350 mm, Scheibendicke vorn/hinten 34/28 mm. vorn Sechskolben-Alu-Monobloc-Bremssättel, hinten Vierkolben-Anlage, optional PCCP-Bremsanlage mit Keramikfaser-Bremsscheiben, Scheibendurchmesser vorn/hinten 380/350 mm, Scheibendicke vorn/hinten 34/28 mm, Vakuum-Tandem-Bremskraftverstärker i=5,5, mechanische Handbremse (Trommel) auf Hinterräder wirkend;

Räder/Reifen: geschmiedete Leichtmetallräder mit vorn und hinten 19 Zoll Durchmesser, Felgenbreite vorn/hinten 8 ½ / 11 Zoll, Einpresstiefe vorn/hinten 51/56 mm), Bereifung vorn/hinten 235/35 ZR 19 / 305/30 ZR 19, Reifenpannen-Notsystem mit Reifendichtmittel und Luftkompressor.

Maße und Gewichte: Radstand 2350 mm, Länge 4450 mm (USA-Version 4477 mm), Breite 1852 mm, Höhe 1300 mm, Spur vorn/hinten 1490/1548 mm, Bodenfreiheit leer 110 mm, Bodenfreiheit mit Volllast 101 mm; Leergewicht nach DIN Coupé/Cabriolet mit Schaltgetriebe* 1585/1655 kg, zulässiges Gesamtgewicht 1950/2000 kg, zulässige Dachlast (Coupé) 75 kg; Motorgewicht (einbaufertig, ohne Öl) 229,8 kg, Getriebegewicht (ohne Anlasser, ohne Öl) 71 kg.

**mit Tipronic S +35 kg.*

Fahrleistungen und Verbrauch (Werksangaben):
Höchstgeschwindigkeit 310 km/h, Beschleunigung 0-100 km/h Coupé/Cabriolet mit Schaltgetriebe 3,9/4,0 Sekunden, mit Tipronic S 3,7/3,8 Sekunden, 0-200 km/h Coupé/Cabrio mit Schaltgetriebe 12,8/12,8 Se-

997 Turbo 3.6 mit Sechsgang-Getriebe: Drehzahl-Diagramm

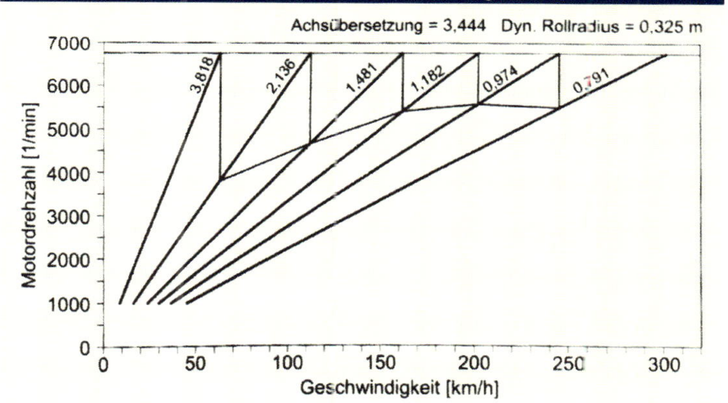

997 Turbo 3.8 mit Sechsgang-Getriebe: Drehzahl-Diagramm

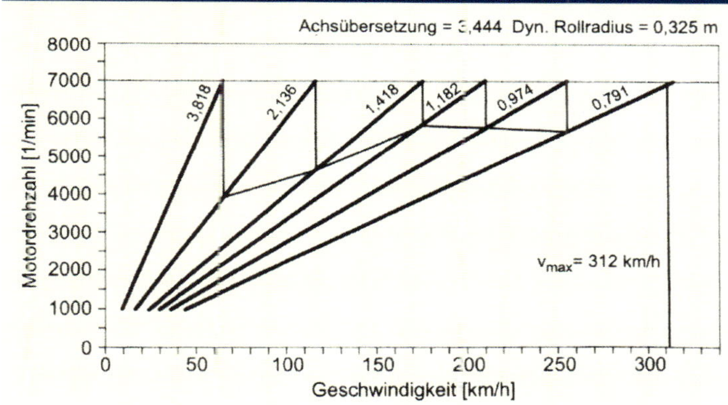

997 Turbo 3.6 mit Automatik-Getriebe (Tiptronic S): Drehzahl-Diagramm

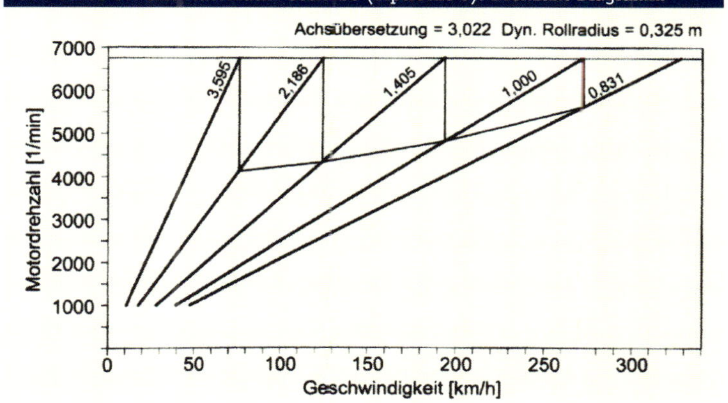

997 Turbo 3.8 mit Doppelkupplungs-Getriebe (PDK): Drehzahl-Diagramm

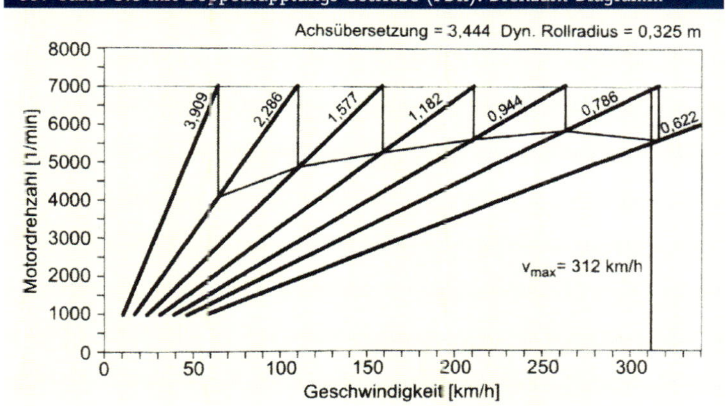

kunden mit Tipronic S 12,2/12,6 Sekunden, Kilometer mit stehendem Start Coupé/Cabrio mit Schaltgetriebe in 21,5/21,5 Sekunden, mit Tipronic S 21,1/21,1 Sekunden; Kraftstoffverbrauch Coupé/Cabrio mit Schaltgetriebe 12,8/12,9 l/100 km, mit Tipronic S 13,6/13,7 l/100 km, Ölverbrauch 1 l/1000 km.

PORSCHE 911 (997) TURBO 3.8 S COUPÉ/CABRIOLET

(2010-2012)

Motor-Bezeichnung: MA 170S);
Basis-Motordaten*: Bohrung x Hub 102 x 77,5 mm, Hubraum 3775,1 (aufgerundet 3800) cm³, Verdichtungsverhältnis 9,8:1; Leistung 530 PS (390 kW) bei 6250-6750/min, maximales Drehmoment 700 Nm bei 2100 bis 4250/min Literleistung 139,5 PS/l, mittlere Kolbengeschwindigkeit bei Nenndrehzahl 16,15-17,44) m/s;

Motor-Konstruktion*: einteiliges Kurbelgehäuse, Leichtmetall- Zylindergehäuse in Closed-deck-Bauweise, Direkteinspritzung DFI, 2 Abgasturbolader mit variabler Turbinengeometrie (VTG) Borg Warner (KKK) 53049880092 +0093), maximaler Ladedruck 1,2 bar.

Füllmengen*: Gesamtölmenge des Systems 10,4 Liter.

Kraftübertragung*: Siebengang-Doppelkupplungsgetriebe PDK, mechanische Quersperre an der Hinterachse mit 22 % im Zug und 27 % im Schub, Achsübersetzung Hinterachse 3,444, VA-Getriebe 3,333, PDK-Übersetzungen 1. Gang 3,909:1, 2. Gang 2,286:1, 3. Gang 1,577:1, 4. Gang 1,182:1, 5.Gang 0,944:1, 6. Gang 0,786:1, 7.Gang 0,622:1, Rückwärtsgang 3,545:1.

Bremsanlage*: PCCP-Bremsanlage mit Keramikfaser-Bremsscheiben, Scheibendurchmesser vorn/hinten 380/350 mm, Scheibendicke vorn/hinten 34/28 mm;

Gewichte: Leergewicht nach DIN Coupé/Cabriolet 1585/1670 kg, zulässiges Gesamtgewicht 1950/2010 kg.

Fahrleistungen* und Verbrauch* (Werksangaben): Höchstgeschwindigkeit 315 km/h, Beschleunigung 0-100 km/h Coupé/Cabriolet in 3,3/3,4 Sekunden, 0-200 km/h Coupé/Cabrio in 10,8/11,3 Sekunden; Kraftstoffverbrauch Coupé/Cabrio innerstädtisch 16,5/16,7 l/100 km, außerstädtisch 8,1/8,2 l/100 km, gesamt 11,4/11,5 l/100 km.

**sofern unterschiedlich zum 997 Turbo*

PORSCHE 911 (991) TURBO/TURBO S

(2013-2015)*

**Werte für Turbo S in Klammern*

Motor-Bezeichnung: MA 171 (MA 171S);
Basis-Motordaten: wassergekühlter Sechszylinder-Boxer aus Aluminium, längs hinter der Hinterachse eingebaut; Bohrung x Hub 102 x 77,5 mm, Hubraum 3775,1 (aufgerundet 3800) cm³, Verdichtungsverhältnis 9,8:1; Leistung 520 PS/383 kW bei 6000-6500/min (560 PS/412 kW bei 6500-6750/min), maximales Drehmoment 660 Nm bei 1950 bis 5000/min (700 Nm bei 2100-4250/min), mit Overboost 710 Nm bei 2100-4250/min (750 Nm bei 2200 bis 4000/min), zulässige Höchstdrehzahl 7000 (7200)/min, Drehzahlbegrenzung durch E-Gas und Einspritzausblendung, Literleistung 137,0 (147,4) PS/l, mittlere Kolbengeschwindigkeit bei Nenndrehzahl 15,5-16,79 (15,5-17,44) m/s, Kraftstoff-Oktanzahlbedarf 98 Super Plus unverbleit;

Motor-Konstruktion: vertikal geteiltes Leichtmetall-Kurbelgehäuse (überteutektische Al-Si-Legierung ALUSIL) mit integrierten Zylindern und Lagerstühlen, geschmiedete, achtfach gleitgelagerte Stahlkurbelwelle, geschmiedete Aluminium-Kolben, geschmiedete und gecrackte Pleuelstangen (L=138 mm), Leichtmetall- Zylindergehäuse in Closed-deck-Bauweise, Zylinder an den Laufflächen Nikasil-beschichtet, Leichtmetall-Zylinderköpfe mit jeweils zwei obenliegenden gleitgelagerten Nockenwellen, kontinuierliche Steuerzeitenverstellung der Einlassnockenwellen um 50°, Ventilhub-Umschaltsystem (VarioCam Plus) mit kleinem Hub 3,6 mm, großem Hub 10,5 mm, Auslasshub 10,35 mm, Nockenwellen-Antrieb von der Kurbelwelle direkt von der Kurbelwelle mit je einer Steuerkette pro Zylinderbank, Ventil-Steuerzeiten: Einlass öffnet mit kleinem Hub 38,5 Grad nach OT, mit großem Hub 17,6 Grad nach OT, Einlass schließt mit kleinem Hub 18,7 Grad vor UT, mit großem Hub 55,3 Grad nach UT, Auslass öffnet 38,3 Grad vor UT, schließt 6,3 Grad vor OT, jeweils zwei Einlass- und zwei Auslass-Ventile (V-förmig parallel hängend) pro Brennraum, Ventilteller-Durchmesser Einlass 39,5 mm, Auslass 32 mm, Einlass schaltbare Tassenstößel, Auslass Tassenstößel mit hydraulischem Ventilspielausgleich; Wasserkühlung durch Pumpe mit 2 vor den Vorderrädern angeordneten Kühlern und einem mittigen Kühler; Druckumlaufschmierung mit integriertem Trockensumpf und bedarfsgeregelter Ölpumpe mit 4 Absaugstufen in den Zylinderköpfen und 2 Pumpen in den Turboladern, Ölkühlung über Öl/Wasser-Wärmetauscher, geregelter Öldruck bei 5000/min und 90 Grad Öltemperatur 3,5 bis 4,5 bar; Motorsteuerung durch SDI 9 Digitale-Motor-Electronic (DME) für Zündung, Einspritzung und Nockenwellenverstellung, Kraftstoffaufbereitung durch Direkteinspritzung DFI mit sequentieller Ansteuerung der Mehrloch-Hochdruckinjektoren, maximaler Kraftstoffdruck 140 bar, 2 Heißfilm-Luftmassenmesser, Expansionssauganlage aus Kunststoff, 2 Abgasturbolader mit variabler Turbinengeometrie (VTG) von Borg Warner (KKK), 2 Ladeluftkühler, maximaler Ladedruck 1,0 bar (1,2 bar), mit Overboost 1,2 bar (1,4 bar); Lambda-Regelung mit zwei stetigen Vorkatalysator-Sonden, zweiflutige 3-Wege-Katalysatoren mit links und rechts jeweils zwei Vor- und Hauptkatalysatoren und zwei Nachkatalysator-Sonden, Sekundärluftsystem.

Elektrik: elektronische Zündung mit ruhender Zündverteilung (6 Zündspulen), Batteriespannung 12 Volt Batteriekapazität 95 Ah, Drehstromlichtmaschine 2100 W, Zündkerzen Bosch FR6 DPP 332S, Elektrodenabstand 0,7 mm, Zündfolge 1-6-2-4-3-5;

Füllmengen: Gesamtölmenge des Systems 10,4 Liter, Ölwechselmenge 7,5 Liter; Kraftstoff-Förderung durch zwei elektrische Rollenzellenpumpen, Tankvolumen 68 Liter (Tank im Bug angeordnet).

Kraftübertragung: Motor und Getriebe zu einer Antriebseinheit verschraubt, Allradantrieb, hinten über Doppelgelenkwellen, vorn über Kardanwelle und Vorderachs-Getriebe mit kennfeldgesteuerter, elektrohydraulischen Lamellenkupplung, radial geschachtelte Mehrlamellen-Nasskupplung des PDK-Getriebes, Zweimassenschwungrad, Kupplungsscheiben-Durchmesser von erster Kupplung 220 mm, von zweiter Kupplung 163,5 mm, Siebengang-Doppelkupplungsgetriebe (PDK CG 1.55), geregelte Quersperre an der Hinterachse, maximales Sperrmoment 1000 Nm, Achsübersetzung Hinterachse 3,444, VA-Getriebe (Typ Z 97/51) 3,333, PDK-Übersetzungen 1. Gang 3,909:1, 2. Gang 2,286:1, 3. Gang 1,577:1, 4. Gang 1,182:1, 5.Gang 0,944:1, 6. Gang 0,786:1, 7.Gang 0,622:1, Rückwärtsgang 3,545:1; Ölinhalt Getriebe mit Sperrdifferential 3,36 Liter, Kupplungs/Hydrauliköl 5,4 Liter, Vorderachs-Getriebe und Differenzial 0,7 Liter, Vorderachsgetriebe und Längskupplung 0,7 Liter.

Fahrwerk: selbsttragende, beidseitig verzinkte Leichtbau-Stahlblechkarosserie mit Aluminium-Bodengruppe, vorderen Aluminium-Kotflügeln und Aluminium-Coupédach, Türen, Fronthaube und Heckmittelteil aus Aluminium, Luftwiderstandsbeiwerte Coupé und Cabriolet je $c_w = 0{,}31$; vorn Einzelradaufhängung an Querlenkern mit Längslenkern und Federbeinen (McPherson-Bauart, Porsche-optimiert), Kegelstumpffedern mit innen liegenden, geregelten Zweirohr-Gasdruckdämpfern, querliegender Stabilisator 26,8x4 mm (mit PDCC 31x5,6 mm), Federrate 33 N/mm, hinten Einzelradaufhängung an jeweils 5 Lenkern geführt, zylindrische Schraubenfedern mit koaxialen, innen liegenden, doppelt wirkenden hydraulischen Gasdruck-Einrohrdämpfern, querliegender Stabilisator 20,7x4,5 mm (29x4,3 mm mit PDCC), Federrate progressiv 64-104 N/mm, Radsturz vorn -50' ± 15' (-35' ± 15'), hinten -1° 45' ± 15', Vorspur vorn gesamt 5', hinten pro Rad 10', Nachlauf +8° 10' mit Toleranz ± 30'; ZF-elektromechanische Servolenkung mit Lenkimpuls und variabler Lenkübersetzung 15,02:1 (Mittellage) bis 12,25:1, elektromechanische Hinterachslenkung, Lenkrad-Durchmesser 370 mm, Lenkradumdrehungen von Anschlag zu Anschlag 2,56.

Bremsanlage: hydraulische Zweikreis-Bremsanlage mit achsweiser Aufteilung, Porsche Stabilitäts Management (PSM 9.0), vorn und hinten gelochte innenbelüftete Bremsscheiben, Scheibendurchmesser vorn/hinten 380/380 mm, Scheibendicke vorn/hinten 34/30 mm. vorn Sechskolben-Alu-Monobloc-Bremssättel, hinten Vierkolben-Anlage, Turbo-optionale und Turbo S-serienmäßige PCCP-Bremsanlage mit Keramikfaser-Bremsscheiben, Scheibendurchmesser vorn/hinten 410/390 mm, Scheibendicke vorn/hinten 36/32 mm, Vakuum-Tandem-Bremskraftverstärker i=5,5, elektrisch betätigte mechanische Feststellbremse (Trommel-Durchmesser 180 mm) auf Hinterräder wirkend;

Räder/Reifen: geschmiedete Leichtmetallräder, Befestigung mit 5 Schrauben (mit Zentralverschluss), vorn und hinten 20 Zoll Durchmesser, Felgenbreite vorn/hinten 8 ½ / 11 (9 x 11 ½ Zoll), Einpresstiefe vorn/hinten 51/56 mm, Bereifung vorn/hinten 245/35 ZR 20 / 305/30 ZR 20, Reifenpannen-Notsystem mit Reifendichtmittel und Luftkompressor.

Maße und Gewichte: Radstand 2450 mm, Länge 4506 mm, Breite 1978 mm, Höhe 1296 (Cabriolet 1292) mm, Spur vorn/hinten 1541/1590 (1539/1590) mm, Bodenfreiheit leer 116 mm, Bodenfreiheit mit Volllast 106 mm; Leergewicht nach DIN Coupé/Cabriolet 1595/1665 (1605/1675) kg. zulässiges Gesamtgewicht 1990/2045 kg, zulässige Dachlast (Coupé) 75 kg; Motorgewicht (einbaufertig, ohne Öl) 217 kg, Getriebegewicht (trocken mit Sperrdifferential) 115,5 kg.

Fahrleistungen und Verbrauch (Werksangaben): Höchstgeschwindigkeit 315 (318) km/h, maximale Beschleunigung (jeweils in Position Sport +) 0-100 km/h Coupé/Cabriolet 3,0/3,1 (2,9/3,0) Sekunden, 0-200 km/h Coupé/Cabrio 10,8/11,3 (10,3/10,8) Sekunden, Kilometer mit stehendem Start Coupé/Cabrio 20,4/20,7 (20,1/20,4) Sekunden; Kraftstoffverbrauch innerstädtisch Coupé/Cabrio 13,2/13,4 (13,2/13,4) l/100 km, außerstädtisch Coupé/Cabrio 7,7/7,8 (7,7/7,8), gesamt Coupé/Cabrio 9,7/9,9 l/100 km; Ölverbrauch max. 1 l/1000 km.

PORSCHE 911 (991.2) TURBO/TURBO S

(2016-)*

**noch in Produktion*

Motor-Bezeichnung: MA 171 (MA 171S);
Basis-Motordaten*: Leistung 540 PS/397 kW bei 6400/min (580 PS/427 kW bei 6750/min), maximales Drehmoment mit Overboost 710 Nm bei 2250-4000/min (750 Nm bei 2250 bis 4000/min), Literleistung 142,1 (152,6) PS/l, mittlere Kolbengeschwindigkeit bei Nenndrehzahl 16,53 (17,44) m/s;

Motor-Konstruktion: Kraftstoffaufbereitung durch Direkteinspritzung DFI mit sequentieller Ansteuerung der Mehrloch-Hochdruckinjektoren, maximaler Kraftstoffdruck 200 bar.

**sofern unterschiedlich zum Modell 911 (991) Turbo/Turbo S der Modelljahre 2013-2015*

Fahrwerk*: elektromechanische Servolenkung mit Lenkimpuls und variabler Lenkübersetzung 15,0:1 (Mittellage) bis 12,5:1, Lenkrad-Durchmesser 360 mm, Lenkradumdrehungen von Anschlag zu Anschlag 2,5.

Räder/Reifen*: geschmiedete Leichtmetallräder, Befestigung mit 5 Schrauben (mit Zentralverschluss), vorn und hinten 20 Zoll Durchmesser, Felgenbreite vorn/hinten 9 / 11 ½ (9 x 11 ½) Zoll.

Maße* und Gewichte*: Länge 4507 mm, Höhe 1297 (Cabriolet 1294) mm, Bodenfreiheit leer 130 (Cabriolet 127) mm; Leergewicht nach DIN Coupé/Cabriolet 1595/1665 (1600/1670) kg, zulässiges Gesamtgewicht Coupé/Cabriolet 2010/2065 (1990/2045) kg.

Fahrleistungen* und Verbrauch* (Werksangaben):
Höchstgeschwindigkeit 320 (330) km/h, maximale Beschleunigung (jeweils in Position Sport +) 0-100 km/h Coupé/Cabriolet 3,0/3,1 (2,9/3,0) Sekunden, 0-200 km/h Coupé/Cabrio 10,4/10,9 (9,9/10,4) Sekunden; Kraftstoffverbrauch innerstädtisch Coupé/Cabrio 11,8/12,1 (11,8/12,1) l/100 km, außerstädtisch Coupé/Cabrio 7,5/7,6 (7,5/7,6), gesamt Coupé/Cabrio 9,1/9,3 l/100 km.

**sofern unterschiedlich zum Modell 911 (991) Turbo/Turbo S Modelljahre 2013-2015*

PORSCHE 911 (992) TURBO/TURBO S

(2020-)*

**Werte für Turbo S in Klammern*

Motorfamilien-Bezeichnung: MA203;
Basis-Motordaten: wassergekühlter Sechszylinder-Boxer aus Aluminium, längs hinter der Hinterachse eingebaut; Bohrung x Hub 102 x 76,4 mm, Hubraum 3745 cm3, Verdichtungsverhältnis 8,7:1; Leistung 580 PS/427 kW bei 6500/min (650 PS/478 kW bei 6750/min), maximales Drehmoment 750 Nm bei 2250 bis 4500/min (800 Nm bei 2500-4000/min), zulässige Höchstdrehzahl 7200 (7200)/min, Drehzahlbegrenzung durch E-Gas und Einspritzausblendung, Literleistung 154,9,0 (173,6) PS/L, mittlere Kolbengeschwindigkeit bei Nenndrehzahl 18,44 m/s, Kraftstoff-Oktanzahlbedarf 98 Super Plus unverbleit;
Motor-Konstruktion: vertikal geteiltes Leichtmetall-Kurbelgehäuse (überteutektische Al-Si-Legierung ALUSIL) mit integrierten Zylindern und Lagerstühlen, geschmiedete, achtfach gleitgelagerte Stahlkurbelwelle, geschmiedete Aluminium-Kolben, geschmiedete und gecrackte Pleuelstangen, Leichtmetall- Zylindergehäuse in Closed-deck-Bauweise, Zylinder an den Laufflächen Nikasil-beschichtet, Leichtmetall-Zylinderköpfe mit jeweils zwei obenliegenden gleitgelagerten Nockenwellen, VarioCam Plus: Verstellbereich der Einlassnockenwellen 50° Kurbelwinkel (KW), der Auslassnockenwellen 55° KW, Ventilhub-Umschaltsystem auf der Einlass-Seite mit kleinem Hub 2 mm/4,5 mm (asymetrisch), mit großem Hub 10 mm, Auslasshub 10 mm, Nockenwellen-Antrieb direkt von der Kurbelwelle mit je einer Steuerkette pro Zylinderbank, jeweils zwei Einlass- und zwei Auslass-Ventile (V-förmig parallel hängend) pro Brennraum, Ventilteller-Durchmesser Einlass 38,3 mm, Auslass 33,16 mm, Einlass schaltbare Tassenstößel, Auslass Tassenstößel mit hydraulischem Ventilspielausgleich; Wasserkühlung durch Pumpe mit 2 vor den Vorderrädern angeordneten Kühlern und einem mittigen Kühler; Druckumlaufschmierung mit integriertem Trockensumpf und bedarfsgeregelter Ölpumpe, Ölkühlung über Öl/Wasser-Wärmetauscher, geregelter Öldruck bei 5000/min und 90 Grad Öltemperatur 3,5 bis 4,5 bar; Motorsteuerung durch SDI 9 Digitale-Motor-Electronic (DME) für Zündung, Einspritzung und Nockenwellenverstellung, Kraftstoffaufbereitung durch Direkteinspritzung DFI mit sequentieller Ansteuerung der Piezo-Hochdruckinjektoren, 2 Heißfilm-Luftmassenmesser, Expansionssauganlage aus Kunststoff, 2 symmetrisch aufgebaute Abgasturbolader von Borg Warner (KKK) mit variabler Turbinengeometrie (VTG) und elektrisch gesteuerten Bypass-Ventilen, Durchmesser der Turbinenräder 55 (55) mm, Durchmesser der Verdichterräder 59 (61) mm, 2 Ladeluftkühler, maximaler Ladedruck 1,38 bar (1,55 bar); Lambda-Regelung mit zwei stetigen Vorkatalysator-Sonden, zweiflutige 3-Wege-Katalysatoren mit links und rechts jeweils zwei Vor- und Hauptkatalysatoren und zwei Nachkatalysator-Sonden, Sekundärluftsystem, 2 Ottopartikelfilter; Abgasanlage mit elektronisch kontinuierlich verstellbaren Abgasklappen und zwei heckteilfesten Einzelendrohrblenden (mit zwei heckteilfesten Doppelendrohren), optionale Sportabgasanlage.
Elektrik: elektronische Zündung mit ruhender Zündverteilung (6 Zündspulen), Batteriespannung 12 Volt, Batteriekapazität Lifepo 60 Ah, Zündfolge 1-6-2-4-3-5;
Füllmengen: Gesamtölmenge des Systems 11,3 Liter (Erstbefüllung); Kraftstoff-Förderung durch elektrische Rollenzellenpumpen, Tankvolumen 67 Liter (Tank im Bug angeordnet).

Kraftübertragung: Motor und Getriebe zu einer Antriebseinheit verschraubt, Allradantrieb, hinten über Doppelgelenkwellen, vorn über Kardanwelle und wassergekühltes Vorderachs-Getriebe mit kennfeldgesteuerter, elektrohydraulischen Lamellenkupplung, radial geschachtelte Mehrlamellen-Nasskupplung des PDK-Getriebes, Zweimassenschwungrad, Achtgang-Doppelkupplungsgetriebe (PDK CDT50), geregelte Quersperre an der Hinterachse, maximales Sperrmoment 1000 Nm, Achsübersetzung 3,02, PDK-Übersetzungen 1. Gang 4,89:1, 2. Gang 3,17:1, 3. Gang 2,15:1, 4. Gang 1,56:1, 5.Gang 1,18:1, 6. Gang 0,94:1, 7.Gang 0,76:1, 8.Gang 0,61:1, Rückwärtsgang 3,99:1.

Fahrwerk: selbsttragende, beidseitig verzinkte Leichtbau-Karosserie in Aluminium/Stahl-Verbundbauweise, Luftwiderstandsbeiwerte Coupé und Cabriolet je c_w = 0,33, Stirnflächen Coupé 2,12 m^2, Cabriolet 2,13 m^2; vorn Einzelradaufhängung an Querlenkern mit Längslenkern und Federbeinen (McPherson-Bauart, Porsche-optimiert), variables Dämpfungssystem, Porsche Active Suspension Management (PASM), Turbo S serienmäßig mit aktiver Wankstabilisierung Porsche Dynamic Chassis Control (PDCC), hinten Einzelradaufhängung an jeweils 5 Lenkern geführt, zylindrische Schraubenfedern mit koaxialen, innen liegenden, doppelt wirkenden hydraulischen Gasdruck-Einrohrdämpfern, ZF-elektromechanische Servolenkung mit Lenkimpuls und variabler Lenkübersetzung 14,1:1 (Mittellage) bis 12,5:1, elektromechani-

sche Hinterachslenkung, Lenkrad-Durchmesser 360 mm, Wendekreisdurchmesser 10,9 m.
Bremsanlage: hydraulische Zweikreis-Bremsanlage mit achsweiser Aufteilung, elektromechanischer Bremskraftverstärker, Bremsassistent, elektrisch betätigte Duo-Servo-Feststellbremse, Porsche Stabilitäts Management (PSM) inkl. ABS mit erweiterten Bremsfunktionen, vorn und hinten gelochte innenbelüftete Grauguss-Bremsscheiben, Scheibendurchmesser vorn/hinten 408/380 mm, Scheibendicke vorn/hinten 36/30 mm, vorn Sechskolben-Alu-Monobloc-Festsattelbremsen, hinten Vierkolben-Anlage, Porsche Ceramic Composite Brake (PCCB) optional (PCCP-Bremsanlage mit Keramikfaser-Bremsscheiben und Aluminium-Bremstöpfen, Scheibendurchmesser vorn/hinten 420/390 mm, Scheibendicke vorn/hinten 40/32 mm, vorn Zehnkolben-Aluminium-Monobloc-Festsattelbremsen, hinten Vierkolben-Aluminium-Monobloc-Festsattelbremsen mit Aluminium-Bremstöpfen);
Räder/Reifen: geschmiedete Leichtmetallräder, Befestigung mit 5 Schrauben (mit Zentralverschluss), vorn mit 20 Zoll, hinten mit 21 Zoll Durchmesser, Felgenbreite vorn/hinten 9 / 11 ½ Zoll, Einpresstiefe vorn/hinten 41/67 mm, Bereifung vorn/hinten 255/35 ZR 20 / 315/30 ZR 21.

Maße und Gewichte: Radstand 2450 mm, Länge 4535 mm, Breite (ohne/inkl. Außenspiegeln) 1900/2024 mm, Höhe 1303 (Cabriolet 1302) mm, Spur vorn/hinten 1583/1600 mm, Bodenfreiheit leer 125 (126) mm, Bodenfreiheit mit Vollast 109 (111) mm; Leergewicht nach DIN Coupé/Cabriolet 1640/1710 kg, zulässiges Gesamtgewicht Coupé/Cabriolet 2040/2100 kg, maximal zulässige Dachlast (Coupé) 75 kg; Motorgewicht (Masse nach DIN70020 GZ) 219,86 kg, Getriebegewicht (inkl. Öl, einbaufertig, ohne Zweimassenschwungrad) 146,7 kg.

Fahrleistungen und Verbrauch (Werksangaben):
Höchstgeschwindigkeit 320 (330) km/h, maximale Beschleunigung (jeweils mit Launch Control-Start) 0-100 km/h Coupé/Cabriolet 2,8/2,9 (2,7/2,8) Sekunden, 0-200 km/h Coupé/Cabrio 9,7/10,1 (8,9/9,3) Sekunden; Kraftstoffverbrauch innerorts Coupé/Cabrio 15,3/15,2 (15,5/15,9) L/100 km, außerorts Coupé/Cabrio 8,6/8,9 (8,6/8,6) L/100 km, kombiniert Coupé/Cabrio 11,1/11,3 (11,1/11,3) L/100 km.

992 Turbo S: Leistungs- und Drehmomentkurven

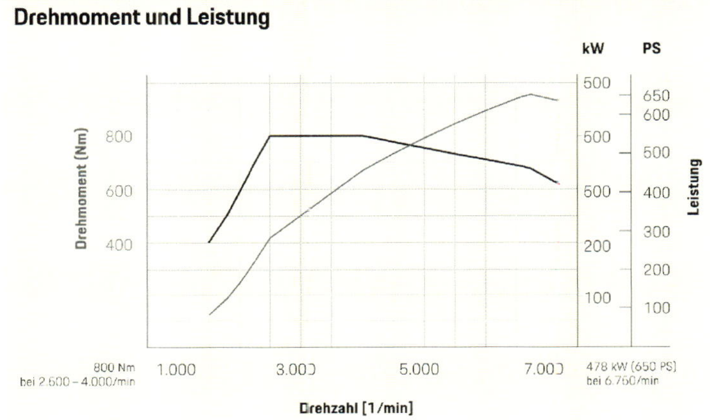

992 Turbo S: Drehzahl-Diagramm

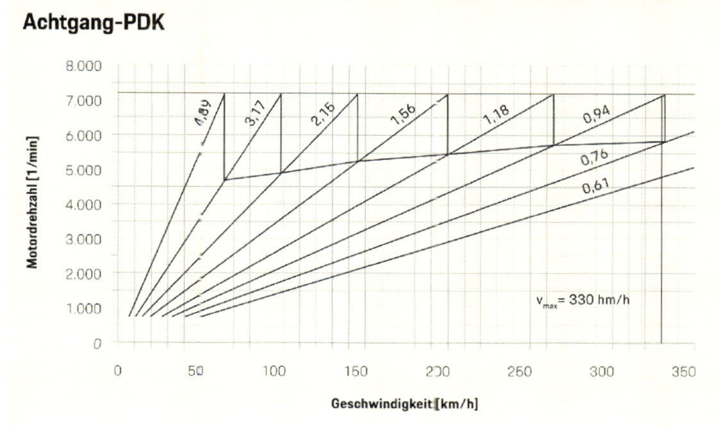

PORSCHE 911 (993) GT2

(1995-1997)

Motor-Bezeichnungen: M64/60R und M64/60S;
Basis-Motordaten*: Leistung (60R) 430 PS (316 kW) bei 5750/min bzw. 450 PS (331 kW) bei 5750/min (60S), zulässige Höchstdrehzahl 7000/min, Abschaltdrehzahl des Drehzahlbegrenzers (durch Kraftstoffunterbrechung) 7000/min ± 20/min, Literleistung 119,5 PS/l (60R) bzw. 125,1 PS/l (60S);

Motor-Konstruktion*: 2 Abgasturbolader KKK K 24, maximaler Ladedruck 0,9 bar;

Füllmengen*: Tankvolumen 92 Liter.

Kraftübertragung*: Heckantrieb.

Fahrwerk*: selbsttragende Stahl-Karosserie (Luftwiderstands-Beiwert c_w = 0,34) mit Aluminium-Frontdeckel und -Türen sowie Kunststoff-Heckdeckel mit verstellbarem Heckspoiler;

Räder/Reifen*: dreiteilige Leichtmetallräder mit 18 Zoll Umfang, Felgenbreite vorn/hinten 9 Zoll/11 Zoll, Bereifung vorn 235/40 ZR 18, hinten 285/35 ZR 18.

**sofern unterschiedlich zum 993 Turbo*

Maße und Gewichte*: Breite 1855 mm, Höhe 1270 mm, Spur vorn/hinten 1475/1550 mm, Bodenfreiheit mit zulässigem Gesamtgewicht 85 mm, Leergewicht nach DIN 1295 kg, davon Vorderachse 580 kg, Hinterachse 715 kg, zulässiges Gesamtgewicht 1575 kg.

Fahrleistungen* und Verbrauch* (Werksangaben):
Höchstgeschwindigkeit über 295 km/h (60R) bzw. 300 km/h (60S), Beschleunigung 0-100 km/h in 4,4 Sekunden (60R) bzw. 4,2 Sekunden, 1 Kilometer mit stehendem Start in 22,5 (60R) bzw. 22,3 (60S) Sekunden; Kraftstoffverbrauch bei konstant 90 km/h 8,4 l/100 km, bei konstant 120 km/h 10,0 l/100 km, bei EG-Stadtzyklus 21,0 l/100 km, Drittelmix 13,1 l/100 km.

**sofern unterschiedlich zum 993 Turbo*

PORSCHE 911 (996) GT2 COUPÉ*

(2001-2005)

**aufgeführt sind nur solche Daten, die unterschiedlich zur Version 911 (996) Turbo sind; Angaben in Klammern: Daten für die leistungsgesteigerte GT2-Version Modelljahr 2004.*

Motor-Bezeichnung: M96/70S (M96/70SL);
Basis-Motordaten: Leistung 462 PS/340 kW bei 5700/min (483 PS/355 kW bei 5700/min), maximales Drehmoment 620 Nm bei 3500-4500/min (640 Nm bei 3500-4500/min), Literleistung 128,33 PS/l (134,07 PS/l), mittlere Kolbengeschwindigkeit bei Nenndrehzahl 14,52 m/s;

Motor-Konstruktion: 2 Abgasturbolader Borg Warner Typ K24, maximaler Ladedruck 0,95 (1,0) bar;

Elektrik: Batteriekapazität alternativ 60 oder 70 Ah, Zündkerzen Bosch FR 6 LDC oder Beru 14-FR 6 LDU, Elektrodenabstand 10,8 +/- 0,1 mm;

Füllmengen: Gesamtölmenge des Systems 11 Liter, Ölwechselmenge 7,8 Liter; Tankvolumen 89 Liter, davon 12 Liter Reserve.

996 GT2: Leistungs- und Drehmomentkurven

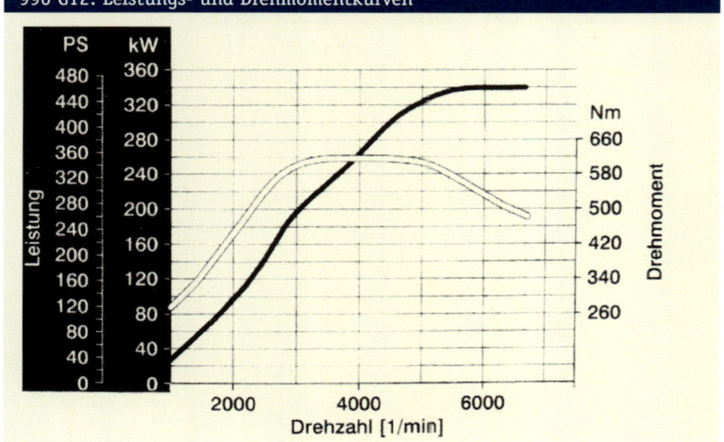

Kraftübertragungen: Hinterradantrieb, vollsynchronisiertes Sechsganggetriebe mit Mittelschalthebel, interne Bezeichnung G96.88, Getriebegewicht (einbaufertig) 74 kg; Hinterachs-Sperrdifferential mit Faktor 40 % unter Zug und 60 % unter Schub;

Fahrwerk: selbsttragende, beidseitig verzinkte Leichtbau-Ganzstahlkarosserie, Luftwiderstandsbeiwert c_w = 0,34; vorn Rohrstabilisator 26,8x4 mm; hinten verstellbarer Rohrstabilisator 20,7x2,8, Radsturz vorn -1° ± 10', hinten -1° 50' ± 10', Vorspur vorn 5' ± 5' (gesamt), ab Modell 2004 8' ± 2', hinten (pro Rad) 10' ± 5' ab Modell 2004 13' ± 2', Nachlauf 8° min. ± 30', Federrate vorn/hinten 40/95 N/mm; Lenkraddurchmesser 375 mm.

Bremsanlage: hydraulische Zweikreis-Bremsanlage (achsweise Aufteilung), Keramik-Bremsanlage mit gelochten und innenbelüfteten Keramikfaser-Bremsscheiben, Scheibendurchmesser/dicke vorn 350/34 mm, hinten 350/28 mm, vorn 6-Kolben-Alu-Monobloc-Bremssättel, hinten 4-Kolben-Alu-Monobloc-Bremssättel, Vakuum-Bremskraftverstärker (Übersetzung 3,15:1); Bosch ABS 5.3 (5.7);

996 GT2 mit Sechsgang-Getriebe: Drehzahl-Diagramm

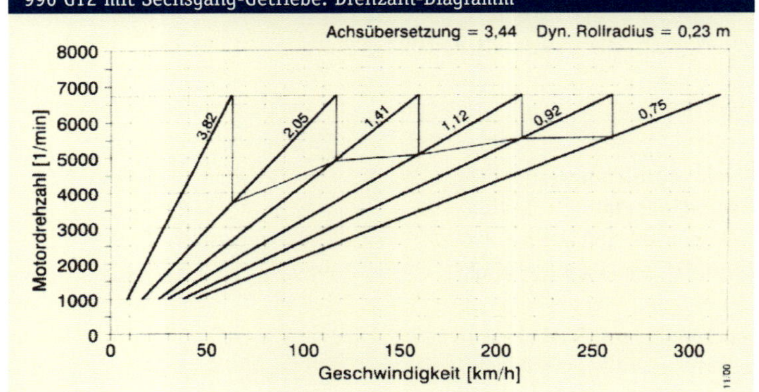

997 GT2 mit Sechsgang-Getriebe: Drehzahl-Diagramm

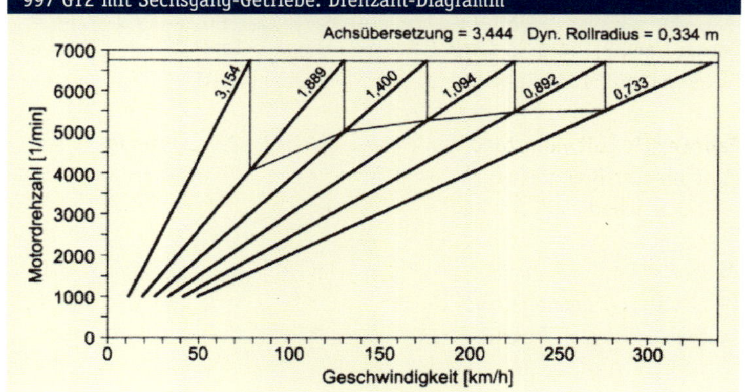

Räder/Reifen: geschmiedete Leichtmetallräder jeweils 18 Zoll Durchmesser, Felgenbreite vorn 8,5 Zoll, hinten 12 Zoll, Serienbereifung vorn 235/40 ZR 18, hinten 315/30 ZR 18.

Maße und Gewichte: Radstand 2355 mm, Länge 4450 mm, Höhe 1275 mm, Spur vorn/hinten 1495/1520 mm, Bodenfreiheit weltweit 70 mm, Leergewicht nach DIN 1420-1480 kg* (davon Vorderachse 520-560 kg, Hinterachse 880-920 kg), zulässiges Gesamtgewicht 1730 kg, Motorgewicht (einbaufertig incl. Klimakompressor, Kraftstoffkühler, Lenkhilfepumpe, Ladeluftleitungen, Ladeluftkühler, Kühlgebläse, Anlasser, ohne Öl) 259 kg, Getriebegewicht (ohne Öl) 70,8 kg.

**abhängig vom gewählten Ausstattungs-Umfang.*

Fahrleistungen und Verbrauch (Werksangaben):
Höchstgeschwindigkeit 315 (319) km/h, Beschleunigung 0-100 km/h in 4,1 (4,0) Sekunden, 0-160 km/h in 8,5 (8,3) Sekunden, 0-200 km/h in 12,9 (12,5) Sekunden, 1 Kilometer mit stehendem Start in 21,9 (21,5) Sekunden; Kraftstoffverbrauch (EG-Norm, ROZ 98 unverbleit) 12,9 (12,9) l/100 km.

PORSCHE 911 (997) GT2

(2008-2009)

Motor-Bezeichnung: M97/70S;
Basis-Motordaten*: Leistung 530 PS (390 kW) bei 6500/min, maximales Drehmoment 680 Nm bei 2200 bis 4500/min, Literleistung 147,2 PS/l, mittlere Kolbengeschwindigkeit bei Nenndrehzahl 16,55 m/s;

Motor-Konstruktion*: Expansions-Sauganlage, maximaler Ladedruck 1,4 bar.

Füllmengen*: Tankvolumen 90 Liter.
Kraftübertragung*: Hinterradantrieb, vollsynchronisiertes Sechsganggetriebe mit Mittelschalthebel, Sperrdifferential mit 28% Zug- und 40% Schubsperre, Achsübersetzung Hinterachse 3,444, Getriebe-Übersetzungen 1. Gang 3,154:1, 2. Gang 1,889:1, 3. Gang 1,400:1, 4. Gang 1,094:1, 5. Gang 0,892:1, 6. Gang 0,733 1, Rückwärtsgang 2,857:1.

Fahrwerk*: Luftwiderstandsbeiwert c_w = 0,32; PCCP-Bremsanlage mit Keramikfaser-Bremsscheiben, Scheibendurchmesser vorn/hinten 380/350 mm, Scheibendicke vorn/hinten 34/28 mm.

Räder/Reifen*: geschmiedete Leichtmetallräder mit vorn und hinten 19 Zoll Durchmesser, Felgenbreite vorn/hinten 8 ½ / 12 Zoll, Einpresstiefe vorn/hinten 53/51 mm), Bereifung vorn/hinten 235/35 ZR 19 / 325/30 ZR 19.

Maße* und Gewichte*: Länge 4469 mm, Höhe 1285 mm, Spur vorn/hinten 1515/1550 mm, Bodenfreiheit leer 95 mm; Leergewicht nach DIN 1440 kg, zulässiges Gesamtgewicht 1750 kg.

Fahrleistungen* und Verbrauch* (Werksangaben):
Höchstgeschwindigkeit 329 km/h, Beschleunigung 0-100 km/h 3,7 Sekunden, 0-200 km/h 11,2 Sekunden, Kilometer mit stehendem Start 20,7 Sekunden; Kraftstoffverbrauch innerstädtisch 18,8 l/100 km, außerstädtisch 8,9 l/100 km, gesamt 12,5 l/100 km.

**sofern unterschiedlich zum Modell 911 (997) Turbo*

PORSCHE 911 (997) GT2 RS

(2010-2011)

Motor-Bezeichnung: M97/70R;
Basis-Motordaten*: Leistung 620 PS (456 kW) bei 6500/min, maximales Drehmoment 700 Nm bei 2250 bis 4500/min. Literleistung 172,2 PS/l, mittlere Kolbengeschwindigkeit bei Nenndrehzahl 16,55 m/s;

997 GT2 RS: Leistungs- und Drehmomentkurven

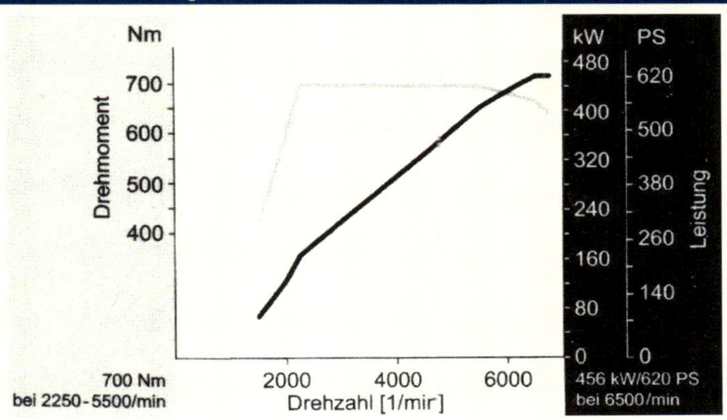

997 GT2 RS mit Sechsgang-Getriebe: Drehzahl-Diagramm

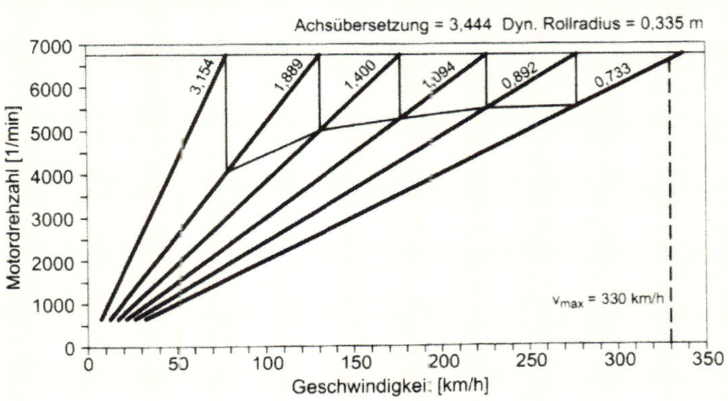

Motor-Konstruktion*: maximaler Ladedruck 1,4 bar.

Elektrik*: Batteriekapazität 60 Ah.

Fahrwerk*: selbsttragende, beidseitig verzinkte Leichtbau-Stahlblechkarosserie, Türen aus Aluminium, Frontdeckel aus Sichtcarbon, Luftwiderstandsbeiwert c_w = 0,34;

Räder/Reifen*: geschmiedete Leichtmetallräder mit vorn und hinten 19 Zoll Durchmesser, Felgenbreite vorn/hinten 9 / 12 Zoll, Einpresstiefe vorn/hinten 47/48 mm, Bereifung vorn/hinten 245/35 ZR 19 / 325/30 ZR 19.

Maße* und Gewichte*: Spur vorn/hinten 1509/1554 mm, Leergewicht nach DIN 1370 kg, zulässiges Gesamtgewicht 1680 kg.

Fahrleistungen* und Verbrauch* (Werksangaben):
Höchstgeschwindigkeit 330 km/h, Beschleunigung 0-100 km/h 3,5 Sekunden, 0-200 km/h 9,8 Sekunden, 0-300 km/h 28,9 Sekunden; Kraftstoffverbrauch innerstädtisch 17,9 l/100 km, außerstädtisch 8,7 l/100 km, gesamt 11,9 l/100 km.

**sofern unterschiedlich zum Modell 911 (997) GT2*

PORSCHE 911 (991.2) GT2/GT2 RS CLUBSPORT

(2018-2020)

Motor-Bezeichnung: MA 171 R;
Basis-Motordaten*: Leistung 700 PS (515 kW) bei 7000/min, maximales Drehmoment 750 Nm bei 2500 bis 4500/min, Literleistung 184,2 PS/L, Verdichtung 9,0:1, mittlere Kolbengeschwindigkeit bei Nenndrehzahl 18,08 m/s, zulässige Höchstdrehzahl 7200/min;
Motor-Konstruktion*: Expansions-Sauganlage, maximaler Ladedruck 1,55 bar.
Füllmengen*: Tankvolumen 64 (optional 90) Liter (115 Liter Sicherheitstank); Wassertank für das Ladeluftkühler-Benetzungssystem 5 Liter.

Kraftübertragung*: Hinterradantrieb, Siebengang-Porsche-Doppelkupplungsgetriebe (PDK), elektronisch geregelte, vollvariable Hinterachs-Quersperre Porsche Torque Vectoring Plus (PTV Plus), Achsübersetzung Hinterachse 3,96, Getriebe-Übersetzungen 1. Gang 3,91:1, 2. Gang 2,29:1, 3. Gang 1,58:1, 4. Gang 1,18:1, 5. Gang 0,94:1, 6. Gang 0,79:1, 7. Gang 0,67:1, Rückwärtsgang 3,55:1.

Karosserie und Fahrwerk*: selbsttragende Karosserie in Stahlblech/Aluminium-Verbundbauweise mit Magnesium-Dachpartie und CfK-Anbauteilen (optionales „Weissach"-Paket mit CfK-Dachpartie), Luftwiderstandsbeiwert c_w = 0,35; Stirnfläche 2,14 m^2. PCCP-Bremsanlage mit Keramikfaser-Bremsscheiben, Scheibendurchmesser vorn/hinten 410/390 mm, Scheibendicke vorn/hinten 36/32 mm (Bremsanlage mit Grauguss-Scheiben und Rennbremsbelägen, Durchmesser vorn/hinten 390/380 mm).

Räder/Reifen*: geschmiedete Leichtmetallräder (optional Magnesiumräder des „Weissach"-Pakets) mit vorn 20 Zoll, hinten 21 Zoll Durchmesser, Felgenbreite vorn/hinten 9 ½ / 12 ½ Zoll, Einpresstiefe vorn/hinten 50/48 mm), Bereifung vorn/hinten 265/35 ZR 20 / 325/30 ZR 21 (geschmiedete Leichtmetallräder mit vorn/hinten jeweils 18 Zoll Durchmesser, Felgenbreite vorn/hinten 10 ½ / 12 ½ Zoll, Einpresstiefe vorn/hinten 28/46 mm, Bereifung vorn/hinten Slicks 27/65-18 / 31/71-18).

Maße* und Gewichte*: Radstand 2453 (2457) mm, Länge 4549 (4743) mm inkl. Heckflügel, Höhe 1297 (1359) mm inkl. Heckflügel, Spur vorn/hinten 1588/1557 mm; Leergewicht nach DIN 1470 (1390) kg, zulässiges Gesamtgewicht 1830 (-) kg, Leistungsgewicht 2,1 (1,98) kg/PS.

Fahrleistungen* und Verbrauch* (GT2 RS-Werksangaben):
Höchstgeschwindigkeit 340 km/h, Beschleunigung 0-100 km/h 2,8 Sekunden, 0-200 km/h 8,3 Sekunden; Kraftstoffverbrauch innerstädtisch 18,1 L/100 km, außerstädtisch 8,2 L/100 km, gesamt 11,8 L/100 km.

**sofern unterschiedlich zum Modell 911 (991.2) Turbo S*

PORSCHE „NEW 935"

(2018/2019)

Motor-Bezeichnung, Basis-Motordaten, -Konstruktion, Kraftübertragung und Fahrleistungen: wie GT2 RS.

Karosserie: selbsttragende Karosserie in Stahlblech/Aluminium-Verbundbauweise mit Kevlar-Anbauteilen, Türen aus Aluminium, Frontdeckel aus Sichtcarbon, keine Angabe zum Luftwiderstandsbeiwert c_w.

Räder/Reifen: geschmiedete Leichtmetallräder mit vorn und hinten 18 Zoll Durchmesser, Felgenbreite vorn/hinten 11½ / 13 Zoll, Bereifung vorn/hinten 29/65-R18 / 31/71-R18.

Maße und Gewichte: Länge 4865 mm, Breite (inkl. Rückspiegel) 2034 mm, Höhe 1359 mm; Leergewicht nach DIN 1380 kg.

Der 911 Turbo und seine Produktionszahlen

ALLE ERWARTUNGEN ÜBERTROFFEN

Er gab sein Debut, als in Deutschlands Zeitungen und Zeitschriften das Energiekrisen-Gespenst beschworen wurde. Schnelle, teure (und trinkfeste) Automobile schienen von gestern – kaum jemand gab dem 260 PS-Monster von Porsche eine reelle Chance. Doch der turbo, anfangs mit kleinem »t« geschrieben, setzte sich durch, geriet zur Marketing-Überraschung, auf höherer Ebene ähnlich der des anfangs von Verkaufs-Strategen völlig unterschätzten VW Golf GTI aus Wolfsburg.
Das Gefühl, den stärksten Straßen-Porsche seiner Zeit zu fahren und zu besitzen, lockte Sportwagen- wie Luxus-Freunde: In seiner von allen unerwartet langen Karriere animierte allein der klassische Ur-Turbo in den Modelljahren 1975 bis 1989 weit über 20 000 Automobil-Enthusiasten, rund zwei Drittel mehr für ihn zu bezahlen, als dies für einen »ordinären« Sauger-911 nötig gewesen wäre. Das Luxus-Prädikat »Elfer-Topmodell« zog noch mehr, als sich der 911 Turbo von Modell-Generation zu Generation mehr und mehr zum Luxus-Zweisitzer entwickelte, mit Höchstleistung zwar und Spitzenfahrleistungen, doch zugleich auch zu einem Technologie-Spitzenreiter, der dem Fahrer weit weniger abverlangte, als noch die Turbo-Klassiker der 1970er und 1980er Jahre.
Parallel zum Luxus-Turbo machten ab der 964-Generation – zunächst als S, ab der 993-Generation als GT2 – auch Hardcore-Turbos Karriere, mit Heckantrieb statt vom Fahrer leichter beherrschbarer Allrad-Technologie, in traditioneller RS-Manier mehr oder weniger abgespeckt. Sie erfreuen bis heute eine Minderheit »Gusseiserner« in der wachsenden Porsche-Gemeinde, sie sind politisch auch weniger korrekt, als die zunehmend mit den Themen Fahrsicherheit, Fahrkomfort und Sparsamkeit beworbenen Edel-Turbos.
Zweifellos brachte und bringen alle 911 Turbo Geld in die Porsche-Kasse. Deren Preis war stets modellpolitisch bestimmt und orientierte sich weniger am Aufwand als im Falle des 911 mit Saugmotor. Wenn Porsche mehrere Turbo-Varianten anbot – etwa zusätzlich den Turbo S zum Basis-Turbo – dann griffen die meisten Käufer stets zur teuersten Version. Und dank seiner Anspruchslosigkeit gedieh der Turbo auch in Sachen Gewährleistungs-Ansprüche zum Musterknaben. So verwundert es nicht, dass beispielsweise 1989 allgemeines Wehklagen in der Sportwagen-Gemeinde anhob, als publik wurde, die Turbo-Produktion werde eingestellt – und erneut Ende des 20. Jahrhunderts, als das Ende des luftgekühlten 911 Turbo nahte.
»Sowas kommt nie wieder«, meinte wohl mancher, als er schnell noch einen Fünfgang-930 bestellte, oder einige Jahre später einen 993 Turbo – so mancher sicherte sich gar diesen oder jenen mit gehörigem Aufpreis aus zweiter Hand.
Es sollte – zum Glück der Porsche-Gemeinde – jeweils anders kommen. Nach kurzer Verschnaufpause legte Porsche Ende 1990 mit einem rundum erneuerten Turbo, dem intern 964 Turbo oder auch Turbo 2 etikettierten Modell, nach. Und auch im darauf folgenden Vierteljahrhundert mussten 911 Turbo-Freunde nicht darben, ruhte doch Porsche bis heute nicht, sein Spitzen-Modell Zug um Zug zu verfeinern und in der Leistung en vogue zu halten.
Ironie der Turbo-Geschichte: Seit Ende 2015 sorgt auch im Heck des ganz normalen 911 ein Turbomotor für Vortrieb. Doch die innovativen VTG-Lader mit variabler Turbinen-Geometrie (siehe Seite 154), die legendäre Typbezeichnung »Turbo« (und mit ihm ein Spitzen-Preis) – die adeln weiterhin nur das Topmodell der 911-Reihe..

DIE TURBO-PRODUKTION IN ZAHLEN

Der Dreiliter

Jahr[1]	RDW[2]	USA	Gesamt
1975	274	–	274
1976	654	520	1.174
1977	685[3]	717	1.402
Turbo 3.0 total	**1.639**	**1.237**	**2.850**[3]

[1] jeweils Modelljahrgang, Produktion beginnt in der Regel schon im September/Oktober des Vorjahres.
[2] R.d.W. = Rest der Welt inklusive Deutschland.
[3] plus 24 Porsche 934 und 935.

Der 3,3-Liter

Jahr[1]		RDW	USA/Canada	Gesamt
1978		725[2]	500[3]	1.225
1979		810[2]	1.212[3]	2.022
1980		830	–	830
1981		688	53	741
1982		888	39	927
1983		955	5	960
1984		744	17	761
1985		1.003	25	1.028
1986		1.098	1.392	2.490
1987	Coupé	660	1.573	2.233
1987	Targa	9	27	36
1987	Cabrio	82	123	205
1987	*total*	*751*	*1.723*	*2.474*
Jahr[1]		**RDW**	**USA/Canada**	**Gesamt**

[1] jeweils Modelljahrgang, d.h. 1.8. des Vorjahres bis 31.7.
[2] 1978:plus 23 Porsche 935 und ein 3.3 Targa-Prototyp; 1979: plus 16 Porsche 935.
[3] incl. Japan.

1988	Coupé	617	641	1.258
1988	Targa	76	81	157
1988	Cabrio	182	531	713
1988	*total*	*875*	*1.253*	*2.128*
1989	Coupé	797	579	1.376
1989	Targa	55	49	104
1989	Cabrio	184	540	724
1989	*total*	*1.036*	*1.168*	*2.204*
3.3	Coupé	9.815[1]	6.036	15.851
3.3	Targa	140	157	297
3.3	Cabrio	448	1.194	1.642
3.3	*total*	*10.403*[2]	*7.387*	*17.790*
„Klassik"-Turbo		**12.042**[2]	**8.746**	**20.788**[2]

[1] *jeweils Modelljahrgang, d.h. 1.8. des Vorjahres bis 31.7.*
[2] *1978:plus 23 Porsche 935 und ein 3.3 Targa-Prototyp; 1979: plus 16 Porsche 935.*
[3] *incl. Japan.*

Der 964 Turbo

Jahr[1]		RDW[2]	USA/CDN	Gesamt
1991	3.3 Coupé	2.227	613	2.840
1992	3.3 Coupé	775	248	1.023
1993	3.3 Cabrio	8	–	8
	3.3 S Coupé	86	–	86
	3.6 Coupé	590	–	590
1993	*Total*	*684*	–	*684*
1994	3.6 Coupé	441	406	847
964 Turbo total		**4.127**	**1.267**	**5.394**

[1] *jeweils Modelljahrgang, d.h. 1.8. des Vorjahres bis 31.7.*
[2] *Rest der Welt inklusive Deutschland.*

Der 993 Turbo

Jahr[1]		RDW[2]	USA/CDN	Gesamt
1995	3.6 Cabrio	14	–	14
	3.6 Coupé	19	–	19
1995	*total*	*33*	–	*33*
1996	Turbo	2.434	1.307[3]	3.741
	GT2	141	–	141
	GTR2	49	–	49
1996	*total*	*2.624*	*1.307*	*3.931*
1997	Turbo	1.047	615[3]	1.662
	Turbo S	–	176	176
	GT2	32	–	32
1997	*total*	*1.079*	*791*	*1.870*
1998	Turbo	579	–	579
	Turbo S	160	–	160
	GT2	21	–	21
1998	*total*	*760*	–	*760*
993 Turbo/GT2 total		**4.496**	**2.098**	**6.594**

[1] *jeweils Modelljahrgang, d.h. 1.8. des Vorjahres bis 31.7.*
[2] *Rest der Welt inklusive Deutschland.*
[3] *incl. Brasilien.*

Der 996 Turbo

Jahr[1]		Gesamt[2]
2000	Turbo Coupé	16
2001	Turbo Coupé	5.324
	GT2	247
2001	*total*	*5.571*
2002	Turbo Coupé	5.908
	GT2	716
2002	*total*	*6.624*
2003	Turbo Coupé	4.322
	Turbo Cabrio	308
	GT2	233
2003	*total*	*4.863*
2004	Turbo Coupé	1.273
	Turbo Cabrio	3.099
	GT2	73
2004	*total*	*4.445*
2005	Turbo Coupé	122
	Turbo Cabrio	127
	Turbo S Coupé	598
	Turbo S Cabrio	960
	GT2	18
2005	*total*	*1.825*
996 Turbo/GT2 total		**23.344**

[1] *jeweils Modelljahrgang, d.h. 1.8. des Vorjahres bis 31.7.*
[2] *ab der 996-Generation weist Porsche keine länderspezifischen Produktionszahlen aus.*

Der 997 Turbo

Jahr[1]		Gesamt
2005	Turbo Coupé	13
2006	Turbo Coupé	2.150
2007	Turbo Coupé	7.885
	Turbo Cabrio	608
	GT2	16
2007	*total*	*8.509*
2008	Turbo Coupé	4.287
	Turbo Cabrio	4.297
	GT2	939
2008	*total*	*9.523*
2009	Turbo Coupé	1.363
	Turbo Cabrio	1.244
	GT2	287
2009	*total*	*2.894*
2010[1]	Turbo Coupé	2.113
	Turbo Cabrio	1.075
	Turbo S Coupé	832
	Turbo S Cabrio	592
	GT2 RS	27
2010[1]	*total*	*4.639*

[1] *2010 wurde bei Porsche im Zuge der Übernahme durch die Volkswagen AG von Modelljahr (1.8.2009 bis 31.7.2010) auf Kalenderjahr umgestellt. »2010 R« steht für »Rumpfjahr 2010«, d.h. von 1.8.2010 bis 31.12.2010; ab 2011 gelten die Produktionszahlen jeweils für das komplette Kalenderjahr.*

Jahr*		Gesamt
2010 R*	Turbo Coupé	328
	Turbo Cabrio	180
	Turbo S Coupé	546
	Turbo S Cabrio	301
	GT2 RS	470
2010 R	*total*	*1.825*
2011	Turbo Coupé	528
	Turbo Cabrio	292
	Turbo S Coupé	1.180
	Turbo S Cabrio	821
	Turbo Coupé 918 Spyder	38
	Turbo Cabrio 918 Spyder	37
	GT2 RS	13
2011	*total*	*2.909*
2012	Turbo Coupé	260
	Turbo Cabrio	155
	Turbo S Coupé	537
	Turbo S Cabrio	341
	Turbo S Coupé 918 Spyder	41
	Turbo S Cabrio 918 Spyder	30
2012	*total*	*1.364*
997 Turbo/GT2 total		**33.826**

Der 991 Turbo

Jahr*		Gesamt
2012	Turbo Coupé	27
	Turbo S Coupé	15
2012	*total*	*42*
2013	Turbo Coupé	704
	Turbo Cabrio	178
	Turbo S Coupé	2.430
	Turbo S Cabrio	213
2013	*total*	*3.525*
2014	Turbo Coupé Serie 1 (3.6)	1.470
	Turbo Cabrio Serie 1 (3.6)	677
	Turbo S Coupé Serie 1 (3.6)	2.999
	Turbo S Cabrio Serie 1 (3.6)	1.664
	991 Serie 1 (3.6) total	*10.377*
	Turbo Coupé Serie 2 (3.8)	3
	Turbo Cabrio Serie 2 (3.8)	0
	Turbo S Coupé Serie 2 (3.8)	4
	Turbo S Cabrio Serie 2 (3.8)	1
2015	Turbo Coupé Serie 2 (3.8)	783
	Turbo Cabrio Serie 2 (3.8)	429
	Turbo S Coupé Serie 2 (3.8)	1.457
	Turbo S Cabrio Serie 2 (3.8)	847
2016	Turbo S Coupé Serie 1	1
	Turbo S Cabrio Serie 1	3
	Turbo Coupé Serie 2	965
	Turbo Cabrio Serie 2	547
	Turbo S Coupé Serie 2	2.291
	Turbo S Cabrio Serie 2	1.210
2016	*total*	*5.017*
2017	Turbo Coupé	798
	Turbo Cabrio	496
	Turbo S Coupé	1.855
	Turbo S Cabrio	1.032
	Turbo S Exclusive	156
2017	*total*	*4.337*
2018	Turbo Coupé	423
	Turbo Cabrio	312
	Turbo S Coupé	1.164
	Turbo S Cabrio	858
	Turbo S Exclusive	354
2018	*total*	*3.111*
2019	Turbo Coupé	173
	Turbo Cabrio	98
	Turbo S Coupé	394
	Turbo S Cabrio	274
	Turbo S Exclusive	200
2019	*total*	*1.139*
991 Turbo Serie 1 und Serie 2 total		**27.505**

**2010 wurde bei Porsche im Zuge der Übernahme durch die Volkswagen AG von Modelljahr (z.Bsp. 1.8.2009 bis 31.7.2010) auf Kalenderjahr umgestellt. „2010 R" steht für „Rumpfjahr 2010", d.h. von 1.8.2010 bis 31.12.2010. Ab 2011 gelten die hier aufgeführten Produktionszahlen zunächst jeweils für das komplette Kalenderjahr, ab 2016 wiederum für das Modelljahr. Für die beiden 992 Turbo-Versionen und die 991 GT2 RS-Varianten, so der für die Reihen 911 und 718 bei Porsche zuständige Pressesprecher Oliver Hilger, „kommunizieren wir derzeit keine Zahlen".*

Quellen:

- Gert Hack, »Turbo Autos, Turbo Motoren«, Motorbuch Verlag Stuttgart
- Jürgen Barth/Bernd Dobronz, »Porsche 934/935«, Motorbuch Verlag, Stuttgart
- Arno Schmitt, »Portrait eines Meisters«, sport auto 3/1977, S 34 ff
- Mark Dixon, »Halford Special, The World´s First Turbocharged Car«, Octane Juni 2010, S. 66 ff
- Dirk-Michael Conradt, »Turbolenzen«, sport auto 8/1976, S. 86 ff
- Yörn Pugmeister, »Zukunftsmusik«, sport auto 1/1976, S. 61 ff
- Porsche Betriebsanleitung Typ 934 Turbo RSR, 1. Ausgabe Januar 1976
- Porsche 911 Turbo Owner's Manual Model 78 (US-Version)
- auto motor und sport-Ausgaben 1/1974, 11/1984, 20/1974, 9/1975, 6/1991, 23/1993, 9/1995, 24/1999, 17/2021 (Themen und Seitenzahlen entnehmen Sie bitte den Angaben in den Kapiteltexten);
- Porsche Newsroom, Text „Herz und Seele" vom 6.April 2020;
- Porsche 911 Turbo/Turbo S und GT2 RS, diverse Porsche-Pressemitteilungen der Jahre 1974 bis 2021
- www.bosch-mobility-solutions.com
- www.piceramic.de
- Jens Meiners, Car-Editors.net vom September 2021
- Christophorus Nr. 397 (4/2020)
- www.sro-motorsports.com